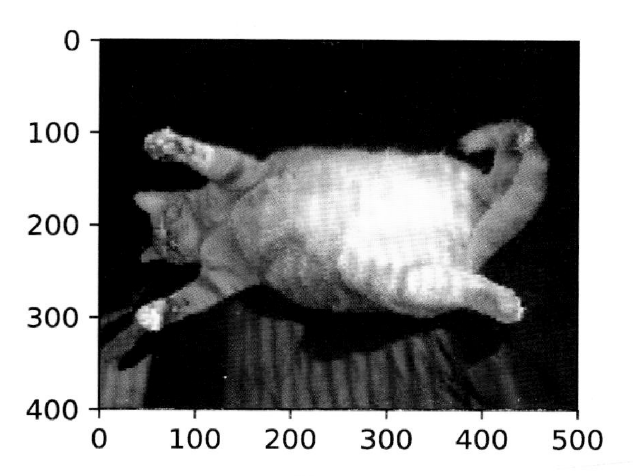

图 1

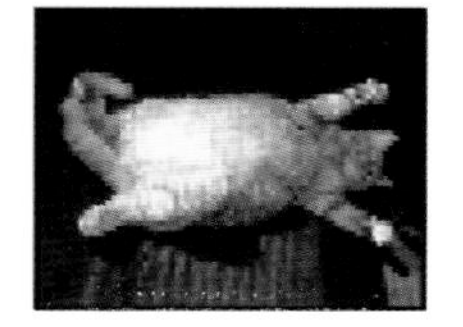
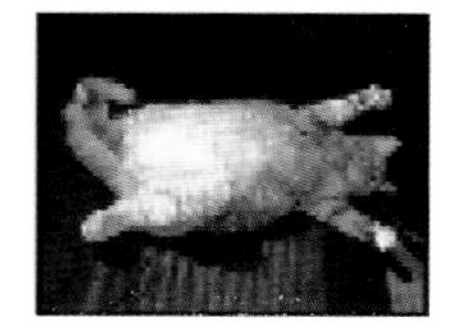
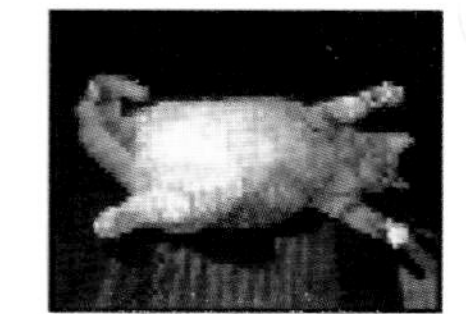
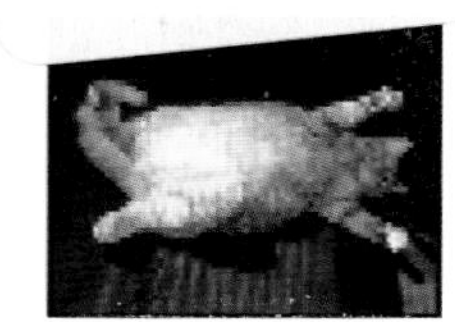
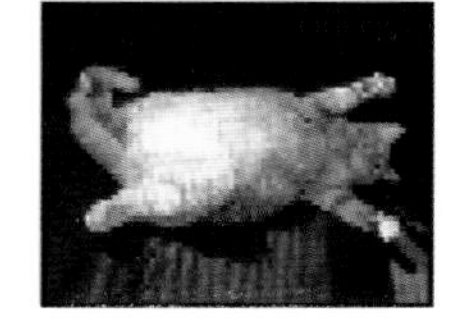
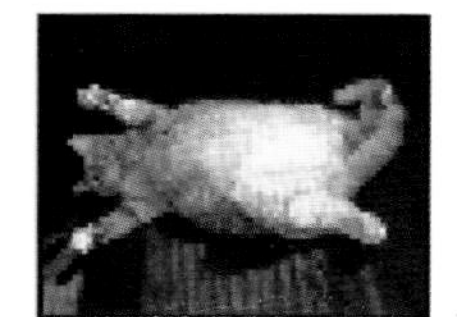
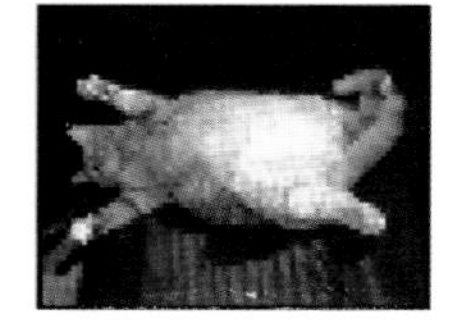
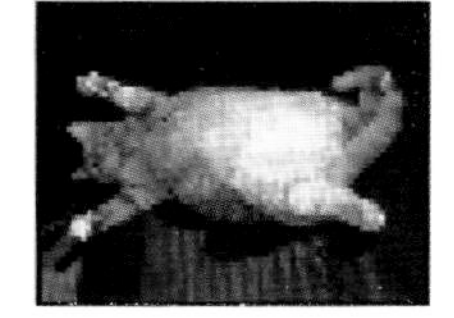

图 2

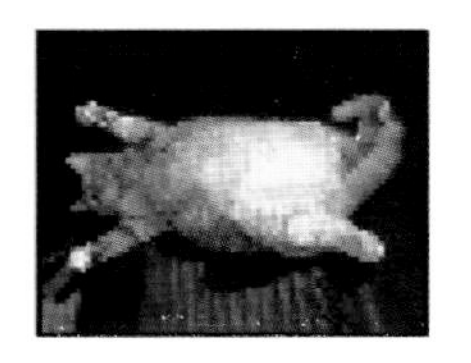
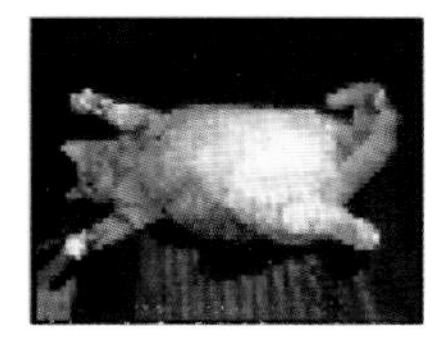
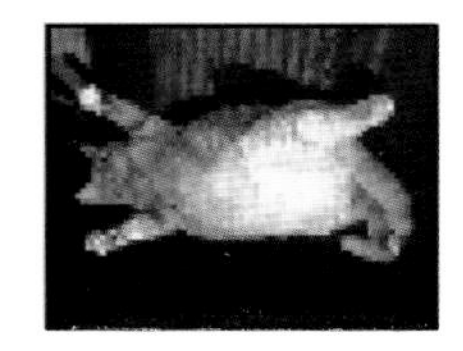
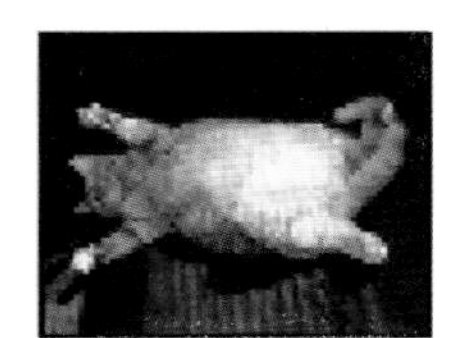
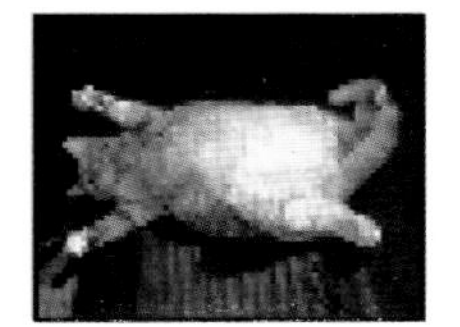
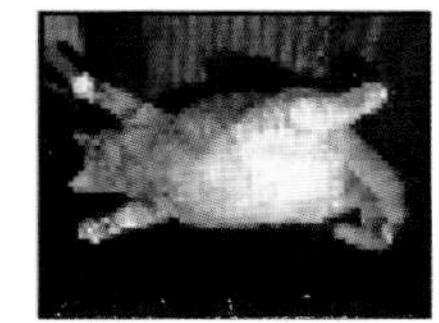
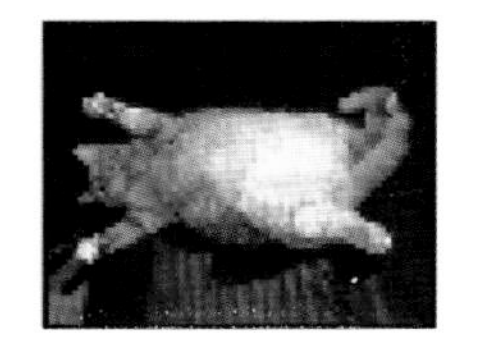
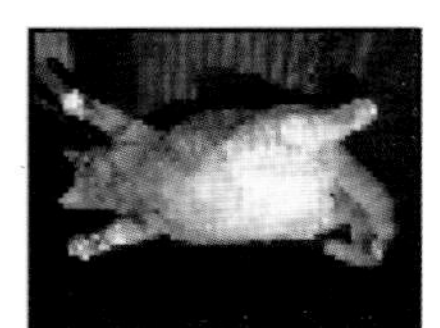

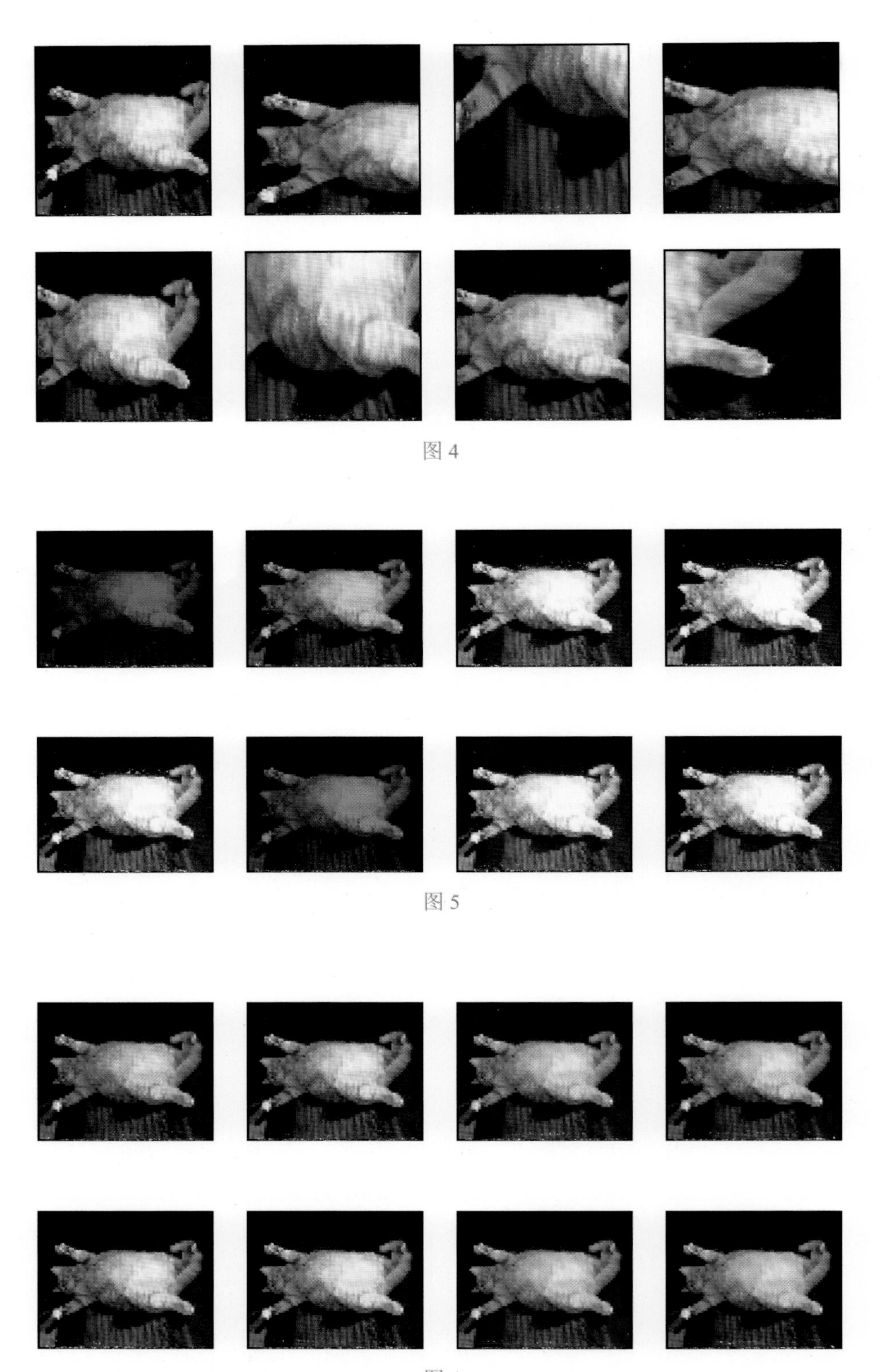

图 4

图 5

图 6

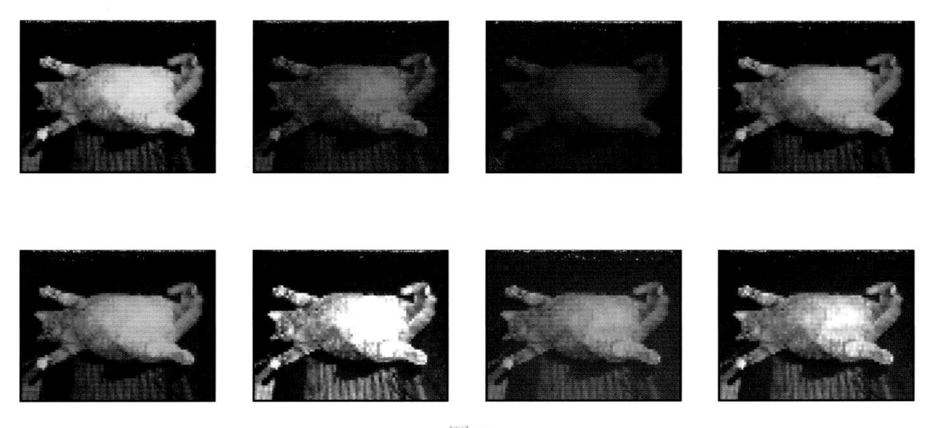

图 7

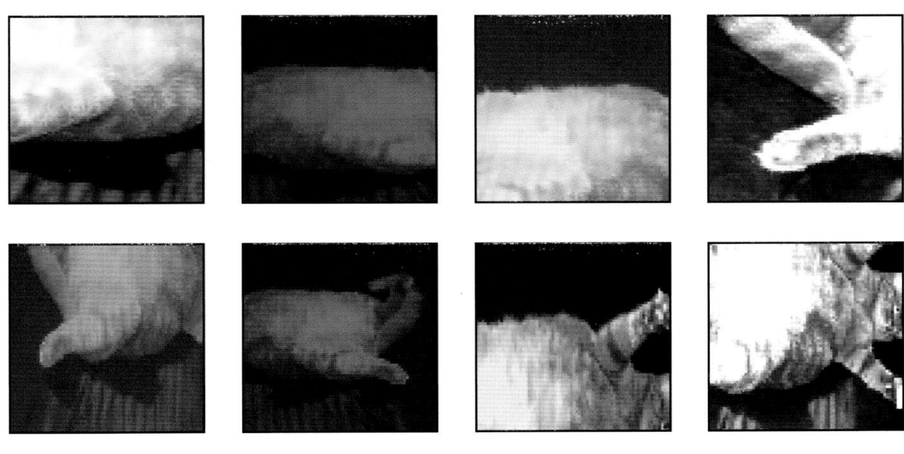

图 8

图 9

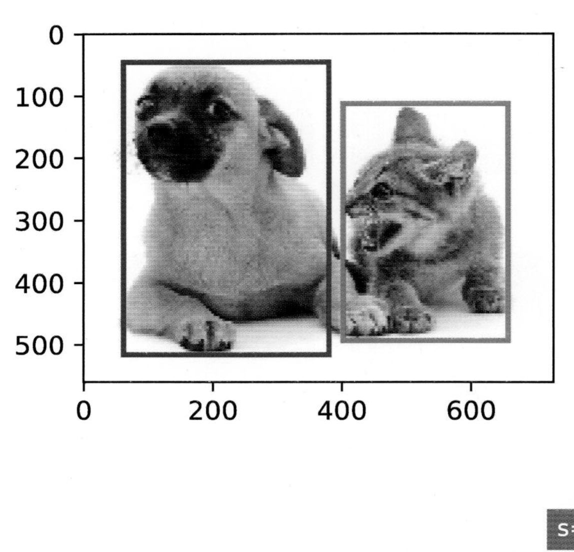

图 10

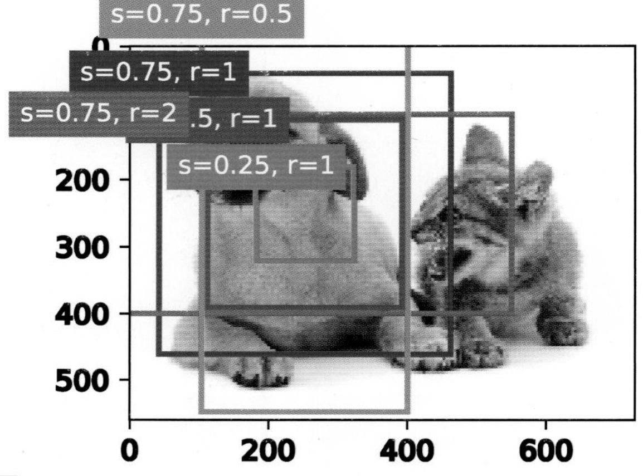

图 11

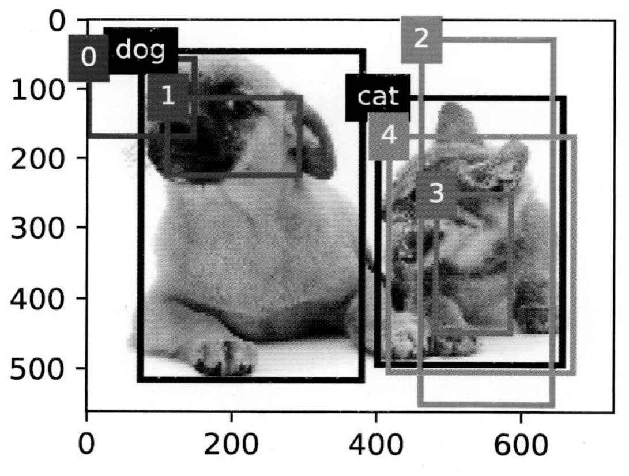

图 12

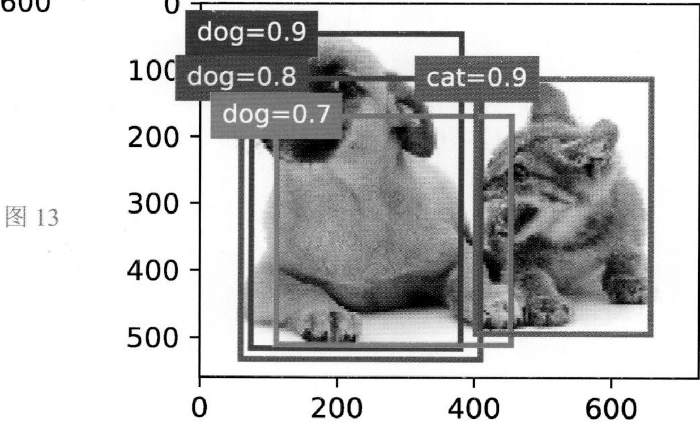

图 13

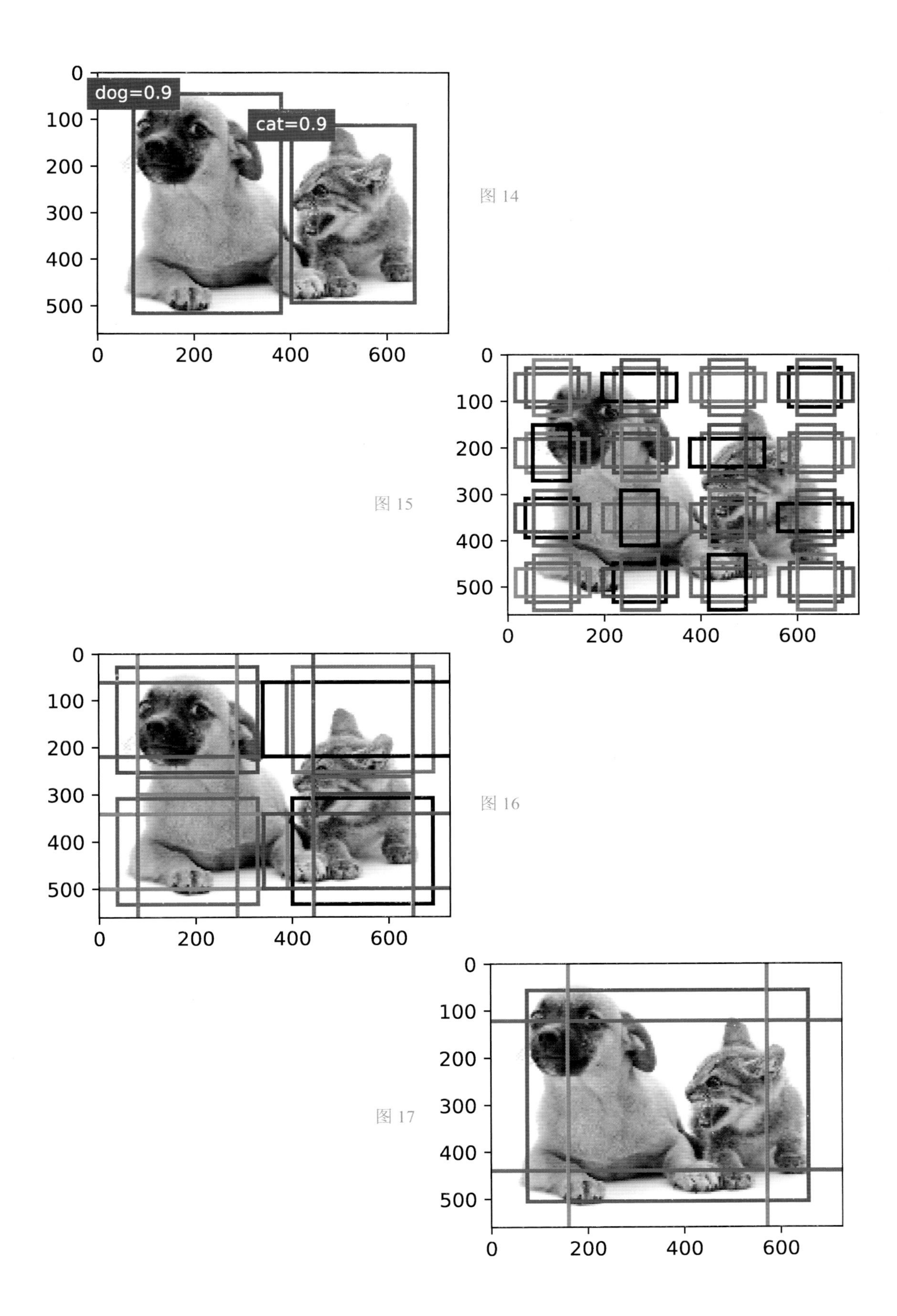

图 14

图 15

图 16

图 17

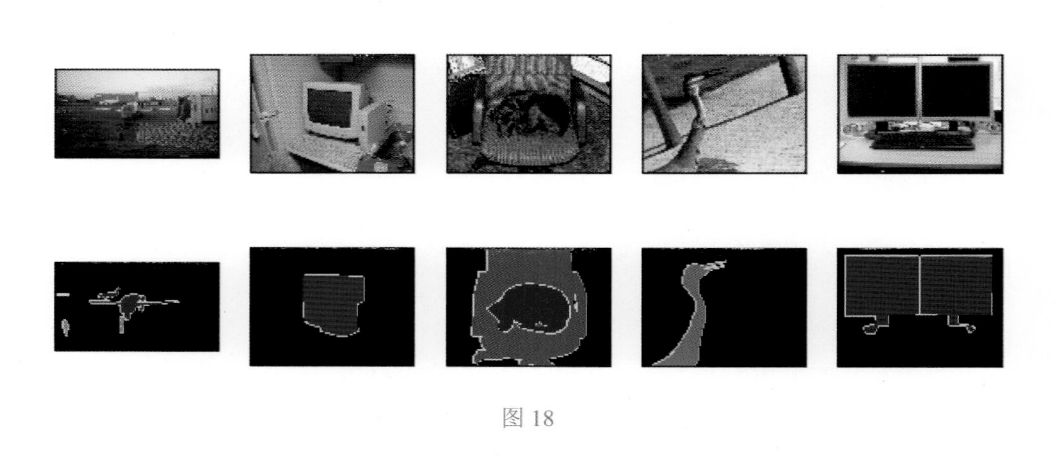

图 18

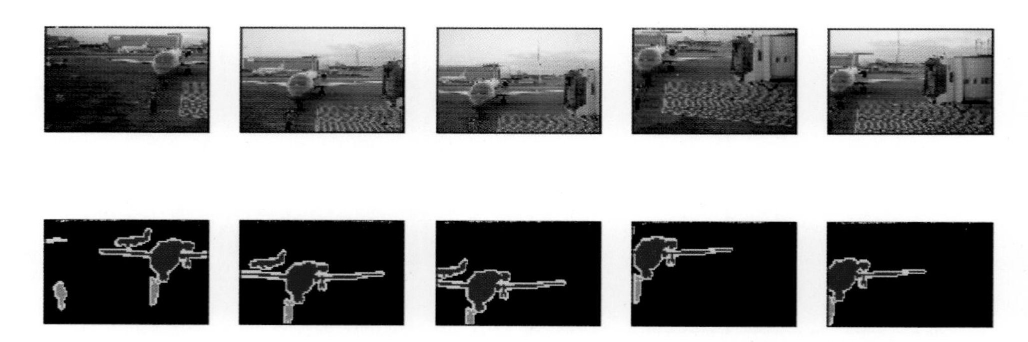

图 19

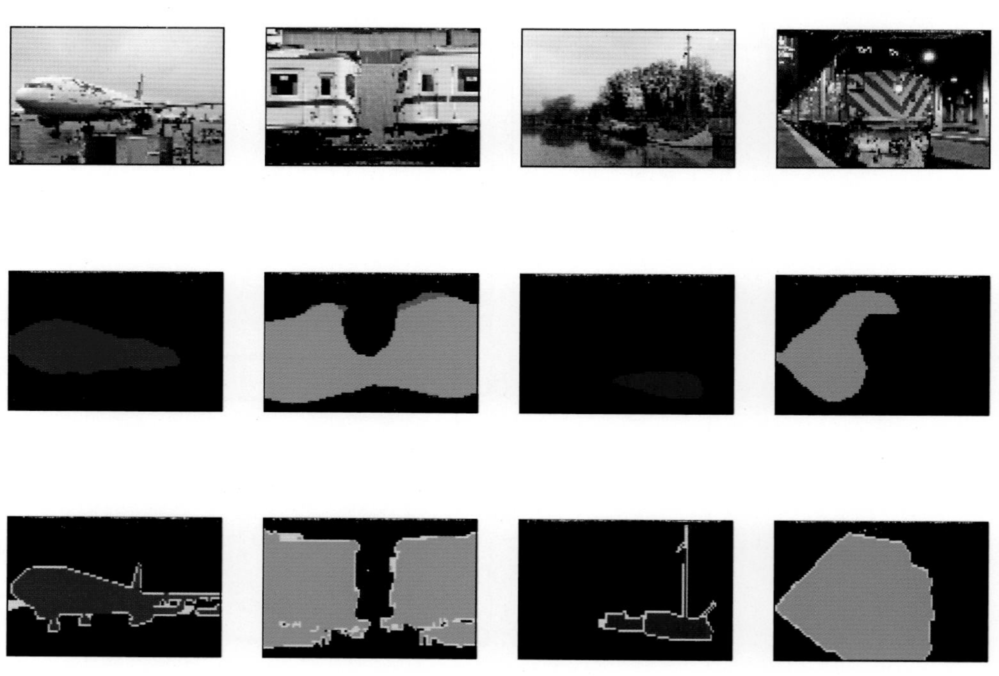

图 20

内容图像

样式图像

合成图像

图 21

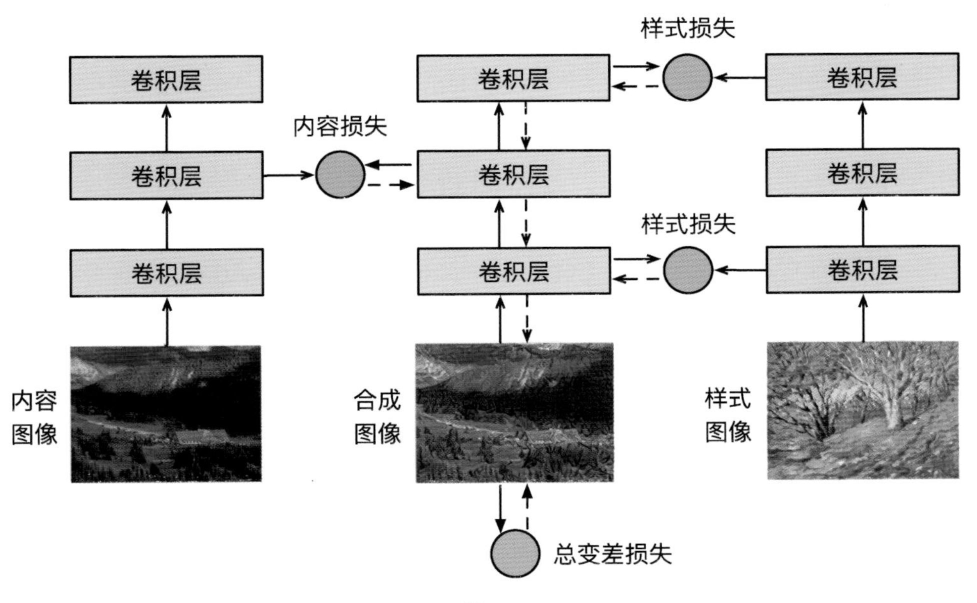

图 22

图 23

图 24

图 25

图 26

动手学

深度学习

DIVE INTO DEEP LEARNING

阿斯顿·张（Aston Zhang）
李沐（Mu Li）
[美]扎卡里·C. 立顿（Zachary C. Lipton）
[德]亚历山大·J. 斯莫拉（Alexander J. Smola）
著

人民邮电出版社
北京

图书在版编目（CIP）数据

动手学深度学习 / 阿斯顿·张等著. -- 北京 ：人民邮电出版社，2019.6
ISBN 978-7-115-49084-1

Ⅰ. ①动… Ⅱ. ①阿… Ⅲ. ①机器学习 Ⅳ. ①TP181

中国版本图书馆CIP数据核字(2019)第061942号

内容提要

本书旨在为读者提供有关深度学习的交互式学习体验。书中不仅阐述深度学习的算法原理，还演示它们的实现和运行。与传统图书不同，本书的每一节都是一个可以下载并运行的 Jupyter 记事本，它将文字、公式、图像、代码和运行结果结合在了一起。此外，读者还可以参与书中内容的讨论。

全书的内容分为 3 个部分：第一部分介绍深度学习的背景，提供预备知识，并包括深度学习最基础的概念和技术；第二部分描述深度学习计算的重要组成部分，还解释近年来令深度学习在多个领域大获成功的卷积神经网络和循环神经网络；第三部分评价优化算法，检验影响深度学习计算性能的重要因素，并分别列举深度学习在计算机视觉和自然语言处理中的重要应用。

本书同时覆盖深度学习的方法和实践，主要面向在校大学生、技术人员和研究人员。阅读本书需要读者了解基本的 Python 编程或附录中描述的线性代数、微分和概率基础。

◆ 著　阿斯顿·张（Aston Zhang）　李沐（Mu Li）
[美] 扎卡里·C. 立顿（Zachary C. Lipton）
[德] 亚历山大·J. 斯莫拉（Alexander J. Smola）
责任编辑　杨海玲
责任印制　焦志炜

◆ 人民邮电出版社出版发行　北京市丰台区成寿寺路 11 号
邮编　100164　电子邮件　315@ptpress.com.cn
网址　http://www.ptpress.com.cn
固安县铭成印刷有限公司印刷

◆ 开本：787×1092　1/16　彩插：4
印张：27.5　2019 年 6 月第 1 版
字数：653 千字　2025 年 3 月河北第 44 次印刷

定价：85.00 元

读者服务热线：(010)81055410　印装质量热线：(010)81055316
反盗版热线：(010)81055315

对本书的赞誉

来自学术界

这是一本及时且引人入胜的书。它不仅提供了深度学习原理的全面概述，还提供了具有编程代码的详细算法，此外，还提供了计算机视觉和自然语言处理中有关深度学习的最新介绍。如果你想钻研深度学习，请研读这本书！

韩家炜
ACM 院士、IEEE 院士
美国伊利诺伊大学香槟分校计算机系 Michael Aiken Chair 教授

这是对机器学习文献的一个很受欢迎的补充，重点是通过集成 Jupyter 记事本实现的动手经验。深度学习的学生应该能体会到，这对于熟练掌握这一领域是非常宝贵的。

Bernhard Schölkopf
ACM 院士、德国国家科学院院士
德国马克斯·普朗克研究所智能系统院院长

这本书基于 MXNet 框架来介绍深度学习技术，书中代码可谓“所学即所用”，为喜欢通过 Python 代码进行学习的读者接触、了解深度学习技术提供了很大的便利。

周志华
ACM 院士、IEEE 院士、AAAS 院士
南京大学计算机科学与技术系主任

这是一本基于 Apache MXNet 的深度学习实战书籍，可以帮助读者快速上手并掌握使用深度学习工具的基本技能。本书的几个作者都在机器学习领域有着非常丰富的经验。他们不光有大量的工业界实践经验，也有非常高的学术成就，所以对机器学习领域的前沿算法理解深刻。这使得作者们在提供优质代码的同时，也可以把最前沿的算法和概念深入浅出地介绍给读者。这本书可以帮助深度学习实践者快速提升自己的能力。

张潼
ASA 院士、IMS 院士
香港科技大学计算机系和数学系教授

来自工业界

不到10年时间，人工智能革命已从研究实验室席卷至广阔的工业界，并触及我们日常生活的方方面面。《动手学深度学习》是一本优秀的深度学习教材，值得任何想了解深度学习何以引爆人工智能革命的人关注——这场革命是我们所处时代中最强的科技力量。

黄仁勋

NVIDIA创始人、首席执行官

虽然业界已经有不错的深度学习方面的书籍，但都不够紧密结合工业界的应用实践。我认为《动手学深度学习》是最适合工业界研发工程师学习的，因为这本书把算法理论、应用场景、代码实例都完美地联系在一起，引导读者把理论学习和应用实践紧密结合，知行合一，在动手中学习，在体会和领会中不断深化对深度学习的理解。因此我毫无保留地向广大的读者强烈推荐《动手学深度学习》。

余凯

地平线公司创始人、首席执行官

强烈推荐这本书！它其实远不只是一本书：它不仅讲解深度学习背后的数学原理，更是一个编程工作台与记事本，让读者可以一边动手学习一边收到反馈，它还是个开源社区平台，让大家可以交流。作为在AI学术界和工业界都长期工作过的人，我特别赞赏这种手脑一体的学习方式，既能增强实践能力，又可以在解决问题中锻炼独立思考和批判性思维。

作者们是算法、工程兼强的业界翘楚，他们能奉献出这样的一本好的开源书，为他们点赞！

漆远

蚂蚁金服副总裁、首席人工智能科学家

一年前作者开始在将门技术社群中做深度学习的系列讲座，当时我就对动手式讲座的内容和形式感到耳目一新。一年过去，看到《动手学深度学习》在持续精心打磨后终于成书出版，感觉十分欣喜！

深度学习是当前人工智能研究中的热门领域，吸引了大量感兴趣的开发者踊跃学习相关的开发技术。然而对大多数学习者而言，掌握深度学习是一件很不容易的事情，需要相继翻越数学基础、算法理论、编程开发、领域应用、软硬优化等几座大山。因此学习过程不容易一帆风顺，我也看到很多学习者还没进入开发环节就在理论学习的过程中抱憾放弃了。然而《动手学深度学习》却是一本很容易让学习者上瘾的书，它最大的特色是强调在动手编程中学习理论和培养实战能力。阅读本书最愉悦的感受是它很好地平衡了理论介绍和编程实操，内容简明扼要，衔接自然流畅，既反映了现代深度学习的进展，又兼具易学和实用特性，是深度学习爱好者难得的学习材料。特别值得称赞的是本书选择了Jupyter记事本作为开发学习环境，将教材、文档和代码统一起来，给读者提供了可以立即尝试修改代码和观察运行效果的交互式的学习体验，使学习充满了乐趣。

在过去的一年中，作者和社区成员对《动手学深度学习》进行了大量优化修改才得以成书，可以说这是一本深度学习前沿实践者给深度学习爱好者带来的诚心之作，相信大家都能在阅读和实践中拥有一样的共鸣。

沈强
将门创投创始合伙人

献给我们的家人

前　言

就在几年前，不管在大公司还是创业公司，都鲜有工程师和科学家将深度学习应用到智能产品与服务中。作为深度学习前身的神经网络，才刚刚摆脱被机器学习学术界认为是过时工具的印象。那个时候，即使是机器学习也非新闻头条的常客。它仅仅被看作是一门具有前瞻性，并拥有一系列小范围实际应用的学科。在包含计算机视觉和自然语言处理在内的实际应用通常需要大量的相关领域知识：这些实际应用被视为相互独立的领域，而机器学习只占其中一小部分。

然而仅仅在这几年之内，深度学习便令全世界大吃一惊。它非常有力地推动了计算机视觉、自然语言处理、自动语音识别、强化学习和统计建模等多个领域的快速发展。随着这些领域的不断进步，我们现在可以制造自动驾驶的汽车，基于短信、邮件甚至电话的自动回复系统，以及在围棋中击败最优秀人类选手的软件。这些由深度学习带来的新工具也正产生着广泛的影响：它们改变了电影制作和疾病诊断的方式，并在从天体物理学到生物学等各个基础科学中扮演越来越重要的角色。

与此同时，深度学习也给它的使用者们带来了独一无二的挑战：任何单一的应用都汇集了各学科的知识。具体来说，应用深度学习需要同时理解：

- 问题的动机和特点；
- 将大量不同类型神经网络层通过特定方式组合在一起的模型背后的数学原理；
- 在原始数据上拟合极复杂的深层模型的优化算法；
- 有效训练模型、避免数值计算陷阱以及充分利用硬件性能所需的工程技能；
- 为解决方案挑选合适的变量（超参数）组合的经验。

同样，我们几位作者也面临前所未有的挑战：我们需要在有限的篇幅里糅合深度学习的多方面知识，从而使读者能够较快理解并应用深度学习技术。本书代表了我们的一种尝试：我们将教给读者概念、背景知识和代码；我们将在同一个地方阐述剖析问题所需的批判性思维、解决问题所需的数学知识，以及实现解决方案所需的工程技能。

包含代码、数学、网页、讨论的统一资源

我们在 2017 年 7 月启动了写作这本书的项目。当时我们需要向用户解释 Apache MXNet

的新接口 Gluon。遗憾的是，我们并没有找到任何一个资源可以同时满足以下几点需求：

- 包含较新的方法和应用，并不断更新；
- 广泛覆盖现代深度学习技术并具有一定的技术深度；
- 既是严谨的教科书，又是包含可运行代码的生动的教程。

那时，我们在博客和 GitHub 上找到了大量的演示特定深度学习框架（例如用 TensorFlow 进行数值计算）或实现特定模型（例如 AlexNet、ResNet 等）的示例代码。这些示例代码的一大价值在于提供了教科书或论文往往省略的实现细节，比如数据的处理和运算的高效率实现。如果不了解这些，即使能将算法倒背如流，也难以将算法应用到自己的项目中去。此外，这些示例代码还使得用户能通过观察修改代码所导致的结果变化而快速验证想法、积累经验。因此，我们坚信动手实践对于学习深度学习的重要性。然而可惜的是，这些示例代码通常侧重于如何实现给定的方法，却忽略了有关算法设计的探究或者实现细节的解释。虽然在像 Distill 这样的网站和某些博客上出现了一些有关算法设计和实现细节的讨论，但它们常常缺少示例代码，并通常仅覆盖深度学习的一小部分。

另外，我们欣喜地看到了一些有关深度学习的教科书不断问世，其中最著名的要数 Goodfellow、Bengio 和 Courville 的《深度学习》。该书梳理了深度学习背后的众多概念与方法，是一本极为优秀的教材。然而，这类资源并没有将概念描述与实际代码相结合，以至于有时会令读者对如何实现它们感到毫无头绪。除了这些以外，商业课程提供者们虽然制作了众多的优质资源，但它们的付费门槛令不少用户望而生畏。

正因为这样，深度学习用户，尤其是初学者，往往不得不参考来源不同的多种资料。例如，通过教科书或者论文来掌握算法及相关数学知识，阅读线上文档学习深度学习框架的使用方法，然后寻找感兴趣的算法在这个框架上的实现，并摸索如何将它应用到自己的项目中去。如果你正亲身经历这一过程，你可能会感到痛苦：不同来源的资料有时难以相互一一对应，即便能够对应也可能需要花费大量的精力。例如，我们需要将某篇论文公式中的数学变量与某段网上实现中的程序变量一一对应，并在代码中找到论文可能没交代清楚的实现细节，甚至要为运行不同的代码安装不同的运行环境。

针对以上存在的痛点，我们正在着手创建一个为实现以下目标的统一资源：

- 所有人均可在网上免费获取；
- 提供足够的技术深度，从而帮助读者实际成为深度学习应用科学家——既理解数学原理，又能够实现并不断改进方法；
- 包含可运行的代码，为读者展示如何在实际中解决问题，这样不仅直接将数学公式对应成实际代码，而且可以修改代码、观察结果并及时获取经验；
- 允许我们和整个社区不断快速迭代内容，从而紧跟仍在高速发展的深度学习领域；
- 由包含有关技术细节问答的论坛作为补充，使大家可以相互答疑并交换经验。

这些目标往往互有冲突：公式、定理和引用最容易通过 LaTeX 进行管理和展示，代码自然应该用简单易懂的 Python 描述，而网页本身应该是一堆 HTML 及配套的 CSS 和 JavaScript。此外，我们希望这个资源可以作为可执行代码、实体书以及网站。然而，目前并没有任何工具可以完美地满足以上所有需求。

因此，我们不得不自己来集成这样的一个工作流。我们决定在 GitHub 上分享源代码并允许提交编辑，通过 Jupyter 记事本来整合代码、公式、文本、图片等，使用 Sphinx 作为渲染引擎来生成不同格式的输出，并使用 Discourse 作为论坛。虽然我们的系统尚未完善，但这些选择在互有冲突的目标之间取得了较好的折中。这很可能是使用这种集成工作流发布的第一本书。

从在线课程到纸质书

本书的两位中国作者曾每周末在线免费讲授“动手学深度学习”系列课程。课程的讲义自然成为了本书内容的蓝本。这个课程持续了 5 个月，其间近 3 000 名同学参与了讨论，并贡献了 5 000 多个有价值的讨论，特别是其中几个参加比赛的练习很受欢迎。这个课程的受欢迎程度出乎我们的意料。尽管我们将课件和课程视频都公开在了网上，但我们同时觉得出版成纸质书也许能让更多喜爱阅读的读者受益。因此，我们委托人民邮电出版社来出版这本书。

从蓝本到成书花费了更多的时间。我们对涉及的所有技术点补充了背景介绍，并使用了更加严谨的写作风格，还对版式和示意图做了大量修改。书中所有的代码执行结果都是自动生成的，任何改动都会触发对书中每一段代码的测试，以保证读者在动手实践时能复现结果。

我们的初衷是让更多人更容易地使用深度学习。为了让大家能够便利地获取这些资源，我们保留了免费的网站内容，并且通过不收取稿费的方式来降低纸质书的价格，使更多人有能力购买。

致谢

我们无比感谢本书的中英文版稿件贡献者和论坛用户。他们帮助增添或改进了书中内容并提供了有价值的反馈。特别地，我们要感谢每一位为这本中文版开源书提交内容改动的贡献者。这些贡献者的 GitHub 用户名或姓名是（排名不分先后）：许致中、邓杨、崔永明、Aaron Sun、陈斌斌、曾元豪、周长安、李昂、王晨光、Chaitanya Prakash Bapat、金杰、赵小华、戴作卓、刘捷、张建浩、梓善、唐佐林、DHRUV536、丁海、郭晶博、段弘、杨英明、林海滨、范舟、李律、李阳、夏鲁豫、张鹏、徐曦、Kangel Zenn、Richard CUI、郭云鹏、hank123456、金颢、hardfish82、何通、高剑伟、王海龙、htoooth、hufuyu、Kun Hu、刘俊朋、沈海晨、韩承宇、张钟越、罗晶、jiqirer、贾忠祥、姜蔚蔚、田宇琛、王曜、李凯、兰青、王乐园、Leonard Lausen、张雷、鄭宇翔、linbojin、lingss0918、杨大卫、刘佳、戴玮、贾老坏、陆明、张亚鹏、李超、周俊佐、Liang Jinzheng、童话、彭小平、王皓、彭大发、彭远卓、黄瓒、解浚源、彭艺宇、刘铭、吴俊、刘睿、张绍明、施洪、刘天池、廖翊康、施行健、孙畔勇、查晟、郑帅、任杰骥、王海珍、王鑫、wangzhe258369、王振荟、周军、吴侃、汪磊、wudayo、徐驰、夏根源、何孝霆、谢国超、刘新伟、肖梅峰、黄晓烽、燕文磊、王贻达、马逸飞、邱怡轩、吴勇、杨培文、余峰、Peng Yu、王雨薇、王宇翔、喻心悦、赵越、刘忆智、张航、郑达、陈志、周航、张帜、周远、汪汇泽、谢乘胜、aitehappiness、张满闯、孙焱、林健、董进、陈宇泓、魏耀武、田慧媛、陈琛、许柏楠、bowcr、张宇楠、王晨、李居正、王宗冰、刘垣德。谢谢你们帮忙改进这本书。

本书的初稿在中国科学技术大学、上海财经大学的“深度学习”课程，以及浙江大学的“物联网与信息处理”课程和上海交通大学的“面向视觉识别的卷积神经网络”课程中被用于教学。我们在此感谢这些课程的师生，特别是连德富教授、王智教授和罗家佳教授，感谢他们对改进本书提供的宝贵意见。

此外，我们感谢 Amazon Web Services，特别是 Swami Sivasubramanian、Raju Gulabani、Charlie Bell 和 Andrew Jassy 在我们撰写本书时给予的慷慨支持。如果没有可用的时间、资源以及来自同事们的讨论和鼓励，就没有这本书的项目。我们还要感谢 Apache MXNet 团队实现了很多本书所使用的特性。另外，经过同事们的校勘，本书的质量得到了极大的提升。在此我们一一列出章节和校勘人，以表示我们由衷的感谢：引言的校勘人为金颢，预备知识的校勘人为吴俊，深度学习基础的校勘人为张航、王晨光、林海滨，深度学习计算的校勘人为查晟，卷积神经网络的校勘人为张帜、何通，循环神经网络的校勘人为查晟，优化算法的校勘人为郑帅，计算性能的校勘人为郑达、吴俊，计算机视觉的校勘人为解浚源、张帜、何通、张航，自然语言处理的校勘人为王晨光，附录的校勘人为金颢。

感谢将门创投，特别是王慧、高欣欣、常铭珊和白玉，为本书的两位中国作者讲授“动手学深度学习”系列课程提供了平台。感谢所有参与这一系列课程的数千名同学们。感谢 Amazon Web Services 中国团队的同事们，特别是费良宏和王晨对作者的支持与鼓励。感谢本书论坛的 3 位版主：王鑫、夏鲁豫和杨培文。他们牺牲了自己宝贵的休息时间来回复大家的提问。感谢人民邮电出版社的杨海玲编辑为我们在本书的出版过程中提供的各种帮助。

最后，我们要感谢我们的家人。谢谢你们一直陪伴着我们。

教学资源、计算资源和反馈

本书的英文版 *Dive into Deep Learning* 是加州大学伯克利分校 2019 年春学期“Introduction to Deep Learning”（深度学习导论）课程的教材。截至 2019 年春学期，本书中的内容已被全球 15 所知名大学用于教学。本书的学习社区、免费教学资源（课件、教学视频、更多习题等），以及用于本书学习或教学的免费计算资源（仅限学生和老师）的申请方法在本书网站 https://zh.d2l.ai 上发布。诚然，将算法、公式、图片、代码和样例统一进一本适合阅读的书，并以具有交互式体验的 Jupyter 记事本文件的形式提供给读者，是对我们的极大挑战。书中难免有很多疏忽的地方，敬请原谅，并希望读者能通过每一节后面的二维码向我们反馈阅读本书过程中发现的问题。

结尾处，附上陆游的一句诗作为勉励：

“纸上得来终觉浅，绝知此事要躬行。”

阿斯顿·张、李沐、扎卡里·C. 立顿、亚历山大·J. 斯莫拉

2019 年 5 月

如何使用本书

本书将全面介绍深度学习从模型构造到模型训练的方方面面，以及它们在计算机视觉和自然语言处理中的应用。我们不仅将阐述算法原理，还将基于 Apache MXNet 对算法进行实现，并实际运行它们。本书的每一节都是一个 Jupyter 记事本。它将文字、公式、图像、代码和运行结果结合在了一起。读者不但能直接阅读它们，而且可以运行它们以获得交互式的学习体验。

面向的读者

本书面向希望了解深度学习，特别是对实际使用深度学习感兴趣的大学生、工程师和研究人员。本书并不要求读者有任何深度学习或者机器学习的背景知识，我们将从头开始解释每一个概念。虽然深度学习技术与应用的阐述涉及了数学和编程，但读者只需了解基础的数学和编程，如基础的线性代数、微分和概率，以及基本的 Python 编程知识。在附录 A 中我们提供了本书涉及的主要数学知识供读者参考。如果读者之前没有接触过 Python，可以参考其中文教程或英文教程。当然，如果读者只对本书中的数学部分感兴趣，可以忽略掉编程部分，反之亦然。

内容和结构

本书内容大体可以分为 3 个部分。

- 第一部分（第 1 章 ~ 第 3 章）涵盖预备工作和基础知识。第 1 章介绍深度学习的背景。第 2 章提供动手学深度学习所需要的预备知识，例如，如何获取并运行本书中的代码。第 3 章包括深度学习最基础的概念和技术，如多层感知机和模型正则化。如果读者时间有限，并且只想了解深度学习最基础的概念和技术，那么只需阅读第一部分。
- 第二部分（第 4 章 ~ 第 6 章）关注现代深度学习技术。第 4 章描述深度学习计算的各个重要组成部分，并为实现后续更复杂的模型打下基础。第 5 章解释近年来令深度学习在计算机视觉领域大获成功的卷积神经网络。第 6 章阐述近年来常用于处理序列数据的循环神经网络。阅读第二部分有助于掌握现代深度学习技术。
- 第三部分（第 7 章 ~ 第 10 章）讨论计算性能和应用。第 7 章评价各种用来训练深度学习模型的优化算法。第 8 章检验影响深度学习计算性能的几个重要因素。第 9 章和第 10 章分别列举深度学习在计算机视觉和自然语言处理中的重要应用。这部分内容读者可根据兴趣选择阅读。

图 0-1 描绘了本书的结构，其中由 A 章指向 B 章的箭头表明 A 章的知识有助于理解 B 章的内容。

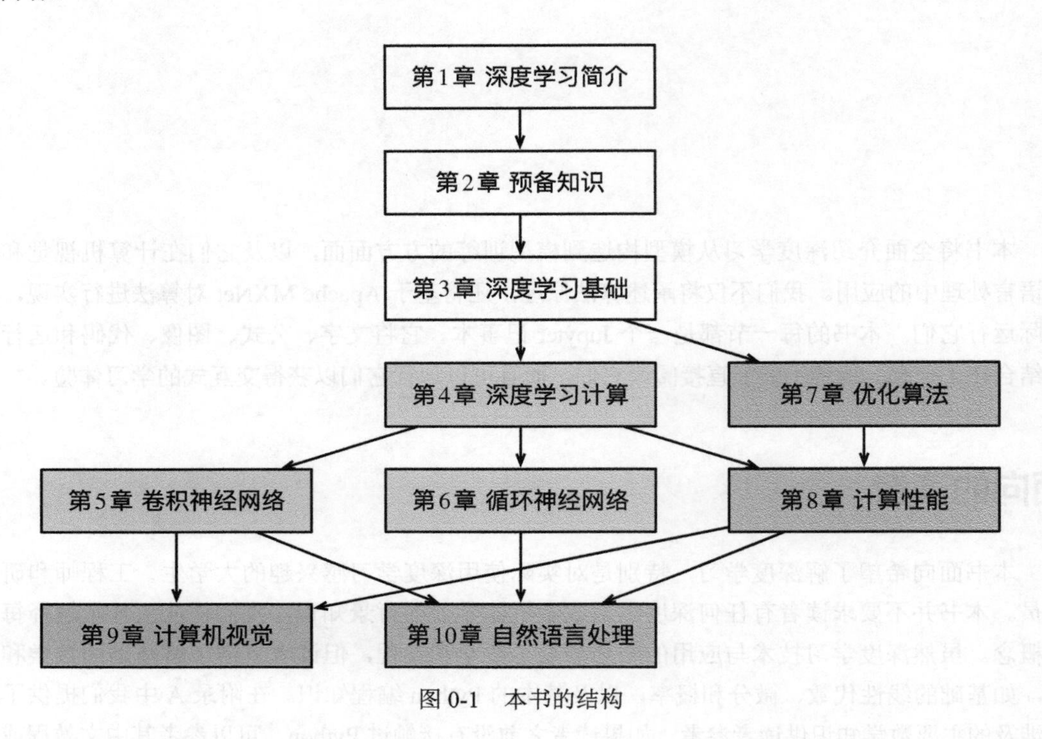

图 0-1　本书的结构

代码

本书的一大特点是每一节的代码都是可以运行的。读者可以改动代码后重新运行，并通过运行结果进一步理解改动所带来的影响。我们认为，这种交互式的学习体验对于学习深度学习非常重要。因为深度学习目前并没有很好的理论解释框架，很多论断只可意会。文字解释在这时候可能比较苍白无力，而且不足以覆盖所有细节。读者需要不断改动代码、观察运行结果并总结经验，从而逐步领悟和掌握深度学习。

本书的代码基于 Apache MXNet 实现。MXNet 是一个开源的深度学习框架。它是 AWS（亚马逊云计算服务）首选的深度学习框架，也被众多学校和公司使用。为了避免重复描述，我们将本书中多次使用的函数和类封装在 `d2lzh` 包中（包的名称源于本书的网站地址）。这些函数和类的定义的所在章节已在附录 F 里列出。但是，因为深度学习发展极为迅速，未来版本的 MXNet 可能会造成书中部分代码无法正常运行。遇到相关问题可参考 2.1 节来更新代码和运行环境。如果读者想了解运行本书代码所依赖的 MXNet 和 `d2lzh` 包的版本号，也可参考 2.1 节。

我们提供代码的主要目的在于增加一个在文字、图像和公式外的学习深度学习算法的方式，以及一个便于理解各个算法在真实数据上的实际效果的交互式环境。书中只使用了MXNet的`ndarray`、`autograd`、`gluon`等模块或包的基础功能，从而使读者尽可能了解深度学习算法的实现细节。即便读者在研究和工作中使用的是其他深度学习框架，书中的代码也有助于读者更好地理解和应用深度学习算法。

讨论区

本书的网站是https://zh.d2l.ai，上面提供了学习社区地址和GitHub开源地址。如果读者对书中某节内容有疑惑，可扫一扫该节开始的二维码参与该节内容的讨论。值得一提的是，在有关Kaggle比赛章节的讨论区中，众多社区成员提供了丰富的高水平方法，我们强烈推荐给大家。希望诸位积极参与学习社区中的讨论，并相信大家一定会有所收获。本书作者和MXNet开发人员也时常参与社区中的讨论。

资源与支持

本书由异步社区出品，社区（https://www.epubit.com/）为您提供相关资源和后续服务。

配套资源

本书提供如下资源：

- 本书源代码；
- 书中彩图文件。

要获得以上配套资源，请在异步社区本书页面中点击 配套资源 ，跳转到下载界面，按提示进行操作即可。注意：为保证购书读者的权益，该操作会给出相关提示，要求输入提取码进行验证。

如果您是教师，希望获得教学配套资源，请在社区本书页面中直接联系本书的责任编辑。

提交勘误

作者和编辑尽最大努力来确保书中内容的准确性，但难免会存在疏漏。欢迎您将发现的问题反馈给我们，帮助我们提升图书的质量。

当您发现错误时，请登录异步社区，按书名搜索，进入本书页面，点击“提交勘误”，输入勘误信息，点击“提交”按钮即可。本书的作者和编辑会对您提交的勘误进行审核，确认并接受后，您将获赠异步社区的 100 积分。积分可用于在异步社区兑换优惠券、样书或奖品。

扫码关注本书

扫描下方二维码，您将会在异步社区微信服务号中看到本书信息及相关的服务提示。

与我们联系

我们的联系邮箱是 contact@epubit.com.cn。

如果您对本书有任何疑问或建议，请您发邮件给我们，并请在邮件标题中注明本书书名，以便我们更高效地做出反馈。

如果您有兴趣出版图书、录制教学视频，或者参与图书翻译、技术审校等工作，可以发邮件给我们；有意出版图书的作者也可以到异步社区在线提交投稿（直接访问 www.epubit.com/selfpublish/submission 即可）。

如果您是学校、培训机构或企业，想批量购买本书或异步社区出版的其他图书，也可以发邮件给我们。

如果您在网上发现有针对异步社区出品图书的各种形式的盗版行为，包括对图书全部或部分内容的非授权传播，请您将怀疑有侵权行为的链接发邮件给我们。您的这一举动是对作者权益的保护，也是我们持续为您提供有价值的内容的动力之源。

关于异步社区和异步图书

“异步社区”是人民邮电出版社旗下 IT 专业图书社区，致力于出版精品 IT 技术图书和相关学习产品，为作译者提供优质出版服务。异步社区创办于 2015 年 8 月，提供大量精品 IT 技术图书和电子书，以及高品质技术文章和视频课程。更多详情请访问异步社区官网 https://www.epubit.com。

“异步图书”是由异步社区编辑团队策划出版的精品 IT 专业图书的品牌，依托于人民邮电出版社近 30 年的计算机图书出版积累和专业编辑团队，相关图书在封面上印有异步图书的 LOGO。异步图书的出版领域包括软件开发、大数据、AI、测试、前端、网络技术等。

异步社区

微信服务号

主要符号表

数相关符号

符　号	含　义
x	标量
$\boldsymbol{x}$	向量
$\boldsymbol{X}$	矩阵
X	张量

集合相关符号

符　号	含　义
$\mathcal{X}$	集合
$\mathbb{R}$	实数集合
$\mathbb{R}^n$	n 维的实数向量集合
$\mathbb{R}^{x\times y}$	x 行 y 列的实数矩阵集合

操作符相关符号

符　号	含　义
$(\cdot)^\top$	向量或矩阵的转置
$\odot$	按元素相乘，即阿达马（Hadamard）积
$\|\mathcal{X}\|$	集合 $\mathcal{X}$ 中元素个数
$\\|\cdot\\|_p$	L_p 范数
$\\|\cdot\\|$	L_2 范数
$\sum$	连加
$\prod$	连乘

函数相关符号

符　号	含　义
$f(\cdot)$	函数
$\log(\cdot)$	自然对数函数
$\exp(\cdot)$	指数函数

导数和梯度相关符号

符　号	含　义
$\frac{\mathrm{d}y}{\mathrm{d}x}$	y 关于 x 的导数
$\frac{\partial y}{\partial x}$	y 关于 x 的偏导数
$\nabla_{\cdot} y$	y 关于 · 的梯度

概率和统计相关符号

符　号	含　义
$P(\cdot)$	概率分布
$\cdot \sim P$	随机变量 · 的概率分布是 P
$P(\cdot \mid \cdot)$	条件概率分布
$E_{\cdot}(f(\cdot))$	函数 $f(\cdot)$ 对 · 的数学期望

复杂度相关符号

符　号	含　义
$\mathcal{O}$	大 O 符号（渐进符号）

目　录

第1章 深度学习简介

你可能已经接触过编程，并开发过一两款程序。同时你可能读过关于深度学习或者机器学习的铺天盖地的报道，尽管很多时候它们被赋予了更广义的名字——人工智能。实际上，或者说幸运的是，大部分程序并不需要深度学习或者是更广义上的人工智能技术。例如，如果我们要为一台微波炉编写一个用户界面，只需要一点儿工夫我们便能设计出十几个按钮以及一系列能精确描述微波炉在各种情况下的表现的规则；再比如，假设我们要编写一个电子邮件客户端。这样的程序比微波炉要复杂一些，但我们还是可以沉下心来一步一步思考：客户端的用户界面将需要几个输入框来接受收件人、主题、邮件正文等，程序将监听键盘输入并写入一个缓冲区，然后将它们显示在相应的输入框中。当用户点击"发送"按钮时，我们需要检查收件人邮箱地址的格式是否正确，并检查邮件主题是否为空，或在主题为空时警告用户，而后用相应的协议传送邮件。

值得注意的是，在以上两个例子中，我们都不需要收集真实世界中的数据，也不需要系统地提取这些数据的特征。只要有充足的时间，我们的常识与编程技巧已经足够让我们完成任务。

与此同时，我们很容易就能找到一些连世界上最好的程序员也无法仅用编程技巧解决的简单问题。例如，假设我们想要编写一个判定一张图像中有没有猫的程序。这件事听起来好像很简单，对不对？程序只需要对每张输入图像输出"真"（表示有猫）或者"假"（表示无猫）即可。但令人惊讶的是，即使是世界上最优秀的计算机科学家和程序员也不懂如何编写这样的程序。

我们该从哪里入手呢？我们先进一步简化这个问题：若假设所有图像的高和宽都是同样的400像素大小，一个像素由红绿蓝3个值构成，那么一张图像就由近50万个数值表示。那么哪些数值隐藏着我们需要的信息呢？是所有数值的平均数，还是4个角的数值，抑或是图像中的某一个特别的点？事实上，要想解读图像中的内容，需要寻找仅仅在结合成千上万的数值时才会出现的特征，如边缘、质地、形状、眼睛、鼻子等，最终才能判断图像中是否有猫。

一种解决以上问题的思路是逆向思考。与其设计一个解决问题的程序，不如从最终的需求入手来寻找一个解决方案。事实上，这也是目前的机器学习和深度学习应用共同的核心思想：我们可以称其为"用数据编程"。与其枯坐在房间里思考怎么设计一个识别猫的程序，不如利用人类肉眼在图像中识别猫的能力。我们可以收集一些已知包含猫与不包含猫的真实图像，然后我们的目标就转化成如何从这些图像入手得到一个可以推断出图像中是否有猫的函数。这个函数的形式通常通过我们的知识来针对特定问题选定。例如，我们使用一个二次函数来判断图像中是否有猫，但是像二次函数系数值这样的函数参数的具体值则是通过数据来确定。

通俗来说，机器学习是一门讨论各式各样的适用于不同问题的函数形式，以及如何使用数据来有效地获取函数参数具体值的学科。深度学习是指机器学习中的一类函数，它们的形式通常为多层神经网络。近年来，仰仗着大数据集和强大的硬件，深度学习已逐渐成为处理图像、文本语料和声音信号等复杂高维度数据的主要方法。

我们现在正处于一个程序设计得到深度学习的帮助越来越多的时代。这可以说是计算机科学历史上的一个分水岭。举个例子，深度学习已经在你的手机里：拼写校正、语音识别、认出社交媒体照片里的好友们等。得益于优秀的算法、快速而廉价的算力、前所未有的大量数据以及强大的软件工具，如今大多数软件工程师都有能力建立复杂的模型来解决10年前连最优秀的科学家都觉得棘手的问题。

本书希望能帮助读者进入深度学习的浪潮中。我们希望结合数学、代码和样例让深度学习变得触手可及。本书不要求读者具有高深的数学或编程背景，我们将随着章节的发展逐一解释所需要的知识。更值得一提的是，本书的每一节都是一个可以独立运行的Jupyter记事本。读者可以从网上获得这些记事本，并且可以在个人电脑或云端服务器上执行它们。这样读者就可以随意改动书中的代码并得到及时反馈。我们希望本书能帮助和启发新一代的程序员、创业者、统计学家、生物学家，以及所有对深度学习感兴趣的人。

1.1 起源

虽然深度学习似乎是最近几年刚兴起的名词，但它所基于的神经网络模型和用数据编程的核心思想已经被研究了数百年。自古以来，人类就一直渴望能从数据中分析出预知未来的窍门。实际上，数据分析正是大部分自然科学的本质，我们希望从日常的观测中提取规则，并找寻不确定性。

早在17世纪，雅各比·伯努利（1655—1705）提出了描述只有两种结果的随机过程（如抛掷一枚硬币）的伯努利分布。大约一个世纪之后，卡尔·弗里德里希·高斯（1777—1855）发明了今日仍广泛用在从保险计算到医学诊断等领域的最小二乘法。概率论、统计学和模式识别等工具帮助自然科学的工作者从数据回归到自然定律，从而发现了如欧姆定律（描述电阻两端电压和流经电阻电流关系的定律）这类可以用线性模型完美表达的一系列自然法则。

即使是在中世纪，数学家也热衷于利用统计学来做出估计。例如，在雅各比·科贝尔（1460—1533）的几何书中记载了使用16名男子的平均脚长来估计男子的平均脚长。

如图1-1所示，在这个研究中，16位成年男子被要求在离开教堂时站成一排并把脚贴在一起，而后他们脚的总长度除以16得到了一个估计：这个数字大约相当于今日的0.3米。这个算法之后又被改进，以应对特异形状的脚——最长和最短的脚不计入，只对剩余的脚长取平均值，即裁剪平均值的雏形。

图 1-1 在中世纪，16 名男子的平均脚长被用来估计男子的平均脚长

现代统计学在 20 世纪的真正腾飞要归功于数据的收集和发布。统计学巨匠之一罗纳德 · 费雪（1890—1962）对统计学理论和统计学在基因学中的应用功不可没。他发明的许多算法和公式，例如线性判别分析和费雪信息，仍经常被使用。即使是他在 1936 年发布的 Iris 数据集，仍然偶尔被用于演示机器学习算法。

克劳德 · 香农（1916—2001）的信息论以及阿兰 · 图灵（1912—1954）的计算理论也对机器学习有深远影响。图灵在他著名的论文《计算机器与智能》中提出了“机器可以思考吗？”这样一个问题 [56]。在他描述的“图灵测试”中，如果一个人在使用文本交互时不能区分他的对话对象到底是人类还是机器的话，那么即可认为这台机器是有智能的。时至今日，智能机器的发展可谓日新月异。

另一个对深度学习有重大影响的领域是神经科学与心理学。既然人类显然能够展现出智能，那么对于解释并逆向工程人类智能机理的探究也在情理之中。最早的算法之一是由唐纳德 · 赫布（1904—1985）正式提出的。在他开创性的著作《行为的组织》中，他提出神经是通过正向强化来学习的，即赫布理论 [21]。赫布理论是感知机学习算法的原型，并成为支撑今日深度学习的随机梯度下降算法的基石：强化合意的行为、惩罚不合意的行为，最终获得优良的神经网络参数。

来源于生物学的灵感是神经网络名字的由来。这类研究者可以追溯到一个多世纪前的亚历山大·贝恩（1818—1903）和查尔斯·斯科特·谢灵顿（1857—1952）。研究者们尝试组建模仿神经元互动的计算电路。随着时间流逝，神经网络的生物学解释被稀释，但仍保留了这个名字。时至今日，绝大多数神经网络都包含以下的核心原则。

- 交替使用线性处理单元与非线性处理单元，它们经常被称为“层”。
- 使用链式法则（即反向传播）来更新网络的参数。

在最初的快速发展之后，自约 1995 年起至 2005 年，大部分机器学习研究者的视线从神经网络上移开了。这是由于多种原因。首先，训练神经网络需要极强的计算力。尽管 20 世纪末内存已经足够，计算力却不够充足。其次，当时使用的数据集也相对小得多。费雪在 1936 年发布的的 Iris 数据集仅有 150 个样本，并被广泛用于测试算法的性能。具有 6 万个样本的 MNIST 数据集在当时已经被认为是非常庞大了，尽管它如今已被认为是典型的简单数据集。由于数据和计算力的稀缺，从经验上来说，如核方法、决策树和概率图模型等统计工具更优。它们不像神经网络一样需要长时间的训练，并且在强大的理论保证下提供可以预测的结果。

1.2　发展

互联网的崛起、价廉物美的传感器和低价的存储器令我们越来越容易获取大量数据。加之便宜的计算力，尤其是原本为电脑游戏设计的 GPU 的出现，前面描述的情况改变了许多。一瞬间，原本被认为不可能的算法和模型变得触手可及。这样的发展趋势从表 1-1 中可见一斑。

表 1-1　发展趋势

年代	数据样本个数	内存	每秒浮点计算数
1970	10^2（Iris）	1 KB	10^5（Intel 8080）
1980	10^3（波士顿房价）	100 KB	10^6（Intel 80186）
1990	10^4（手写字符识别）	10 MB	10^7（Intel 80486）
2000	10^7（网页）	100 MB	10^9（Intel Core）
2010	10^{10}（广告）	1 GB	10^{12}（NVIDIA C2050）
2020	10^{12}（社交网络）	100 GB	10^{15}（NVIDIA DGX-2）

很显然，存储容量没能跟上数据量增长的步伐。与此同时，计算力的增长又盖过了数据量的增长。这样的趋势使得统计模型可以在优化参数上投入更多的计算力，但同时需要提高存储的利用效率，例如使用非线性处理单元。这也相应导致了机器学习和统计学的最优选择从广义线性模型及核方法变化为深度多层神经网络。这样的变化正是诸如多层感知机、卷积神经网络、长短期记忆循环神经网络和 Q 学习等深度学习的支柱模型在过去 10 年从坐了数十年的冷板凳上站起来被“重新发现”的原因。

近年来在统计模型、应用和算法上的进展常被拿来与寒武纪大爆发（历史上物种数量大爆发的一个时期）做比较。但这些进展不仅仅是因为可用资源变多了而让我们得以用新瓶装旧酒。下面仅列出了近10年来深度学习长足发展的部分原因。

- 优秀的容量控制方法，如丢弃法，使大型网络的训练不再受制于过拟合（大型神经网络学会记忆大部分训练数据的行为）[49]。这是靠在整个网络中注入噪声而达到的，如训练时随机将权重替换为随机的数字[2]。
- 注意力机制解决了另一个困扰统计学超过一个世纪的问题：如何在不增加参数的情况下扩展一个系统的记忆容量和复杂度。注意力机制使用了一个可学习的指针结构来构建出一个精妙的解决方法[1]。也就是说，与其在像机器翻译这样的任务中记忆整个句子，不如记忆指向翻译的中间状态的指针。由于生成译文前不需要再存储整句原文的信息，这样的结构使准确翻译长句变得可能。
- 记忆网络[51]和神经编码器－解释器[44]这样的多阶设计使得针对推理过程的迭代建模方法变得可能。这些模型允许重复修改深度网络的内部状态，这样就能模拟出推理链条上的各个步骤，就好像处理器在计算过程中修改内存一样。
- 另一个重大发展是生成对抗网络的发明[17]。传统上，用在概率分布估计和生成模型上的统计方法更多地关注于找寻正确的概率分布，以及正确的采样算法。生成对抗网络的关键创新在于将采样部分替换成了任意的含有可微分参数的算法。这些参数将被训练到使辨别器不能再分辨真实的和生成的样本。生成对抗网络可使用任意算法来生成输出的这一特性为许多技巧打开了新的大门。例如，生成奔跑的斑马[64]和生成名流的照片[27]都是生成对抗网络发展的见证。
- 许多情况下单块GPU已经不能满足在大型数据集上进行训练的需要。过去10年内我们构建分布式并行训练算法的能力已经有了极大的提升。设计可扩展算法的最大瓶颈在于深度学习优化算法的核心：随机梯度下降需要相对更小的批量。与此同时，更小的批量也会降低GPU的效率。如果使用1 024块GPU，每块GPU的批量大小为32个样本，那么单步训练的批量大小将是32 000个以上。近年来的工作将批量大小增至多达64 000个样例，并把在ImageNet数据集上训练ResNet-50模型的时间降到了7分钟[32,62,26]。与之相比，最初的训练时间需要以天来计算。
- 并行计算的能力也为至少在可以采用模拟情况下的强化学习的发展贡献了力量。并行计算帮助计算机在围棋、雅达利游戏、星际争霸和物理模拟上达到了超过人类的水准。
- 深度学习框架也在传播深度学习思想的过程中扮演了重要角色。Caffe、Torch和Theano这样的第一代框架使建模变得更简单。许多开创性的论文都用到了这些框架。如今它们已经被TensorFlow（经常是以高层API Keras的形式被使用）、CNTK、Caffe 2和Apache MXNet所取代。第三代，即命令式深度学习框架，是由用类似NumPy的语法来定义模型的Chainer所开创的。这样的思想后来被PyTorch和MXNet的Gluon API采用，后者也正是本书用来教学深度学习的工具。

系统研究者负责构建更好的工具，统计学家建立更好的模型。这样的分工使工作大大简化。举例来说，在2014年时，训练一个逻辑回归模型曾是卡内基梅隆大学布置给机器学习方向的新入学博士生的作业问题。时至今日，这个问题只需要少于10行的代码便可以完成，普通的程序员都可以做到。

1.3 成功案例

长期以来机器学习总能完成其他方法难以完成的目标。例如，自20世纪90年代起，邮件的分拣就开始使用光学字符识别。实际上这正是知名的MNIST和USPS手写数字数据集的来源。机器学习也是电子支付系统的支柱，可以用于读取银行支票、进行授信评分以及防止金融欺诈。机器学习算法在网络上被用来提供搜索结果、个性化推荐和网页排序。虽然长期处于公众视野之外，但是机器学习已经渗透到了我们工作和生活的方方面面。直到近年来，在此前认为无法被解决的问题以及直接关系到消费者的问题上取得突破性进展后，机器学习才逐渐变成公众的焦点。下列进展基本归功于深度学习。

- 苹果公司的Siri、亚马逊的Alexa和谷歌助手一类的智能助手能以可观的准确率回答口头提出的问题，甚至包括从简单的开关灯具（对残疾群体帮助很大）到提供语音对话帮助。智能助手的出现或许可以作为人工智能开始影响我们生活的标志。
- 智能助手的关键是需要能够精确识别语音，而这类系统在某些应用上的精确度已经渐渐增长到可以与人类比肩 [61]。
- 物体识别也经历了漫长的发展过程。在2010年从图像中识别出物体的类别仍是一个相当有挑战性的任务。当年日本电气、伊利诺伊大学香槟分校和罗格斯大学团队在ImageNet基准测试上取得了28%的前五错误率。到2017年，这个数字降低到了2.25%[23]。研究人员在鸟类识别和皮肤癌诊断上，也取得了同样惊世骇俗的成绩。
- 博弈曾被认为是人类智能最后的堡垒。自使用时间差分强化学习玩双陆棋的TD-Gammon开始，算法和算力的发展催生了一系列在博弈上使用的新算法。与双陆棋不同，国际象棋有更复杂的状态空间和更多的可选动作。“深蓝”用大量的并行、专用硬件和博弈树的高效搜索打败了加里·卡斯帕罗夫 [5]。围棋因其庞大的状态空间被认为是更难的游戏，AlphaGo在2016年用结合深度学习与蒙特卡洛树采样的方法达到了人类水准 [47]。对德州扑克游戏而言，除了巨大的状态空间之外，更大的挑战是博弈的信息并不完全可见，例如看不到对手的牌。而“冷扑大师”用高效的策略体系超越了人类玩家的表现 [4]。以上的例子都体现出了先进的算法是人工智能在博弈上的表现提升的重要原因。
- 机器学习进步的另一个标志是自动驾驶汽车的发展。尽管距离完全的自主驾驶还有很长的路要走，但诸如Tesla、NVIDIA、MobilEye和Waymo这样的公司发布的具有部分自主驾驶功能的产品展示出了这个领域巨大的进步。完全自主驾驶的难点在于它需要将感知、思考和规则整合在同一个系统中。目前，深度学习主要被应用在计算机视觉的部分，剩余的部分还是需要工程师们的大量调试。

以上列出的仅仅是近年来深度学习所取得的成果的冰山一角。机器人学、物流管理、计算生物学、粒子物理学和天文学近年来的发展也有一部分要归功于深度学习。可以看到，深度学习已经逐渐演变成一个工程师和科学家皆可使用的普适工具。

1.4 特点

在描述深度学习的特点之前，我们先回顾并概括一下机器学习和深度学习的关系。机器学习研究如何使计算机系统利用经验改善性能。它是人工智能领域的分支，也是实现人工智能的一种手段。在机器学习的众多研究方向中，*表征学习*关注如何自动找出表示数据的合适方式，以便更好地将输入变换为正确的输出，而本书要重点探讨的*深度学习*是具有多级表示的表征学习方法。在每一级（从原始数据开始），深度学习通过简单的函数将该级的表示变换为更高级的表示。因此，深度学习模型也可以看作是由许多简单函数复合而成的函数。当这些复合的函数足够多时，深度学习模型就可以表达非常复杂的变换。

深度学习可以逐级表示越来越抽象的概念或模式。以图像为例，它的输入是一堆原始像素值。深度学习模型中，图像可以逐级表示为特定位置和角度的边缘、由边缘组合得出的花纹、由多种花纹进一步汇合得到的特定部位的模式等。最终，模型能够较容易根据更高级的表示完成给定的任务，如识别图像中的物体。值得一提的是，作为表征学习的一种，深度学习将自动找出每一级表示数据的合适方式。

因此，深度学习的一个外在特点是端到端的训练。也就是说，并不是将单独调试的部分拼凑起来组成一个系统，而是将整个系统组建好之后一起训练。比如说，计算机视觉科学家之前曾一度将特征抽取与机器学习模型的构建分开处理，像是 Canny 边缘探测 [6] 和 SIFT 特征提取 [37] 曾占据统治性地位达 10 年以上，但这也就是人类能找到的最好方法了。当深度学习进入这个领域后，这些特征提取方法就被性能更强的自动优化的逐级过滤器替代了。

相似地，在自然语言处理领域，词袋模型多年来都被认为是不二之选 [46]。词袋模型是将一个句子映射到一个词频向量的模型，但这样的做法完全忽视了单词的排列顺序或者句中的标点符号。不幸的是，我们也没有能力来手工抽取更好的特征。但是自动化的算法反而可以从所有可能的特征中搜寻最好的那个，这也带来了极大的进步。例如，语义相关的词嵌入能够在向量空间中完成如下推理："柏林 - 德国 + 中国 = 北京"。可以看出，这些都是端到端训练整个系统带来的效果。

除端到端的训练以外，我们也正在经历从含参数统计模型转向完全无参数的模型。当数据非常稀缺时，我们需要通过简化对现实的假设来得到实用的模型。当数据充足时，我们就可以用能更好地拟合现实的无参数模型来替代这些含参数模型。这也使我们可以得到更精确的模型，尽管需要牺牲一些可解释性。

相对于其他经典的机器学习方法而言，深度学习的不同在于对非最优解的包容、非凸非线性优化的使用，以及勇于尝试没有被证明过的方法。这种在处理统计问题上的新经验主义吸引了大量人才的涌入，使得大量实际问题有了更好的解决方案。尽管大部分情况下需要为深度学习修改甚至重新发明已经存在数十年的工具，但是这绝对是一件非常有意义并令人兴奋的事。

最后，深度学习社区长期以来以在学术界和企业之间分享工具而自豪，并开源了许多优秀的软件库、统计模型和预训练网络。正是本着开放开源的精神，本书的内容和基于它的教学视频可以自由下载和随意分享。我们致力于为所有人降低学习深度学习的门槛，并希望大家从中获益。

小结

- 机器学习研究如何使计算机系统利用经验改善性能。它是人工智能领域的分支，也是实现人工智能的一种手段。
- 作为机器学习的一类，表征学习关注如何自动找出表示数据的合适方式。
- 深度学习是具有多级表示的表征学习方法。它可以逐级表示越来越抽象的概念或模式。
- 深度学习所基于的神经网络模型和用数据编程的核心思想实际上已经被研究了数百年。
- 深度学习已经逐渐演变成一个工程师和科学家皆可使用的普适工具。

练习

（1）你现在正在编写的代码有没有可以被“学习”的部分，也就是说，是否有可以被机器学习改进的部分？

（2）你在生活中有没有这样的场景：虽然有许多展示如何解决问题的样例，但却缺少自动解决问题的算法？它们也许是深度学习的最好猎物。

（3）如果把人工智能的发展看作是新一次工业革命，那么深度学习和数据的关系是否像是蒸汽机与煤炭的关系呢？为什么？

（4）端到端的训练方法还可以用在哪里？物理学、工程学还是经济学？

（5）为什么应该让深度网络模仿人脑结构？为什么不该让深度网络模仿人脑结构？

第2章 预备知识

在学习之前，我们需要获取本书的代码，并安装运行本书的代码所需要的软件。作为动手学深度学习的基础，我们还需要了解如何对内存中的数据进行操作，以及对函数求梯度的方法。最后，我们应养成主动查阅文档来学习代码的良好习惯。

2.1 获取和运行本书的代码

扫码直达讨论区

本节将介绍如何获取本书的代码和安装运行代码所依赖的软件。虽然跳过本节不会影响后面的阅读，但我们还是强烈建议读者按照下面的步骤来动手操作一遍。本书大部分章节的练习都涉及改动代码并观察运行结果。因此，本节是完成这些练习的基础。

2.1.1 获取代码并安装运行环境

本书的内容和代码均可在网上免费获取。我们推荐使用 conda 来安装运行代码所依赖的软件。conda 是一个流行的 Python 包管理软件。Windows 和 Linux/macOS 用户可分别参照以下步骤。

1. Windows用户

第一次运行需要完整完成下面 5 个步骤。如果是再次运行，可以忽略前面 3 步的下载和安装，直接跳转到第四步和第五步。

第一步是根据操作系统下载并安装 Miniconda，在安装过程中需要勾选“Add Anaconda to the system PATH environment variable”选项（如当 conda 版本为 4.6.14 时）。

第二步是下载包含本书全部代码的压缩包。我们可以在浏览器的地址栏中输入 https://zh.d2l.ai/d2l-zh-1.1.zip 并按回车键进行下载，下载完成后，创建文件夹“d2l-zh”并将以上压缩包解压到这个文件夹。在该目录文件资源管理器的地址栏输入 cmd 进入命令行模式。

第三步是使用 conda 创建虚拟（运行）环境。conda 和 pip 默认使用国外站点来下载软件，我们可以配置国内镜像来加速下载（国外用户无须此操作）。

```
# 配置清华PyPI镜像（如无法运行，将pip版本升级到10.0.0以上）
pip config set global.index-url https://pypi.tuna.tsinghua.edu.cn/simple
```

接下来使用 conda 创建虚拟环境并安装本书需要的软件。这里 environment.yml 是放置在代码压缩包中的文件。使用文本编辑器打开该文件，即可查看运行压缩包中本书的代码所依赖的软件（如 MXNet 和 d2lzh 包）及版本号。

```
conda env create -f environment.yml
```

若使用国内镜像后出现安装错误，首先取消 PyPI 镜像配置，即执行命令 pip config unset global.index-url。然后重试命令 conda env create -f environment.yml。

第四步是激活之前创建的环境。激活该环境是能够运行本书的代码的前提。若要退出虚拟环境，可使用命令 conda deactivate（若 conda 版本低于 4.4，使用命令 deactivate）。

```
conda activate gluon  # 若conda版本低于4.4，使用命令activate gluon
```

第五步是打开 Jupyter 记事本。

```
jupyter notebook
```

这时在浏览器打开 http://localhost:8888（通常会自动打开）就可以查看和运行本书中每一节的代码了。

本书中若干章节的代码会自动下载数据集和预训练模型，并默认使用美国站点下载。我们可以在运行 Jupyter 记事本前指定 MXNet 使用国内站点下载书中的数据和模型（国外用户无须此操作）。

```
set MXNET_GLUON_REPO=https://apache-mxnet.s3.cn-north-1.amazonaws.com.cn/ jupyter␣
↪notebook
```

2. Linux/macOS用户

第一步是根据操作系统下载 Miniconda，它是一个 sh 文件。打开 Terminal 应用进入命令行来执行这个 sh 文件，例如：

```
# 以Miniconda官方网站上的安装文件名为准
sh Miniconda3-latest-Linux-x86_64.sh
```

安装时会显示使用条款，按“↓”继续阅读，按“Q”退出阅读。之后需要回答下面几个问题（如当 conda 版本为 4.6.14 时）：

```
Do you accept the license terms? [yes|no]
[no] >>> yes
Do you wish the installer to initialize Miniconda3
by running conda init? [yes|no]
[no] >>> yes
```

安装完成后，需要让 conda 生效。Linux 用户需要运行一次 source ~/.bashrc 或重启命令行应用；macOS 用户需要运行一次 source ~/.bash_profile 或重启命令行应用。

第二步是下载包含本书全部代码的压缩包，解压后进入文件夹。运行以下命令（Linux 用户若未安装 unzip，可运行命令 sudo apt install unzip 安装）：

```
mkdir d2l-zh && cd d2l-zh
curl https://zh.d2l.ai/d2l-zh-1.1.zip -o d2l-zh.zip
unzip d2l-zh.zip && rm d2l-zh.zip
```

第三步至第五步可参考前面 Windows 下的安装步骤。若 conda 版本低于 4.4，其中第四步需将命令替换为 source activate gluon，并使用命令 source deactivate 退出虚拟环境。

2.1.2 更新代码和运行环境

为了适应深度学习和 MXNet 的快速发展，本书的开源内容将定期发布新版本。我们推荐大家定期更新本书的开源内容（如代码）和相应的运行环境（如新版 MXNet）。以下是更新的具体步骤。

第一步是重新下载最新的包含本书全部代码的压缩包。下载地址为 https://zh.d2l.ai/d2l-zh.zip。解压后进入文件夹“d2l-zh”。

第二步是使用下面的命令更新运行环境：

```
conda env update -f environment.yml
```

之后的激活环境和运行 Jupyter 记事本的步骤与本节前面介绍的一致。

2.1.3 使用GPU版的MXNet

通过前面介绍的方式安装的 MXNet 只支持 CPU 计算。本书中部分章节需要或推荐使用 GPU 来运行。如果你的计算机上有 NVIDIA 显卡并安装了 CUDA，建议使用 GPU 版的 MXNet。

第一步是卸载 CPU 版本 MXNet。如果没有安装虚拟环境，可以跳过此步。如果已安装虚拟环境，需要先激活该环境，再卸载 CPU 版本的 MXNet。

```
pip uninstall mxnet
```

然后退出虚拟环境。

第二步是更新依赖为 GPU 版本的 MXNet。使用文本编辑器打开本书的代码所在根目录下的文件 environment.yml，将里面的字符串“mxnet”替换成对应的 GPU 版本。例如，如果计算机上装的是 8.0 版本的 CUDA，将该文件中的字符串“mxnet”改为“mxnet-cu80”。如果计算机上安装了其他版本的 CUDA（如 7.5、9.0、9.2 等），对该文件中的字符串“mxnet”做类似修改（如改为“mxnet-cu75”“mxnet-cu90”“mxnet-cu92”等）。保存文件后退出。

第三步是更新虚拟环境，执行命令

```
conda env update -f environment.yml
```

之后，我们只需要再激活安装环境就可以使用 GPU 版的 MXNet 运行本书中的代码了。需要提醒的是，如果之后下载了新代码，那么还需要重复这 3 步操作以使用 GPU 版的 MXNet。

小结

- 为了能够动手学深度学习，需要获取本书的代码并安装运行环境。
- 建议大家定期更新代码和运行环境。

练习

获取本书的代码并安装运行环境。如果你在安装时遇到任何问题，请扫一扫本节开始的二维码。在讨论区，你可以查阅疑难问题汇总或者提问。

2.2 数据操作

在深度学习中，我们通常会频繁地对数据进行操作。作为动手学深度学习的基础，本节将介绍如何对内存中的数据进行操作。

在 MXNet 中，NDArray 是一个类，也是存储和变换数据的主要工具。为了简洁，本书常将 NDArray 实例直接称作 NDArray。如果你之前用过 NumPy，你会发现 NDArray 和 NumPy 的多维数组非常类似。然而，NDArray 提供 GPU 计算和自动求梯度等更多功能，这些使 NDArray 更加适合深度学习。

2.2.1 创建NDArray

我们先介绍 NDArray 的最基本功能。如果对这里用到的数学操作不是很熟悉，可以参阅附录 A。

首先从 MXNet 导入 ndarray 模块。这里的 nd 是 ndarray 的缩写形式。

```
In [1]: from mxnet import nd
```

然后我们用 arange 函数创建一个行向量。

```
In [2]: x = nd.arange(12)
        x

Out[2]:
        [ 0. 1. 2. 3. 4. 5. 6. 7. 8. 9. 10. 11.]
        <NDArray 12 @cpu(0)>
```

这时返回了一个 NDArray 实例，其中包含了从 0 开始的 12 个连续整数。从打印 x 时显示的属性 <NDArray 12 @cpu(0)> 可以看出，它是长度为 12 的一维数组，且被创建在 CPU 使用的内存上。其中 @cpu(0) 里的 0 没有特别的意义，并不代表特定的核。

我们可以通过 shape 属性来获取 NDArray 实例的形状。

```
In [3]: x.shape

Out[3]: (12,)
```

我们也能够通过 size 属性得到 NDArray 实例中元素（element）的总数。

```
In [4]: x.size

Out[4]: 12
```

下面使用 reshape 函数把行向量 x 的形状改为 (3, 4)，也就是一个 3 行 4 列的矩阵，并记作 X（矩阵变量常用大写字母表示）。除了形状改变之外，X 中的元素保持不变。

```
In [5]: X = x.reshape((3, 4))
        X

Out[5]:
        [[ 0.  1.   2.   3.]
         [ 4.  5.   6.   7.]
         [ 8.  9.  10.  11.]]
        <NDArray 3x4 @cpu(0)>
```

注意，X 属性中的形状发生了变化。上面 x.reshape((3, 4)) 也可写成 x.reshape((-1, 4)) 或 x.reshape((3, -1))。由于 x 的元素个数是已知的，这里的 -1 是能够通过元素个数和其他维度的大小推断出来的。

接下来，我们创建一个各元素为 0，形状为 (2, 3, 4) 的张量。实际上，之前创建的向量和矩阵都是特殊的张量。

```
In [6]: nd.zeros((2, 3, 4))

Out[6]:
        [[[0. 0. 0. 0.]
          [0. 0. 0. 0.]
          [0. 0. 0. 0.]]

         [[0. 0. 0. 0.]
          [0. 0. 0. 0.]
          [0. 0. 0. 0.]]]
        <NDArray 2x3x4 @cpu(0)>
```

类似地，我们可以创建各元素为 1 的张量。

```
In [7]: nd.ones((3, 4))

Out[7]:
        [[1. 1. 1. 1.]
         [1. 1. 1. 1.]
         [1. 1. 1. 1.]]
        <NDArray 3x4 @cpu(0)>
```

我们也可以通过 Python 的列表（list）指定需要创建的 NDArray 中每个元素的值。

```
In [8]: Y = nd.array([[2, 1, 4, 3], [1, 2, 3, 4], [4, 3, 2, 1]])
        Y

Out[8]:
        [[2. 1. 4. 3.]
         [1. 2. 3. 4.]
         [4. 3. 2. 1.]]
        <NDArray 3x4 @cpu(0)>
```

有些情况下，我们需要随机生成 NDArray 中每个元素的值。下面我们创建一个形状为 (3, 4) 的 NDArray。它的每个元素都随机采样于均值为 0、标准差为 1 的正态分布。

```
In [9]: nd.random.normal(0, 1, shape=(3, 4))

Out[9]:
        [[ 2.2122064    0.7740038    1.0434405    1.1839255 ]
         [ 1.8917114   -1.2347414   -1.771029    -0.45138445]
         [ 0.57938355  -1.856082    -1.9768796   -0.20801921]]
        <NDArray 3x4 @cpu(0)>
```

2.2.2 运算

NDArray 支持大量的运算符（operator）。例如，我们可以对之前创建的两个形状为 (3, 4) 的 NDArray 做按元素加法。所得结果形状不变。

```
In [10]: X + Y

Out[10]:
         [[ 2.  2.  6.  6.]
          [ 5.  7.  9. 11.]
          [12. 12. 12. 12.]]
         <NDArray 3x4 @cpu(0)>
```

按元素乘法如下：

```
In [11]: X * Y

Out[11]:
         [[ 0.  1.  8.  9.]
          [ 4. 10. 18. 28.]
          [32. 27. 20. 11.]]
         <NDArray 3x4 @cpu(0)>
```

按元素除法如下：

```
In [12]: X / Y

Out[12]:
         [[ 0.   1.   0.5  1.  ]
          [ 4.   2.5  2.   1.75]
```

```
 [ 2.    3.    5.    11.   ]]
<NDArray 3x4 @cpu(0)>
```

按元素做指数运算如下：

```
In [13]: Y.exp()

Out[13]:
        [[ 7.389056     2.7182817   54.59815    20.085537 ]
         [ 2.7182817    7.389056    20.085537   54.59815   ]
         [54.59815     20.085537     7.389056    2.7182817]]
        <NDArray 3x4 @cpu(0)>
```

除了按元素计算外，我们还可以使用 dot 函数做矩阵乘法。下面将 X 与 Y 的转置做矩阵乘法。由于 X 是 3 行 4 列的矩阵，Y 转置为 4 行 3 列的矩阵，因此两个矩阵相乘得到 3 行 3 列的矩阵。

```
In [14]: nd.dot(X, Y.T)

Out[14]:
        [[ 18.   20.   10.]
         [ 58.   60.   50.]
         [ 98.  100.   90.]]
        <NDArray 3x3 @cpu(0)>
```

我们也可以将多个 NDArray 连结（concatenate）。下面分别在行上（维度 0，即形状中的最左边元素）和列上（维度 1，即形状中左起第二个元素）连结两个矩阵。可以看到，输出的第一个 NDArray 在维度 0 的长度（6）为两个输入矩阵在维度 0 的长度之和（3 + 3），而输出的第二个 NDArray 在维度 1 的长度（8）为两个输入矩阵在维度 1 的长度之和（4 + 4）。

```
In [15]: nd.concat(X, Y, dim=0), nd.concat(X, Y, dim=1)

Out[15]: (
         [[ 0.   1.   2.   3.]
          [ 4.   5.   6.   7.]
          [ 8.   9.  10.  11.]
          [ 2.   1.   4.   3.]
          [ 1.   2.   3.   4.]
          [ 4.   3.   2.   1.]]
         <NDArray 6x4 @cpu(0)>,
         [[ 0.   1.   2.   3.   2.   1.   4.   3.]
          [ 4.   5.   6.   7.   1.   2.   3.   4.]
          [ 8.   9.  10.  11.   4.   3.   2.   1.]]
         <NDArray 3x8 @cpu(0)>)
```

使用条件判别式可以得到元素为 0 或 1 的新的 NDArray。以 X == Y 为例，如果 X 和 Y 在相同位置的条件判断为真（值相等），那么新的 NDArray 在相同位置的值为 1；反之为 0。

```
In [16]: X == Y

Out[16]:
```

```
[[0. 1. 0. 1.]
 [0. 0. 0. 0.]
 [0. 0. 0. 0.]]
<NDArray 3x4 @cpu(0)>
```

对 NDArray 中的所有元素求和得到只有一个元素的 NDArray。

```
In [17]: X.sum()

Out[17]:
         [66.]
         <NDArray 1 @cpu(0)>
```

我们可以通过 asscalar 函数将结果变换为 Python 中的标量。下面例子中 X 的 L_2 范数结果同上例一样是单元素 NDArray，但最后结果变换成了 Python 中的标量。

```
In [18]: X.norm().asscalar()

Out[18]: 22.494442
```

我们也可以把 Y.exp()、X.sum()、X.norm() 等分别改写为 nd.exp(Y)、nd.sum(X)、nd.norm(X) 等。

2.2.3　广播机制

前面我们看到如何对两个形状相同的 NDArray 做按元素运算。当对两个形状不同的 NDArray 按元素运算时，可能会触发广播（broadcasting）机制：先适当复制元素使这两个 NDArray 形状相同后再按元素运算。

先定义两个 NDArray。

```
In [19]: A = nd.arange(3).reshape((3, 1))
         B = nd.arange(2).reshape((1, 2))
         A, B

Out[19]: (
          [[0.]
           [1.]
           [2.]]
          <NDArray 3x1 @cpu(0)>,
          [[0. 1.]]
          <NDArray 1x2 @cpu(0)>)
```

由于 A 和 B 分别是 3 行 1 列和 1 行 2 列的矩阵，如果要计算 A + B，那么 A 中第一列的 3 个元素被广播（复制）到了第二列，而 B 中第一行的 2 个元素被广播（复制）到了第二行和第三行。如此，就可以对 2 个 3 行 2 列的矩阵按元素相加。

```
In [20]: A + B

Out[20]:
```

```
[[0. 1.]
 [1. 2.]
 [2. 3.]]
<NDArray 3x2 @cpu(0)>
```

2.2.4 索引

在 NDArray 中，索引（index）代表了元素的位置。NDArray 的索引从 0 开始逐一递增。例如，一个 3 行 2 列的矩阵的行索引分别为 0、1 和 2，列索引分别为 0 和 1。

在下面的例子中，我们指定了 NDArray 的行索引截取范围 [1:3]。依据左闭右开指定范围的惯例，它截取了矩阵 X 中行索引为 1 和 2 的两行。

```
In [21]: X[1:3]

Out[21]:
         [[ 4. 5.  6.  7.]
          [ 8. 9. 10. 11.]]
         <NDArray 2x4 @cpu(0)>
```

我们可以指定 NDArray 中需要访问的单个元素的位置，如矩阵中行和列的索引，并为该元素重新赋值。

```
In [22]: X[1, 2] = 9
         X

Out[22]:
         [[ 0. 1.  2.  3.]
          [ 4. 5.  9.  7.]
          [ 8. 9. 10. 11.]]
         <NDArray 3x4 @cpu(0)>
```

当然，我们也可以截取一部分元素，并为它们重新赋值。在下面的例子中，我们为行索引为 1 的每一列元素重新赋值。

```
In [23]: X[1:2, :] = 12
         X

Out[23]:
         [[ 0.  1.  2.  3.]
          [12. 12. 12. 12.]
          [ 8.  9. 10. 11.]]
         <NDArray 3x4 @cpu(0)>
```

2.2.5 运算的内存开销

在前面的例子里我们对每个操作新开内存来存储运算结果。举个例子，即使像 Y = X + Y 这样的运算，我们也会新开内存，然后将 Y 指向新内存。为了演示这一点，我们可以使用 Python 自带的 id 函数：如果两个实例的 ID 一致，那么它们所对应的内存地址相同；反之则不同。

```
In [24]: before = id(Y)
         Y = Y + X
         id(Y) == before

Out[24]: False
```

如果想指定结果到特定内存，我们可以使用前面介绍的索引来进行替换操作。在下面的例子中，我们先通过 zeros_like 创建和 Y 形状相同且元素为 0 的 NDArray，记为 Z。接下来，我们把 X + Y 的结果通过 [:] 写进 Z 对应的内存中。

```
In [25]: Z = Y.zeros_like()
         before = id(Z)
         Z[:] = X + Y
         id(Z) == before

Out[25]: True
```

实际上，上例中我们还是为 X + Y 开了临时内存来存储计算结果，再复制到 Z 对应的内存。如果想避免这个临时内存开销，我们可以使用运算符全名函数中的 out 参数。

```
In [26]: nd.elemwise_add(X, Y, out=Z)
         id(Z) == before

Out[26]: True
```

如果 X 的值在之后的程序中不会复用，我们也可以用 X[:] = X + Y 或者 X += Y 来减少运算的内存开销。

```
In [27]: before = id(X)
         X += Y
         id(X) == before

Out[27]: True
```

2.2.6　NDArray和NumPy相互变换

我们可以通过 array 函数和 asnumpy 函数令数据在 NDArray 和 NumPy 格式之间相互变换。下面将 NumPy 实例变换成 NDArray 实例。

```
In [28]: import numpy as np

         P = np.ones((2, 3))
         D = nd.array(P)
         D

Out[28]:
         [[1. 1. 1.]
          [1. 1. 1.]]
         <NDArray 2x3 @cpu(0)>
```

再将 NDArray 实例变换成 NumPy 实例。

```
In [29]: D.asnumpy()

Out[29]: array([[1., 1., 1.],
                [1., 1., 1.]], dtype=float32)
```

小结

- NDArray 是 MXNet 中存储和变换数据的主要工具。
- 可以轻松地对 NDArray 创建、运算、指定索引，并与 NumPy 之间相互变换。

练习

（1）运行本节中的代码。将本节中条件判别式 X == Y 改为 X < Y 或 X > Y，看看能够得到什么样的 NDArray。

（2）将广播机制中按元素运算的两个 NDArray 替换成其他形状，结果是否和预期一样？

2.3 自动求梯度

扫码直达讨论区

在深度学习中，我们经常需要对函数求梯度（gradient）。本节将介绍如何使用 MXNet 提供的 autograd 模块来自动求梯度。如果对本节中的数学概念（如梯度）不是很熟悉，可以参阅附录 A。

```
In [1]: from mxnet import autograd, nd
```

2.3.1 简单例子

我们先看一个简单例子：对函数 $y = 2\boldsymbol{x}^\top \boldsymbol{x}$ 求关于列向量 $\boldsymbol{x}$ 的梯度。我们先创建变量 x，并赋初值。

```
In [2]: x = nd.arange(4).reshape((4, 1))
        x

Out[2]:
        [[0.]
         [1.]
         [2.]
         [3.]]
        <NDArray 4x1 @cpu(0)>
```

为了求有关变量 x 的梯度，我们需要先调用 attach_grad 函数来申请存储梯度所需要的内存。

```
In [3]: x.attach_grad()
```

下面定义有关变量 x 的函数。为了减少计算和内存开销，默认条件下 MXNet 不会记录用于求梯度的计算。我们需要调用 record 函数来要求 MXNet 记录与求梯度有关的计算。

```
In [4]: with autograd.record():
            y = 2 * nd.dot(x.T, x)
```

由于 x 的形状为 (4, 1)，y 是一个标量。接下来我们可以通过调用 backward 函数自动求梯度。需要注意的是，如果 y 不是一个标量，MXNet 将默认先对 y 中元素求和得到新的变量，再求该变量有关 x 的梯度。

```
In [5]: y.backward()
```

函数 $y = 2\boldsymbol{x}^\top \boldsymbol{x}$ 关于 $\boldsymbol{x}$ 的梯度应为 $4\boldsymbol{x}$。现在我们来验证一下求出来的梯度是正确的。

```
In [6]: assert (x.grad - 4 * x).norm().asscalar() == 0
        x.grad

Out[6]:
        [[ 0.]
         [ 4.]
         [ 8.]
         [12.]]
        <NDArray 4x1 @cpu(0)>
```

2.3.2　训练模式和预测模式

从上面可以看出，在调用 record 函数后，MXNet 会记录并计算梯度。此外，默认情况下 autograd 还会将运行模式从预测模式转为训练模式。这可以通过调用 is_training 函数来查看。

```
In [7]: print(autograd.is_training())
        with autograd.record():
            print(autograd.is_training())

False
True
```

在有些情况下，同一个模型在训练模式和预测模式下的行为并不相同。我们会在后面的章节（如 3.13 节）详细介绍这些区别。

2.3.3　对Python控制流求梯度

使用 MXNet 的一个便利之处是，即使函数的计算图包含了 Python 的控制流（如条件和循环控制），我们也有可能对变量求梯度。

考虑下面程序，其中包含 Python 的条件和循环控制。需要强调的是，这里循环（while 循环）迭代的次数和条件判断（if 语句）的执行都取决于输入 b 的值。

```
In [8]: def f(a):
            b = a * 2
            while b.norm().asscalar() < 1000:
                b = b * 2
            if b.sum().asscalar() > 0:
                c = b
```

```
        else:
            c = 100 * b
        return c
```

我们像之前一样使用 record 函数记录计算，并调用 backward 函数求梯度。

```
In [9]: a = nd.random.normal(shape=1)
        a.attach_grad()
        with autograd.record():
            c = f(a)
        c.backward()
```

我们来分析一下上面定义的 f 函数。事实上，给定任意输入 a，其输出必然是 f(a) = x * a 的形式，其中标量系数 x 的值取决于输入 a。由于 c = f(a) 有关 a 的梯度为 x，且值为 c/a，我们可以像下面这样验证对本例中控制流求梯度的结果。

```
In [10]: a.grad == c / a

Out[10]:
         [1.]
         <NDArray 1 @cpu(0)>
```

小结

- MXNet 提供 autograd 模块来自动化求导过程。
- MXNet 的 autograd 模块可以对一般的命令式程序进行求导。
- MXNet 的运行模式包括训练模式和预测模式。我们可以通过 autograd.is_training() 来判断运行模式。

练习

（1）在本节对控制流求梯度的例子中，把变量 a 改成一个随机向量或矩阵。此时计算结果 c 不再是标量，运行结果将有何变化？该如何分析该结果？

（2）重新设计一个对控制流求梯度的例子。运行并分析结果。

2.4 查阅文档

受篇幅所限，本书无法对所有用到的 MXNet 函数和类一一详细介绍。读者可以查阅相关文档来做更深入的了解。

2.4.1 查找模块里的所有函数和类

当我们想知道一个模块里面提供了哪些可以调用的函数和类的时候，可以使用 dir 函数。下面我们打印 nd.random 模块中所有的成员或属性。

```
In [1]: from mxnet import nd

        print(dir(nd.random))
['NDArray', '_Null', '__all__', '__builtins__', '__cached__', '__doc__', '__file__',
 ↪  '__loader__', '__name__', '__package__', '__spec__', '_internal',
 ↪  '_random_helper', 'current_context', 'exponential', 'exponential_like', 'gamma',
 ↪  'gamma_like', 'generalized_negative_binomial',
 ↪  'generalized_negative_binomial_like', 'multinomial', 'negative_binomial',
 ↪  'negative_binomial_like', 'normal', 'normal_like', 'numeric_types', 'poisson',
 ↪  'poisson_like', 'randint', 'randn', 'shuffle', 'uniform', 'uniform_like']
```

通常我们可以忽略掉由 __ 开头和结尾的函数（Python 的特别对象）或者由 _ 开头的函数（一般为内部函数）。通过其余成员的名字我们大致猜测出这个模块提供了各种随机数的生成方法，包括从均匀分布采样（uniform）、从正态分布采样（normal）、从泊松分布采样（poisson）等。

2.4.2 查找特定函数和类的使用

想了解某个函数或者类的具体用法时，可以使用 help 函数。让我们以 NDArray 中的 ones_like 函数为例，查阅它的用法。

```
In [2]: help(nd.ones_like)

Help on function ones_like:

ones_like(data=None, out=None, name=None, **kwargs)
    Return an array of ones with the same shape and type
    as the input array.

    Examples::

      x = [[ 0., 0., 0.],
           [ 0., 0., 0.]]

      ones_like(x) = [[ 1., 1., 1.],
                      [ 1., 1., 1.]]



Parameters
----------
data : NDArray
    The input

out : NDArray, optional
    The output NDArray to hold the result.
Returns
```

```
-------
out : NDArray or list of NDArrays
    The output of this function.
```

从文档信息我们了解到，ones_like 函数会创建和输入 NDArray 形状相同且元素为 1 的新 NDArray。我们可以验证一下。

```
In [3]: x = nd.array([[0, 0, 0], [2, 2, 2]])
        y = x.ones_like()
        y

Out[3]:
       [[1. 1. 1.]
        [1. 1. 1.]]
       <NDArray 2x3 @cpu(0)>
```

在 Jupyter 记事本里，我们可以使用 ? 来将文档显示在另外一个窗口中。例如，使用 nd.random.uniform? 将得到与 help(nd.random.uniform) 几乎一样的内容，但会显示在额外窗口里。此外，如果使用 nd.random.uniform??，那么会额外显示该函数实现的代码。

2.4.3 在MXNet网站上查阅

读者也可以在 MXNet 的网站上查阅相关文档。访问 MXNet 网站 https://mxnet.apache.org/（如图 2-1 所示），点击网页顶部的下拉菜单“API”可查阅各个前端语言的接口。此外，也可以在网页右上方含“Search”字样的搜索框中直接搜索函数或类名称。

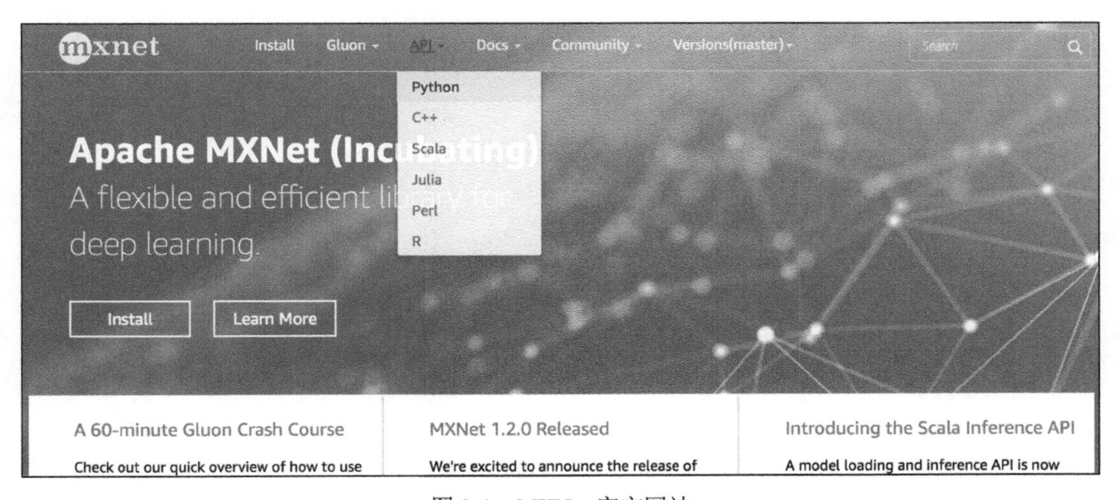

图 2-1　MXNet 官方网站

图 2-2 展示了 MXNet 网站上有关 ones_like 函数的文档。

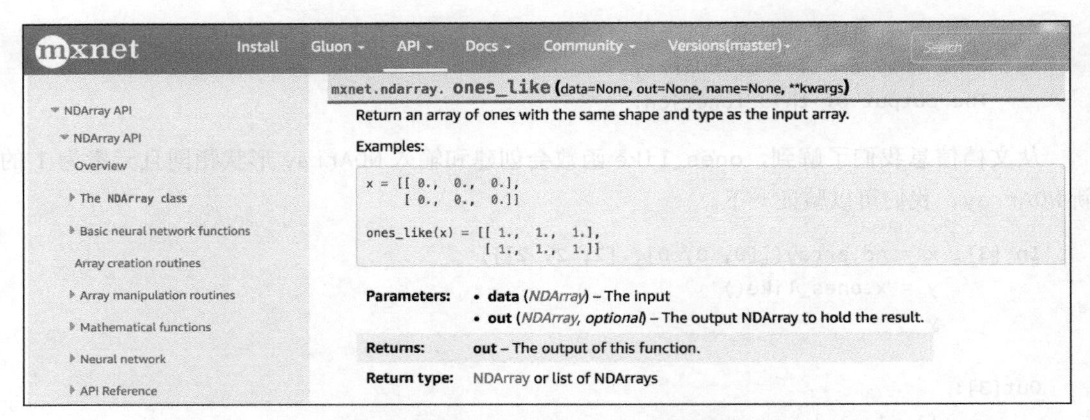

图 2-2　MXNet 网站上有关 ones_like 函数的文档

小结

- 遇到不熟悉的 MXNet API 时，可以主动查阅它的相关文档。
- 查阅 MXNet 文档可以使用 dir 和 help 函数，或访问 MXNet 官方网站。

练习

查阅 NDArray 支持的其他操作。

第3章 深度学习基础

从本章开始，我们将探索深度学习的奥秘。作为机器学习的一类，深度学习通常基于神经网络模型逐级表示越来越抽象的概念或模式。我们先从线性回归和softmax回归这两种单层神经网络入手，简要介绍机器学习中的基本概念。然后，我们由单层神经网络延伸到多层神经网络，并通过多层感知机引入深度学习模型。在观察和了解了模型的过拟合现象后，我们将介绍深度学习中应对过拟合的常用方法——权重衰减和丢弃法。接着，为了进一步理解深度学习模型训练的本质，我们将详细解释正向传播和反向传播。掌握这两个概念后，我们能更好地认识深度学习中的数值稳定性和初始化的一些问题。最后，我们通过一个深度学习应用案例对本章内容学以致用。

在本章的前几节，我们先介绍单层神经网络——线性回归和softmax回归。

3.1 线性回归

扫码直达讨论区

线性回归输出是一个连续值，因此适用于回归问题。回归问题在实际中很常见，如预测房屋价格、气温、销售额等连续值的问题。与回归问题不同，分类问题中模型的最终输出是一个离散值。我们所说的图像分类、垃圾邮件识别、疾病检测等输出为离散值的问题都属于分类问题的范畴。softmax回归则适用于分类问题。

由于线性回归和softmax回归都是单层神经网络，它们涉及的概念和技术同样适用于大多数的深度学习模型。我们首先以线性回归为例，介绍大多数深度学习模型的基本要素和表示方法。

3.1.1 线性回归的基本要素

我们以一个简单的房屋价格预测作为例子来解释线性回归的基本要素。这个应用的目标是预测一栋房子的售出价格（元）。我们知道这个价格取决于很多因素，如房屋状况、地段、市场行情等。为了简单起见，这里我们假设价格只取决于房屋状况的两个因素，即面积（平方米）和房龄（年）。接下来我们希望探索价格与这两个因素的具体关系。

1. 模型

设房屋的面积为 x_1，房龄为 x_2，售出价格为 y。我们需要建立基于输入 x_1 和 x_2 来计算输出 y 的表达式，也就是模型（model）。顾名思义，线性回归假设输出与各个输入之间是线性关系：

$$\hat{y} = x_1 w_1 + x_2 w_2 + b$$

其中 w_1 和 w_2 是*权重*（weight），b 是*偏差*（bias），且均为标量。它们是线性回归模型的*参数*（parameter）。模型输出 $\hat{y}$ 是线性回归对真实价格 y 的预测或估计。我们通常允许它们之间有一定误差。

2. 模型训练

接下来我们需要通过数据来寻找特定的模型参数值，使模型在数据上的误差尽可能小。这个过程叫作*模型训练*（model training）。下面我们介绍模型训练所涉及的 3 个要素。

3. 训练数据

我们通常收集一系列的真实数据，例如多栋房屋的真实售出价格和它们对应的面积和房龄。我们希望在这个数据上面寻找模型参数来使模型的预测价格与真实价格的误差最小。在机器学习术语里，该数据集被称为*训练数据集*（training data set）或*训练集*（training set），一栋房屋被称为一个*样本*（sample），其真实售出价格叫作*标签*（label），用来预测标签的两个因素叫作*特征*（feature）。特征用来表征样本的特点。

假设我们采集的样本数为 n，索引为 i 的样本的特征为 $x_1^{(i)}$ 和 $x_2^{(i)}$，标签为 $y^{(i)}$。对于索引为 i 的房屋，线性回归模型的房屋价格预测表达式为

$$\hat{y}^{(i)} = x_1^{(i)} w_1 + x_2^{(i)} w_2 + b$$

4. 损失函数

在模型训练中，我们需要衡量价格预测值与真实值之间的误差。通常我们会选取一个非负数作为误差，且数值越小表示误差越小。一个常用的选择是平方函数。它在评估索引为 i 的样本误差的表达式为

$$\ell^{(i)}(w_1, w_2, b) = \frac{1}{2}(\hat{y}^{(i)} - y^{(i)})^2$$

其中常数 1/2 使对平方项求导后的常数系数为 1，这样在形式上稍微简单一些。显然，误差越小表示预测价格与真实价格越相近，且当二者相等时误差为 0。给定训练数据集，这个误差只与模型参数相关，因此我们将它记为以模型参数为参数的函数。在机器学习里，将衡量误差的函数称为*损失函数*（loss function）。这里使用的平方误差函数也称为*平方损失*（square loss）。

通常，我们用训练数据集中所有样本误差的平均来衡量模型预测的质量，即

$$\ell(w_1, w_2, b) = \frac{1}{n}\sum_{i=1}^{n} \ell^{(i)}(w_1, w_2, b) = \frac{1}{n}\sum_{i=1}^{n} \frac{1}{2}(x_1^{(i)} w_1 + x_2^{(i)} w_2 + b - y^{(i)})^2$$

在模型训练中，我们希望找出一组模型参数，记为 w_1^*, w_2^*, b^*，来使训练样本平均损失最小：

$$w_1^*, w_2^*, b^* = \underset{w_1, w_2, b}{\operatorname{argmin}}\ \ell(w_1, w_2, b)$$

5. 优化算法

当模型和损失函数形式较为简单时，上面的误差最小化问题的解可以直接用公式表达出来。这类解叫作解析解（analytical solution）。本节使用的线性回归和平方误差刚好属于这个范畴。然而，大多数深度学习模型并没有解析解，只能通过优化算法有限次迭代模型参数来尽可能降低损失函数的值。这类解叫作数值解（numerical solution）。

在求数值解的优化算法中，小批量随机梯度下降（mini-batch stochastic gradient descent）在深度学习中被广泛使用。它的算法很简单：先选取一组模型参数的初始值，如随机选取；接下来对参数进行多次迭代，使每次迭代都可能降低损失函数的值。在每次迭代中，先随机均匀采样一个由固定数目训练数据样本所组成的小批量（mini-batch）$\mathcal{B}$，然后求小批量中数据样本的平均损失有关模型参数的导数（梯度），最后用此结果与预先设定的一个正数的乘积作为模型参数在本次迭代的减小量。

在训练本节讨论的线性回归模型的过程中，模型的每个参数将作如下迭代：

$$w_1 \leftarrow w_1 - \frac{\eta}{|\mathcal{B}|}\sum_{i\in\mathcal{B}} \frac{\partial \ell^{(i)}(w_1, w_2, b)}{\partial w_1} = w_1 - \frac{\eta}{|\mathcal{B}|}\sum_{i\in\mathcal{B}} x_1^{(i)}(x_1^{(i)} w_1 + x_2^{(i)} w_2 + b - y^{(i)})$$

$$w_2 \leftarrow w_2 - \frac{\eta}{|\mathcal{B}|}\sum_{i\in\mathcal{B}} \frac{\partial \ell^{(i)}(w_1, w_2, b)}{\partial w_2} = w_2 - \frac{\eta}{|\mathcal{B}|}\sum_{i\in\mathcal{B}} x_2^{(i)}(x_1^{(i)} w_1 + x_2^{(i)} w_2 + b - y^{(i)})$$

$$b \leftarrow b - \frac{\eta}{|\mathcal{B}|}\sum_{i\in\mathcal{B}} \frac{\partial \ell^{(i)}(w_1, w_2, b)}{\partial b} = b - \frac{\eta}{|\mathcal{B}|}\sum_{i\in\mathcal{B}} (x_1^{(i)} w_1 + x_2^{(i)} w_2 + b - y^{(i)})$$

在上式中，$|\mathcal{B}|$ 代表每个小批量中的样本个数（批量大小，batch size），η 称作学习率（learning rate）并取正数。需要强调的是，这里的批量大小和学习率的值是人为设定的，并不是通过模型训练学出的，因此叫作超参数（hyperparameter）。我们通常所说的“调参”指的正是调节超参数，例如通过反复试错来找到超参数合适的值。在少数情况下，超参数也可以通过模型训练学出。本书对此类情况不做讨论。

6. 模型预测

模型训练完成后，我们将模型参数 w_1, w_2, b 在优化算法停止时的值分别记作 $\hat{w}_1, \hat{w}_2, \hat{b}$。注意，这里我们得到的并不一定是最小化损失函数的最优解 w_1^*, w_2^*, b^*，而是对最优解的一个近似。然后，我们就可以使用学出的线性回归模型 $x_1 \hat{w}_1 + x_2 \hat{w}_2 + \hat{b}$ 来估算训练数据集以外任意一栋面积（平方米）为 x_1、房龄（年）为 x_2 的房屋的价格了。这里的估算也叫作模型预测、模型推断或模型测试。

3.1.2　线性回归的表示方法

我们已经阐述了线性回归的模型表达式、训练和预测。下面我们解释线性回归与神经网络的联系，以及线性回归的矢量计算表达式。

1. 神经网络图

在深度学习中，我们可以使用神经网络图直观地表现模型结构。为了更清晰地展示线性回归作为神经网络的结构，图 3-1 使用神经网络图表示本节中介绍的线性回归模型。神经网络图隐去了模型参数权重和偏差。

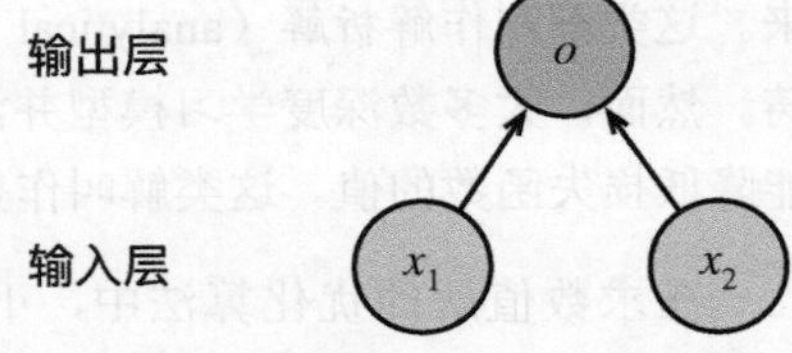

图 3-1　线性回归是一个单层神经网络

在图 3-1 所示的神经网络中，输入分别为 x_1 和 x_2，因此输入层的输入个数为 2。输入个数也叫特征数或特征向量维度。图 3-1 中网络的输出为 o，输出层的输出个数为 1。需要注意的是，我们直接将图 3-1 中神经网络的输出 o 作为线性回归的输出，即 $\hat{y}=o$。由于输入层并不涉及计算，按照惯例，图 3-1 所示的神经网络的层数为 1。所以，线性回归是一个单层神经网络。输出层中负责计算 o 的单元又叫神经元。在线性回归中，o 的计算依赖于 x_1 和 x_2。也就是说，输出层中的神经元和输入层中各个输入完全连接。因此，这里的输出层又叫全连接层（fully-connected layer）或稠密层（dense layer）。

2. 矢量计算表达式

在模型训练或预测时，我们常常会同时处理多个数据样本并用到矢量计算。在介绍线性回归的矢量计算表达式之前，让我们先考虑对两个向量相加的两种方法。

下面先定义两个 1 000 维的向量。

```
In [1]: from mxnet import nd
        from time import time

        a = nd.ones(shape=1000)
        b = nd.ones(shape=1000)
```

向量相加的一种方法是，将这两个向量按元素逐一做标量加法。

```
In [2]: start = time()
        c = nd.zeros(shape=1000)
        for i in range(1000):
            c[i] = a[i] + b[i]
        time() - start

Out[2]: 0.16967248916625977
```

向量相加的另一种方法是，将这两个向量直接做矢量加法。

```
In [3]: start = time()
        d = a + b
        time() - start

Out[3]: 0.00031185150146484375
```

结果很明显，后者比前者更省时。因此，我们应该尽可能采用矢量计算，以提升计算效率。

让我们再次回到本节的房价预测问题。如果我们对训练数据集里的 3 个房屋样本（索引分别为 1、2 和 3）逐一预测价格，将得到

$$\hat{y}^{(1)} = x_1^{(1)} w_1 + x_2^{(1)} w_2 + b$$
$$\hat{y}^{(2)} = x_1^{(2)} w_1 + x_2^{(2)} w_2 + b$$
$$\hat{y}^{(3)} = x_1^{(3)} w_1 + x_2^{(3)} w_2 + b$$

现在，我们将上面 3 个等式转化成矢量计算。设

$$\hat{\boldsymbol{y}} = \begin{bmatrix} \hat{y}^{(1)} \\ \hat{y}^{(2)} \\ \hat{y}^{(3)} \end{bmatrix}, \quad \boldsymbol{X} = \begin{bmatrix} x_1^{(1)} & x_2^{(1)} \\ x_1^{(2)} & x_2^{(2)} \\ x_1^{(3)} & x_2^{(3)} \end{bmatrix}, \quad \boldsymbol{w} = \begin{bmatrix} w_1 \\ w_2 \end{bmatrix}$$

对 3 个房屋样本预测价格的矢量计算表达式为 $\hat{\boldsymbol{y}} = \boldsymbol{X}\boldsymbol{w} + b$，其中的加法运算使用了广播机制（参见 2.2 节）。例如：

```
In [4]: a = nd.ones(shape=3)
        b = 10
        a + b

Out[4]:
        [11. 11. 11.]
        <NDArray 3 @cpu(0)>
```

广义上讲，当数据样本数为 n，特征数为 d 时，线性回归的矢量计算表达式为

$$\hat{\boldsymbol{y}} = \boldsymbol{X}\boldsymbol{w} + b$$

其中模型输出 $\hat{\boldsymbol{y}} \in \mathbb{R}^{n \times 1}$，批量数据样本特征 $\boldsymbol{X} \in \mathbb{R}^{n \times d}$，权重 $\boldsymbol{w} \in \mathbb{R}^{d \times 1}$，偏差 $b \in \mathbb{R}$。相应地，批量数据样本标签 $\boldsymbol{y} \in \mathbb{R}^{n \times 1}$。设模型参数 $\boldsymbol{\theta} = [w_1, w_2, b]^\top$，我们可以重写损失函数为

$$\ell(\boldsymbol{\theta}) = \frac{1}{2n}(\hat{\boldsymbol{y}} - \boldsymbol{y})^\top (\hat{\boldsymbol{y}} - \boldsymbol{y})$$

小批量随机梯度下降的迭代步骤将相应地改写为

$$\boldsymbol{\theta} \leftarrow \boldsymbol{\theta} - \frac{\eta}{|\mathcal{B}|} \sum_{i \in \mathcal{B}} \nabla_{\boldsymbol{\theta}} \ell^{(i)}(\boldsymbol{\theta})$$

其中梯度是损失有关 3 个为标量的模型参数的偏导数组成的向量：

$$\nabla_{\boldsymbol{\theta}} \ell^{(i)}(\boldsymbol{\theta}) = \begin{bmatrix} \dfrac{\partial \ell^{(i)}(w_1, w_2, b)}{\partial w_1} \\ \dfrac{\partial \ell^{(i)}(w_1, w_2, b)}{\partial w_2} \\ \dfrac{\partial \ell^{(i)}(w_1, w_2, b)}{\partial b} \end{bmatrix} = \begin{bmatrix} x_1^{(i)}(x_1^{(i)} w_1 + x_2^{(i)} w_2 + b - y^{(i)}) \\ x_2^{(i)}(x_1^{(i)} w_1 + x_2^{(i)} w_2 + b - y^{(i)}) \\ x_1^{(i)} w_1 + x_2^{(i)} w_2 + b - y^{(i)} \end{bmatrix} = \begin{bmatrix} x_1^{(i)} \\ x_2^{(i)} \\ 1 \end{bmatrix} (\hat{y}^{(i)} - y^{(i)})$$

小结

- 和大多数深度学习模型一样，对于线性回归这样一种单层神经网络，它的基本要素包括模型、训练数据、损失函数和优化算法。
- 既可以用神经网络图表示线性回归，又可以用矢量计算表示该模型。
- 应该尽可能采用矢量计算，以提升计算效率。

练习

使用其他包（如 NumPy）或其他编程语言（如 MATLAB），比较相加两个向量的两种方法的运行时间。

3.2　线性回归的从零开始实现

扫码直达讨论区

在了解了线性回归的背景知识之后，现在我们可以动手实现它了。尽管强大的深度学习框架可以减少大量重复性工作，但若过于依赖它提供的便利，会导致我们很难深入理解深度学习是如何工作的。因此，本节将介绍如何只利用 `NDArray` 和 `autograd` 来实现一个线性回归的训练。

首先，导入本节中实验所需的包或模块，其中的 `matplotlib` 包可用于作图，且设置成嵌入显示。

```
In [1]: %matplotlib inline
        from IPython import display
        from matplotlib import pyplot as plt
        from mxnet import autograd, nd
        import random
```

3.2.1　生成数据集

我们构造一个简单的人工训练数据集，它可以使我们能够直观比较学到的参数和真实的模型参数的区别。设训练数据集样本数为 1000，输入个数（特征数）为 2。给定随机生成的批量样本特征 $\boldsymbol{X} \in \mathbb{R}^{1000\times 2}$，我们使用线性回归模型真实权重 $\boldsymbol{w} = [2, -3.4]^\top$ 和偏差 $b = 4.2$，以及一个随机噪声项 ϵ 来生成标签

$$y = Xw + b + \epsilon$$

其中噪声项 ϵ 服从均值为 0、标准差为 0.01 的正态分布。噪声代表了数据集中无意义的干扰。下面，让我们生成数据集。

```
In [2]: num_inputs = 2
        num_examples = 1000
        true_w = [2, -3.4]
        true_b = 4.2
        features = nd.random.normal(scale=1, shape=(num_examples, num_inputs))
        labels = true_w[0] * features[:, 0] + true_w[1] * features[:, 1] + true_b
        labels += nd.random.normal(scale=0.01, shape=labels.shape)
```

注意，features 的每一行是一个长度为 2 的向量，而 labels 的每一行是一个长度为 1 的向量（标量）。

```
In [3]: features[0], labels[0]

Out[3]: (
         [2.2122064 0.7740038]
         <NDArray 2 @cpu(0)>,
         [6.000587]
         <NDArray 1 @cpu(0)>)
```

通过生成第二个特征 features[:, 1] 和标签 labels 的散点图，可以更直观地观察两者间的线性关系。

```
In [4]: def use_svg_display():
            # 用矢量图显示
            display.set_matplotlib_formats('svg')

        def set_figsize(figsize=(3.5, 2.5)):
            use_svg_display()
            # 设置图的尺寸
            plt.rcParams['figure.figsize'] = figsize

        set_figsize()
        plt.scatter(features[:, 1].asnumpy(), labels.asnumpy(), 1);  # 加分号只显示图
```

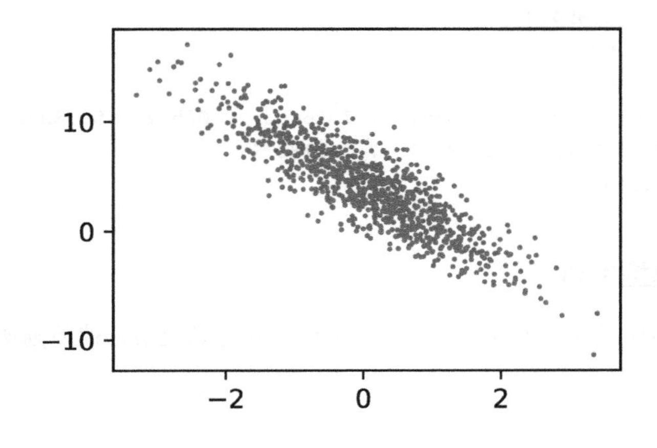

我们将上面的 plt 作图函数以及 use_svg_display 函数和 set_figsize 函数定义在 d2lzh 包里。以后在作图时，我们将直接调用 d2lzh.plt。由于 plt 在 d2lzh 包中是一个全局变量，我们在作图前只需要调用 d2lzh.set_figsize() 即可打印矢量图并设置图的尺寸。

3.2.2 读取数据集

在训练模型的时候，我们需要遍历数据集并不断读取小批量数据样本。这里我们定义一个函数：它每次返回 batch_size（批量大小）个随机样本的特征和标签。

```
In [5]: # 本函数已保存在d2lzh包中方便以后使用
        def data_iter(batch_size, features, labels):
            num_examples = len(features)
            indices = list(range(num_examples))
            random.shuffle(indices)  # 样本的读取顺序是随机的
            for i in range(0, num_examples, batch_size):
                j = nd.array(indices[i: min(i + batch_size, num_examples)])
                yield features.take(j), labels.take(j)  # take函数根据索引返回对应元素
```

让我们读取第一个小批量数据样本并打印。每个批量的特征形状为 (10, 2)，分别对应批量大小和输入个数；标签形状为批量大小。

```
In [6]: batch_size = 10

        for X, y in data_iter(batch_size, features, labels):
            print(X, y)
            break
```

```
[[ 1.0876857  -1.7063738 ]
 [-0.51129895  0.46543437]
 [ 0.1533563  -0.735794  ]
 [ 0.3717077   0.9300072 ]
 [ 1.0115732  -0.83923554]
 [ 1.9738784   0.81172043]
 [-1.771029   -0.45138445]
 [ 0.7465509  -0.5054337 ]
 [-0.52480155  0.3005414 ]
 [ 0.5583534  -0.6039059 ]]
<NDArray 10x2 @cpu(0)>
[12.174357   1.6139998  6.9870367  1.7626053  9.06552    5.3893285
  2.1933131  7.4012175  2.1383817  7.379732 ]
<NDArray 10 @cpu(0)>
```

3.2.3 初始化模型参数

我们将权重初始化成均值为 0、标准差为 0.01 的正态随机数，偏差则初始化成 0。

```
In [7]: w = nd.random.normal(scale=0.01, shape=(num_inputs, 1))
        b = nd.zeros(shape=(1,))
```

之后的模型训练中，需要对这些参数求梯度来迭代参数的值，因此我们需要创建它们的梯度。

```
In [8]: w.attach_grad()
        b.attach_grad()
```

3.2.4 定义模型

下面是线性回归的矢量计算表达式的实现。我们使用 dot 函数做矩阵乘法。

```
In [9]: def linreg(X, w, b):  # 本函数已保存在d2lzh包中方便以后使用
            return nd.dot(X, w) + b
```

3.2.5 定义损失函数

我们使用 3.1 节描述的平方损失来定义线性回归的损失函数。在实现中，我们需要把真实值 y 变形成预测值 y_hat 的形状。以下函数返回的结果也将和 y_hat 的形状相同。

```
In [10]: def squared_loss(y_hat, y):  # 本函数已保存在d2lzh包中方便以后使用
             return (y_hat - y.reshape(y_hat.shape)) ** 2 / 2
```

3.2.6 定义优化算法

以下的 sgd 函数实现了 3.1 节中介绍的小批量随机梯度下降算法。它通过不断迭代模型参数来优化损失函数。这里自动求梯度模块计算得来的梯度是一个批量样本的梯度和。我们将它除以批量大小来得到平均值。

```
In [11]: def sgd(params, lr, batch_size):  # 本函数已保存在d2lzh包中方便以后使用
             for param in params:
                 param[:] = param - lr * param.grad / batch_size
```

3.2.7 训练模型

在训练中，我们将多次迭代模型参数。在每次迭代中，我们根据当前读取的小批量数据样本（特征 X 和标签 y），通过调用反向函数 backward 计算小批量随机梯度，并调用优化算法 sgd 迭代模型参数。由于我们之前设批量大小 batch_size 为 10，每个小批量的损失 l 的形状为 (10, 1)。回忆一下 2.3 节。由于变量 l 并不是一个标量，运行 l.backward() 将对 l 中元素求和得到新的变量，再求该变量有关模型参数的梯度。

在一个迭代周期（epoch）中，我们将完整遍历一遍 data_iter 函数，并对训练数据集中所有样本都使用一次（假设样本数能够被批量大小整除）。这里的迭代周期个数 num_epochs 和学习率 lr 都是超参数，分别设 3 和 0.03。在实践中，大多超参数都需要通过反复试错来不断调节。虽然迭代周期数设得越大模型可能越有效，但是训练时间可能过长。我们会在后面第

7 章中详细介绍学习率对模型的影响。

```
In [12]: lr = 0.03
         num_epochs = 3
         net = linreg
         loss = squared_loss

         for epoch in range(num_epochs):  # 训练模型一共需要num_epochs个迭代周期
             # 在每一个迭代周期中，会使用训练数据集中所有样本一次（假设样本数能够被批量大小整除）。X
             # 和y分别是小批量样本的特征和标签
             for X, y in data_iter(batch_size, features, labels):
                 with autograd.record():
                     l = loss(net(X, w, b), y)  # l是有关小批量X和y的损失
                 l.backward()  # 小批量的损失对模型参数求梯度
                 sgd([w, b], lr, batch_size)  # 使用小批量随机梯度下降迭代模型参数
             train_l = loss(net(features, w, b), labels)
             print('epoch %d, loss %f' % (epoch + 1, train_l.mean().asnumpy()))

epoch 1, loss 0.040436
epoch 2, loss 0.000155
epoch 3, loss 0.000050
```

训练完成后，我们可以比较学到的参数和用来生成训练集的真实参数。它们应该很接近。

```
In [13]: true_w, w

Out[13]: ([2, -3.4],
          [[ 1.9996936]
           [-3.3997262]]
          <NDArray 2x1 @cpu(0)>)

In [14]: true_b, b

Out[14]: (4.2,
          [4.199704]
          <NDArray 1 @cpu(0)>)
```

小结

- 可以看出，仅使用 NDArray 和 autograd 模块就可以很容易地实现一个模型。接下来，本书会在此基础上描述更多深度学习模型，并介绍怎样使用更简洁的代码（见 3.3 节）来实现它们。

练习

（1）为什么 squared_loss 函数中需要使用 reshape 函数？

（2）尝试使用不同的学习率，观察损失函数值的下降快慢。

（3）如果样本个数不能被批量大小整除，data_iter 函数的行为会有什么变化？

3.3 线性回归的简洁实现

随着深度学习框架的发展，开发深度学习应用变得越来越便利。实践中，我们通常可以用比 3.2 节更简洁的代码来实现同样的模型。在本节中，我们将介绍如何使用 MXNet 提供的 Gluon 接口更方便地实现线性回归的训练。

3.3.1 生成数据集

我们生成与 3.2 节中相同的数据集。其中 features 是训练数据特征，labels 是标签。

```
In [1]: from mxnet import autograd, nd

        num_inputs = 2
        num_examples = 1000
        true_w = [2, -3.4]
        true_b = 4.2
        features = nd.random.normal(scale=1, shape=(num_examples, num_inputs))
        labels = true_w[0] * features[:, 0] + true_w[1] * features[:, 1] + true_b
        labels += nd.random.normal(scale=0.01, shape=labels.shape)
```

3.3.2 读取数据集

Gluon 提供了 data 包来读取数据。由于 data 常用作变量名，我们将导入的 data 模块用添加了 Gluon 首字母的假名 gdata 代替。在每一次迭代中，我们将随机读取包含 10 个数据样本的小批量。

```
In [2]: from mxnet.gluon import data as gdata

        batch_size = 10
        # 将训练数据的特征和标签组合
        dataset = gdata.ArrayDataset(features, labels)
        # 随机读取小批量
        data_iter = gdata.DataLoader(dataset, batch_size, shuffle=True)
```

这里 data_iter 的使用与 3.2 节中的一样。让我们读取并打印第一个小批量数据样本。

```
In [3]: for X, y in data_iter:
            print(X, y)
            break


[[-1.4011667  -1.108803  ]
 [-0.4813231   0.5334126 ]
 [ 0.57794803  0.72061497]
 [ 1.1208912   1.2570045 ]
 [-0.2504259  -0.45037505]
```

```
 [ 0.08554042  0.5336134 ]
 [ 0.6347856   1.5795654 ]
 [-2.118665    3.3493772 ]
 [ 1.1353118   0.99125063]
 [-0.4814555  -0.91107726]]
<NDArray 10x2 @cpu(0)>
[  5.16208      1.4169512   2.9065104    2.164263     5.215756
   2.558468     0.09139667 -11.421704    3.1042643    6.332793 ]
<NDArray 10 @cpu(0)>
```

3.3.3 定义模型

在 3.2 节从零开始的实现中，我们需要定义模型参数，并使用它们一步步描述模型是怎样计算的。当模型结构变得更复杂时，这些步骤将变得更烦琐。其实，Gluon 提供了大量预定义的层，这使我们只需关注使用哪些层来构造模型。下面将介绍如何使用 Gluon 更简洁地定义线性回归。

首先，导入 nn 模块。实际上，“nn”是 neural networks（神经网络）的缩写。顾名思义，该模块定义了大量神经网络的层。我们先定义一个模型变量 net，它是一个 Sequential 实例。在 Gluon 中，Sequential 实例可以看作是一个串联各个层的容器。在构造模型时，我们在该容器中依次添加层。当给定输入数据时，容器中的每一层将依次计算并将输出作为下一层的输入。

```
In [4]: from mxnet.gluon import nn

        net = nn.Sequential()
```

回顾图 3-1 中线性回归在神经网络图中的表示。作为一个单层神经网络，线性回归输出层中的神经元和输入层中各个输入完全连接。因此，线性回归的输出层又叫全连接层。在 Gluon 中，全连接层是一个 Dense 实例。我们定义该层输出个数为 1。

```
In [5]: net.add(nn.Dense(1))
```

值得一提的是，在 Gluon 中我们无须指定每一层输入的形状，例如线性回归的输入个数。当模型得到数据时，例如后面执行 net(X) 时，模型将自动推断出每一层的输入个数。我们将在第 4 章详细介绍这种机制。Gluon 的这一设计为模型开发带来便利。

3.3.4 初始化模型参数

在使用 net 前，我们需要初始化模型参数，如线性回归模型中的权重和偏差。我们从 MXNet 导入 init 模块。该模块提供了模型参数初始化的各种方法。这里的 init 是 initializer 的缩写形式。我们通过 init.Normal(sigma=0.01) 指定权重参数每个元素将在初始化时随机采样于均值为 0、标准差为 0.01 的正态分布。偏差参数默认会初始化为零。

```
In [6]: from mxnet import init

        net.initialize(init.Normal(sigma=0.01))
```

3.3.5 定义损失函数

在 Gluon 中，loss 模块定义了各种损失函数。我们用假名 gloss 代替导入的 loss 模块，并直接使用它提供的平方损失作为模型的损失函数。

```
In [7]: from mxnet.gluon import loss as gloss

        loss = gloss.L2Loss()  # 平方损失又称L2范数损失
```

3.3.6 定义优化算法

同样，我们也无须实现小批量随机梯度下降。在导入 Gluon 后，我们创建一个 Trainer 实例，并指定学习率为 0.03 的小批量随机梯度下降（sgd）为优化算法。该优化算法将用来迭代 net 实例所有通过 add 函数嵌套的层所包含的全部参数。这些参数可以通过 collect_params 函数获取。

```
In [8]: from mxnet import gluon

        trainer = gluon.Trainer(net.collect_params(), 'sgd', {'learning_rate': 0.03})
```

3.3.7 训练模型

在使用 Gluon 训练模型时，我们通过调用 Trainer 实例的 step 函数来迭代模型参数。3.2 节中我们提到，由于变量 l 是长度为 batch_size 的一维 NDArray，执行 l.backward() 等价于执行 l.sum().backward()。按照小批量随机梯度下降的定义，我们在 step 函数中指明批量大小，从而对批量中样本梯度求平均。

```
In [9]: num_epochs = 3
        for epoch in range(1, num_epochs + 1):
            for X, y in data_iter:
                with autograd.record():
                    l = loss(net(X), y)
                l.backward()
                trainer.step(batch_size)
            l = loss(net(features), labels)
            print('epoch %d, loss: %f' % (epoch, l.mean().asnumpy()))

epoch 1, loss: 0.040309
epoch 2, loss: 0.000153
epoch 3, loss: 0.000050
```

下面我们分别比较学到的模型参数和真实的模型参数。我们从 net 获得需要的层，并访问其权重（weight）和偏差（bias）。学到的模型参数和真实的参数很接近。

```
In [10]: dense = net[0]
         true_w, dense.weight.data()

Out[10]: ([2, -3.4],
          [[ 1.9996833 -3.3997345]]
          <NDArray 1x2 @cpu(0)>)

In [11]: true_b, dense.bias.data()

Out[11]: (4.2,
          [4.1996784]
          <NDArray 1 @cpu(0)>)
```

小结

- 使用 Gluon 可以更简洁地实现模型。
- 在 Gluon 中，`data` 模块提供了有关数据处理的工具，`nn` 模块定义了大量神经网络的层，`loss` 模块定义了各种损失函数。
- MXNet 的 `initializer` 模块提供了模型参数初始化的各种方法。

练习

（1）如果将 `l = loss(net(X), y)` 替换成 `l = loss(net(X), y).mean()`，我们需要将 `trainer.step(batch_size)` 相应地改成 `trainer.step(1)`。这是为什么呢？

（2）查阅 MXNet 文档，看看 `gluon.loss` 和 `init` 模块里提供了哪些损失函数和初始化方法。

（3）如何访问 `dense.weight` 的梯度？

3.4 softmax回归

扫码直达讨论区

前几节介绍的线性回归模型适用于输出为连续值的情景。在另一类情景中，模型输出可以是一个像图像类别这样的离散值。对于这样的离散值预测问题，我们可以使用诸如 softmax 回归在内的分类模型。和线性回归不同，softmax 回归的输出单元从一个变成了多个，且引入了 softmax 运算使输出更适合离散值的预测和训练。本节以 softmax 回归模型为例，介绍神经网络中的分类模型。

3.4.1 分类问题

让我们考虑一个简单的图像分类问题，其输入图像的高和宽均为 2 像素，且色彩为灰度。这样每个像素值都可以用一个标量表示。我们将图像中的 4 像素分别记为 x_1, x_2, x_3, x_4。假设训练数据集中图像的真实标签为狗、猫或鸡（假设可以用 4 像素表示出这 3 种动物），这些标签分别对应离散值 y_1, y_2, y_3。

我们通常使用离散的数值来表示类别，例如 $y_1=1, y_2=2, y_3=3$。如此，一张图像的标签为 1、2 和 3 这 3 个数值中的一个。虽然我们仍然可以使用回归模型来进行建模，并将预测值就近定点化到 1、2 和 3 这 3 个离散值之一，但这种连续值到离散值的转化通常会影响到分类质量。因此我们一般使用更加适合离散值输出的模型来解决分类问题。

3.4.2 softmax回归模型

softmax 回归和线性回归一样将输入特征与权重做线性叠加。与线性回归的一个主要不同在于，softmax 回归的输出值个数等于标签里的类别数。因为一共有 4 种特征和 3 种输出动物类别，所以权重包含 12 个标量（带下标的 w）、偏差包含 3 个标量（带下标的 b），且对每个输入计算 o_1, o_2, o_3 这 3 个输出：

$$\begin{aligned}
o_1 &= x_1w_{11}+x_2w_{21}+x_3w_{31}+x_4w_{41}+b_1\\
o_2 &= x_1w_{12}+x_2w_{22}+x_3w_{32}+x_4w_{42}+b_2\\
o_3 &= x_1w_{13}+x_2w_{23}+x_3w_{33}+x_4w_{43}+b_3
\end{aligned}$$

图 3-2 用神经网络图描绘了上面的计算。softmax 回归同线性回归一样，也是一个单层神经网络。由于每个输出 o_1, o_2, o_3 的计算都要依赖于所有的输入 x_1, x_2, x_3, x_4，softmax 回归的输出层也是一个全连接层。

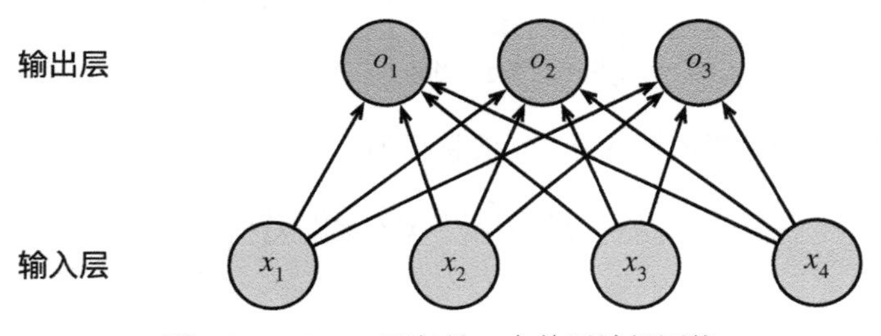

图 3-2 softmax 回归是一个单层神经网络

softmax运算

既然分类问题需要得到离散的预测输出，一个简单的办法是将输出值 o_i 当作预测类别是 i 的置信度，并将值最大的输出所对应的类作为预测输出，即输出 $\operatorname{argmax}_i o_i$。例如，如果 o_1, o_2, o_3 分别为 $0.1, 10, 0.1$，由于 o_2 最大，那么预测类别为 2，其代表猫。

然而，直接使用输出层的输出有两个问题。一方面，由于输出层的输出值的范围不确定，我们难以直观上判断这些值的意义。例如，刚才举的例子中的输出值 10 表示“很置信”图像类别为猫，因为该输出值是其他两类的输出值的 100 倍。但如果 $o_1=o_3=10^3$，那么输出值 10 却又表示图像类别为猫的概率很低。另一方面，由于真实标签是离散值，这些离散值与不确定范围的输出值之间的误差难以衡量。

softmax 运算解决了以上两个问题。它通过下式将输出值变换成值为正且和为 1 的概率分布：

$$\hat{y}_1, \hat{y}_2, \hat{y}_3 = \text{softmax}(o_1, o_2, o_3)$$

其中

$$\hat{y}_1 = \frac{\exp(o_1)}{\sum_{i=1}^{3} \exp(o_i)}, \quad \hat{y}_2 = \frac{\exp(o_2)}{\sum_{i=1}^{3} \exp(o_i)}, \quad \hat{y}_3 = \frac{\exp(o_3)}{\sum_{i=1}^{3} \exp(o_i)}$$

容易看出 $\hat{y}_1 + \hat{y}_2 + \hat{y}_3 = 1$ 且 $0 \leqslant \hat{y}_1, \hat{y}_2, \hat{y}_3 \leqslant 1$，因此 $\hat{y}_1, \hat{y}_2, \hat{y}_3$ 是一个合法的概率分布。这时候，如果 $\hat{y}_2 = 0.8$，不管 $\hat{y}_1$ 和 $\hat{y}_3$ 的值是多少，我们都知道图像类别为猫的概率是 80%。此外，我们注意到

$$\underset{i}{\operatorname{argmax}}\, o_i = \underset{i}{\operatorname{argmax}}\, \hat{y}_i$$

因此 softmax 运算不改变预测类别输出。

3.4.3　单样本分类的矢量计算表达式

为了提高计算效率，我们可以将单样本分类通过矢量计算来表达。在上面的图像分类问题中，假设 softmax 回归的权重和偏差参数分别为

$$\boldsymbol{W} = \begin{bmatrix} w_{11} & w_{12} & w_{13} \\ w_{21} & w_{22} & w_{23} \\ w_{31} & w_{32} & w_{33} \\ w_{41} & w_{42} & w_{43} \end{bmatrix}, \quad \boldsymbol{b} = \begin{bmatrix} b_1 & b_2 & b_3 \end{bmatrix}$$

设高和宽分别为 2 个像素的图像样本 i 的特征为

$$\boldsymbol{x}^{(i)} = \begin{bmatrix} x_1^{(i)} & x_2^{(i)} & x_3^{(i)} & x_4^{(i)} \end{bmatrix}$$

输出层的输出为

$$\boldsymbol{o}^{(i)} = \begin{bmatrix} o_1^{(i)} & o_2^{(i)} & o_3^{(i)} \end{bmatrix}$$

预测为狗、猫或鸡的概率分布为

$$\hat{\boldsymbol{y}}^{(i)} = \begin{bmatrix} \hat{y}_1^{(i)} & \hat{y}_2^{(i)} & \hat{y}_3^{(i)} \end{bmatrix}$$

softmax 回归对样本 i 分类的矢量计算表达式为

$$\boldsymbol{o}^{(i)} = \boldsymbol{x}^{(i)} \boldsymbol{W} + \boldsymbol{b}$$

$$\hat{\boldsymbol{y}}^{(i)} = \text{softmax}(\boldsymbol{o}^{(i)})$$

3.4.4　小批量样本分类的矢量计算表达式

为了进一步提升计算效率，我们通常对小批量数据做矢量计算。广义上讲，给定一个小批量样本，其批量大小为 n，输入个数（特征数）为 d，输出个数（类别数）为 q。设批量特征为 $\boldsymbol{X} \in \mathbb{R}^{n \times d}$。假设 softmax 回归的权重和偏差参数分别为 $\boldsymbol{W} \in \mathbb{R}^{d \times q}$ 和 $\boldsymbol{b} \in \mathbb{R}^{1 \times q}$。softmax 回归的

矢量计算表达式为

$$\boldsymbol{O} = \boldsymbol{X}\boldsymbol{W} + \boldsymbol{b}$$
$$\hat{\boldsymbol{Y}} = \text{softmax}(\boldsymbol{O})$$

其中的加法运算使用了广播机制，$\boldsymbol{O}, \hat{\boldsymbol{Y}} \in \mathbb{R}^{n \times q}$ 且这两个矩阵的第 i 行分别为样本 i 的输出 $\boldsymbol{o}^{(i)}$ 和概率分布 $\hat{\boldsymbol{y}}^{(i)}$。

3.4.5 交叉熵损失函数

前面提到，使用 softmax 运算后可以更方便地与离散标签计算误差。我们已经知道，softmax 运算将输出变换成一个合法的类别预测分布。实际上，真实标签也可以用类别分布表达：对于样本 i，我们构造向量 $\boldsymbol{y}^{(i)} \in \mathbb{R}^q$，使其第 $y^{(i)}$（样本 i 类别的离散数值）个元素为 1，其余为 0。这样我们的训练目标可以设为使预测概率分布 $\hat{\boldsymbol{y}}^{(i)}$ 尽可能接近真实的标签概率分布 $\boldsymbol{y}^{(i)}$。

我们可以像线性回归那样使用平方损失函数 $\|\hat{\boldsymbol{y}}^{(i)} - \boldsymbol{y}^{(i)}\|^2/2$。然而，想要预测分类结果正确，我们其实并不需要预测概率完全等于标签概率。例如，在图像分类的例子里，如果 $y^{(i)} = 3$，那么我们只需要 $\hat{y}_3^{(i)}$ 比其他两个预测值 $\hat{y}_1^{(i)}$ 和 $\hat{y}_2^{(i)}$ 大就行了。即使 $\hat{y}_3^{(i)}$ 值为 0.6，不管其他两个预测值为多少，类别预测均正确。而平方损失则过于严格，例如 $\hat{y}_1^{(i)} = \hat{y}_2^{(i)} = 0.2$ 比 $\hat{y}_1^{(i)} = 0, \hat{y}_2^{(i)} = 0.4$ 的损失要小很多，虽然两者都有同样正确的分类预测结果。

改善上述问题的一个方法是使用更适合衡量两个概率分布差异的测量函数。其中，交叉熵（cross entropy）是一个常用的衡量方法：

$$H(\boldsymbol{y}^{(i)}, \hat{\boldsymbol{y}}^{(i)}) = -\sum_{j=1}^{q} y_j^{(i)} \log \hat{y}_j^{(i)}$$

其中带下标的 $y_j^{(i)}$ 是向量 $\boldsymbol{y}^{(i)}$ 中非 0 即 1 的元素，需要注意将它与样本 i 类别的离散数值，即不带下标的 $y^{(i)}$ 区分。在上式中，我们知道向量 $\boldsymbol{y}^{(i)}$ 中只有第 $y^{(i)}$ 个元素 $y_{y^{(i)}}^{(i)}$ 为 1，其余全为 0，于是 $H(\boldsymbol{y}^{(i)}, \hat{\boldsymbol{y}}^{(i)}) = -\log \hat{y}_{y^{(i)}}^{(i)}$。也就是说，交叉熵只关心对正确类别的预测概率，因为只要其值足够大，就可以确保分类结果正确。当然，遇到一个样本有多个标签时，例如图像里含有不止一个物体时，我们并不能做这一步简化。但即便对于这种情况，交叉熵同样只关心对图像中出现的物体类别的预测概率。

假设训练数据集的样本数为 n，交叉熵损失函数定义为

$$\ell(\boldsymbol{\Theta}) = \frac{1}{n} \sum_{i=1}^{n} H(\boldsymbol{y}^{(i)}, \hat{\boldsymbol{y}}^{(i)})$$

其中 $\boldsymbol{\Theta}$ 代表模型参数。同样地，如果每个样本只有一个标签，那么交叉熵损失可以简写成 $\ell(\boldsymbol{\Theta}) = -(1/n) \sum_{i=1}^{n} \log \hat{y}_{y^{(i)}}^{(i)}$。从另一个角度来看，我们知道最小化 $\ell(\boldsymbol{\Theta})$ 等价于最大化 $\exp(-n\ell(\boldsymbol{\Theta})) = \prod_{i=1}^{n} \hat{y}_{y^{(i)}}^{(i)}$，即最小化交叉熵损失函数等价于最大化训练数据集所有标签类别的联合预测概率。

3.4.6 模型预测及评价

在训练好 softmax 回归模型后，给定任一样本特征，就可以预测每个输出类别的概率。通常，我们把预测概率最大的类别作为输出类别。如果它与真实类别（标签）一致，说明这次预测是正确的。在 3.6 节的实验中，我们将使用准确率（accuracy）来评价模型的表现。它等于正确预测数量与总预测数量之比。

小结

- softmax 回归适用于分类问题。它使用 softmax 运算输出类别的概率分布。
- softmax 回归是一个单层神经网络，输出个数等于分类问题中的类别个数。
- 交叉熵适合衡量两个概率分布的差异。

练习

查阅资料，了解最大似然估计。它与最小化交叉熵损失函数有哪些异曲同工之妙？

3.5 图像分类数据集（Fashion-MNIST）

扫码直达讨论区

在介绍 softmax 回归的实现前我们先引入一个多类图像分类数据集。它将在后面的章节中被多次使用，以方便我们观察比较算法之间在模型精度和计算效率上的区别。图像分类数据集中最常用的是手写数字识别数据集 MNIST。但大部分模型在 MNIST 上的分类精度都超过了 95%。为了更直观地观察算法之间的差异，我们将使用一个图像内容更加复杂的 Fashion-MNIST 数据集 [60]。

3.5.1 获取数据集

首先导入本节需要的包或模块。

```
In [1]: %matplotlib inline
        import d2lzh as d2l
        from mxnet.gluon import data as gdata
        import sys
        import time
```

下面，我们通过 Gluon 的 data 包来下载这个数据集。第一次调用时会自动从网上获取数据。我们通过参数 train 来指定获取训练数据集或测试数据集（testing data set）。测试数据集也叫测试集（testing set），只用来评价模型的表现，并不用来训练模型。

```
In [2]: mnist_train = gdata.vision.FashionMNIST(train=True)
        mnist_test = gdata.vision.FashionMNIST(train=False)
```

训练集中和测试集中的每个类别的图像数分别为 6 000 和 1 000。因为有 10 个类别，所以训练集和测试集的样本数分别为 60 000 和 10 000。

```
In [3]: len(mnist_train), len(mnist_test)

Out[3]: (60000, 10000)
```

我们可以通过方括号 [] 来访问任意一个样本，下面获取第一个样本的图像和标签。

```
In [4]: feature, label = mnist_train[0]
```

变量 feature 对应高和宽均为 28 像素的图像。每个像素的数值为 0 到 255 之间 8 位无符号整数（uint8）。它使用三维的 NDArray 存储，其中的最后一维是通道数。因为数据集中是灰度图像，所以通道数为 1。为了表述简洁，我们将高和宽分别为 h 和 w 像素的图像的形状记为 $h \times w$ 或 (h, w)。

```
In [5]: feature.shape, feature.dtype

Out[5]: ((28, 28, 1), numpy.uint8)
```

图像的标签使用 NumPy 的标量表示。它的类型为 32 位整数（int32）。

```
In [6]: label, type(label), label.dtype

Out[6]: (2, numpy.int32, dtype('int32'))
```

Fashion-MNIST 中一共包括了 10 个类别，分别为 t-shirt（T 恤）、trouser（裤子）、pullover（套衫）、dress（连衣裙）、coat（外套）、sandal（凉鞋）、shirt（衬衫）、sneaker（运动鞋）、bag（包）和 ankle boot（短靴）。以下函数可以将数值标签转成相应的文本标签。

```
In [7]: # 本函数已保存在d2lzh包中方便以后使用
        def get_fashion_mnist_labels(labels):
            text_labels = ['t-shirt', 'trouser', 'pullover', 'dress', 'coat',
                           'sandal', 'shirt', 'sneaker', 'bag', 'ankle boot']
            return [text_labels[int(i)] for i in labels]
```

下面定义一个可以在一行里画出多张图像和对应标签的函数。

```
In [8]: # 本函数已保存在d2lzh包中方便以后使用
        def show_fashion_mnist(images, labels):
            d2l.use_svg_display()
            # 这里的_表示我们忽略（不使用）的变量
            _, figs = d2l.plt.subplots(1, len(images), figsize=(12, 12))
            for f, img, lbl in zip(figs, images, labels):
                f.imshow(img.reshape((28, 28)).asnumpy())
                f.set_title(lbl)
                f.axes.get_xaxis().set_visible(False)
                f.axes.get_yaxis().set_visible(False)
```

现在，我们看一下训练数据集中前 9 个样本的图像内容和文本标签。

```
In [9]: X, y = mnist_train[0:9]
        show_fashion_mnist(X, get_fashion_mnist_labels(y))
```

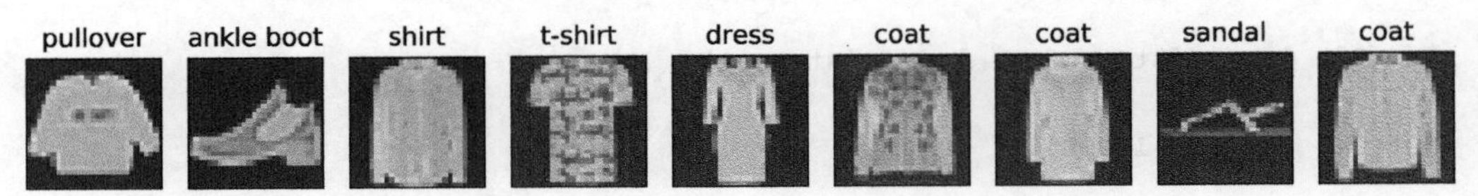

3.5.2　读取小批量

我们将在训练数据集上训练模型，并将训练好的模型在测试数据集上评价模型的表现。虽然我们可以像 3.2 节中那样通过 `yield` 来定义读取小批量数据样本的函数，但为了代码简洁，这里我们直接创建 `DataLoader` 实例。该实例每次读取一个样本数为 `batch_size` 的小批量数据。这里的批量大小 `batch_size` 是一个超参数。

在实践中，数据读取经常是训练的性能瓶颈，特别当模型较简单或者计算硬件性能较高时。Gluon 的 `DataLoader` 中一个很方便的功能是允许使用多进程来加速数据读取（暂不支持 Windows 操作系统）。这里我们通过参数 `num_workers` 来设置 4 个进程读取数据。

此外，我们通过 `ToTensor` 实例将图像数据从 `uint8` 格式变换成 32 位浮点数格式，并除以 255 使得所有像素的数值均在 0 到 1 之间。`ToTensor` 实例还将图像通道从最后一维移到最前一维来方便之后介绍的卷积神经网络计算。通过数据集的 `transform_first` 函数，我们将 `ToTensor` 的变换应用在每个数据样本（图像和标签）的第一个元素，即图像之上。

```
In [10]: batch_size = 256
         transformer = gdata.vision.transforms.ToTensor()
         if sys.platform.startswith('win'):
             num_workers = 0  # 0表示不用额外的进程来加速读取数据
         else:
             num_workers = 4

         train_iter = gdata.DataLoader(mnist_train.transform_first(transformer),
                                       batch_size, shuffle=True,
                                       num_workers=num_workers)
         test_iter = gdata.DataLoader(mnist_test.transform_first(transformer),
                                      batch_size, shuffle=False,
                                      num_workers=num_workers)
```

我们将获取并读取 Fashion-MNIST 数据集的逻辑封装在 `d2lzh.load_data_fashion_mnist` 函数中供后面章节调用。该函数将返回 `train_iter` 和 `test_iter` 两个变量。随着本书内容的不断深入，我们会进一步改进该函数。它的完整实现将在 5.6 节中描述。

最后我们查看读取一遍训练数据需要的时间。

```
In [11]: start = time.time()
         for X, y in train_iter:
             continue
         '%.2f sec' % (time.time() - start)

Out[11]: '1.26 sec'
```

小结

- Fashion-MNIST 是一个 10 类服饰分类数据集，之后章节里将使用它来检验不同算法的表现。
- 我们将高和宽分别为 h 和 w 像素的图像的形状记为 $h \times w$ 或 (h, w)。

练习

（1）减小 batch_size（如到 1）会影响读取性能吗？

（2）非 Windows 用户请尝试修改 num_workers 来查看它对读取性能的影响。

（3）查阅 MXNet 文档，mxnet.gluon.data.vision 里还提供了哪些别的数据集？

（4）查阅 MXNet 文档，mxnet.gluon.data.vision.transforms 还提供了哪些别的变换方法？

3.6 softmax回归的从零开始实现

扫码直达讨论区

这一节我们来动手实现 softmax 回归。首先导入本节实现所需的包或模块。

```
In [1]: %matplotlib inline
        import d2lzh as d2l
        from mxnet import autograd, nd
```

3.6.1 读取数据集

我们将使用 Fashion-MNIST 数据集，并设置批量大小为 256。

```
In [2]: batch_size = 256
        train_iter, test_iter = d2l.load_data_fashion_mnist(batch_size)
```

3.6.2 初始化模型参数

跟线性回归中的例子一样，我们将使用向量表示每个样本。已知每个样本输入是高和宽均为 28 像素的图像。模型的输入向量的长度是 $28 \times 28 = 784$：该向量的每个元素对应图像中每个像素。由于图像有 10 个类别，单层神经网络输出层的输出个数为 10，因此 softmax 回归的权重和偏差参数分别为 784×10 和 1×10 的矩阵。

```
In [3]: num_inputs = 784
        num_outputs = 10

        W = nd.random.normal(scale=0.01, shape=(num_inputs, num_outputs))
        b = nd.zeros(num_outputs)
```

同之前一样，我们要为模型参数附上梯度。

```
In [4]: W.attach_grad()
        b.attach_grad()
```

3.6.3 实现softmax运算

在介绍如何定义 softmax 回归之前，我们先描述一下对如何对多维 NDArray 按维度操作。在下面的例子中，给定一个 NDArray 矩阵 X，我们可以只对其中同一列（axis=0）或同一行（axis=1）的元素求和，并在结果中保留行和列这两个维度（keepdims=True）。

```
In [5]: X = nd.array([[1, 2, 3], [4, 5, 6]])
        X.sum(axis=0, keepdims=True), X.sum(axis=1, keepdims=True)

Out[5]: (
    [[5. 7. 9.]]
    <NDArray 1x3 @cpu(0)>,
    [[ 6.]
     [15.]]
    <NDArray 2x1 @cpu(0)>)
```

下面我们就可以定义 3.4 节介绍的 softmax 运算了。在下面的函数中，矩阵 X 的行数是样本数，列数是输出个数。为了表达样本预测各个输出的概率，softmax 运算会先通过 exp 函数对每个元素做指数运算，再对 exp 矩阵同行元素求和，最后令矩阵每行各元素与该行元素之和相除。这样一来，最终得到的矩阵每行元素和为 1 且非负。因此，该矩阵每行都是合法的概率分布。softmax 运算的输出矩阵中的任意一行元素代表了一个样本在各个输出类别上的预测概率。

```
In [6]: def softmax(X):
            X_exp = X.exp()
            partition = X_exp.sum(axis=1, keepdims=True)
            return X_exp / partition  # 这里应用了广播机制
```

可以看到，对于随机输入，我们将每个元素变成了非负数，且每一行和为 1。

```
In [7]: X = nd.random.normal(shape=(2, 5))
        X_prob = softmax(X)
        X_prob, X_prob.sum(axis=1)

Out[7]: (
    [[0.21324193 0.33961776 0.1239742  0.27106097 0.05210521]
     [0.11462264 0.3461234  0.19401033 0.29583326 0.04941036]]
    <NDArray 2x5 @cpu(0)>,
    [1.0000001 1.       ]
    <NDArray 2 @cpu(0)>)
```

3.6.4 定义模型

有了 softmax 运算，我们可以定义 3.4 节描述的 softmax 回归模型了。这里通过 reshape 函数将每张原始图像改成长度为 num_inputs 的向量。

```
In [8]: def net(X):
            return softmax(nd.dot(X.reshape((-1, num_inputs)), W) + b)
```

3.6.5 定义损失函数

在 3.4 节中，我们介绍了 softmax 回归使用的交叉熵损失函数。为了得到标签的预测概率，我们可以使用 pick 函数。在下面的例子中，变量 y_hat 是 2 个样本在 3 个类别的预测概率，变量 y 是这 2 个样本的标签类别。通过使用 pick 函数，我们得到了 2 个样本的标签的预测概率。与 3.4 节数学表述中标签类别离散值从 1 开始逐一递增不同，在代码中，标签类别的离散值是从 0 开始逐一递增的。

```
In [9]: y_hat = nd.array([[0.1, 0.3, 0.6], [0.3, 0.2, 0.5]])
        y = nd.array([0, 2], dtype='int32')
        nd.pick(y_hat, y)

Out[9]:
        [0.1 0.5]
        <NDArray 2 @cpu(0)>
```

下面实现了 3.4 节中介绍的交叉熵损失函数。

```
In [10]: def cross_entropy(y_hat, y):
             return -nd.pick(y_hat, y).log()
```

3.6.6 计算分类准确率

给定一个类别的预测概率分布 y_hat，我们把预测概率最大的类别作为输出类别。如果它与真实类别 y 一致，说明这次预测是正确的。分类准确率即正确预测数量与总预测数量之比。

为了演示准确率的计算，下面定义准确率 accuracy 函数。其中 y_hat.argmax(axis=1) 返回矩阵 y_hat 每行中最大元素的索引，且返回结果与变量 y 形状相同。我们在 2.2 节介绍过，相等条件判别式 (y_hat.argmax(axis=1) == y) 是一个值为 0（相等为假）或 1（相等为真）的 NDArray。由于标签类型为整数，我们先将变量 y 变换为浮点数再进行相等条件判断。

```
In [11]: def accuracy(y_hat, y):
             return (y_hat.argmax(axis=1) == y.astype('float32')).mean().asscalar()
```

让我们继续使用在演示 pick 函数时定义的变量 y_hat 和 y，并将它们分别作为预测概率分布和标签。可以看到，第一个样本预测类别为 2（该行最大元素 0.6 在本行的索引为 2），与真实标签 0 不一致；第二个样本预测类别为 2（该行最大元素 0.5 在本行的索引为 2），与真实标签 2 一致。因此，这两个样本上的分类准确率为 0.5。

```
In [12]: accuracy(y_hat, y)

Out[12]: 0.5
```

类似地，我们可以评价模型 net 在数据集 data_iter 上的准确率。

```
In [13]: # 本函数已保存在d2lzh包中方便以后使用。该函数将被逐步改进：它的完整实现将在9.1节中描述
         def evaluate_accuracy(data_iter, net):
             acc_sum, n = 0.0, 0
             for X, y in data_iter:
                 y = y.astype('float32')
                 acc_sum += (net(X).argmax(axis=1) == y).sum().asscalar()
```

```
        n += y.size
    return acc_sum / n
```

因为我们随机初始化了模型 net，所以这个随机模型的准确率应该接近于类别个数 10 的倒数 0.1。

```
In [14]: evaluate_accuracy(test_iter, net)

Out[14]: 0.0925
```

3.6.7 训练模型

训练 softmax 回归的实现与 3.2 节介绍的线性回归中的实现非常相似。我们同样使用小批量随机梯度下降来优化模型的损失函数。在训练模型时，迭代周期数 num_epochs 和学习率 lr 都是可以调的超参数。改变它们的值可能会得到分类更准确的模型。

```
In [15]: num_epochs, lr = 5, 0.1

         # 本函数已保存在d2lzh包中方便以后使用
         def train_ch3(net, train_iter, test_iter, loss, num_epochs, batch_size,
                       params=None, lr=None, trainer=None):
             for epoch in range(num_epochs):
                 train_l_sum, train_acc_sum, n = 0.0, 0.0, 0
                 for X, y in train_iter:
                     with autograd.record():
                         y_hat = net(X)
                         l = loss(y_hat, y).sum()
                     l.backward()
                     if trainer is None:
                         d2l.sgd(params, lr, batch_size)
                     else:
                         trainer.step(batch_size)  # 3.7节将用到
                     y = y.astype('float32')
                     train_l_sum += l.asscalar()
                     train_acc_sum += (y_hat.argmax(axis=1) == y).sum().asscalar()
                     n += y.size
                 test_acc = evaluate_accuracy(test_iter, net)
                 print('epoch %d, loss %.4f, train acc %.3f, test acc %.3f'
                       % (epoch + 1, train_l_sum / n, train_acc_sum / n, test_acc))

         train_ch3(net, train_iter, test_iter, cross_entropy, num_epochs, batch_size,
                   [W, b], lr)

epoch 1, loss 0.7882, train acc 0.749, test acc 0.800
epoch 2, loss 0.5741, train acc 0.811, test acc 0.824
epoch 3, loss 0.5298, train acc 0.823, test acc 0.830
epoch 4, loss 0.5055, train acc 0.830, test acc 0.834
epoch 5, loss 0.4887, train acc 0.834, test acc 0.840
```

3.6.8 预测

训练完成后，现在就可以演示如何对图像进行分类了。给定一系列图像（第三行图像输出），我们比较一下它们的真实标签（第一行文本输出）和模型预测结果（第二行文本输出）。

```
In [16]: for X, y in test_iter:
             break

         true_labels = d2l.get_fashion_mnist_labels(y.asnumpy())
         pred_labels = d2l.get_fashion_mnist_labels(net(X).argmax(axis=1).asnumpy())
         titles = [true + '\n' + pred for true, pred in zip(true_labels, pred_labels)]

         d2l.show_fashion_mnist(X[0:9], titles[0:9])
```

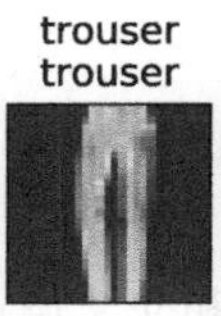

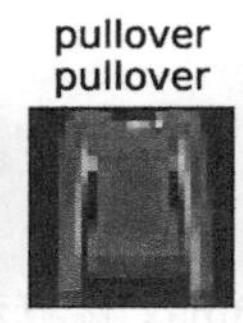

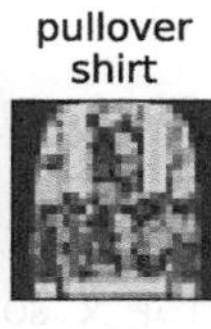

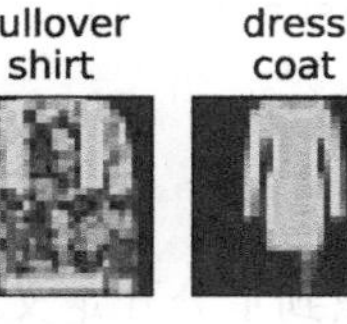

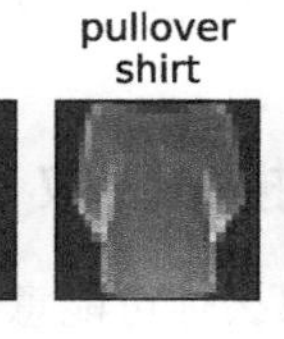

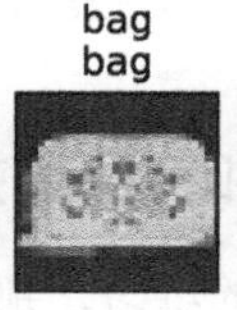

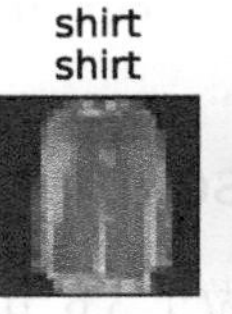

小结

- 可以使用 softmax 回归做多类别分类。与训练线性回归相比，你会发现训练 softmax 回归的步骤和它非常相似：获取并读取数据、定义模型和损失函数并使用优化算法训练模型。事实上，绝大多数深度学习模型的训练都有着类似的步骤。

练习

（1）在本节中，我们直接按照 softmax 运算的数学定义来实现 softmax 函数。这可能会造成什么问题？（提示：试一试计算 exp(50) 的大小。）

（2）本节中的 `cross_entropy` 函数是按照 3.4 节中的交叉熵损失函数的数学定义实现的。这样的实现方式可能有什么问题？（提示：思考一下对数函数的定义域。）

（3）你能想到哪些办法来解决上面的两个问题？

3.7 softmax回归的简洁实现

扫码直达讨论区

我们在 3.3 节中已经了解了使用 Gluon 实现模型的便利。下面，让我们再次使用 Gluon 来实现一个 softmax 回归模型。首先导入所需的包或模块。

```
In [1]: %matplotlib inline
        import d2lzh as d2l
        from mxnet import gluon, init
        from mxnet.gluon import loss as gloss, nn
```

3.7.1 读取数据集

我们仍然使用 Fashion-MNIST 数据集和 3.6 节中设置的批量大小。

```
In [2]: batch_size = 256
        train_iter, test_iter = d2l.load_data_fashion_mnist(batch_size)
```

3.7.2 定义和初始化模型

在 3.4 节中提到，softmax 回归的输出层是一个全连接层。因此，我们添加一个输出个数为 10 的全连接层。我们使用均值为 0、标准差为 0.01 的正态分布随机初始化模型的权重参数。

```
In [3]: net = nn.Sequential()
        net.add(nn.Dense(10))
        net.initialize(init.Normal(sigma=0.01))
```

3.7.3 softmax和交叉熵损失函数

如果做了 3.6 节的练习，那么你可能意识到了分开定义 softmax 运算和交叉熵损失函数可能会造成数值不稳定。因此，Gluon 提供了一个包括 softmax 运算和交叉熵损失计算的函数。它的数值稳定性更好。

```
In [4]: loss = gloss.SoftmaxCrossEntropyLoss()
```

3.7.4 定义优化算法

我们使用学习率为 0.1 的小批量随机梯度下降作为优化算法。

```
In [5]: trainer = gluon.Trainer(net.collect_params(), 'sgd', {'learning_rate': 0.1})
```

3.7.5 训练模型

接下来，我们使用 3.6 节中定义的训练函数来训练模型。

```
In [6]: num_epochs = 5
        d2l.train_ch3(net, train_iter, test_iter, loss, num_epochs, batch_size, None,
                      None, trainer)

epoch 1, loss 0.7885, train acc 0.747, test acc 0.806
epoch 2, loss 0.5741, train acc 0.811, test acc 0.824
epoch 3, loss 0.5293, train acc 0.824, test acc 0.832
epoch 4, loss 0.5042, train acc 0.831, test acc 0.838
epoch 5, loss 0.4892, train acc 0.835, test acc 0.841
```

小结

- Gluon 提供的函数往往具有更好的数值稳定性。
- 可以使用 Gluon 更简洁地实现 softmax 回归。

练习

尝试调一调超参数，如批量大小、迭代周期和学习率，看看结果会怎样。

3.8 多层感知机

扫码直达讨论区

我们已经介绍了包括线性回归和softmax回归在内的单层神经网络。然而深度学习主要关注多层模型。在本节中，我们将以多层感知机（multilayer perceptron，MLP）为例，介绍多层神经网络的概念。

3.8.1 隐藏层

多层感知机在单层神经网络的基础上引入了一到多个隐藏层（hidden layer）。隐藏层位于输入层和输出层之间。图3-3展示了一个多层感知机的神经网络图。

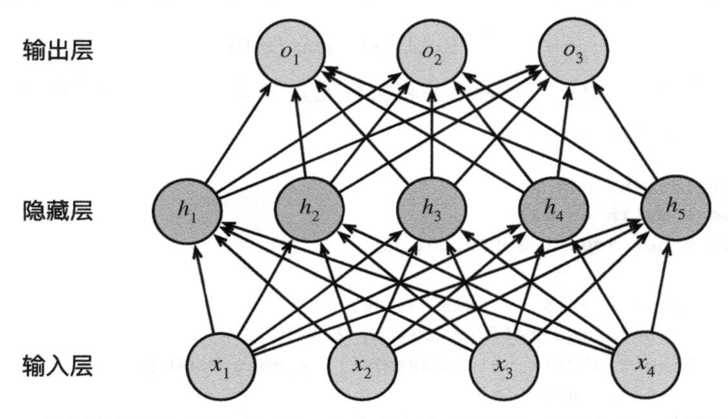

图3-3 带有隐藏层的多层感知机。它含有一个隐藏层，该层中有5个隐藏单元

在图3-3所示的多层感知机中，输入和输出个数分别为4和3，中间的隐藏层中包含了5个隐藏单元（hidden unit）。由于输入层不涉及计算，图3-3中的多层感知机的层数为2。由图3-3可见，隐藏层中的神经元和输入层中各个输入完全连接，输出层中的神经元和隐藏层中的各个神经元也完全连接。因此，多层感知机中的隐藏层和输出层都是全连接层。

具体来说，给定一个小批量样本 $\boldsymbol{X} \in \mathbb{R}^{n \times d}$，其批量大小为 n，输入个数为 d。假设多层感知机只有一个隐藏层，其中隐藏单元个数为 h。记隐藏层的输出（也称为隐藏层变量或隐藏变量）为 $\boldsymbol{H}$，有 $\boldsymbol{H} \in \mathbb{R}^{n \times h}$。因为隐藏层和输出层均是全连接层，可以设隐藏层的权重参数和偏差参数分别为 $\boldsymbol{W}_h \in \mathbb{R}^{d \times h}$ 和 $\boldsymbol{b}_h \in \mathbb{R}^{1 \times h}$，输出层的权重和偏差参数分别为 $\boldsymbol{W}_o \in \mathbb{R}^{h \times q}$ 和 $\boldsymbol{b}_o \in \mathbb{R}^{1 \times q}$。

我们先来看一种含单隐藏层的多层感知机的设计。其输出 $\boldsymbol{O} \in \mathbb{R}^{n \times q}$ 的计算为

$$\boldsymbol{H} = \boldsymbol{X}\boldsymbol{W}_h + \boldsymbol{b}_h$$
$$\boldsymbol{O} = \boldsymbol{H}\boldsymbol{W}_o + \boldsymbol{b}_o$$

也就是将隐藏层的输出直接作为输出层的输入。如果将以上两个式子联立起来，可以得到

$$\boldsymbol{O} = (\boldsymbol{X}\boldsymbol{W}_h + \boldsymbol{b}_h)\boldsymbol{W}_o + \boldsymbol{b}_o = \boldsymbol{X}\boldsymbol{W}_h\boldsymbol{W}_o + \boldsymbol{b}_h\boldsymbol{W}_o + \boldsymbol{b}_o$$

从联立后的式子可以看出，虽然神经网络引入了隐藏层，却依然等价于一个单层神经网

络：其中输出层权重参数为 $\boldsymbol{W}_h\boldsymbol{W}_o$，偏差参数为 $\boldsymbol{b}_h\boldsymbol{W}_o+\boldsymbol{b}_o$。不难发现，即便再添加更多的隐藏层，以上设计依然只能与仅含输出层的单层神经网络等价。

3.8.2 激活函数

上述问题的根源在于全连接层只是对数据做仿射变换（affine transformation），而多个仿射变换的叠加仍然是一个仿射变换。解决问题的一个方法是引入非线性变换，例如对隐藏变量使用按元素运算的非线性函数进行变换，然后再作为下一个全连接层的输入。这个非线性函数被称为激活函数（activation function）。下面我们介绍几个常用的激活函数。

1. ReLU函数

ReLU（rectified linear unit）函数提供了一个很简单的非线性变换。给定元素 x，该函数定义为

$$\text{ReLU}(x)=\max(x,0)$$

可以看出，ReLU 函数只保留正数元素，并将负数元素清零。为了直观地观察这一非线性变换，我们先定义一个绘图函数 `xyplot`。

```
In [1]: %matplotlib inline
        import d2lzh as d2l
        from mxnet import autograd, nd

        def xyplot(x_vals, y_vals, name):
            d2l.set_figsize(figsize=(5, 2.5))
            d2l.plt.plot(x_vals.asnumpy(), y_vals.asnumpy())
            d2l.plt.xlabel('x')
            d2l.plt.ylabel(name + '(x)')
```

我们接下来通过 `NDArray` 提供的 `relu` 函数来绘制 ReLU 函数。可以看到，该激活函数是一个两段线性函数。

```
In [2]: x = nd.arange(-8.0, 8.0, 0.1)
        x.attach_grad()
        with autograd.record():
            y = x.relu()
        xyplot(x, y, 'relu')
```

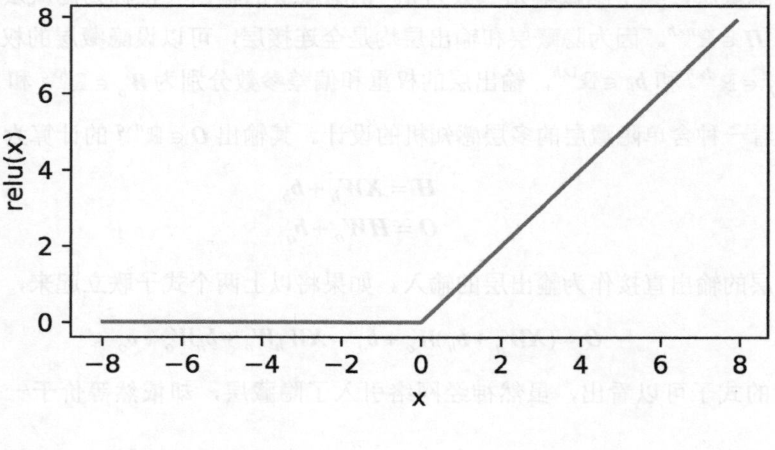

显然，当输入为负数时，ReLU 函数的导数为 0；当输入为正数时，ReLU 函数的导数为 1。尽管输入为 0 时 ReLU 函数不可导，但是我们可以取此处的导数为 0。下面绘制 ReLU 函数的导数。

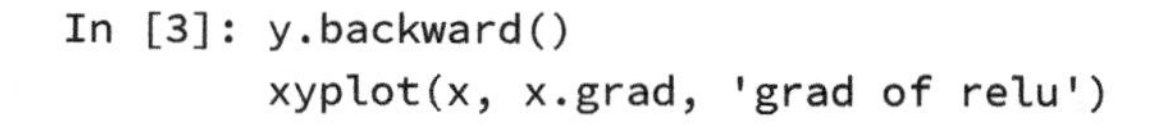

```
In [3]: y.backward()
        xyplot(x, x.grad, 'grad of relu')
```

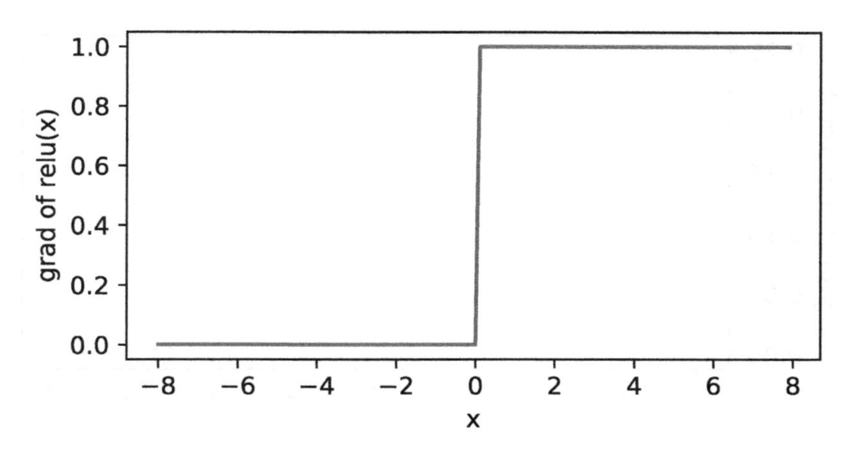

2. sigmoid函数

sigmoid 函数可以将元素的值变换到 0 和 1 之间：

$$\text{sigmoid}(x) = \frac{1}{1 + \exp(-x)}$$

sigmoid 函数在早期的神经网络中较为普遍，但它目前逐渐被更简单的 ReLU 函数取代。在第 6 章中我们会介绍如何利用它值域在 0 到 1 之间这一特性来控制信息在神经网络中的流动。下面绘制了 sigmoid 函数。当输入接近 0 时，sigmoid 函数接近线性变换。

```
In [4]: with autograd.record():
            y = x.sigmoid()
        xyplot(x, y, 'sigmoid')
```

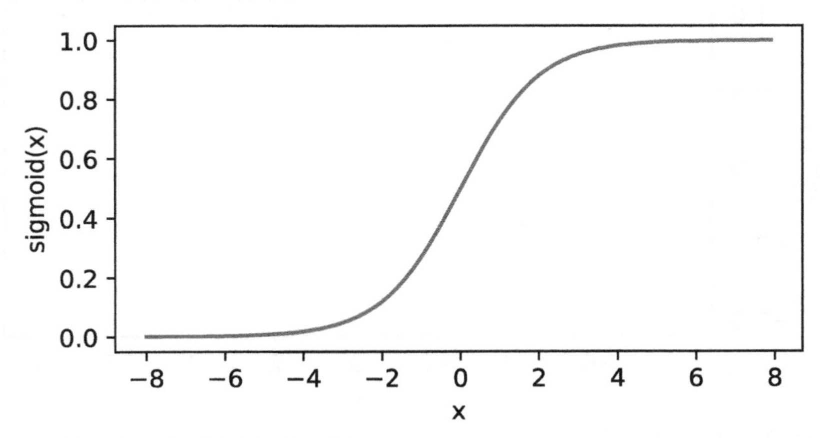

依据链式法则，sigmoid 函数的导数为

$$\text{sigmoid}'(x) = \text{sigmoid}(x)\,(1-\text{sigmoid}(x))$$

下面绘制了 sigmoid 函数的导数。当输入为 0 时，sigmoid 函数的导数达到最大值 0.25；当输入越偏离 0 时，sigmoid 函数的导数越接近 0。

```
In [5]: y.backward()
        xyplot(x, x.grad, 'grad of sigmoid')
```

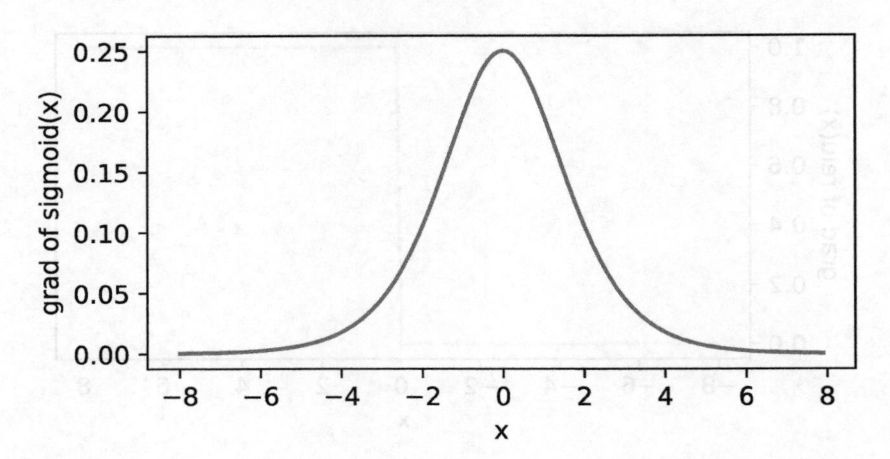

3. tanh函数

tanh（双曲正切）函数可以将元素的值变换到 −1 和 1 之间：

$$\tanh(x) = \frac{1-\exp(-2x)}{1+\exp(-2x)}$$

我们接着绘制 tanh 函数。当输入接近 0 时，tanh 函数接近线性变换。虽然该函数的形状和 sigmoid 函数的形状很像，但 tanh 函数在坐标系的原点上对称。

```
In [6]: with autograd.record():
            y = x.tanh()
        xyplot(x, y, 'tanh')
```

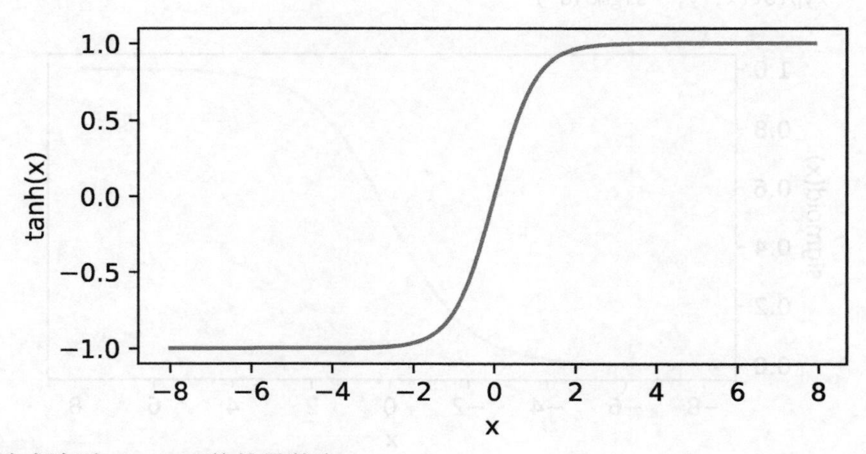

依据链式法则，tanh 函数的导数为

$$\tanh'(x) = 1 - \tanh^2(x)$$

下面绘制了 tanh 函数的导数。当输入为 0 时，tanh 函数的导数达到最大值 1；当输入越偏离 0 时，tanh 函数的导数越接近 0。

```
In [7]: y.backward()
        xyplot(x, x.grad, 'grad of tanh')
```

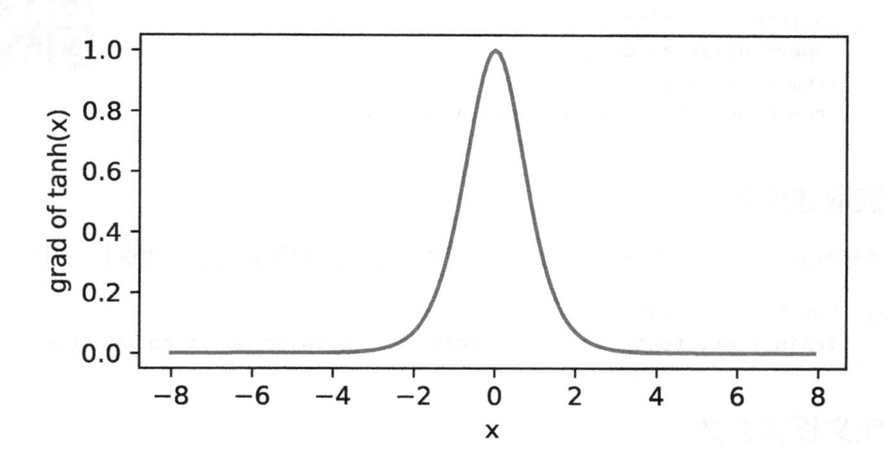

3.8.3 多层感知机

多层感知机就是含有至少一个隐藏层的由全连接层组成的神经网络，且每个隐藏层的输出通过激活函数进行变换。多层感知机的层数和各隐藏层中隐藏单元个数都是超参数。以单隐藏层为例并沿用本节之前定义的符号，多层感知机按以下方式计算输出：

$$\boldsymbol{H} = \phi(\boldsymbol{X}\boldsymbol{W}_h + \boldsymbol{b}_h)$$
$$\boldsymbol{O} = \boldsymbol{H}\boldsymbol{W}_o + \boldsymbol{b}_o$$

其中 ϕ 表示激活函数。在分类问题中，我们可以对输出 $\boldsymbol{O}$ 做 softmax 运算，并使用 softmax 回归中的交叉熵损失函数。在回归问题中，我们将输出层的输出个数设为 1，并将输出 $\boldsymbol{O}$ 直接提供给线性回归中使用的平方损失函数。

小结

- 多层感知机在输出层与输入层之间加入了一个或多个全连接隐藏层，并通过激活函数对隐藏层输出进行变换。
- 常用的激活函数包括 ReLU 函数、sigmoid 函数和 tanh 函数。

练习

（1）应用链式法则，推导出 sigmoid 函数和 tanh 函数的导数的数学表达式。

（2）查阅资料，了解其他的激活函数。

3.9　多层感知机的从零开始实现

我们已经从 3.8 节里了解了多层感知机的原理。下面，我们一起来动手实现一个多层感知机。首先导入实现所需的包或模块。

```
In [1]: %matplotlib inline
        import d2lzh as d2l
        from mxnet import nd
        from mxnet.gluon import loss as gloss
```

3.9.1　读取数据集

这里继续使用 Fashion-MNIST 数据集。我们将使用多层感知机对图像进行分类。

```
In [2]: batch_size = 256
        train_iter, test_iter = d2l.load_data_fashion_mnist(batch_size)
```

3.9.2　定义模型参数

我们在 3.5 节里已经介绍了，Fashion-MNIST 数据集中图像形状为 28×28，类别数为 10。本节中我们依然使用长度为 $28 \times 28 = 784$ 的向量表示每一张图像。因此，输入个数为 784，输出个数为 10。实验中，我们设超参数隐藏单元个数为 256。

```
In [3]: num_inputs, num_outputs, num_hiddens = 784, 10, 256

        W1 = nd.random.normal(scale=0.01, shape=(num_inputs, num_hiddens))
        b1 = nd.zeros(num_hiddens)
        W2 = nd.random.normal(scale=0.01, shape=(num_hiddens, num_outputs))
        b2 = nd.zeros(num_outputs)
        params = [W1, b1, W2, b2]

        for param in params:
            param.attach_grad()
```

3.9.3　定义激活函数

这里我们使用基础的 `maximum` 函数来实现 ReLU，而非直接调用 MXNet 的 `relu` 函数。

```
In [4]: def relu(X):
            return nd.maximum(X, 0)
```

3.9.4　定义模型

同 softmax 回归一样，我们通过 `reshape` 函数将每张原始图像改成长度为 `num_inputs` 的向量。然后我们实现 3.8 节中多层感知机的计算表达式。

```
In [5]: def net(X):
            X = X.reshape((-1, num_inputs))
            H = relu(nd.dot(X, W1) + b1)
            return nd.dot(H, W2) + b2
```

3.9.5 定义损失函数

为了得到更好的数值稳定性，我们直接使用 Gluon 提供的包括 softmax 运算和交叉熵损失计算的函数。

```
In [6]: loss = gloss.SoftmaxCrossEntropyLoss()
```

3.9.6 训练模型

训练多层感知机的步骤和 3.6 节中训练 softmax 回归的步骤没什么区别。我们直接调用 d2lzh 包中的 train_ch3 函数，它的实现已经在 3.6 节里介绍过。我们在这里设超参数迭代周期数为 5，学习率为 0.5。

```
In [7]: num_epochs, lr = 5, 0.5
        d2l.train_ch3(net, train_iter, test_iter, loss, num_epochs, batch_size,
                      params, lr)

epoch 1, loss 0.7941, train acc 0.704, test acc 0.817
epoch 2, loss 0.4859, train acc 0.821, test acc 0.846
epoch 3, loss 0.4289, train acc 0.840, test acc 0.864
epoch 4, loss 0.3949, train acc 0.855, test acc 0.867
epoch 5, loss 0.3717, train acc 0.863, test acc 0.873
```

小结

- 可以通过手动定义模型及其参数来实现简单的多层感知机。
- 当多层感知机的层数较多时，本节的实现方法会显得较烦琐，如在定义模型参数的时候。

练习

（1）改变超参数 num_hiddens 的值，看看对实验结果有什么影响。

（2）试着加入一个新的隐藏层，看看对实验结果有什么影响。

3.10 多层感知机的简洁实现

扫码直达讨论区

下面我们使用 Gluon 来实现 3.9 节中的多层感知机。首先导入所需的包或模块。

```
In [1]: import d2lzh as d2l
        from mxnet import gluon, init
        from mxnet.gluon import loss as gloss, nn
```

3.10.1　定义模型

和 softmax 回归唯一的不同在于，我们多加了一个全连接层作为隐藏层。它的隐藏单元个数为 256，并使用 ReLU 函数作为激活函数。

```
In [2]: net = nn.Sequential()
        net.add(nn.Dense(256, activation='relu'),
                nn.Dense(10))
        net.initialize(init.Normal(sigma=0.01))
```

3.10.2　训练模型

我们使用与 3.7 节中训练 softmax 回归几乎相同的步骤来读取数据并训练模型。

```
In [3]: batch_size = 256
        train_iter, test_iter = d2l.load_data_fashion_mnist(batch_size)

        loss = gloss.SoftmaxCrossEntropyLoss()
        trainer = gluon.Trainer(net.collect_params(), 'sgd', {'learning_rate': 0.5})
        num_epochs = 5
        d2l.train_ch3(net, train_iter, test_iter, loss, num_epochs, batch_size, None,
                      None, trainer)

epoch 1, loss 0.8033, train acc 0.701, test acc 0.819
epoch 2, loss 0.4998, train acc 0.815, test acc 0.836
epoch 3, loss 0.4332, train acc 0.838, test acc 0.862
epoch 4, loss 0.4019, train acc 0.851, test acc 0.855
epoch 5, loss 0.3755, train acc 0.862, test acc 0.873
```

小结

- 通过 Gluon 可以更简洁地实现多层感知机。

练习

（1）尝试多加入几个隐藏层，对比 3.9 节中从零开始的实现。

（2）使用其他的激活函数，看看对结果的影响。

3.11　模型选择、欠拟合和过拟合

扫码直达讨论区

在前几节基于 Fashion-MNIST 数据集的实验中，我们评价了机器学习模型在训练数据集和测试数据集上的表现。如果你改变过实验中的模型结构或者超参数，你也许发现了：当模型在训练数据集上更准确时，它在测试数据集上却不一定更准确。这是为什么呢？

3.11.1 训练误差和泛化误差

在解释上述现象之前，我们需要区分训练误差（training error）和泛化误差（generalization error）。通俗来讲，前者指模型在训练数据集上表现出的误差，后者指模型在任意一个测试数据样本上表现出的误差的期望，并常常通过测试数据集上的误差来近似。计算训练误差和泛化误差可以使用之前介绍过的损失函数，例如线性回归用到的平方损失函数和 softmax 回归用到的交叉熵损失函数。

让我们以高考为例来直观地解释训练误差和泛化误差这两个概念。训练误差可以认为是做往年高考试题（训练题）时的错误率，泛化误差则可以通过真正参加高考（测试题）时的答题错误率来近似。假设训练题和测试题都随机采样于一个未知的依照相同考纲的巨大试题库。如果让一名未学习中学知识的小学生去答题，那么测试题和训练题的答题错误率可能很相近。但如果换成一名反复练习训练题的高三备考生答题，即使在训练题上做到了错误率为 0，也不代表真实的高考成绩会如此。

在机器学习里，我们通常假设训练数据集（训练题）和测试数据集（测试题）里的每一个样本都是从同一个概率分布中相互独立地生成的。基于该独立同分布假设，给定任意一个机器学习模型（含参数），它的训练误差的期望和泛化误差都是一样的。例如，如果我们将模型参数设成随机值（小学生），那么训练误差和泛化误差会非常相近。但我们从前面几节中已经了解到，模型的参数是通过在训练数据集上训练模型而学习出的，参数的选择依据了最小化训练误差（高三备考生）。所以，训练误差的期望小于或等于泛化误差。也就是说，一般情况下，由训练数据集学到的模型参数会使模型在训练数据集上的表现优于或等于在测试数据集上的表现。由于无法从训练误差估计泛化误差，一味地降低训练误差并不意味着泛化误差一定会降低。

机器学习模型应关注降低泛化误差。

3.11.2 模型选择

在机器学习中，通常需要评估若干候选模型的表现并从中选择模型。这一过程称为模型选择（model selection）。可供选择的候选模型可以是有着不同超参数的同类模型。以多层感知机为例，我们可以选择隐藏层的个数，以及每个隐藏层中隐藏单元个数和激活函数。为了得到有效的模型，我们通常要在模型选择上下一番功夫。下面，我们来描述模型选择中经常使用的验证数据集（validation data set）。

1. 验证数据集

从严格意义上讲，测试集只能在所有超参数和模型参数选定后使用一次。不可以使用测试数据选择模型，如调参。由于无法从训练误差估计泛化误差，因此也不应只依赖训练数据选择模型。鉴于此，我们可以预留一部分在训练数据集和测试数据集以外的数据来进行模型选择。这部分数据被称为验证数据集，简称验证集（validation set）。例如，我们可以从给定的训练集中随机选取一小部分作为验证集，而将剩余部分作为真正的训练集。

然而在实际应用中，由于数据不容易获取，测试数据极少只使用一次就丢弃。因此，实践中验证数据集和测试数据集的界限可能比较模糊。从严格意义上讲，除非明确说明，否则本书中实验所使用的测试集应为验证集，实验报告的测试结果（如测试准确率）应为验证结果（如验证准确率）。

2. k折交叉验证

由于验证数据集不参与模型训练，当训练数据不够用时，预留大量的验证数据显得太奢侈。一种改善的方法是 k 折交叉验证（k-fold cross-validation）。在 k 折交叉验证中，我们把原始训练数据集分割成 k 个不重合的子数据集，然后我们做 k 次模型训练和验证。每一次，我们使用一个子数据集验证模型，并使用其他 $k-1$ 个子数据集来训练模型。在这 k 次训练和验证中，每次用来验证模型的子数据集都不同。最后，我们对这 k 次训练误差和验证误差分别求平均。

3.11.3 欠拟合和过拟合

接下来，我们将探究模型训练中经常出现的两类典型问题：一类是模型无法得到较低的训练误差，我们将这一现象称作欠拟合（underfitting）；另一类是模型的训练误差远小于它在测试数据集上的误差，我们称该现象为过拟合（overfitting）。在实践中，我们要尽可能同时应对欠拟合和过拟合。虽然有很多因素可能导致这两种拟合问题，在这里我们重点讨论两个因素：模型复杂度和训练数据集大小。

1. 模型复杂度

为了解释模型复杂度，我们以多项式函数拟合为例。给定一个由标量数据特征 x 和对应的标量标签 y 组成的训练数据集，多项式函数拟合的目标是找一个 K 阶多项式函数

$$\hat{y} = b + \sum_{k=1}^{K} x^k w_k$$

来近似 y。在上式中，w_k 是模型的权重参数，b 是偏差参数。与线性回归相同，多项式函数拟合也使用平方损失函数。特别地，一阶多项式函数拟合又叫线性函数拟合。

因为高阶多项式函数模型参数更多，模型函数的选择空间更大，所以高阶多项式函数比低阶多项式函数的复杂度更高。因此，高阶多项式函数比低阶多项式函数更容易在相同的训练数据集上得到更低的训练误差。给定训练数据集，模型复杂度和误差之间的关系通常如图 3-4 所示。给定训练数据集，如果模型的复杂度过低，很容易出现欠拟合；如果模型复杂度过高，很容易出现过拟合。应对欠拟合和过拟合的一个办法是针对数据集选择合适复杂度的模型。

2. 训练数据集大小

影响欠拟合和过拟合的另一个重要因素是训练数据集的大小。一般来说，如果训练数据集中样本数过少，特别是比模型参数数量（按元素计）更少时，过拟合更容易发生。此外，泛化误差不会随训练数据集里样本数量增加而增大。因此，在计算资源允许的范围之内，我们通常

希望训练数据集大一些，特别是在模型复杂度较高时，如层数较多的深度学习模型。

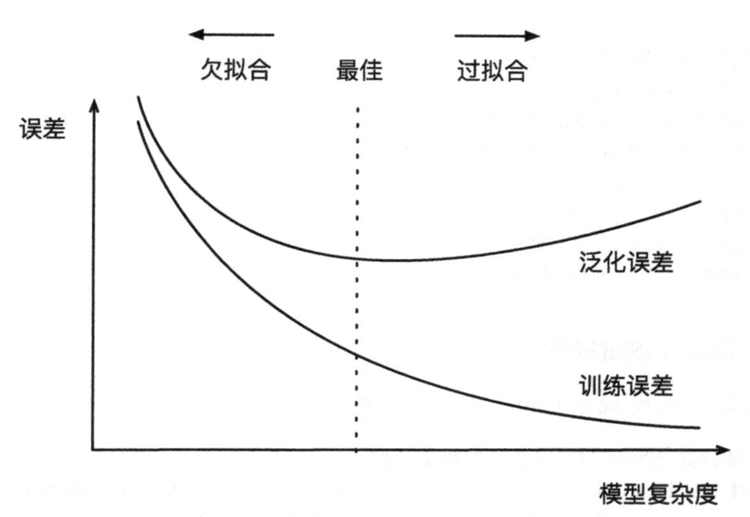

图 3-4　模型复杂度对欠拟合和过拟合的影响

3.11.4　多项式函数拟合实验

为了理解模型复杂度和训练数据集大小对欠拟合和过拟合的影响，下面我们以多项式函数拟合为例来实验。首先导入实验需要的包或模块。

```
In [1]: %matplotlib inline
        import d2lzh as d2l
        from mxnet import autograd, gluon, nd
        from mxnet.gluon import data as gdata, loss as gloss, nn
```

1. 生成数据集

我们将生成一个人工数据集。在训练数据集和测试数据集中，给定样本特征 x，我们使用如下的三阶多项式函数来生成该样本的标签：

$$y = 1.2x - 3.4x^2 + 5.6x^3 + 5 + \epsilon$$

其中噪声项 ϵ 服从均值为 0 、标准差为 0.1 的正态分布。训练数据集和测试数据集的样本数都设为 100。

```
In [2]: n_train, n_test, true_w, true_b = 100, 100, [1.2, -3.4, 5.6], 5
        features = nd.random.normal(shape=(n_train + n_test, 1))
        poly_features = nd.concat(features, nd.power(features, 2),
                                  nd.power(features, 3))
        labels = (true_w[0] * poly_features[:, 0] + true_w[1] * poly_features[:, 1]
                  + true_w[2] * poly_features[:, 2] + true_b)
        labels += nd.random.normal(scale=0.1, shape=labels.shape)
```

看一看生成的数据集的前两个样本。

```
In [3]: features[:2], poly_features[:2], labels[:2]

Out[3]: (
         [[2.2122064]
          [0.7740038]]
         <NDArray 2x1 @cpu(0)>,
         [[ 2.2122064   4.893857   10.826221 ]
          [ 0.7740038   0.5990819   0.46369165]]
         <NDArray 2x3 @cpu(0)>,
         [51.674885   6.3585763]
         <NDArray 2 @cpu(0)>)
```

2. 定义、训练和测试模型

我们先定义作图函数 semilogy，其中 y 轴使用了对数尺度。

```
In [4]: # 本函数已保存在d2lzh包中方便以后使用
        def semilogy(x_vals, y_vals, x_label, y_label, x2_vals=None, y2_vals=None,
                     legend=None, figsize=(3.5, 2.5)):
            d2l.set_figsize(figsize)
            d2l.plt.xlabel(x_label)
            d2l.plt.ylabel(y_label)
            d2l.plt.semilogy(x_vals, y_vals)
            if x2_vals and y2_vals:
                d2l.plt.semilogy(x2_vals, y2_vals, linestyle=':')
                d2l.plt.legend(legend)
```

和线性回归一样，多项式函数拟合也使用平方损失函数。因为我们将尝试使用不同复杂度的模型来拟合生成的数据集，所以我们把模型定义部分放在 fit_and_plot 函数中。多项式函数拟合的训练和测试步骤与 3.6 节介绍的 softmax 回归中的相关步骤类似。

```
In [5]: num_epochs, loss = 100, gloss.L2Loss()

        def fit_and_plot(train_features, test_features, train_labels, test_labels):
            net = nn.Sequential()
            net.add(nn.Dense(1))
            net.initialize()
            batch_size = min(10, train_labels.shape[0])
            train_iter = gdata.DataLoader(gdata.ArrayDataset(
                train_features, train_labels), batch_size, shuffle=True)
            trainer = gluon.Trainer(net.collect_params(), 'sgd',
                                    {'learning_rate': 0.01})
            train_ls, test_ls = [], []
            for _ in range(num_epochs):
                for X, y in train_iter:
                    with autograd.record():
                        l = loss(net(X), y)
                    l.backward()
                    trainer.step(batch_size)
                train_ls.append(loss(net(train_features),
                                     train_labels).mean().asscalar())
```

```
        test_ls.append(loss(net(test_features),
                            test_labels).mean().asscalar())
    print('final epoch: train loss', train_ls[-1], 'test loss', test_ls[-1])
    semilogy(range(1, num_epochs + 1), train_ls, 'epochs', 'loss',
             range(1, num_epochs + 1), test_ls, ['train', 'test'])
    print('weight:', net[0].weight.data().asnumpy(),
          '\nbias:', net[0].bias.data().asnumpy())
```

3. 三阶多项式函数拟合（正常）

我们先使用与数据生成函数同阶的三阶多项式函数拟合。实验表明，这个模型的训练误差和在测试数据集的误差都较低。训练出的模型参数也接近真实值：$w_1 = 1.2, w_2 = -3.4, w_3 = 5.6, b = 5$。

```
In [6]: fit_and_plot(poly_features[:n_train, :], poly_features[n_train:, :],
                     labels[:n_train], labels[n_train:])

final epoch: train loss 0.007049637 test loss 0.0119097745
weight: [[ 1.3258897 -3.363281   5.561593 ]]
bias: [4.9517436]
```

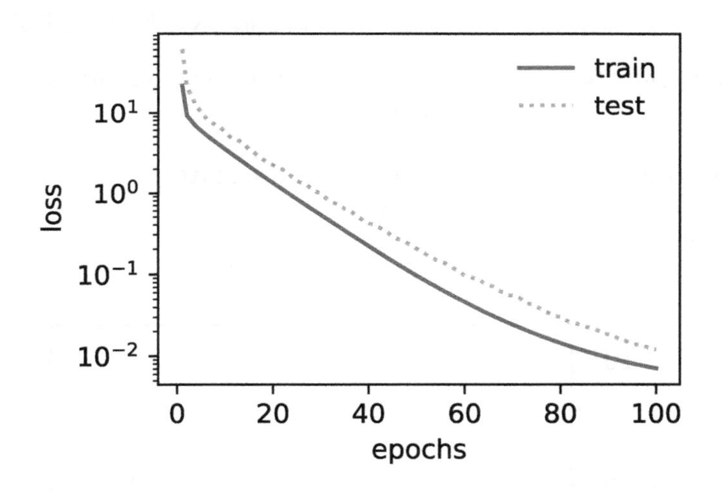

4. 线性函数拟合（欠拟合）

我们再试试线性函数拟合。很明显，该模型的训练误差在迭代早期下降后便很难继续降低。在完成最后一次迭代周期后，训练误差依旧很高。线性模型在非线性模型（如三阶多项式函数）生成的数据集上容易欠拟合。

```
In [7]: fit_and_plot(features[:n_train, :], features[n_train:, :], labels[:n_train],
                     labels[n_train:])

final epoch: train loss 43.997887 test loss 160.65588
weight: [[15.577538]]
bias: [2.2902575]
```

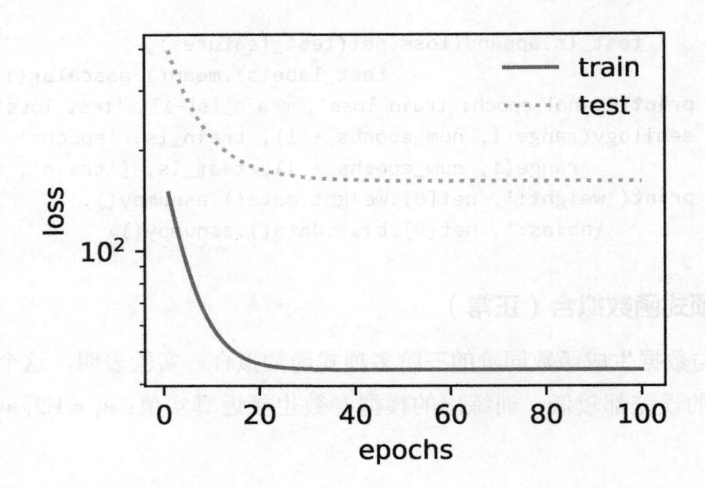

5. 训练样本不足（过拟合）

事实上，即便使用与数据生成模型同阶的三阶多项式函数模型，如果训练样本不足，该模型依然容易过拟合。让我们只使用两个样本来训练模型。显然，训练样本过少了，甚至少于模型参数的数量。这使模型显得过于复杂，以至于容易被训练数据中的噪声影响。在迭代过程中，尽管训练误差较低，但是测试数据集上的误差却很高。这是典型的过拟合现象。

```
In [8]: fit_and_plot(poly_features[0:2, :], poly_features[n_train:, :], labels[0:2],
                     labels[n_train:])

final epoch: train loss 0.4027369 test loss 103.314186
weight: [[1.3872364 1.9376589 3.5085924]]
bias: [1.2312856]
```

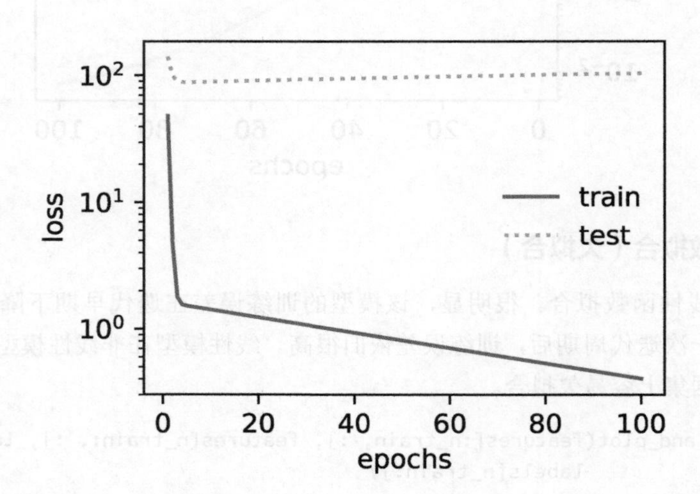

我们将在 3.12 节和 3.13 节继续讨论过拟合问题以及应对过拟合的方法。

小结

- 由于无法从训练误差估计泛化误差，一味地降低训练误差并不意味着泛化误差一定会降低。机器学习模型应关注降低泛化误差。
- 可以使用验证数据集来进行模型选择。
- 欠拟合指模型无法得到较低的训练误差，过拟合指模型的训练误差远小于它在测试数据集上的误差。
- 应选择复杂度合适的模型并避免使用过少的训练样本。

练习

（1）如果用一个三阶多项式模型来拟合一个线性模型生成的数据，可能会有什么问题？为什么？

（2）在本节提到的三阶多项式拟合问题里，有没有可能把 100 个样本的训练误差的期望降到 0，为什么？（提示：考虑噪声的存在。）

3.12 权重衰减

3.11 节中我们观察了过拟合现象，即模型的训练误差远小于它在测试集上的误差。虽然增大训练数据集可能会减轻过拟合，但是获取额外的训练数据往往代价高昂。本节介绍应对过拟合问题的常用方法——权重衰减（weight decay）。

3.12.1 方法

权重衰减等价于 L_2 范数正则化（regularization）。正则化通过为模型损失函数添加惩罚项使学出的模型参数值较小，是应对过拟合的常用手段。我们先描述 L_2 范数正则化，再解释它为何又称权重衰减。

L_2 范数正则化在模型原损失函数基础上添加 L_2 范数惩罚项，从而得到训练所需要最小化的函数。L_2 范数惩罚项指的是模型权重参数每个元素的平方和与一个正的常数的乘积。以 3.1 节中的线性回归损失函数

$$\ell(w_1, w_2, b) = \frac{1}{n}\sum_{i=1}^{n} \frac{1}{2}(x_1^{(i)} w_1 + x_2^{(i)} w_2 + b - y^{(i)})^2$$

为例，其中 w_1, w_2 是权重参数，b 是偏差参数，样本 i 的输入为 $x_1^{(i)}, x_2^{(i)}$，标签为 $y^{(i)}$，样本数为 n。将权重参数用向量 $\boldsymbol{w} = [w_1, w_2]$ 表示，带有 L_2 范数惩罚项的新损失函数为

$$\ell(w_1, w_2, b) + \frac{\lambda}{2n}\|\boldsymbol{w}\|^2$$

其中超参数 $\lambda > 0$。当权重参数均为 0 时，惩罚项最小。当 λ 较大时，惩罚项在损失函数中的

比重较大，这通常会使学到的权重参数的元素较接近 0。当 λ 设为 0 时，惩罚项完全不起作用。上式中 L_2 范数平方 $\|\boldsymbol{w}\|^2$ 展开后得到 $w_1^2+w_2^2$。有了 L_2 范数惩罚项后，在小批量随机梯度下降中，我们将 3.1 节中权重 w_1 和 w_2 的迭代方式更改为

$$w_1 \leftarrow \left(1-\eta\lambda\right)w_1 - \frac{\eta}{|\mathcal{B}|}\sum_{i\in\mathcal{B}} x_1^{(i)}(x_1^{(i)}w_1 + x_2^{(i)}w_2 + b - y^{(i)})$$

$$w_2 \leftarrow \left(1-\eta\lambda\right)w_2 - \frac{\eta}{|\mathcal{B}|}\sum_{i\in\mathcal{B}} x_2^{(i)}(x_1^{(i)}w_1 + x_2^{(i)}w_2 + b - y^{(i)})$$

可见，L_2 范数正则化令权重 w_1 和 w_2 先自乘小于 1 的数，再减去不含惩罚项的梯度。因此，L_2 范数正则化又叫权重衰减。权重衰减通过惩罚绝对值较大的模型参数为需要学习的模型增加了限制，这可能对过拟合有效。实际场景中，我们有时也在惩罚项中添加偏差元素的平方和。

3.12.2　高维线性回归实验

下面，我们以高维线性回归为例来引入一个过拟合问题，并使用权重衰减来应对过拟合。设数据样本特征的维度为 p。对于训练数据集和测试数据集中特征为 $x_1, x_2, \cdots, x_p$ 的任一样本，我们使用如下的线性函数来生成该样本的标签：

$$y = 0.05 + \sum_{i=1}^{p} 0.01x_i + \epsilon$$

其中噪声项 ϵ 服从均值为 0、标准差为 0.01 的正态分布。为了较容易地观察过拟合，我们考虑高维线性回归问题，如设维度 $p=200$；同时，我们特意把训练数据集的样本数设低，如 20。

```
In [1]: %matplotlib inline
        import d2lzh as d2l
        from mxnet import autograd, gluon, init, nd
        from mxnet.gluon import data as gdata, loss as gloss, nn

        n_train, n_test, num_inputs = 20, 100, 200
        true_w, true_b = nd.ones((num_inputs, 1)) * 0.01, 0.05

        features = nd.random.normal(shape=(n_train + n_test, num_inputs))
        labels = nd.dot(features, true_w) + true_b
        labels += nd.random.normal(scale=0.01, shape=labels.shape)
        train_features, test_features = features[:n_train, :], features[n_train:, :]
        train_labels, test_labels = labels[:n_train], labels[n_train:]
```

3.12.3　从零开始实现

下面先介绍从零开始实现权重衰减的方法。我们通过在目标函数后添加 L_2 范数惩罚项来实现权重衰减。

1. 初始化模型参数

首先，定义随机初始化模型参数的函数。该函数为每个参数都附上梯度。

```
In [2]: def init_params():
            w = nd.random.normal(scale=1, shape=(num_inputs, 1))
            b = nd.zeros(shape=(1,))
            w.attach_grad()
            b.attach_grad()
            return [w, b]
```

2. 定义 L_2 范数惩罚项

下面定义 L_2 范数惩罚项。这里只惩罚模型的权重参数。

```
In [3]: def l2_penalty(w):
            return (w**2).sum() / 2
```

3. 定义训练和测试

下面定义如何在训练数据集和测试数据集上分别训练和测试模型。与前面几节中不同的是，这里在计算最终的损失函数时添加了 L_2 范数惩罚项。

```
In [4]: batch_size, num_epochs, lr = 1, 100, 0.003
        net, loss = d2l.linreg, d2l.squared_loss
        train_iter = gdata.DataLoader(gdata.ArrayDataset(
            train_features, train_labels), batch_size, shuffle=True)

        def fit_and_plot(lambd):
            w, b = init_params()
            train_ls, test_ls = [], []
            for _ in range(num_epochs):
                for X, y in train_iter:
                    with autograd.record():
                        # 添加了L2范数惩罚项，广播机制使其变成长度为batch_size的向量
                        l = loss(net(X, w, b), y) + lambd * l2_penalty(w)
                    l.backward()
                    d2l.sgd([w, b], lr, batch_size)
                train_ls.append(loss(net(train_features, w, b),
                                     train_labels).mean().asscalar())
                test_ls.append(loss(net(test_features, w, b),
                                    test_labels).mean().asscalar())
            d2l.semilogy(range(1, num_epochs + 1), train_ls, 'epochs', 'loss',
                         range(1, num_epochs + 1), test_ls, ['train', 'test'])
            print('L2 norm of w:', w.norm().asscalar())
```

4. 观察过拟合

接下来，让我们训练并测试高维线性回归模型。当 `lambd` 设为 0 时，我们没有使用权重衰减。结果训练误差远小于测试集上的误差。这是典型的过拟合现象。

```
In [5]: fit_and_plot(lambd=0)
```

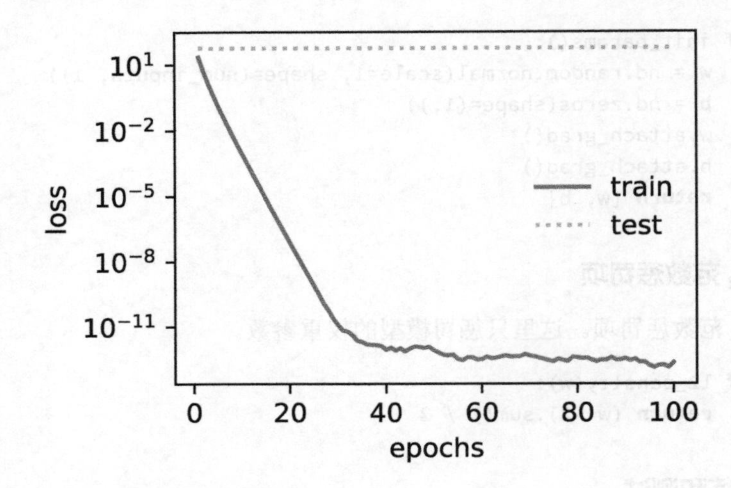


```
L2 norm of w: 11.611939
```

5. 使用权重衰减

下面我们使用权重衰减。可以看出，训练误差虽然有所提高，但测试集上的误差有所下降。过拟合现象得到一定程度的缓解。另外，权重参数的 L_2 范数比不使用权重衰减时的更小，此时的权重参数更接近 0。

```
In [6]: fit_and_plot(lambd=3)
```

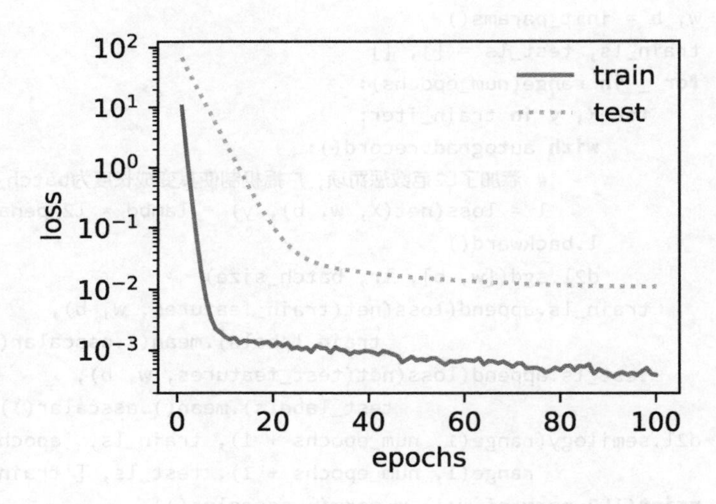


```
L2 norm of w: 0.041881386
```

3.12.4 简洁实现

这里我们直接在构造 `Trainer` 实例时通过 `wd` 参数来指定权重衰减超参数。默认下，Gluon 会对权重和偏差同时衰减。我们可以分别对权重和偏差构造 `Trainer` 实例，从而只对权重衰减。

```
In [7]: def fit_and_plot_gluon(wd):
            net = nn.Sequential()
            net.add(nn.Dense(1))
            net.initialize(init.Normal(sigma=1))
            # 对权重参数衰减。权重名称一般是以weight结尾
            trainer_w = gluon.Trainer(net.collect_params('.*weight'), 'sgd',
                                      {'learning_rate': lr, 'wd': wd})
            # 不对偏差参数衰减。偏差名称一般是以bias结尾
            trainer_b = gluon.Trainer(net.collect_params('.*bias'), 'sgd',
                                      {'learning_rate': lr})
            train_ls, test_ls = [], []
            for _ in range(num_epochs):
                for X, y in train_iter:
                    with autograd.record():
                        l = loss(net(X), y)
                    l.backward()
                    # 对两个Trainer实例分别调用step函数，从而分别更新权重和偏差
                    trainer_w.step(batch_size)
                    trainer_b.step(batch_size)
                train_ls.append(loss(net(train_features),
                                     train_labels).mean().asscalar())
                test_ls.append(loss(net(test_features),
                                    test_labels).mean().asscalar())
            d2l.semilogy(range(1, num_epochs + 1), train_ls, 'epochs', 'loss',
                         range(1, num_epochs + 1), test_ls, ['train', 'test'])
            print('L2 norm of w:', net[0].weight.data().norm().asscalar())
```

与从零开始实现权重衰减的实验现象类似，使用权重衰减可以在一定程度上缓解过拟合问题。

```
In [8]: fit_and_plot_gluon(0)
```

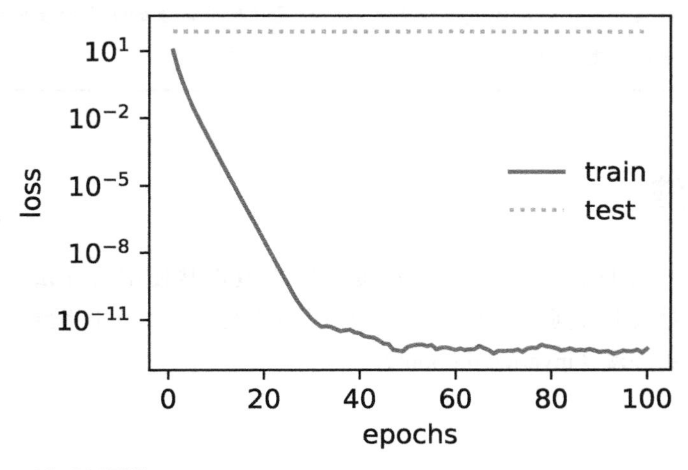


```
L2 norm of w: 13.311797
```

```
In [9]: fit_and_plot_gluon(3)
```

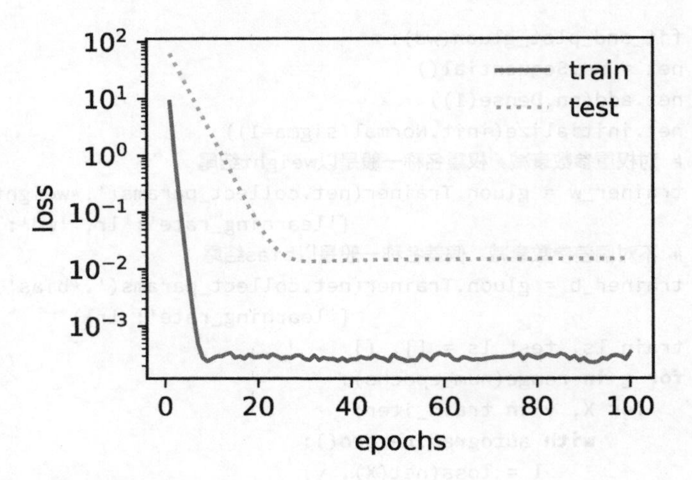


```
L2 norm of w: 0.032021914
```

小结

- 正则化通过为模型损失函数添加惩罚项使学出的模型参数值较小，是应对过拟合的常用手段。
- 权重衰减等价于 L_2 范数正则化，通常会使学到的权重参数的元素较接近 0。
- 权重衰减可以通过 Gluon 的 wd 超参数来指定。
- 可以定义多个 Trainer 实例对不同的模型参数使用不同的迭代方法。

练习

（1）回顾一下训练误差和泛化误差的关系。除了权重衰减、增大训练量以及使用复杂度合适的模型，你还能想到哪些办法来应对过拟合？

（2）如果你了解贝叶斯统计，你觉得权重衰减对应贝叶斯统计里的哪个重要概念？

（3）调节实验中的权重衰减超参数，观察并分析实验结果。

3.13 丢弃法

扫码直达讨论区

除了 3.12 节介绍的权重衰减以外，深度学习模型常常使用丢弃法（dropout）[49] 来应对过拟合问题。丢弃法有一些不同的变体。本节中提到的丢弃法特指倒置丢弃法（inverted dropout）。

3.13.1 方法

回忆一下，3.8 节的图 3-3 描述了一个含单隐藏层的多层感知机。其中输入个数为 4，隐藏单元个数为 5，且隐藏单元 $h_i(i=1,\cdots,5)$ 的计算表达式为

$$h_i=\phi(x_1w_{1i}+x_2w_{2i}+x_3w_{3i}+x_4w_{4i}+b_i)$$

这里 ϕ 是激活函数，$x_1,\cdots,x_4$ 是输入，隐藏单元 i 的权重参数为 $w_{1i},\cdots,w_{4i}$，偏差参数为 b_i。当对该隐藏层使用丢弃法时，该层的隐藏单元将有一定概率被丢弃掉。设丢弃概率为 p，那么有 p 的概率 h_i 会被清零，有 $1-p$ 的概率 h_i 会除以 $1-p$ 做拉伸。丢弃概率是丢弃法的超参数。具体来说，设随机变量 ξ_i 为 0 和 1 的概率分别为 p 和 $1-p$。使用丢弃法时我们计算新的隐藏单元

$$h_i' = \frac{\xi_i}{1-p} h_i$$

由于 $E(\xi_i)=1-p$，因此

$$E(h_i') = \frac{E(\xi_i)}{1-p} h_i = h_i$$

即丢弃法不改变其输入的期望值。让我们对图 3-3 中的隐藏层使用丢弃法，一种可能的结果如图 3-5 所示，其中 h_2 和 h_5 被清零。这时输出值的计算不再依赖 h_2 和 h_5，在反向传播时，与这两个隐藏单元相关的权重的梯度均为 0。由于在训练中隐藏层神经元的丢弃是随机的，即 $h_1,\cdots,h_5$ 都有可能被清零，输出层的计算无法过度依赖 $h_1,\cdots,h_5$ 中的任一个，从而在训练模型时起到正则化的作用，并可以用来应对过拟合。在测试模型时，我们为了得到更加确定性的结果，一般不使用丢弃法。

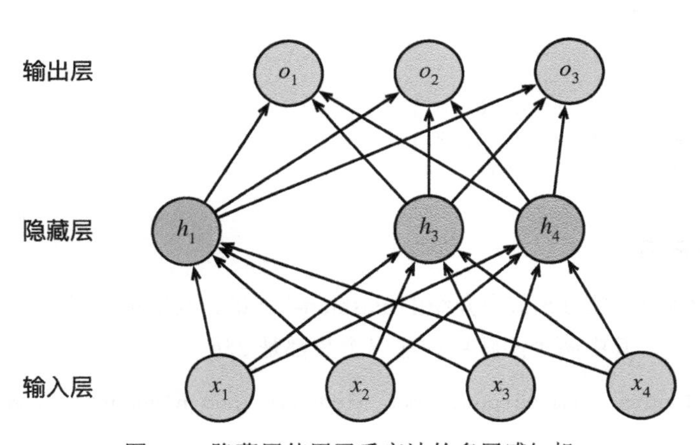

图 3-5 隐藏层使用了丢弃法的多层感知机

3.13.2 从零开始实现

根据丢弃法的定义，我们可以很容易地实现它。下面的 `dropout` 函数将以 `drop_prob` 的概率丢弃 `NDArray` 输入 `X` 中的元素。

```
In [1]: import d2lzh as d2l
        from mxnet import autograd, gluon, init, nd
        from mxnet.gluon import loss as gloss, nn

        def dropout(X, drop_prob):
            assert 0 <= drop_prob <= 1
            keep_prob = 1 - drop_prob
```

```
    # 这种情况下把全部元素都丢弃
    if keep_prob == 0:
        return X.zeros_like()
    mask = nd.random.uniform(0, 1, X.shape) < keep_prob
    return mask * X / keep_prob
```

我们运行几个例子来测试一下 dropout 函数，其中丢弃概率分别为 0、0.5 和 1。

```
In [2]: X = nd.arange(16).reshape((2, 8))
        dropout(X, 0)

Out[2]:
        [[ 0.  1.  2.  3.  4.  5.  6.  7.]
         [ 8.  9. 10. 11. 12. 13. 14. 15.]]
        <NDArray 2x8 @cpu(0)>

In [3]: dropout(X, 0.5)

Out[3]:
        [[ 0.  2.  4.  6.  0.  0.  0. 14.]
         [ 0. 18.  0.  0. 24. 26. 28.  0.]]
        <NDArray 2x8 @cpu(0)>

In [4]: dropout(X, 1)

Out[4]:
        [[0. 0. 0. 0. 0. 0. 0. 0.]
         [0. 0. 0. 0. 0. 0. 0. 0.]]
        <NDArray 2x8 @cpu(0)>
```

1. 定义模型参数

实验中，我们依然使用 3.5 节中介绍的 Fashion-MNIST 数据集。我们将定义一个包含两个隐藏层的多层感知机，其中两个隐藏层的输出个数都是 256。

```
In [5]: num_inputs, num_outputs, num_hiddens1, num_hiddens2 = 784, 10, 256, 256

        W1 = nd.random.normal(scale=0.01, shape=(num_inputs, num_hiddens1))
        b1 = nd.zeros(num_hiddens1)
        W2 = nd.random.normal(scale=0.01, shape=(num_hiddens1, num_hiddens2))
        b2 = nd.zeros(num_hiddens2)
        W3 = nd.random.normal(scale=0.01, shape=(num_hiddens2, num_outputs))
        b3 = nd.zeros(num_outputs)

        params = [W1, b1, W2, b2, W3, b3]
        for param in params:
            param.attach_grad()
```

2. 定义模型

下面定义的模型将全连接层和激活函数 ReLU 串起来，并对每个激活函数的输出使用丢弃法。我们可以分别设置各个层的丢弃概率。通常的建议是把靠近输入层的丢弃概率设得小一点。在这个实验中，我们把第一个隐藏层的丢弃概率设为 0.2，把第二个隐藏层的丢弃概率设为 0.5。我们可以通过 2.3 节中介绍的 `is_training` 函数来判断运行模式为训练还是测试，并只需在训练模式下使用丢弃法。

```
In [6]: drop_prob1, drop_prob2 = 0.2, 0.5

        def net(X):
            X = X.reshape((-1, num_inputs))
            H1 = (nd.dot(X, W1) + b1).relu()
            if autograd.is_training():  # 只在训练模型时使用丢弃法
                H1 = dropout(H1, drop_prob1)  # 在第一层全连接后添加丢弃层
            H2 = (nd.dot(H1, W2) + b2).relu()
            if autograd.is_training():
                H2 = dropout(H2, drop_prob2)  # 在第二层全连接后添加丢弃层
            return nd.dot(H2, W3) + b3
```

3. 训练和测试模型

这部分与之前多层感知机的训练和测试类似。

```
In [7]: num_epochs, lr, batch_size = 5, 0.5, 256
        loss = gloss.SoftmaxCrossEntropyLoss()
        train_iter, test_iter = d2l.load_data_fashion_mnist(batch_size)
        d2l.train_ch3(net, train_iter, test_iter, loss, num_epochs, batch_size,
                      params, lr)

epoch 1, loss 1.2260, train acc 0.526, test acc 0.759
epoch 2, loss 0.6336, train acc 0.765, test acc 0.795
epoch 3, loss 0.5147, train acc 0.812, test acc 0.845
epoch 4, loss 0.4648, train acc 0.830, test acc 0.861
epoch 5, loss 0.4362, train acc 0.840, test acc 0.852
```

3.13.3 简洁实现

在 Gluon 中，我们只需要在全连接层后添加 `Dropout` 层并指定丢弃概率。在训练模型时，Dropout 层将以指定的丢弃概率随机丢弃上一层的输出元素；在测试模型时，`Dropout` 层并不发挥作用。

```
In [8]: net = nn.Sequential()
        net.add(nn.Dense(256, activation="relu"),
                nn.Dropout(drop_prob1),  # 在第一个全连接层后添加丢弃层
                nn.Dense(256, activation="relu"),
                nn.Dropout(drop_prob2),  # 在第二个全连接层后添加丢弃层
                nn.Dense(10))
        net.initialize(init.Normal(sigma=0.01))
```

下面训练并测试模型。

```
In [9]: trainer = gluon.Trainer(net.collect_params(), 'sgd', {'learning_rate': lr})
        d2l.train_ch3(net, train_iter, test_iter, loss, num_epochs, batch_size, None,
                      None, trainer)

epoch 1, loss 1.1863, train acc 0.542, test acc 0.765
epoch 2, loss 0.5867, train acc 0.782, test acc 0.839
epoch 3, loss 0.4947, train acc 0.821, test acc 0.857
epoch 4, loss 0.4476, train acc 0.839, test acc 0.865
epoch 5, loss 0.4224, train acc 0.845, test acc 0.864
```

小结

- 我们可以通过使用丢弃法应对过拟合。
- 丢弃法只在训练模型时使用。

练习

（1）如果把本节中的两个丢弃概率超参数对调，会有什么结果？

（2）增大迭代周期数，比较使用丢弃法与不使用丢弃法的结果。

（3）如果将模型改得更加复杂，如增加隐藏层单元，使用丢弃法应对过拟合的效果是否更加明显？

（4）以本节中的模型为例，比较使用丢弃法与权重衰减的效果。如果同时使用丢弃法和权重衰减，效果会如何？

3.14　正向传播、反向传播和计算图

扫码直达讨论区

前面几节里我们使用了小批量随机梯度下降的优化算法来训练模型。在实现中，我们只提供了模型的正向传播的计算，即对输入计算模型输出，然后通过 autograd 模块来调用系统自动生成的 backward 函数计算梯度。基于反向传播算法的自动求梯度极大简化了深度学习模型训练算法的实现。本节我们将使用数学来描述正向传播和反向传播。具体来说，我们将以带 L_2 范数正则化的含单隐藏层的多层感知机为样例模型解释正向传播和反向传播。

3.14.1　正向传播

正向传播（forward-propagation）是指对神经网络沿着从输入层到输出层的顺序，依次计算并存储模型的中间变量（包括输出）。为简单起见，假设输入是一个特征为 $\boldsymbol{x} \in \mathbb{R}^d$ 的样本，且不考虑偏差项，那么中间变量

$$\boldsymbol{z} = \boldsymbol{W}^{(1)} \boldsymbol{x}$$

其中 $\boldsymbol{W}^{(1)} \in \mathbb{R}^{h \times d}$ 是隐藏层的权重参数。把中间变量 $\boldsymbol{z} \in \mathbb{R}^h$ 输入按元素运算的激活函数 ϕ 后，将得到向量长度为 h 的隐藏层变量

$$\boldsymbol{h} = \phi(\boldsymbol{z})$$

隐藏层变量 $\boldsymbol{h}$ 也是一个中间变量。假设输出层参数只有权重 $\boldsymbol{W}^{(2)} \in \mathbb{R}^{q \times h}$，可以得到向量长度为 q 的输出层变量

$$\boldsymbol{o} = \boldsymbol{W}^{(2)} \boldsymbol{h}$$

假设损失函数为 ℓ，且样本标签为 y，可以计算出单个数据样本的损失项

$$L = \ell(\boldsymbol{o}, y)$$

根据 L_2 范数正则化的定义，给定超参数 λ，正则化项即

$$s = \frac{\lambda}{2}\left(\|\boldsymbol{W}^{(1)}\|_F^2 + \|\boldsymbol{W}^{(2)}\|_F^2\right)$$

其中矩阵的 Frobenius 范数等价于将矩阵变平为向量后计算 L_2 范数。最终，模型在给定的数据样本上带正则化的损失为

$$J = L + s$$

我们将 J 称为有关给定数据样本的目标函数，并在以下的讨论中简称目标函数。

3.14.2 正向传播的计算图

我们通常绘制计算图（computational graph）来可视化运算符和变量在计算中的依赖关系。图 3-6 绘制了本节中样例模型正向传播的计算图，其中左下角是输入，右上角是输出。可以看到，图中箭头方向大多是向右和向上，其中方框代表变量，圆圈代表运算符，箭头表示从输入到输出之间的依赖关系。

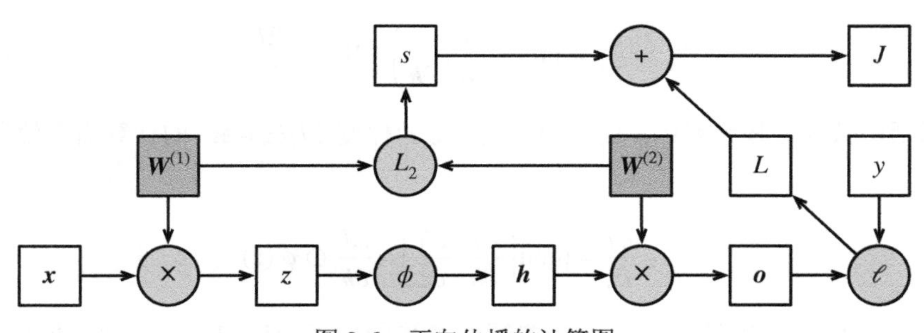

图 3-6 正向传播的计算图

3.14.3 反向传播

反向传播（back-propagation）指的是计算神经网络参数梯度的方法。总的来说，反向传播依据微积分中的链式法则，沿着从输出层到输入层的顺序，依次计算并存储目标函数有关神经网络各层的中间变量以及参数的梯度。对输入或输出 X, Y, Z 为任意形状张量的函数 $\mathsf{Y} = f(\mathsf{X})$ 和 $\mathsf{Z} = g(\mathsf{Y})$，通过链式法则，我们有

$$\frac{\partial \mathsf{Z}}{\partial \mathsf{X}} = \text{prod}\left(\frac{\partial \mathsf{Z}}{\partial \mathsf{Y}}, \frac{\partial \mathsf{Y}}{\partial \mathsf{X}}\right)$$

其中 prod 运算符将根据两个输入的形状，在必要的操作（如转置和互换输入位置）后对两个输入做乘法。

回顾一下本节中样例模型，它的参数是 $\boldsymbol{W}^{(1)}$ 和 $\boldsymbol{W}^{(2)}$，因此反向传播的目标是计算 $\partial J/\partial \boldsymbol{W}^{(1)}$ 和 $\partial J/\partial \boldsymbol{W}^{(2)}$。我们将应用链式法则依次计算各中间变量和参数的梯度，其计算次序与前向传播中相应中间变量的计算次序恰恰相反。首先，分别计算目标函数 $J = L + s$ 有关损失项 L 和正则项 s 的梯度

$$\frac{\partial J}{\partial L} = 1, \ \frac{\partial J}{\partial s} = 1$$

其次，依据链式法则计算目标函数有关输出层变量的梯度 $\partial J/\partial \boldsymbol{o} \in \mathbb{R}^q$：

$$\frac{\partial J}{\partial \boldsymbol{o}} = \text{prod}\left(\frac{\partial J}{\partial L}, \frac{\partial L}{\partial \boldsymbol{o}}\right) = \frac{\partial L}{\partial \boldsymbol{o}}$$

接下来，计算正则项有关两个参数的梯度：

$$\frac{\partial s}{\partial \boldsymbol{W}^{(1)}} = \lambda \boldsymbol{W}^{(1)}, \quad \frac{\partial s}{\partial \boldsymbol{W}^{(2)}} = \lambda \boldsymbol{W}^{(2)}$$

现在，我们可以计算最靠近输出层的模型参数的梯度 $\partial J/\partial \boldsymbol{W}^{(2)} \in \mathbb{R}^{q \times h}$。依据链式法则，得到

$$\frac{\partial J}{\partial \boldsymbol{W}^{(2)}} = \text{prod}\left(\frac{\partial J}{\partial \boldsymbol{o}}, \frac{\partial \boldsymbol{o}}{\partial \boldsymbol{W}^{(2)}}\right) + \text{prod}\left(\frac{\partial J}{\partial s}, \frac{\partial s}{\partial \boldsymbol{W}^{(2)}}\right) = \frac{\partial J}{\partial \boldsymbol{o}} \boldsymbol{h}^\top + \lambda \boldsymbol{W}^{(2)}$$

沿着输出层向隐藏层继续反向传播，隐藏层变量的梯度 $\partial J/\partial \boldsymbol{h} \in \mathbb{R}^h$ 可以这样计算：

$$\frac{\partial J}{\partial \boldsymbol{h}} = \text{prod}\left(\frac{\partial J}{\partial \boldsymbol{o}}, \frac{\partial \boldsymbol{o}}{\partial \boldsymbol{h}}\right) = \boldsymbol{W}^{(2)\top} \frac{\partial J}{\partial \boldsymbol{o}}$$

由于激活函数 ϕ 是按元素运算的，中间变量 $\boldsymbol{z}$ 的梯度 $\partial J/\partial \boldsymbol{z} \in \mathbb{R}^h$ 的计算需要使用按元素乘法符 $\odot$：

$$\frac{\partial J}{\partial \boldsymbol{z}} = \text{prod}\left(\frac{\partial J}{\partial \boldsymbol{h}}, \frac{\partial \boldsymbol{h}}{\partial \boldsymbol{z}}\right) = \frac{\partial J}{\partial \boldsymbol{h}} \odot \phi'(\boldsymbol{z})$$

最终，我们可以得到最靠近输入层的模型参数的梯度 $\partial J/\partial \boldsymbol{W}^{(1)} \in \mathbb{R}^{h \times d}$。依据链式法则，得到

$$\frac{\partial J}{\partial \boldsymbol{W}^{(1)}} = \text{prod}\left(\frac{\partial J}{\partial \boldsymbol{z}}, \frac{\partial \boldsymbol{z}}{\partial \boldsymbol{W}^{(1)}}\right) + \text{prod}\left(\frac{\partial J}{\partial s}, \frac{\partial s}{\partial \boldsymbol{W}^{(1)}}\right) = \frac{\partial J}{\partial \boldsymbol{z}} \boldsymbol{x}^\top + \lambda \boldsymbol{W}^{(1)}$$

3.14.4 训练深度学习模型

在训练深度学习模型时，正向传播和反向传播之间相互依赖。下面我们仍然以本节中的样例模型分别阐述它们之间的依赖关系。

一方面，正向传播的计算可能依赖于模型参数的当前值，而这些模型参数是在反向传播的梯度计算后通过优化算法迭代的。例如，计算正则化项 $s=(\lambda/2)(\|\boldsymbol{W}^{(1)}\|_F^2+\|\boldsymbol{W}^{(2)}\|_F^2)$ 依赖模型参数 $\boldsymbol{W}^{(1)}$ 和 $\boldsymbol{W}^{(2)}$ 的当前值，而这些当前值是优化算法最近一次根据反向传播算出梯度后迭代得到的。

另一方面，反向传播的梯度计算可能依赖于各变量的当前值，而这些变量的当前值是通过正向传播计算得到的。举例来说，参数梯度 $\partial J/\partial \boldsymbol{W}^{(2)}=(\partial J/\partial \boldsymbol{o})\boldsymbol{h}^\top+\lambda\boldsymbol{W}^{(2)}$ 的计算需要依赖隐藏层变量的当前值 $\boldsymbol{h}$。这个当前值是通过从输入层到输出层的正向传播计算并存储得到的。

因此，在模型参数初始化完成后，我们交替地进行正向传播和反向传播，并根据反向传播计算的梯度迭代模型参数。既然我们在反向传播中使用了正向传播中计算得到的中间变量来避免重复计算，那么这个复用也导致正向传播结束后不能立即释放中间变量内存。这也是训练要比预测占用更多内存的一个重要原因。另外需要指出的是，这些中间变量的个数大体上与网络层数线性相关，每个变量的大小与批量大小和输入个数也是线性相关的，它们是导致较深的神经网络使用较大批量训练时更容易超内存的主要原因。

小结

- 正向传播沿着从输入层到输出层的顺序，依次计算并存储神经网络的中间变量。
- 反向传播沿着从输出层到输入层的顺序，依次计算并存储神经网络的中间变量和参数的梯度。
- 在训练深度学习模型时，正向传播和反向传播相互依赖。

练习

在本节样例模型的隐藏层和输出层中添加偏差参数，修改计算图以及正向传播和反向传播的数学表达式。

3.15 数值稳定性和模型初始化

扫码直达讨论区

理解了正向传播与反向传播以后，我们来讨论一下深度学习模型的数值稳定性问题以及模型参数的初始化方法。深度模型有关数值稳定性的典型问题是衰减（vanishing）和爆炸（explosion）。

3.15.1 衰减和爆炸

当神经网络的层数较多时，模型的数值稳定性容易变差。假设一个层数为 L 的多层感知机的第 l 层 $\boldsymbol{H}^{(l)}$ 的权重参数为 $\boldsymbol{W}^{(l)}$，输出层 $\boldsymbol{H}^{(L)}$ 的权重参数为 $\boldsymbol{W}^{(L)}$。为了便于讨论，不考虑偏差参数，且设所有隐藏层的激活函数为恒等映射（identity mapping）$\phi(x)=x$。给定输入 $\boldsymbol{X}$，多层感知机的第 l 层的输出 $\boldsymbol{H}^{(l)}=\boldsymbol{X}\boldsymbol{W}^{(1)}\boldsymbol{X}\boldsymbol{W}^{(2)}\cdots\boldsymbol{W}^{(l)}$。此时，如果层数 l 较大，$\boldsymbol{H}^{(l)}$ 的计算可能会出现衰减或爆炸。举个例子，假设输入和所有层的权重参数都是标量，如权重参数为 0.2

和 5，多层感知机的第 30 层输出为输入 $\boldsymbol{X}$ 分别与 $0.2^{30} \approx 1 \times 10^{-21}$（衰减）和 $5^{30} \approx 9 \times 10^{20}$（爆炸）的乘积。类似地，当层数较多时，梯度的计算也更容易出现衰减或爆炸。

随着内容的不断深入，我们会在后面的章节进一步介绍深度学习的数值稳定性问题以及解决方法。

3.15.2　随机初始化模型参数

在神经网络中，通常需要随机初始化模型参数。下面我们来解释这样做的原因。

回顾 3.8 节图 3-3 描述的多层感知机。为了方便解释，假设输出层只保留一个输出单元 o_1（删去 o_2 和 o_3 以及指向它们的箭头），且隐藏层使用相同的激活函数。如果将每个隐藏单元的参数都初始化为相等的值，那么在正向传播时每个隐藏单元将根据相同的输入计算出相同的值，并传递至输出层。在反向传播中，每个隐藏单元的参数梯度值相等。因此，这些参数在使用基于梯度的优化算法迭代后值依然相等。之后的迭代也是如此。在这种情况下，无论隐藏单元有多少，隐藏层本质上只有 1 个隐藏单元在发挥作用。因此，正如在前面的实验中所做的那样，我们通常对神经网络的模型参数，特别是权重参数，进行随机初始化。

1. MXNet的默认随机初始化

随机初始化模型参数的方法有很多。在 3.3 节中，我们使用 `net.initialize(init.Normal(sigma=0.01))` 使模型 `net` 的权重参数采用正态分布的随机初始化方式。如果不指定初始化方法，如 `net.initialize()`，MXNet 将使用默认的随机初始化方法：权重参数每个元素随机采样于 -0.07 到 0.07 之间的均匀分布，偏差参数全部清零。

2. Xavier随机初始化

还有一种比较常用的随机初始化方法叫作 Xavier 随机初始化 [16]。假设某全连接层的输入个数为 a，输出个数为 b，Xavier 随机初始化将使该层中权重参数的每个元素都随机采样于均匀分布

$$U\left(-\sqrt{\frac{6}{a+b}}, \sqrt{\frac{6}{a+b}}\right)$$

它的设计主要考虑到，模型参数初始化后，每层输出的方差不该受该层输入个数影响，且每层梯度的方差也不该受该层输出个数影响。

小结

- 深度模型有关数值稳定性的典型问题是衰减和爆炸。当神经网络的层数较多时，模型的数值稳定性容易变差。
- 我们通常需要随机初始化神经网络的模型参数，如权重参数。

> **练习**
>
> （1）有人说随机初始化模型参数是为了“打破对称性”。这里的“对称”应如何理解？
>
> （2）是否可以将线性回归或 softmax 回归中所有的权重参数都初始化为相同值？

3.16 实战Kaggle比赛：房价预测

扫码直达讨论区

作为深度学习基础篇章的总结，我们将对本章内容学以致用。下面，让我们动手实战一个 Kaggle 比赛——房价预测。本节将提供未经调优的数据的预处理、模型的设计和超参数的选择。我们希望读者通过动手操作、仔细观察实验现象、认真分析实验结果并不断调整方法，得到令自己满意的结果。

3.16.1 Kaggle比赛

Kaggle 是一个著名的供机器学习爱好者交流的平台。图 3-7 展示了 Kaggle 网站的首页。为了便于提交结果，需要注册 Kaggle 账号。

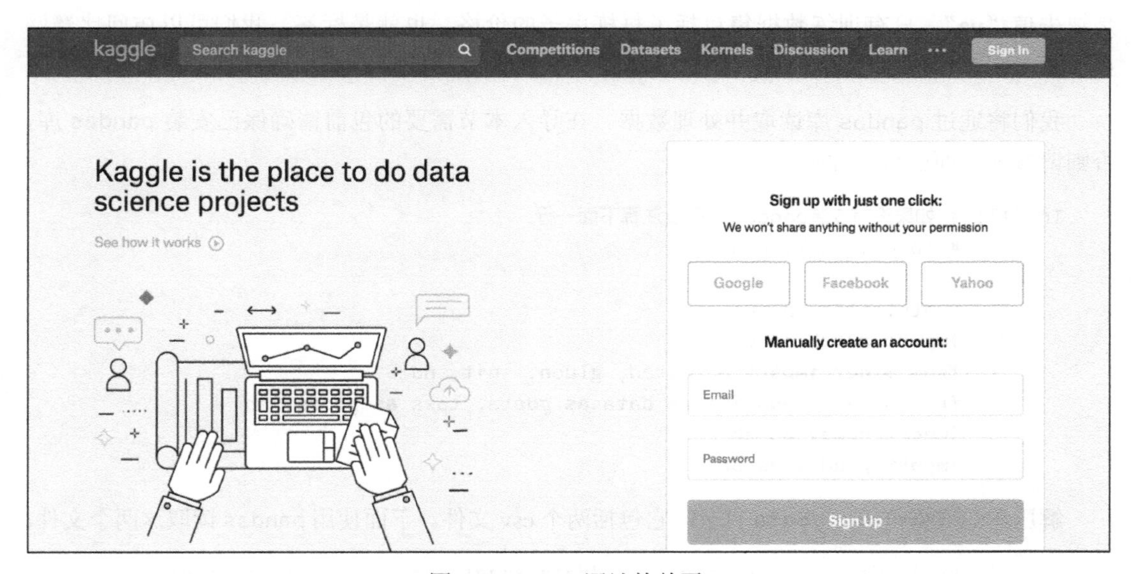

图 3-7 Kaggle网站的首页

我们可以在房价预测比赛的网页上了解比赛信息和参赛者成绩，也可以下载数据集并提交自己的预测结果。该比赛的网页地址是 https://www.kaggle.com/c/house-prices-advanced-regression-techniques。

图 3-8 展示了房价预测比赛的网页信息。

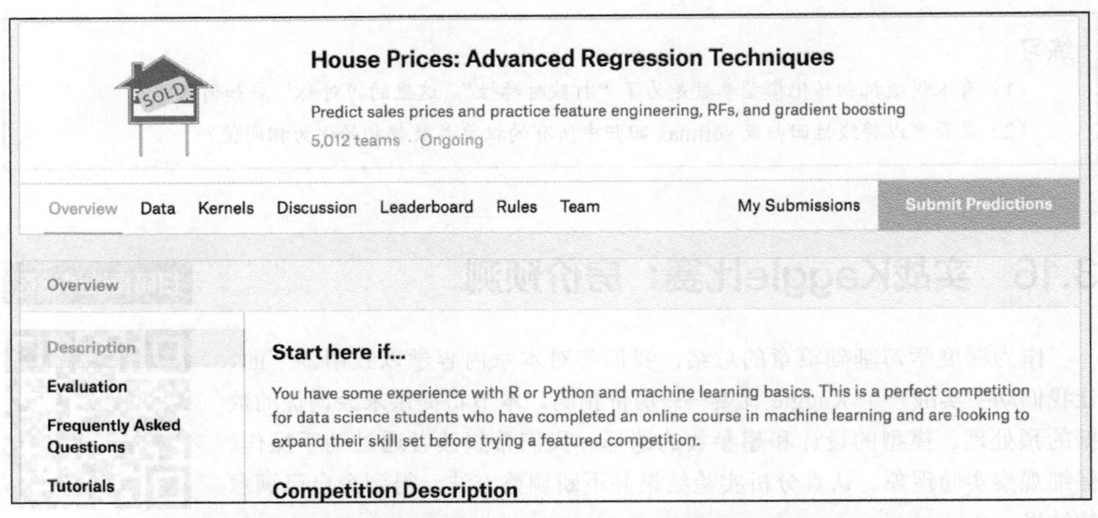

图 3-8　房价预测比赛的网页信息。比赛数据集可通过点击"Data"标签获取

3.16.2　读取数据集

比赛数据分为训练数据集和测试数据集。两个数据集都包括每栋房子的特征，如街道类型、建造年份、房顶类型、地下室状况等特征值。这些特征值有连续的数字、离散的标签甚至是缺失值"na"。只有训练数据集包括了每栋房子的价格，也就是标签。我们可以访问比赛网页，点击图 3-8 中的"Data"标签，并下载这些数据集。

我们将通过 pandas 库读取并处理数据。在导入本节需要的包前请确保已安装 pandas 库，否则请参考下面的代码注释。

```
In [1]: # 如果没有安装pandas，则反注释下面一行
        # !pip install pandas

        %matplotlib inline
        import d2lzh as d2l
        from mxnet import autograd, gluon, init, nd
        from mxnet.gluon import data as gdata, loss as gloss, nn
        import numpy as np
        import pandas as pd
```

解压后的数据位于 ../data 目录，它包括两个 csv 文件。下面使用 pandas 读取这两个文件。

```
In [2]: train_data = pd.read_csv('../data/kaggle_house_pred_train.csv')
        test_data = pd.read_csv('../data/kaggle_house_pred_test.csv')
```

训练数据集包括 1 460 个样本、80 个特征和 1 个标签。

```
In [3]: train_data.shape

Out[3]: (1460, 81)
```

测试数据集包括 1 459 个样本和 80 个特征。我们需要将测试数据集中每个样本的标签预测出来。

```
In [4]: test_data.shape

Out[4]: (1459, 80)
```

让我们来查看前 4 个样本的前 4 个特征、后 2 个特征和标签（SalePrice）：

```
In [5]: train_data.iloc[0:4, [0, 1, 2, 3, -3, -2, -1]]

Out[5]:    Id MSSubClass MSZoning LotFrontage SaleType SaleCondition SalePrice
        0   1         60       RL        65.0       WD        Normal    208500
        1   2         20       RL        80.0       WD        Normal    181500
        2   3         60       RL        68.0       WD        Normal    223500
        3   4         70       RL        60.0       WD       Abnorml    140000
```

可以看到第一个特征是 Id，它能帮助模型记住每个训练样本，但难以推广到测试样本，所以我们不使用它来训练。我们将所有的训练数据和测试数据的 79 个特征按样本连结。

```
In [6]: all_features = pd.concat((train_data.iloc[:, 1:-1], test_data.iloc[:, 1:]))
```

3.16.3 预处理数据集

我们对连续数值的特征做标准化（standardization）：设该特征在整个数据集上的均值为 μ，标准差为 σ。那么，我们可以将该特征的每个值先减去 μ 再除以 σ 得到标准化后的每个特征值。对于缺失的特征值，我们将其替换成该特征的均值。

```
In [7]: numeric_features = all_features.dtypes[all_features.dtypes != 'object'].index
        all_features[numeric_features] = all_features[numeric_features].apply(
            lambda x: (x - x.mean()) / (x.std()))
        # 标准化后，每个特征的均值变为0，所以可以直接用0来替换缺失值
        all_features[numeric_features] = all_features[numeric_features].fillna(0)
```

接下来将离散数值转成指示特征。举个例子，假设特征 MSZoning 里面有两个不同的离散值 RL 和 RM，那么这一步转换将去掉 MSZoning 特征，并新加两个特征 MSZoning_RL 和 MSZoning_RM，其值为 0 或 1。如果一个样本原来在 MSZoning 里的值为 RL，那么有 MSZoning_RL = 1 且 MSZoning_RM = 0。

```
In [8]: # dummy_na=True将缺失值也当作合法的特征值并为其创建指示特征
        all_features = pd.get_dummies(all_features, dummy_na=True)
        all_features.shape

Out[8]: (2919, 331)
```

可以看到这一步转换将特征数从 79 增加到了 331。

最后，通过 values 属性得到 NumPy 格式的数据，并转成 NDArray 方便后面的训练。

```
In [9]: n_train = train_data.shape[0]
        train_features = nd.array(all_features[:n_train].values)
        test_features = nd.array(all_features[n_train:].values)
        train_labels = nd.array(train_data.SalePrice.values).reshape((-1, 1))
```

3.16.4　训练模型

我们使用一个基本的线性回归模型和平方损失函数来训练模型。

```
In [10]: loss = gloss.L2Loss()

         def get_net():
             net = nn.Sequential()
             net.add(nn.Dense(1))
             net.initialize()
             return net
```

下面定义比赛用来评价模型的对数均方根误差。给定预测值 $\hat{y}_1,\cdots,\hat{y}_n$ 和对应的真实标签 $y_1,\cdots,y_n$，它的定义为

$$\sqrt{\frac{1}{n}\sum_{i=1}^{n}(\log(y_i)-\log(\hat{y}_i))^2}$$

对数均方根误差的实现如下：

```
In [11]: def log_rmse(net, features, labels):
             # 将小于1的值设成1，使得取对数时数值更稳定
             clipped_preds = nd.clip(net(features), 1, float('inf'))
             rmse = nd.sqrt(2 * loss(clipped_preds.log(), labels.log()).mean())
             return rmse.asscalar()
```

下面的训练函数与本章中前几节的不同在于使用了 Adam 优化算法。相对之前使用的小批量随机梯度下降，它对学习率相对不那么敏感。我们将在 7.8 节详细介绍它。

```
In [12]: def train(net, train_features, train_labels, test_features, test_labels,
                   num_epochs, learning_rate, weight_decay, batch_size):
             train_ls, test_ls = [], []
             train_iter = gdata.DataLoader(gdata.ArrayDataset(
                 train_features, train_labels), batch_size, shuffle=True)
             # 这里使用了Adam优化算法
             trainer = gluon.Trainer(net.collect_params(), 'adam', {
                 'learning_rate': learning_rate, 'wd': weight_decay})
             for epoch in range(num_epochs):
                 for X, y in train_iter:
                     with autograd.record():
                         l = loss(net(X), y)
                     l.backward()
                     trainer.step(batch_size)
                 train_ls.append(log_rmse(net, train_features, train_labels))
                 if test_labels is not None:
                     test_ls.append(log_rmse(net, test_features, test_labels))
             return train_ls, test_ls
```

3.16.5　k 折交叉验证

我们在 3.11 节中介绍了 k 折交叉验证。它将被用来选择模型设计并调节超参数。下面实

现了一个函数，它返回第 i 折交叉验证时所需要的训练和验证数据。

```
In [13]: def get_k_fold_data(k, i, X, y):
             assert k > 1
             fold_size = X.shape[0] // k
             X_train, y_train = None, None
             for j in range(k):
                 idx = slice(j * fold_size, (j + 1) * fold_size)
                 X_part, y_part = X[idx, :], y[idx]
                 if j == i:
                     X_valid, y_valid = X_part, y_part
                 elif X_train is None:
                     X_train, y_train = X_part, y_part
                 else:
                     X_train = nd.concat(X_train, X_part, dim=0)
                     y_train = nd.concat(y_train, y_part, dim=0)
             return X_train, y_train, X_valid, y_valid
```

在 k 折交叉验证中我们训练 k 次并返回训练和验证的平均误差。

```
In [14]: def k_fold(k, X_train, y_train, num_epochs,
                    learning_rate, weight_decay, batch_size):
             train_l_sum, valid_l_sum = 0, 0
             for i in range(k):
                 data = get_k_fold_data(k, i, X_train, y_train)
                 net = get_net()
                 train_ls, valid_ls = train(net, *data, num_epochs, learning_rate,
                                            weight_decay, batch_size)
                 train_l_sum += train_ls[-1]
                 valid_l_sum += valid_ls[-1]
                 if i == 0:
                     d2l.semilogy(range(1, num_epochs + 1), train_ls, 'epochs', 'rmse',
                                  range(1, num_epochs + 1), valid_ls,
                                  ['train', 'valid'])
                 print('fold %d, train rmse %f, valid rmse %f'
                       % (i, train_ls[-1], valid_ls[-1]))
             return train_l_sum / k, valid_l_sum / k
```

3.16.6 模型选择

我们使用一组未经调优的超参数并计算交叉验证误差。可以改动这些超参数来尽可能减小平均测试误差。

```
In [15]: k, num_epochs, lr, weight_decay, batch_size = 5, 100, 5, 0, 64
         train_l, valid_l = k_fold(k, train_features, train_labels, num_epochs, lr,
                                   weight_decay, batch_size)
         print('%d-fold validation: avg train rmse %f, avg valid rmse %f'
               % (k, train_l, valid_l))
```

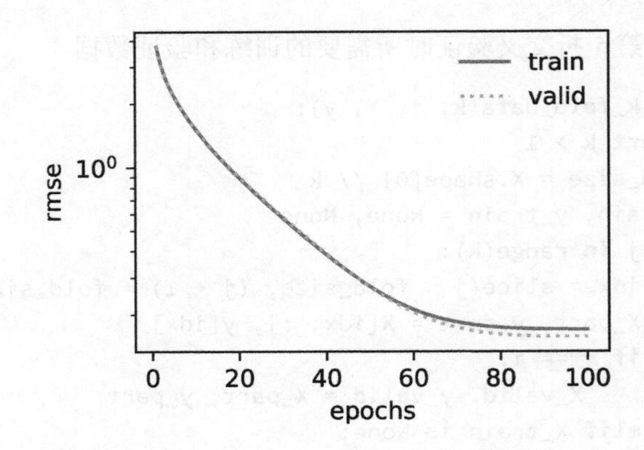


```
fold 0, train rmse 0.169686, valid rmse 0.157010
fold 1, train rmse 0.162097, valid rmse 0.187972
fold 2, train rmse 0.163778, valid rmse 0.168125
fold 3, train rmse 0.167723, valid rmse 0.154744
fold 4, train rmse 0.162573, valid rmse 0.182765
5-fold validation: avg train rmse 0.165172, avg valid rmse 0.170123
```

有时候你会发现一组参数的训练误差可以达到很低，但是在 k 折交叉验证上的误差可能反而较高。这种现象很可能是由过拟合造成的。因此，当训练误差降低时，我们要观察 k 折交叉验证上的误差是否也相应降低。

3.16.7 预测并在Kaggle提交结果

下面定义预测函数。在预测之前，我们会使用完整的训练数据集来重新训练模型，并将预测结果存成提交所需要的格式。

```
In [16]: def train_and_pred(train_features, test_features, train_labels, test_data,
                            num_epochs, lr, weight_decay, batch_size):
             net = get_net()
             train_ls, _ = train(net, train_features, train_labels, None, None,
                                 num_epochs, lr, weight_decay, batch_size)
             d2l.semilogy(range(1, num_epochs + 1), train_ls, 'epochs', 'rmse')
             print('train rmse %f' % train_ls[-1])
             preds = net(test_features).asnumpy()
             test_data['SalePrice'] = pd.Series(preds.reshape(1, -1)[0])
             submission = pd.concat([test_data['Id'], test_data['SalePrice']], axis=1)
             submission.to_csv('submission.csv', index=False)
```

设计好模型并调好超参数之后，下一步就是对测试数据集上的房屋样本做价格预测。如果我们得到与交叉验证时差不多的训练误差，那么这个结果很可能是理想的，可以在 Kaggle 上提交结果。

```
In [17]: train_and_pred(train_features, test_features, train_labels, test_data,
                        num_epochs, lr, weight_decay, batch_size)
```

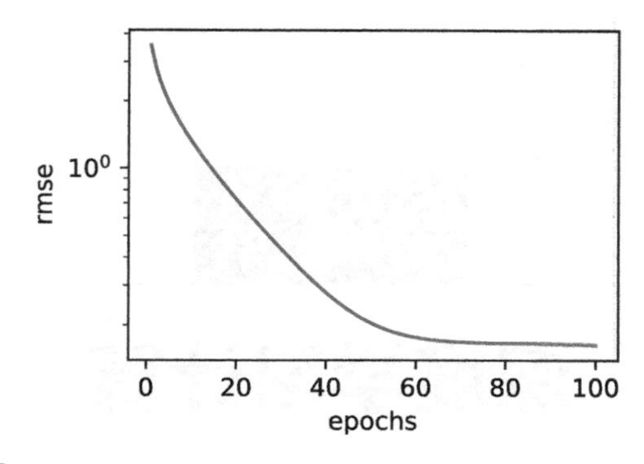


```
train rmse 0.162369
```

上述代码执行完之后会生成一个 submission.csv 文件。这个文件是符合 Kaggle 比赛要求的提交格式的。这时，我们可以在 Kaggle 上提交我们预测得出的结果，并且查看与测试数据集上真实房价（标签）的误差。具体来说有以下几个步骤：登录 Kaggle 网站，访问房价预测比赛网页，并点击右侧“Submit Predictions”或“Late Submission”按钮；然后，点击页面下方“Upload Submission File”图标所在的虚线框选择需要提交的预测结果文件；最后，点击页面最下方的“Make Submission”按钮就可以查看结果了，如图 3-9 所示。

图 3-9 Kaggle 预测房价比赛的预测结果提交页面

小结

- 通常需要对真实数据做预处理。
- 可以使用 k 折交叉验证来选择模型并调节超参数。

练习

（1）在 Kaggle 提交本节的预测结果。观察一下，这个结果在 Kaggle 上能拿到什么样的分数？

（2）对照 k 折交叉验证结果，不断修改模型（例如添加隐藏层）和调参，能提高 Kaggle 上的分数吗？

（3）如果不使用本节中对连续数值特征的标准化处理，结果会有什么变化？

（4）扫码直达讨论区，在社区交流方法和结果。你能发掘出其他更好的技巧吗？

第 4 章

深度学习计算

第 3 章介绍了包括多层感知机在内的简单深度学习模型的原理和实现。本章我们将简要概括深度学习计算的各个重要组成部分，如模型构造、参数的访问和初始化等，自定义层，读取、存储和使用 GPU。通过本章的学习，我们将能够深入了解模型实现和计算的各个细节，并为在之后章节实现更复杂模型打下坚实的基础。

4.1 模型构造

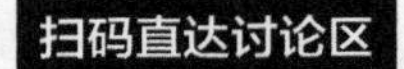

让我们回顾一下在 3.10 节中含单隐藏层的多层感知机的实现方法。我们首先构造 Sequential 实例，然后依次添加两个全连接层：其中第一层的输出大小为 256，即隐藏层单元个数是 256；第二层的输出大小为 10，即输出层单元个数是 10。我们在第 3 章的其他节中也使用了 Sequential 类构造模型。这里我们介绍另外一种基于 Block 类的模型构造方法：它让模型构造更加灵活。

4.1.1 继承Block类来构造模型

Block 类是 nn 模块里提供的一个模型构造类，我们可以继承它来定义想要的模型。下面继承 Block 类构造本节开头提到的多层感知机。这里定义的 MLP 类重载了 Block 类的 __init__ 函数和 forward 函数。它们分别用于创建模型参数和定义前向计算。前向计算也即正向传播。

```
In [1]: from mxnet import nd
        from mxnet.gluon import nn

        class MLP(nn.Block):
            # 声明带有模型参数的层，这里声明了两个全连接层
            def __init__(self, **kwargs):
                # 调用MLP父类Block的构造函数来进行必要的初始化。这样在构造实例时还可以指定其他函数
                # 参数，如4.2节将介绍的模型参数params
                super(MLP, self).__init__(**kwargs)
                self.hidden = nn.Dense(256, activation='relu')  # 隐藏层
                self.output = nn.Dense(10)  # 输出层
```

```
        # 定义模型的前向计算，即如何根据输入x计算返回所需要的模型输出
        def forward(self, x):
            return self.output(self.hidden(x))
```

以上的 MLP 类中无须定义反向传播函数。系统将通过自动求梯度而自动生成反向传播所需的 backward 函数。

我们可以实例化 MLP 类得到模型变量 net。下面的代码初始化 net 并传入输入数据 X 做一次前向计算。其中，net(X) 会调用 MLP 继承自 Block 类的 __call__ 函数，这个函数将调用 MLP 类定义的 forward 函数来完成前向计算。

```
In [2]: X = nd.random.uniform(shape=(2, 20))
        net = MLP()
        net.initialize()
        net(X)

Out[2]:
        [[ 0.09543004  0.04614332 -0.00286654 -0.07790349 -0.05130243 0.02942037
           0.08696642 -0.0190793  -0.04122177  0.05088576]
         [ 0.0769287   0.03099705  0.00856576 -0.04467199 -0.06926839 0.09132434
           0.06786595 -0.06187842 -0.03436673  0.04234694]]
        <NDArray 2x10 @cpu(0)>
```

注意，这里并没有将 Block 类命名为 Layer（层）或者 Model（模型）之类的名字，这是因为该类是一个可供自由组建的部件。它的子类既可以是一个层（如 Gluon 提供的 Dense 类），又可以是一个模型（如这里定义的 MLP 类），或者是模型的一个部分。下面我们通过两个例子来展示它的灵活性。

4.1.2 Sequential类继承自Block类

我们刚刚提到，Block 类是一个通用的部件。事实上，Sequential 类继承自 Block 类。当模型的前向计算为简单串联各个层的计算时，可以通过更加简单的方式定义模型。这正是 Sequential 类的目的：它提供 add 函数来逐一添加串联的 Block 子类实例，而模型的前向计算就是将这些实例按添加的顺序逐一计算。

下面我们实现一个与 Sequential 类有相同功能的 MySequential 类。这或许可以帮助读者更加清晰地理解 Sequential 类的工作机制。

```
In [3]: class MySequential(nn.Block):
            def __init__(self, **kwargs):
                super(MySequential, self).__init__(**kwargs)

            def add(self, block):
                # block是一个Block子类实例，假设它有一个独一无二的名字。我们将它保存在Block类的
                # 成员变量_children里，其类型是OrderedDict。当MySequential实例调用
                # initialize函数时，系统会自动对_children里所有成员初始化
                self._children[block.name] = block
```

```
        def forward(self, x):
            # OrderedDict保证会按照成员添加时的顺序遍历成员
            for block in self._children.values():
                x = block(x)
            return x
```

我们用 MySequential 类来实现前面描述的 MLP 类，并使用随机初始化的模型做一次前向计算。

```
In [4]: net = MySequential()
        net.add(nn.Dense(256, activation='relu'))
        net.add(nn.Dense(10))
        net.initialize()
        net(X)

Out[4]:
        [[ 0.00362228  0.00633332 0.03201144 -0.01369375 0.10336449 -0.03508018
          -0.00032164 -0.01676023 0.06978628  0.01303309]
         [ 0.03871715  0.02608213 0.03544959 -0.02521311 0.11005433 -0.0143066
          -0.03052466 -0.03852827 0.06321152  0.0038594 ]]
        <NDArray 2x10 @cpu(0)>
```

可以观察到这里 MySequential 类的使用跟 3.10 节中 Sequential 类的使用没什么区别。

4.1.3 构造复杂的模型

虽然 Sequential 类可以使模型构造更加简单，且不需要定义 forward 函数，但直接继承 Block 类可以极大地拓展模型构造的灵活性。下面我们构造一个稍微复杂点的网络 FancyMLP。在这个网络中，我们通过 get_constant 函数创建训练中不被迭代的参数，即常数参数。在前向计算中，除了使用创建的常数参数外，我们还使用 NDArray 的函数和 Python 的控制流，并多次调用相同的层。

```
In [5]: class FancyMLP(nn.Block):
            def __init__(self, **kwargs):
                super(FancyMLP, self).__init__(**kwargs)
                # 使用get_constant创建的随机权重参数不会在训练中被迭代（即常数参数）
                self.rand_weight = self.params.get_constant(
                    'rand_weight', nd.random.uniform(shape=(20, 20)))
                self.dense = nn.Dense(20, activation='relu')

            def forward(self, x):
                x = self.dense(x)
                # 使用创建的常数参数，以及NDArray的relu函数和dot函数
                x = nd.relu(nd.dot(x, self.rand_weight.data()) + 1)
                # 复用全连接层。等价于两个全连接层共享参数
                x = self.dense(x)
                # 控制流，这里我们需要调用asscalar函数来返回标量进行比较
                while x.norm().asscalar() > 1:
```

```
            x /= 2
        if x.norm().asscalar() < 0.8:
            x *= 10
        return x.sum()
```

在这个 FancyMLP 模型中，我们使用了常数权重 rand_weight（注意它不是模型参数）、做了矩阵乘法操作（nd.dot）并重复使用了相同的 Dense 层。下面我们来测试该模型的随机初始化和前向计算。

```
In [6]: net = FancyMLP()
        net.initialize()
        net(X)

Out[6]:
        [18.571953]
        <NDArray 1 @cpu(0)>
```

因为 FancyMLP 和 Sequential 类都是 Block 类的子类，所以我们可以嵌套调用它们。

```
In [7]: class NestMLP(nn.Block):
            def __init__(self, **kwargs):
                super(NestMLP, self).__init__(**kwargs)
                self.net = nn.Sequential()
                self.net.add(nn.Dense(64, activation='relu'),
                             nn.Dense(32, activation='relu'))
                self.dense = nn.Dense(16, activation='relu')

            def forward(self, x):
                return self.dense(self.net(x))

        net = nn.Sequential()
        net.add(NestMLP(), nn.Dense(20), FancyMLP())

        net.initialize()
        net(X)

Out[7]:
        [24.86621]
        <NDArray 1 @cpu(0)>
```

小结

- 可以通过继承 Block 类来构造模型。
- Sequential 类继承自 Block 类。
- 虽然 Sequential 类可以使模型构造更加简单，但直接继承 Block 类可以极大地拓展模型构造的灵活性。

练习

（1）如果不在 MLP 类的 `__init__` 函数里调用父类的 `__init__` 函数，会出现什么样的错误信息？

（2）如果去掉 FancyMLP 类里面的 asscalar 函数，会有什么问题？

（3）如果将 NestMLP 类中通过 Sequential 实例定义的 self.net 改为 self.net = [nn.Dense(64, activation='relu'), nn.Dense(32, activation='relu')]，会有什么问题？

4.2　模型参数的访问、初始化和共享

扫码直达讨论区

在 3.3 节中，我们通过 init 模块来初始化模型的全部参数。我们也介绍了访问模型参数的简单方法。本节将深入讲解如何访问和初始化模型参数，以及如何在多个层之间共享同一份模型参数。

我们先定义一个与 4.1 节中相同的含单隐藏层的多层感知机。我们依然使用默认方式初始化它的参数，并做一次前向计算。与之前不同的是，在这里我们从 MXNet 中导入了 init 模块，它包含了多种模型初始化方法。

```
In [1]: from mxnet import init, nd
        from mxnet.gluon import nn

        net = nn.Sequential()
        net.add(nn.Dense(256, activation='relu'))
        net.add(nn.Dense(10))
        net.initialize()  # 使用默认初始化方式

        X = nd.random.uniform(shape=(2, 20))
        Y = net(X)  # 前向计算
```

4.2.1　访问模型参数

对于使用 Sequential 类构造的神经网络，我们可以通过方括号 [] 来访问网络的任一层。回忆一下 4.1 节中提到的 Sequential 类与 Block 类的继承关系。对于 Sequential 实例中含模型参数的层，我们可以通过 Block 类的 params 属性来访问该层包含的所有参数。下面，访问多层感知机 net 中隐藏层的所有参数。索引 0 表示隐藏层为 Sequential 实例最先添加的层。

```
In [2]: net[0].params, type(net[0].params)

Out[2]: (dense0_ (
          Parameter dense0_weight (shape=(256, 20), dtype=float32)
          Parameter dense0_bias (shape=(256,), dtype=float32)
        ), mxnet.gluon.parameter.ParameterDict)
```

可以看到，我们得到了一个由参数名称映射到参数实例的字典（类型为 ParameterDict 类）。其中权重参数的名称为 dense0_weight，它由 net[0] 的名称（dense0_）和自己的变量名（weight）组成。而且可以看到，该参数的形状为 (256, 20)，且数据类型为 32 位浮点数（float32）。为了访问特定参数，我们既可以通过名字来访问字典里的元素，也可以直接使用它的变量名。下面两种方法是等价的，但通常后者的代码可读性更好。

```
In [3]: net[0].params['dense0_weight'], net[0].weight

Out[3]: (Parameter dense0_weight (shape=(256, 20), dtype=float32),
         Parameter dense0_weight (shape=(256, 20), dtype=float32))
```

Gluon 里参数类型为 Parameter 类，它包含参数和梯度的数值，可以分别通过 data 函数和 grad 函数来访问。因为我们随机初始化了权重，所以权重参数是一个由随机数组成的形状为 (256, 20) 的 NDArray。

```
In [4]: net[0].weight.data()

Out[4]:
        [[ 0.06700657 -0.00369488  0.0418822  ... -0.05517294  -0.01194733
          -0.00369594]
         [-0.03296221 -0.04391347  0.03839272 ...  0.05636378   0.02545484
          -0.007007  ]
         [-0.0196689   0.01582889 -0.00881553 ...  0.01509629  -0.01908049
          -0.02449339]
         ...
         [ 0.00010955  0.0439323  -0.04911506 ...  0.06975312   0.0449558
          -0.03283203]
         [ 0.04106557  0.05671307 -0.00066976 ...  0.06387014  -0.01292654
           0.00974177]
         [ 0.00297424 -0.0281784  -0.06881659 ... -0.04047417   0.00457048
           0.05696651]]
        <NDArray 256x20 @cpu(0)>
```

权重梯度的形状和权重的形状一样。因为我们还没有进行反向传播计算，所以梯度的值全为 0。

```
In [5]: net[0].weight.grad()

Out[5]:
        [[0. 0. 0. ... 0. 0. 0.]
         [0. 0. 0. ... 0. 0. 0.]
         [0. 0. 0. ... 0. 0. 0.]
         ...
         [0. 0. 0. ... 0. 0. 0.]
         [0. 0. 0. ... 0. 0. 0.]
         [0. 0. 0. ... 0. 0. 0.]]
        <NDArray 256x20 @cpu(0)>
```

类似地，我们可以访问其他层的参数，如输出层的偏差值。

```
In [6]: net[1].bias.data()

Out[6]:
        [0. 0. 0. 0. 0. 0. 0. 0. 0. 0.]
        <NDArray 10 @cpu(0)>
```

最后，我们可以使用 collect_params 函数来获取 net 变量所有嵌套（例如通过 add 函数嵌套）的层所包含的所有参数。它返回的同样是一个由参数名称到参数实例的字典。

```
In [7]: net.collect_params()

Out[7]: sequential0_ (
          Parameter dense0_weight (shape=(256, 20), dtype=float32)
          Parameter dense0_bias (shape=(256,), dtype=float32)
          Parameter dense1_weight (shape=(10, 256), dtype=float32)
          Parameter dense1_bias (shape=(10,), dtype=float32)
        )
```

这个函数可以通过正则表达式来匹配参数名，从而筛选需要的参数。

```
In [8]: net.collect_params('.*weight')

Out[8]: sequential0_ (
          Parameter dense0_weight (shape=(256, 20), dtype=float32)
          Parameter dense1_weight (shape=(10, 256), dtype=float32)
        )
```

4.2.2 初始化模型参数

我们在 3.15 节中描述了模型的默认初始化方法：权重参数元素为 [−0.07, 0.07] 之间均匀分布的随机数，偏差参数则全为 0。但我们经常需要使用其他方法来初始化权重。MXNet 的 init 模块里提供了多种预设的初始化方法。在下面的例子中，我们将权重参数初始化成均值为 0、标准差为 0.01 的正态分布随机数，并依然将偏差参数清零。

```
In [9]: # 非首次对模型初始化需要指定force_reinit为真
        net.initialize(init=init.Normal(sigma=0.01), force_reinit=True)
        net[0].weight.data()[0]

Out[9]:
        [ 0.01074176 0.00066428  0.00848699 -0.0080038 -0.00168822  0.00936328
          0.00357444 0.00779328 -0.01010307 -0.00391573 0.01316619 -0.00432926
          0.0071536  0.00925416 -0.00904951 -0.00074684 0.0082254  -0.01878511
          0.00885884 0.01911872]
        <NDArray 20 @cpu(0)>
```

下面使用常数来初始化权重参数。

```
In [10]: net.initialize(init=init.Constant(1), force_reinit=True)
         net[0].weight.data()[0]

Out[10]:
```

```
[1. 1. 1. 1. 1. 1. 1. 1. 1. 1. 1. 1. 1. 1. 1. 1. 1. 1. 1. 1.]
<NDArray 20 @cpu(0)>
```

如果只想对某个特定参数进行初始化，我们可以调用 Parameter 类的 initialize 函数，它与 Block 类提供的 initialize 函数的使用方法一致。下例中我们对隐藏层的权重使用 Xavier 随机初始化方法。

```
In [11]: net[0].weight.initialize(init=init.Xavier(), force_reinit=True)
         net[0].weight.data()[0]

Out[11]:
         [ 0.00512482 -0.06579044 -0.10849719 -0.09586414  0.06394844  0.06029618
          -0.03065033 -0.01086642  0.01929168  0.1003869  -0.09339568 -0.08703034
          -0.10472868 -0.09879824 -0.00352201 -0.11063069 -0.04257748  0.06548801
           0.12987629 -0.13846186]
         <NDArray 20 @cpu(0)>
```

4.2.3 自定义初始化方法

有时候我们需要的初始化方法并没有在 init 模块中提供。这时，可以实现一个 Initializer 类的子类，从而能够像使用其他初始化方法那样使用它。通常，我们只需要实现 _init_weight 这个函数，并将其传入的 NDArray 修改成初始化的结果。在下面的例子里，我们令权重有一半概率初始化为 0，有另一半概率初始化为 [−10, −5] 和 [5, 10] 两个区间里均匀分布的随机数。

```
In [12]: class MyInit(init.Initializer):
             def _init_weight(self, name, data):
                 print('Init', name, data.shape)
                 data[:] = nd.random.uniform(low=-10, high=10, shape=data.shape)
                 data *= data.abs() >= 5

         net.initialize(MyInit(), force_reinit=True)
         net[0].weight.data()[0]

Init dense0_weight (256, 20)
Init dense1_weight (10, 256)

Out[12]:
         [-5.3659673   7.5773945  8.986376   -0.          8.827555    0.
           5.9840508  -0.         0.          0.          7.4857597  -0.
          -0.          6.8910007  6.9788704  -6.1131554  0.          5.4665203
          -9.735263   9.485172 ]
         <NDArray 20  @cpu(0)>
```

此外，我们还可以通过 Parameter 类的 set_data 函数来直接改写模型参数。例如，在下例中我们将隐藏层参数在现有的基础上加 1。

```
In [13]: net[0].weight.set_data(net[0].weight.data() + 1)
         net[0].weight.data()[0]

Out[13]:
```

```
[-4.3659673  8.5773945  9.986376   1.         9.827555   1.
  6.9840508  1.         1.         1.         8.48576    1.
  1.         7.8910007  7.9788704 -5.1131554  1.         6.4665203
 -8.735263  10.485172 ]
<NDArray 20 @cpu(0)>
```

4.2.4 共享模型参数

在有些情况下，我们希望在多个层之间共享模型参数。4.1 节介绍了如何在 Block 类的 forward 函数里多次调用同一个层来计算。这里再介绍另外一种方法，它在构造层的时候指定使用特定的参数。如果不同层使用同一份参数，那么它们在前向计算和反向传播时都会共享相同的参数。在下面的例子里，我们让模型的第二隐藏层（shared 变量）和第三隐藏层共享模型参数。

```
In [14]: net = nn.Sequential()
         shared = nn.Dense(8, activation='relu')
         net.add(nn.Dense(8, activation='relu'),
                 shared,
                 nn.Dense(8, activation='relu', params=shared.params),
                 nn.Dense(10))
         net.initialize()

         X = nd.random.uniform(shape=(2, 20))
         net(X)

         net[1].weight.data()[0] == net[2].weight.data()[0]

Out[14]:
         [1. 1. 1. 1. 1. 1. 1. 1.]
         <NDArray 8 @cpu(0)>
```

在构造第三隐藏层时，我们通过 params 来指定它使用第二隐藏层的参数。因为模型参数里包含了梯度，所以在反向传播计算时，第二隐藏层和第三隐藏层的梯度都会被累加在 shared.params.grad() 里。

小结

- 有多种方法来访问、初始化和共享模型参数。
- 可以自定义初始化方法。

练习

（1）查阅有关 init 模块的 MXNet 文档，了解不同的参数初始化方法。

（2）尝试在 net.initialize() 后、net(X) 前访问模型参数，观察模型参数的形状。

（3）构造一个含共享参数层的多层感知机并训练。在训练过程中，观察每一层的模型参数和梯度。

4.3 模型参数的延后初始化

扫码直达讨论区

如果做了 4.2 节练习，你会发现模型 net 在调用初始化函数 initialize 之后、在做前向计算 net(X) 之前时，权重参数的形状中出现了 0。虽然直觉上 initialize 完成了所有参数初始化过程，然而这在 Gluon 中却是不一定的。我们在本节中详细讨论这个话题。

4.3.1 延后初始化

也许读者早就注意到了，在之前使用 Gluon 创建的全连接层都没有指定输入个数。例如，在 4.2 节使用的多层感知机 net 里，我们创建的隐藏层仅仅指定了输出大小为 256。当调用 initialize 函数时，由于隐藏层输入个数依然未知，系统也无法得知该层权重参数的形状。只有在当我们将形状是 (2, 20) 的输入 X 传进网络做前向计算 net(X) 时，系统才推断出该层的权重参数形状为 (256, 20)。因此，这时候我们才能真正开始初始化参数。

让我们使用 4.2 节中定义的 MyInit 类来演示这一过程。我们创建多层感知机，并使用 MyInit 实例来初始化模型参数。

```
In [1]: from mxnet import init, nd
        from mxnet.gluon import nn

        class MyInit(init.Initializer):
            def _init_weight(self, name, data):
                print('Init', name, data.shape)
                # 实际的初始化逻辑在此省略了

        net = nn.Sequential()
        net.add(nn.Dense(256, activation='relu'),
                nn.Dense(10))

        net.initialize(init=MyInit())
```

注意，虽然 MyInit 被调用时会打印模型参数的相关信息，但上面的 initialize 函数执行完并未打印任何信息。由此可见，调用 initialize 函数时并没有真正初始化参数。下面我们定义输入并执行一次前向计算。

```
In [2]: X = nd.random.uniform(shape=(2, 20))
        Y = net(X)

Init dense0_weight (256, 20)
Init dense1_weight (10, 256)
```

这时候，有关模型参数的信息被打印出来。在根据输入 X 做前向计算时，系统能够根据输入的形状自动推断出所有层的权重参数的形状。系统在创建这些参数之后，调用 MyInit 实例对它们进行初始化，然后才进行前向计算。

当然，这个初始化只会在第一次前向计算时被调用。之后我们再运行前向计算 net(X) 时则不会重新初始化，因此不会再次产生 MyInit 实例的输出。

```
In [3]: Y = net(X)
```

系统将真正的参数初始化延后到获得足够信息时才执行的行为叫作延后初始化（deferred initialization）。它可以让模型的创建更加简单：只需要定义每个层的输出大小，而不用人工推测它们的输入个数。这对于之后将介绍的定义多达数十甚至数百层的网络来说尤其方便。

然而，任何事物都有两面性。正如本节开头提到的那样，延后初始化也可能会带来一定的困惑。在第一次前向计算之前，我们无法直接操作模型参数，例如无法使用 data 函数和 set_data 函数来获取和修改参数。因此，我们经常会额外做一次前向计算来迫使参数被真正地初始化。

4.3.2　避免延后初始化

如果系统在调用 initialize 函数时能够知道所有参数的形状，那么延后初始化就不会发生。我们在这里分别介绍两种这样的情况。

第一种情况是我们要对已初始化的模型重新初始化。因为参数形状不会发生变化，所以系统能够立即进行重新初始化。

```
In [4]: net.initialize(init=MyInit(), force_reinit=True)

Init dense0_weight (256, 20)
Init dense1_weight (10, 256)
```

第二种情况是我们在创建层的时候指定了它的输入个数，使系统不需要额外的信息来推测参数形状。下例中我们通过 in_units 来指定每个全连接层的输入个数，使初始化能够在 initialize 函数被调用时立即发生。

```
In [5]: net = nn.Sequential()
        net.add(nn.Dense(256, in_units=20, activation='relu'))
        net.add(nn.Dense(10, in_units=256))

        net.initialize(init=MyInit())

Init dense2_weight (256, 20)
Init dense3_weight (10, 256)
```

小结

- 系统将真正的参数初始化延后到获得足够信息时才执行的行为叫作延后初始化。
- 延后初始化的主要好处是让模型构造更加简单。例如，我们无须人工推测每个层的输入个数。
- 也可以避免延后初始化。

练习

如果在下一次前向计算net(X)前改变输入X的形状，包括批量大小和输入个数，会发生什么？

4.4 自定义层

扫码直达讨论区

深度学习的魅力之一在于神经网络中各式各样的层，例如全连接层和第 5 章和第 6 章中将要介绍的卷积层、池化层与循环层。虽然 Gluon 提供了大量常用的层，但有时候我们依然希望自定义层。本节将介绍如何使用 NDArray 来自定义一个 Gluon 的层，从而可以被重复调用。

4.4.1 不含模型参数的自定义层

我们先介绍如何定义一个不含模型参数的自定义层。事实上，这和 4.1 节中介绍的使用 Block 类构造模型类似。下面的 CenteredLayer 类通过继承 Block 类自定义了一个将输入减掉均值后输出的层，并将层的计算定义在了 forward 函数里。这个层里不含模型参数。

```
In [1]: from mxnet import gluon, nd
        from mxnet.gluon import nn

        class CenteredLayer(nn.Block):
            def __init__(self, **kwargs):
                super(CenteredLayer, self).__init__(**kwargs)

            def forward(self, x):
                return x - x.mean()
```

我们可以实例化这个层，然后做前向计算。

```
In [2]: layer = CenteredLayer()
        layer(nd.array([1, 2, 3, 4, 5]))

Out[2]:
        [-2. -1. 0. 1. 2.]
        <NDArray 5 @cpu(0)>
```

我们也可以用它来构造更复杂的模型。

```
In [3]: net = nn.Sequential()
        net.add(nn.Dense(128),
                CenteredLayer())
```

下面打印自定义层各个输出的均值。因为均值是浮点数，所以它的值是一个很接近 0 的数。

```
In [4]: net.initialize()
        y = net(nd.random.uniform(shape=(4, 8)))
        y.mean().asscalar()

Out[4]: -7.212293e-10
```

4.4.2　含模型参数的自定义层

我们还可以自定义含模型参数的自定义层。其中的模型参数可以通过训练学习到。

4.2 节分别介绍了 Parameter 类和 ParameterDict 类。在自定义含模型参数的层时，我们可以利用 Block 类自带的 ParameterDict 类型的成员变量 params。它是一个由字符串类型的参数名字映射到 Parameter 类型的模型参数的字典。我们可以通过 get 函数从 ParameterDict 创建 Parameter 实例。

```
In [5]: params = gluon.ParameterDict()
        params.get('param2', shape=(2, 3))
        params
Out[5]: (
          Parameter param2 (shape=(2, 3), dtype=<class 'numpy.float32'>)
        )
```

现在我们尝试实现一个含权重参数和偏差参数的全连接层。它使用 ReLU 函数作为激活函数，其中 in_units 和 units 分别代表输入个数和输出个数。

```
In [6]: class MyDense(nn.Block):
            # units为该层的输出个数，in_units为该层的输入个数
            def __init__(self, units, in_units, **kwargs):
                super(MyDense, self).__init__(**kwargs)
                self.weight = self.params.get('weight', shape=(in_units, units))
                self.bias = self.params.get('bias', shape=(units,))

            def forward(self, x):
                linear = nd.dot(x, self.weight.data()) + self.bias.data()
                return nd.relu(linear)
```

下面，我们实例化 MyDense 类并访问它的模型参数。

```
In [7]: dense = MyDense(units=3, in_units=5)
        dense.params

Out[7]: mydense0_ (
          Parameter mydense0_weight (shape=(5, 3), dtype=<class 'numpy.float32'>)
          Parameter mydense0_bias (shape=(3,), dtype=<class 'numpy.float32'>)
        )
```

我们可以直接使用自定义层做前向计算。

```
In [8]: dense.initialize()
        dense(nd.random.uniform(shape=(2, 5)))

Out[8]:
        [[0.06917784 0.01627153 0.01029644]
         [0.02602214 0.0453731  0.        ]]
        <NDArray 2x3 @cpu(0)>
```

我们也可以使用自定义层构造模型。它和 Gluon 的其他层在使用上很类似。

```
In [9]: net = nn.Sequential()
        net.add(MyDense(8, in_units=64),
                MyDense(1, in_units=8))
        net.initialize()
        net(nd.random.uniform(shape=(2, 64)))

Out[9]:
        [[0.03820474]
         [0.04035058]]
        <NDArray 2x1 @cpu(0)>
```

小结

- 可以通过 Block 类自定义神经网络中的层，从而可以被重复调用。

练习

自定义一个层，使用它做一次前向计算。

4.5 读取和存储

扫码直达讨论区

到目前为止，我们介绍了如何处理数据以及如何构建、训练和测试深度学习模型。然而在实际中，我们有时需要把训练好的模型部署到很多不同的设备上。在这种情况下，我们可以把内存中训练好的模型参数存储在硬盘上供后续读取使用。

4.5.1 读写NDArray

我们可以直接使用 save 函数和 load 函数分别存储和读取 NDArray。下面的例子创建了 NDArray 变量 x，并将其存在文件名同为 x 的文件里。

```
In [1]: from mxnet import nd
        from mxnet.gluon import nn

        x = nd.ones(3)
        nd.save('x', x)
```

然后我们将数据从存储的文件读回内存。

```
In [2]: x2 = nd.load('x')
        x2

Out[2]: [
         [1. 1. 1.]
         <NDArray 3 @cpu(0)>]
```

我们还可以存储一列 NDArray 并读回内存。

```
In [3]: y = nd.zeros(4)
        nd.save('xy', [x, y])
        x2, y2 = nd.load('xy')
        (x2, y2)

Out[3]: (
         [1. 1. 1.]
         <NDArray 3 @cpu(0)>,
         [0. 0. 0. 0.]
         <NDArray 4 @cpu(0)>)
```

我们甚至可以存储并读取一个从字符串映射到 NDArray 的字典。

```
In [4]: mydict = {'x': x, 'y': y}
        nd.save('mydict', mydict)
        mydict2 = nd.load('mydict')
        mydict2

Out[4]: {'x':
         [1. 1. 1.]
         <NDArray 3 @cpu(0)>, 'y':
         [0. 0. 0. 0.]
         <NDArray 4 @cpu(0)>}
```

4.5.2 读写Gluon模型的参数

除 NDArray 以外，我们还可以读写 Gluon 模型的参数。Gluon 的 Block 类提供了 save_parameters 函数和 load_parameters 函数来读写模型参数。为了演示方便，我们先创建一个多层感知机，并将其初始化。回忆 4.3 节，由于延后初始化，我们需要先运行一次前向计算才能实际初始化模型参数。

```
In [5]: class MLP(nn.Block):
            def __init__(self, **kwargs):
                super(MLP, self).__init__(**kwargs)
                self.hidden = nn.Dense(256, activation='relu')
                self.output = nn.Dense(10)

            def forward(self, x):
                return self.output(self.hidden(x))

        net = MLP()
        net.initialize()
        X = nd.random.uniform(shape=(2, 20))
        Y = net(X)
```

下面把该模型的参数存成文件，文件名为 mlp.params。

```
In [6]: filename = 'mlp.params'
        net.save_parameters(filename)
```

接下来，我们再实例化一次定义好的多层感知机。与随机初始化模型参数不同，我们在这里直接读取保存在文件里的参数。

```
In [7]: net2 = MLP()
        net2.load_parameters(filename)
```

因为这两个实例都有同样的模型参数，那么对同一个输入 X 的计算结果将会是一样的。我们来验证一下。

```
In [8]: Y2 = net2(X)
        Y2 == Y

Out[8]:
        [[1. 1. 1. 1. 1. 1. 1. 1. 1. 1.]
         [1. 1. 1. 1. 1. 1. 1. 1. 1. 1.]]
        <NDArray 2x10 @cpu(0)>
```

小结

- 通过 save 函数和 load 函数可以很方便地读写 NDArray。
- 通过 load_parameters 函数和 save_parameters 函数可以很方便地读写 Gluon 模型的参数。

练习

即使无须把训练好的模型部署到不同的设备，存储模型参数在实际中还有哪些好处？

4.6 GPU计算

扫码直达讨论区

到目前为止，我们一直在使用 CPU 计算。对复杂的神经网络和大规模的数据来说，使用 CPU 来计算可能不够高效。在本节中，我们将介绍如何使用单块 NVIDIA GPU 来计算。首先，需要确保已经安装好了至少一块 NVIDIA GPU。然后，下载 CUDA 并按照提示设置好相应的路径（可参考附录 C）。这些准备工作都完成后，就可以通过 nvidia-smi 命令来查看显卡信息了。

```
In [1]: !nvidia-smi   # 对Linux/macOS用户有效

Mon Feb 25 20:19:43 2019
+-----------------------------------------------------------------------------+
| NVIDIA-SMI 384.111                Driver Version: 384.111                   |
|-------------------------------+----------------------+----------------------+
| GPU  Name        Persistence-M| Bus-Id        Disp.A | Volatile Uncorr. ECC |
| Fan  Temp  Perf  Pwr:Usage/Cap|         Memory-Usage | GPU-Util  Compute M. |
```

```
|===============================+======================+======================|
|   0  Tesla V100-SXM2...  On   | 00000000:00:1B.0 Off |                    0 |
| N/A   50C    P0    39W / 300W |      0MiB / 16152MiB |      0%      Default |
+-------------------------------+----------------------+----------------------+
|   1  Tesla V100-SXM2...  On   | 00000000:00:1C.0 Off |                    0 |
| N/A   43C    P0    38W / 300W |      0MiB / 16152MiB |      0%      Default |
+-------------------------------+----------------------+----------------------+
|   2  Tesla V100-SXM2...  On   | 00000000:00:1D.0 Off |                    0 |
| N/A   40C    P0    39W / 300W |      0MiB / 16152MiB |      0%      Default |
+-------------------------------+----------------------+----------------------+
|   3  Tesla V100-SXM2...  On   | 00000000:00:1E.0 Off |                    0 |
| N/A   43C    P0    42W / 300W |      0MiB / 16152MiB |      0%      Default |
+-------------------------------+----------------------+----------------------+

+-----------------------------------------------------------------------------+
| Processes:                                                       GPU Memory |
|  GPU       PID   Type   Process name                             Usage      |
|=============================================================================|
| No running processes found                                                  |
+-----------------------------------------------------------------------------+
```

接下来，我们需要确认是否安装了 MXNet 的 GPU 版本。安装方法见 2.1 节。运行本节中的程序需要至少 2 块 GPU。

4.6.1　计算设备

MXNet 可以指定用来存储和计算的设备，如使用内存的 CPU 或者使用显存的 GPU。在默认情况下，MXNet 会将数据创建在内存，然后利用 CPU 来计算。在 MXNet 中，mx.cpu()（或者在括号里填任意整数）表示所有的物理 CPU 和内存。这意味着，MXNet 的计算会尽量使用所有的 GPU 核。但 mx.gpu() 只代表一块 GPU 和相应的显存。如果有多块 GPU，我们用 mx.gpu(i) 来表示第 i 块 GPU 及相应的显存（i 从 0 开始）且 mx.gpu(0) 和 mx.gpu() 等价。

```
In [2]: import mxnet as mx
        from mxnet import nd
        from mxnet.gluon import nn

        mx.cpu(), mx.gpu(), mx.gpu(1)

Out[2]: (cpu(0), gpu(0), gpu(1))
```

4.6.2　NDArray的GPU计算

在默认情况下，NDArray 存在内存上。因此，之前我们每次打印 NDArray 的时候都会看到 @cpu(0) 这个标识。

```
In [3]: x = nd.array([1, 2, 3])
        x
```

```
Out[3]:
        [1. 2. 3.]
        <NDArray 3 @cpu(0)>
```

我们可以通过 NDArray 的 context 属性来查看该 NDArray 所在的设备。

```
In [4]: x.context
```

```
Out[4]: cpu(0)
```

1. GPU上的存储

我们有多种方法将 NDArray 存储在显存上。例如，我们可以在创建 NDArray 的时候通过 ctx 参数指定存储设备。下面我们将 NDArray 变量 a 创建在 gpu(0) 上。注意，在打印 a 时，设备信息变成了 @gpu(0)。创建在显存上的 NDArray 只消耗同一块显卡的显存。我们可以通过 nvidia-smi 命令查看显存的使用情况。通常，我们需要确保不创建超过显存上限的数据。

```
In [5]: a = nd.array([1, 2, 3], ctx=mx.gpu())
        a
```

```
Out[5]:
        [1. 2. 3.]
        <NDArray 3 @gpu(0)>
```

假设至少有 2 块 GPU，下面代码将会在 gpu(1)上创建随机数组。

```
In [6]: B = nd.random.uniform(shape=(2, 3), ctx=mx.gpu(1))
        B
```

```
Out[6]:
        [[0.59119    0.313164   0.76352036]
         [0.9731786  0.35454726 0.11677533]]
        <NDArray 2x3 @gpu(1)>
```

除了在创建时指定，我们也可以通过 copyto 函数和 as_in_context 函数在设备之间传输数据。下面我们将内存上的 NDArray 变量 x 复制到 gpu(0) 上。

```
In [7]: y = x.copyto(mx.gpu())
        y
```

```
Out[7]:
       [1. 2. 3.]
       <NDArray 3 @gpu(0)>
```

```
In [8]: z = x.as_in_context(mx.gpu())
        z
```

```
Out[8]:
        [1. 2. 3.]
        <NDArray 3 @gpu(0)>
```

需要区分的是，如果源变量和目标变量的 context 一致，as_in_context 函数使目标变量和源变量共享源变量的内存或显存。

```
In [9]: y.as_in_context(mx.gpu()) is y

Out[9]: True
```

而 copyto 函数总是为目标变量开新的内存或显存。

```
In [10]: y.copyto(mx.gpu()) is y

Out[10]: False
```

2. GPU上的计算

MXNet 的计算会在数据的 context 属性所指定的设备上执行。为了使用 GPU 计算，我们只需要事先将数据存储在显存上。计算结果会自动保存在同一块显卡的显存上。

```
In [11]: (z + 2).exp() * y

Out[11]:
         [ 20.085537 109.1963    445.2395 ]
         <NDArray 3 @gpu(0)>
```

注意，MXNet 要求计算的所有输入数据都在内存或同一块显卡的显存上。这样设计的原因是 CPU 和不同的 GPU 之间的数据交互通常比较耗时。因此，MXNet 希望用户确切地指明计算的输入数据都在内存或同一块显卡的显存上。例如，如果将内存上的 NDArray 变量 x 和显存上的 NDArray 变量 y 做运算，会出现错误信息。当我们打印 NDArray 或将 NDArray 转换成 NumPy 格式时，如果数据不在内存里，MXNet 会将它先复制到内存，从而造成额外的传输开销。

4.6.3 Gluon的GPU计算

同 NDArray 类似，Gluon 的模型可以在初始化时通过 ctx 参数指定设备。下面的代码将模型参数初始化在显存上。

```
In [12]: net = nn.Sequential()
         net.add(nn.Dense(1))
         net.initialize(ctx=mx.gpu())
```

当输入是显存上的 NDArray 时，Gluon 会在同一块显卡的显存上计算结果。

```
In [13]: net(y)

Out[13]:
        [[0.0068339 ]
         [0.01366779]
         [0.02050169]]
        <NDArray 3x1 @gpu(0)>
```

下面我们确认一下模型参数存储在同一块显卡的显存上。

```
In [14]: net[0].weight.data()

Out[14]:
        [[0.0068339]]
        <NDArray 1x1 @gpu(0)>
```

小结

- MXNet 可以指定用来存储和计算的设备，如使用内存的 CPU 或者使用显存的 GPU。在默认情况下，MXNet 会将数据创建在内存上，然后利用 CPU 来计算。
- MXNet 要求计算的所有输入数据都在内存或同一块显卡的显存上。

练习

（1）试试大一点儿的计算任务，如大矩阵的乘法，看看使用 CPU 和 GPU 的速度区别。如果是计算量很小的任务呢？

（2）GPU 上应如何读写模型参数？

第5章

卷积神经网络

本章将介绍卷积神经网络，它是近年来深度学习能在计算机视觉领域取得突破性成果的基石。它也逐渐在被其他诸如自然语言处理、推荐系统和语音识别等领域广泛使用。我们将先描述卷积神经网络中卷积层和池化层的工作原理，并解释填充、步幅、输入通道和输出通道的含义。在掌握了这些基础知识以后，我们将探究数个具有代表性的深度卷积神经网络的设计思路。这些模型包括最早提出的AlexNet，以及后来的使用重复元素的网络（VGG）、网络中的网络（NiN）、含并行连结的网络（GoogLeNet）、残差网络（ResNet）和稠密连接网络（DenseNet）。它们中有不少在过去几年的ImageNet比赛（一个著名的计算机视觉竞赛）中大放异彩。虽然深度模型看上去只是具有很多层的神经网络，然而获得有效的深度模型并不容易。有幸的是，本章阐述的批量归一化和残差网络为训练和设计深度模型提供了两类重要思路。

5.1 二维卷积层

扫码直达讨论区

卷积神经网络（convolutional neural network）是含有卷积层（convolutional layer）的神经网络。本章中介绍的卷积神经网络均使用最常见的二维卷积层。它有高和宽两个空间维度，常用来处理图像数据。本节中，我们将介绍简单形式的二维卷积层的工作原理。

5.1.1 二维互相关运算

虽然卷积层得名于*卷积*（convolution）运算，但我们通常在卷积层中使用更加直观的*互相关*（cross-correlation）运算。在二维卷积层中，一个二维输入数组和一个二维*核*（kernel）数组通过互相关运算输出一个二维数组。我们用一个具体例子来解释二维互相关运算的含义。如图5-1所示，输入是一个高和宽均为3的二维数组。我们将该数组的形状记为3×3或(3, 3)。核数组的高和宽分别为2。该数组在卷积计算中又称*卷积核*或*过滤器*（filter）。*卷积核窗口*（又称*卷积窗口*）的形状取决于卷积核的高和宽，即2×2。图5-1中的阴影部分为第一个输出元素及其计算所使用的输入和核数组元素：$0\times0+1\times1+3\times2+4\times3=19$。

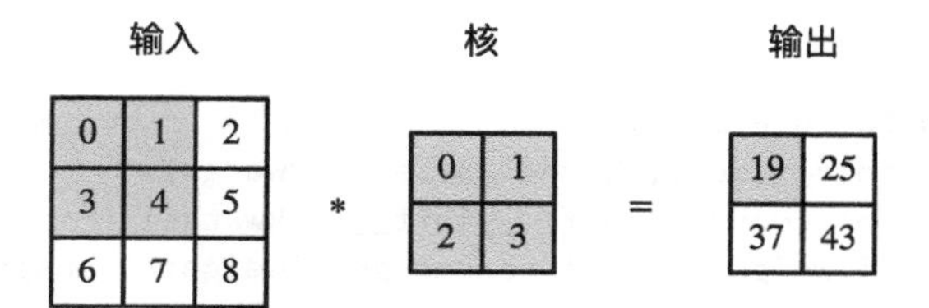

图 5-1 二维互相关运算

在二维互相关运算中，卷积窗口从输入数组的最左上方开始，按从左往右、从上往下的顺序，依次在输入数组上滑动。当卷积窗口滑动到某一位置时，窗口中的输入子数组与核数组按元素相乘并求和，得到输出数组中相应位置的元素。图 5-1 中的输出数组的高和宽分别为 2，其中的 4 个元素由二维互相关运算得出：

$$0\times0+1\times1+3\times2+4\times3=19$$
$$1\times0+2\times1+4\times2+5\times3=25$$
$$3\times0+4\times1+6\times2+7\times3=37$$
$$4\times0+5\times1+7\times2+8\times3=43$$

下面我们将上述过程实现在 corr2d 函数里。它接受输入数组 X 与核数组 K，并输出数组 Y。

```
In [1]: from mxnet import autograd, nd
        from mxnet.gluon import nn

        def corr2d(X, K):  # 本函数已保存在d2lzh包中方便以后使用
            h, w = K.shape
            Y = nd.zeros((X.shape[0] - h + 1, X.shape[1] - w + 1))
            for i in range(Y.shape[0]):
                for j in range(Y.shape[1]):
                    Y[i, j] = (X[i: i + h, j: j + w] * K).sum()
            return Y
```

我们可以构造图 5-1 中的输入数组 X、核数组 K 来验证二维互相关运算的输出。

```
In [2]: X = nd.array([[0, 1, 2], [3, 4, 5], [6, 7, 8]])
        K = nd.array([[0, 1], [2, 3]])
        corr2d(X, K)

Out[2]:
        [[19. 25.]
         [37. 43.]]
        <NDArray 2x2 @cpu(0)>
```

5.1.2 二维卷积层

二维卷积层将输入和卷积核做互相关运算，并加上一个标量偏差来得到输出。卷积层的模型参数包括了卷积核和标量偏差。在训练模型的时候，通常我们先对卷积核随机初始化，然后不断迭代卷积核和偏差。

下面基于 corr2d 函数来实现一个自定义的二维卷积层。在构造函数 __init__ 里，我们声明 weight 和 bias 这两个模型参数。前向计算函数 forward 则是直接调用 corr2d 函数再

加上偏差。

```
In [3]: class Conv2D(nn.Block):
            def __init__(self, kernel_size, **kwargs):
                super(Conv2D, self).__init__(**kwargs)
                self.weight = self.params.get('weight', shape=kernel_size)
                self.bias = self.params.get('bias', shape=(1,))

            def forward(self, x):
                return corr2d(x, self.weight.data()) + self.bias.data()
```

卷积窗口形状为 $p \times q$ 的卷积层称为 $p \times q$ 卷积层。同样，$p \times q$ 卷积或 $p \times q$ 卷积核说明卷积核的高和宽分别为 p 和 q。

5.1.3　图像中物体边缘检测

下面我们来看一个卷积层的简单应用——检测图像中物体的边缘，即找到像素变化的位置。首先我们构造一张 6×8 的图像（即高和宽分别为 6 像素和 8 像素的图像）。它中间 4 列为黑（0），其余为白（1）。

```
In [4]: X = nd.ones((6, 8))
        X[:, 2:6] = 0
        X

Out[4]:
        [[1. 1. 0. 0. 0. 0. 1. 1.]
         [1. 1. 0. 0. 0. 0. 1. 1.]
         [1. 1. 0. 0. 0. 0. 1. 1.]
         [1. 1. 0. 0. 0. 0. 1. 1.]
         [1. 1. 0. 0. 0. 0. 1. 1.]
         [1. 1. 0. 0. 0. 0. 1. 1.]]
        <NDArray 6x8 @cpu(0)>
```

然后我们构造一个高和宽分别为 1 和 2 的卷积核 K。当它与输入做互相关运算时，如果横向相邻元素相同，输出为 0；否则输出为非 0。

```
In [5]: K = nd.array([[1, -1]])
```

下面将输入 X 和我们设计的卷积核 K 做互相关运算。可以看出，我们将从白到黑的边缘和从黑到白的边缘分别检测成了 1 和 -1。其余部分的输出全是 0。

```
In [6]: Y = corr2d(X, K)
        Y

Out[6]:
        [[ 0.  1.  0.  0.  0. -1.  0.]
         [ 0.  1.  0.  0.  0. -1.  0.]
         [ 0.  1.  0.  0.  0. -1.  0.]
         [ 0.  1.  0.  0.  0. -1.  0.]
         [ 0.  1.  0.  0.  0. -1.  0.]
         [ 0.  1.  0.  0.  0. -1.  0.]]
        <NDArray 6x7 @cpu(0)>
```

由此，我们可以看出，卷积层可通过重复使用卷积核有效地表征局部空间。

5.1.4 通过数据学习核数组

最后我们来看一个例子，它使用物体边缘检测中的输入数据 X 和输出数据 Y 来学习我们构造的核数组 K。我们首先构造一个卷积层，将其卷积核初始化成随机数组。接下来在每一次迭代中，我们使用平方误差来比较 Y 和卷积层的输出，然后计算梯度来更新权重。简单起见，这里的卷积层忽略了偏差。

虽然我们之前构造了 Conv2D 类，但由于 corr2d 使用了对单个元素赋值（[i,j]=）的操作因而无法自动求梯度。下面我们使用 Gluon 提供的 Conv2D 类来实现这个例子。

```
In [7]: # 构造一个输出通道数为1（将在5.3节介绍通道），核数组形状是(1, 2)的二维卷积层
        conv2d = nn.Conv2D(1, kernel_size=(1, 2))
        conv2d.initialize()

        # 二维卷积层使用4维输入输出，格式为(样本，通道，高，宽)，这里批量大小（批量中的样本数）和通
        # 道数均为1
        X = X.reshape((1, 1, 6, 8))
        Y = Y.reshape((1, 1, 6, 7))

        for i in range(10):
            with autograd.record():
                Y_hat = conv2d(X)
                l = (Y_hat - Y) ** 2
            l.backward()
            # 简单起见，这里忽略了偏差
            conv2d.weight.data()[:] -= 3e-2 * conv2d.weight.grad()
            if (i + 1) % 2 == 0:
                print('batch %d, loss %.3f' % (i + 1, l.sum().asscalar()))
```

```
batch 2, loss 4.949
batch 4, loss 0.831
batch 6, loss 0.140
batch 8, loss 0.024
batch 10, loss 0.004
```

可以看到，10 次迭代后误差已经降到了一个比较小的值。现在来看一下学习到的核数组。

```
In [8]: conv2d.weight.data().reshape((1, 2))

Out[8]:
        [[ 0.9895    -0.9873705]]
        <NDArray 1x2 @cpu(0)>
```

可以看到，学习到的核数组与我们之前定义的核数组 K 较接近。

5.1.5 互相关运算和卷积运算

实际上，卷积运算与互相关运算类似。为了得到卷积运算的输出，我们只需将核数组左右

翻转并上下翻转，再与输入数组做互相关运算。可见，卷积运算和互相关运算虽然类似，但如果它们使用相同的核数组，对于同一个输入，输出往往并不相同。

那么，你也许会好奇卷积层为何能使用互相关运算替代卷积运算。其实，在深度学习中核数组都是学习出来的：卷积层无论使用互相关运算或卷积运算都不影响模型预测时的输出。为了解释这一点，假设卷积层使用互相关运算学习出图 5-1 中的核数组。设其他条件不变，使用卷积运算学习出的核数组即图 5-1 中的核数组按上下、左右翻转。也就是说，图 5-1 中的输入与学习出的已翻转的核数组再做卷积运算时，依然得到图 5-1 中的输出。为了与大多数深度学习文献一致，如无特别说明，本书中提到的卷积运算均指互相关运算。

5.1.6　特征图和感受野

二维卷积层输出的二维数组可以看作输入在空间维度（宽和高）上某一级的表征，也叫特征图（feature map）。影响元素 x 的前向计算的所有可能输入区域（可能大于输入的实际尺寸）叫作 x 的感受野（receptive field）。以图 5-1 为例，输入中阴影部分的 4 个元素是输出中阴影部分元素的感受野。我们将图 5-1 中形状为 2×2 的输出记为 Y，并考虑一个更深的卷积神经网络：将 Y 与另一个形状为 2×2 的核数组做互相关运算，输出单个元素 z。那么，z 在 Y 上的感受野包括 Y 的全部 4 个元素，在输入上的感受野包括其中全部 9 个元素。可见，我们可以通过更深的卷积神经网络使特征图中单个元素的感受野变得更加广阔，从而捕捉输入上更大尺寸的特征。

我们常使用“元素”一词来描述数组或矩阵中的成员。在神经网络的术语中，这些元素也可称为“单元”。当含义明确时，本书不对这两个术语做严格区分。

小结

- 二维卷积层的核心计算是二维互相关运算。在最简单的形式下，它对二维输入数据和卷积核做互相关运算然后加上偏差。
- 可以设计卷积核来检测图像中的边缘。
- 可以通过数据来学习卷积核。

练习

（1）构造一个输入图像 X，令它有水平方向的边缘。如何设计卷积核 K 来检测图像中水平边缘？如果是对角方向的边缘呢？

（2）试着对我们自己构造的 Conv2D 类进行自动求梯度，会有什么样的错误信息？在该类的 forward 函数里，将 corr2d 函数替换成 nd.Convolution 类使得自动求梯度变得可行。

（3）如何通过变化输入和核数组将互相关运算表示成一个矩阵乘法？

（4）如何构造一个全连接层来进行物体边缘检测？

5.2 填充和步幅

扫码直达讨论区

在 5.1 节的例子里，我们使用高和宽为 3 的输入与高和宽为 2 的卷积核得到高和宽为 2 的输出。一般来说，假设输入形状是 $n_h \times n_w$，卷积核窗口形状是 $k_h \times k_w$，那么输出形状将会是

$$(n_h - k_h + 1) \times (n_w - k_w + 1)$$

所以卷积层的输出形状由输入形状和卷积核窗口形状决定。本节我们将介绍卷积层的两个超参数，即填充和步幅。它们可以对给定形状的输入和卷积核改变输出形状。

5.2.1 填充

填充（padding）是指在输入高和宽的两侧填充元素（通常是 0 元素）。图 5-2 里我们在原输入高和宽的两侧分别添加了值为 0 的元素，使得输入高和宽从 3 变成了 5，并导致输出高和宽由 2 增加到 4。图 5-2 中的阴影部分为第一个输出元素及其计算所使用的输入和核数组元素：$0\times0+0\times1+0\times2+0\times3=0$。

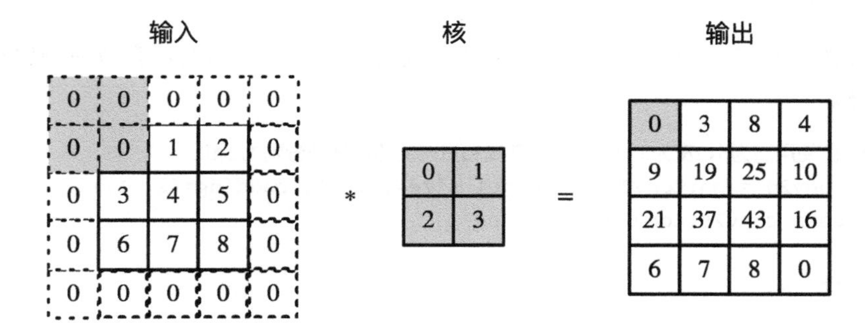

图 5-2　在输入的高和宽两侧分别填充了 0 元素的二维互相关计算

一般来说，如果在高的两侧一共填充 p_h 行，在宽的两侧一共填充 p_w 列，那么输出形状将会是

$$(n_h - k_h + p_h + 1) \times (n_w - k_w + p_w + 1)$$

也就是说，输出的高和宽会分别增加 p_h 和 p_w。

在很多情况下，我们会设置 $p_h = k_h - 1$ 和 $p_w = k_w - 1$ 来使输入和输出具有相同的高和宽。这样会方便在构造网络时推测每个层的输出形状。假设这里 k_h 是奇数，我们会在高的两侧分别填充 $p_h/2$ 行。如果 k_h 是偶数，一种可能是在输入的顶端一侧填充 $\lceil p_h/2 \rceil$ 行，而在底端一侧填充 $\lfloor p_h/2 \rfloor$ 行。在宽的两侧填充同理。

卷积神经网络经常使用奇数高和宽的卷积核，如 1、3、5 和 7，所以两端上的填充个数相等。对任意的二维数组 `X`，设它的第 `i` 行第 `j` 列的元素为 `X[i, j]`。当两端上的填充个数相等，并使输入和输出具有相同的高和宽时，我们就知道输出 `Y[i, j]` 是由输入以 `X[i, j]` 为中心

的窗口同卷积核进行互相关计算得到的。

下面的例子里我们创建一个高和宽为 3 的二维卷积层，然后设输入高和宽两侧的填充数分别为 1。给定一个高和宽为 8 的输入，我们发现输出的高和宽也是 8。

```
In [1]: from mxnet import nd
        from mxnet.gluon import nn

        # 定义一个函数来计算卷积层。它初始化卷积层权重，并对输入和输出做相应的升维和降维
        def comp_conv2d(conv2d, X):
            conv2d.initialize()
            # (1, 1)代表批量大小和通道数（5.3节将介绍）均为1
            X = X.reshape((1, 1) + X.shape)
            Y = conv2d(X)
            return Y.reshape(Y.shape[2:])  # 排除不关心的前两维：批量和通道

        # 注意这里是两侧分别填充1行或列，所以在两侧一共填充2行或列
        conv2d = nn.Conv2D(1, kernel_size=3, padding=1)
        X = nd.random.uniform(shape=(8, 8))
        comp_conv2d(conv2d, X).shape

Out[1]: (8, 8)
```

当卷积核的高和宽不同时，我们也可以通过设置高和宽上不同的填充数使输出和输入具有相同的高和宽。

```
In [2]: # 使用高为5、宽为3的卷积核。在高和宽两侧的填充数分别为2和1
        conv2d = nn.Conv2D(1, kernel_size=(5, 3), padding=(2, 1))
        comp_conv2d(conv2d, X).shape

Out[2]: (8, 8)
```

5.2.2　步幅

在 5.1 节里我们介绍了二维互相关运算。卷积窗口从输入数组的最左上方开始，按从左往右、从上往下的顺序，依次在输入数组上滑动。我们将每次滑动的行数和列数称为步幅（stride）。

目前我们看到的例子里，在高和宽两个方向上步幅均为 1。我们也可以使用更大步幅。图 5-3 展示了在高上步幅为 3、在宽上步幅为 2 的二维互相关运算。可以看到，输出第一列第二个元素时，卷积窗口向下滑动了 3 行，而在输出第一行第二个元素时卷积窗口向右滑动了 2 列。当卷积窗口在输入上再向右滑动 2 列时，由于输入元素无法填满窗口，无结果输出。图 5-3 中的阴影部分为输出元素及其计算所使用的输入和核数组元素：$0\times0+0\times1+1\times2+2\times3=8$、$0\times0+6\times1+0\times2+0\times3=6$。

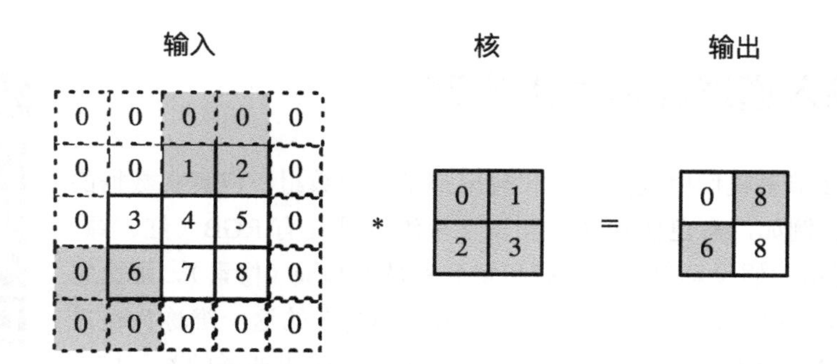

图 5-3 高和宽上步幅分别为 3 和 2 的二维互相关运算

一般来说，当高上步幅为 s_h，宽上步幅为 s_w 时，输出形状为

$$\lfloor (n_h - k_h + p_h + s_h)/s_h \rfloor \times \lfloor (n_w - k_w + p_w + s_w)/s_w \rfloor$$

如果设置 $p_h = k_h - 1$ 和 $p_w = k_w - 1$，那么输出形状将简化为 $\lfloor (n_h + s_h - 1)/s_h \rfloor \times \lfloor (n_w + s_w - 1)/s_w \rfloor$。更进一步，如果输入的高和宽能分别被高和宽上的步幅整除，那么输出形状将是 $(n_h/s_h) \times (n_w/s_w)$。

下面我们令高和宽上的步幅均为 2，从而使输入的高和宽减半。

```
In [3]: conv2d = nn.Conv2D(1, kernel_size=3, padding=1, strides=2)
        comp_conv2d(conv2d, X).shape
```

```
Out[3]: (4, 4)
```

接下来是一个稍微复杂点儿的例子。

```
In [4]: conv2d = nn.Conv2D(1, kernel_size=(3, 5), padding=(0, 1), strides=(3, 4))
        comp_conv2d(conv2d, X).shape
```

```
Out[4]: (2, 2)
```

为了表述简洁，当输入的高和宽两侧的填充数分别为 p_h 和 p_w 时，我们称填充为 (p_h, p_w)。特别地，当 $p_h = p_w = p$ 时，填充为 p。当在高和宽上的步幅分别为 s_h 和 s_w 时，我们称步幅为 (s_h, s_w)。特别地，当 $s_h = s_w = s$ 时，步幅为 s。在默认情况下，填充为 0，步幅为 1。

小结

- 填充可以增加输出的高和宽。这常用来使输出与输入具有相同的高和宽。
- 步幅可以减小输出的高和宽，例如输出的高和宽仅为输入的高和宽的 $1/n$（n 为大于 1 的整数）。

练习

（1）对本节最后一个例子通过形状计算公式来计算输出形状，看看是否和实验结果一致。

（2）在本节实验中，试一试其他的填充和步幅组合。

5.3　多输入通道和多输出通道

5.1 节和 5.2 节里我们用到的输入和输出都是二维数组，但真实数据的维度经常更高。例如，彩色图像在高和宽 2 个维度外还有 RGB（红、绿、蓝）3 个颜色通道。假设彩色图像的高和宽分别是 h 和 w（像素），那么它可以表示为一个 $3 \times h \times w$ 的多维数组。我们将大小为 3 的这一维称为通道（channel）维。本节我们将介绍含多个输入通道或多个输出通道的卷积核。

5.3.1　多输入通道

当输入数据含多个通道时，我们需要构造一个输入通道数与输入数据的通道数相同的卷积核，从而能够与含多通道的输入数据做互相关运算。假设输入数据的通道数为 c_i，那么卷积核的输入通道数同样为 c_i。设卷积核窗口形状为 $k_h \times k_w$。当 $c_i = 1$ 时，我们知道卷积核只包含一个形状为 $k_h \times k_w$ 的二维数组。当 $c_i > 1$ 时，我们将会为每个输入通道各分配一个形状为 $k_h \times k_w$ 的核数组。把这 c_i 个数组在输入通道维上连结，即得到一个形状为 $c_i \times k_h \times k_w$ 的卷积核。由于输入和卷积核各有 c_i 个通道，我们可以在各个通道上对输入的二维数组和卷积核的二维核数组做互相关运算，再将这 c_i 个互相关运算的二维输出按通道相加，得到一个二维数组。这就是含多个通道的输入数据与多输入通道的卷积核做二维互相关运算的输出。

图 5-4 展示了含 2 个输入通道的二维互相关计算的例子。在每个通道上，二维输入数组与二维核数组做互相关运算，再按通道相加即得到输出。图 5-4 中阴影部分为第一个输出元素及其计算所使用的输入和核数组元素：$(1\times1+2\times2+4\times3+5\times4)+(0\times0+1\times1+3\times2+4\times3)=56$。

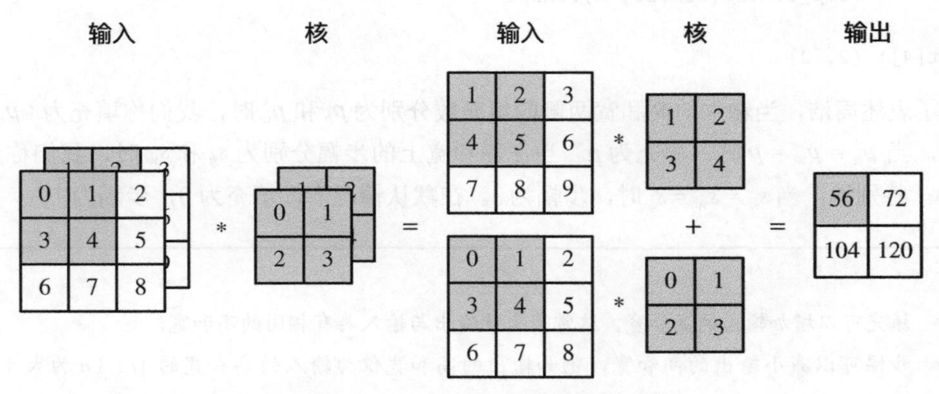

图 5-4　含 2 个输入通道的互相关计算

接下来我们实现含多个输入通道的互相关运算。我们只需要对每个通道做互相关运算，然后通过 add_n 函数来进行累加。

```
In [1]: import d2lzh as d2l
        from mxnet import nd

        def corr2d_multi_in(X, K):
            # 首先沿着X和K的第0维（通道维）遍历。然后使用*将结果列表变成add_n函数的位置参数
            # （positional argument）来进行相加
            return nd.add_n(*[d2l.corr2d(x, k) for x, k in zip(X, K)])
```

我们可以构造图 5-4 中的输入数组 X、核数组 K 来验证互相关运算的输出。

```
In [2]: X = nd.array([[[0, 1, 2], [3, 4, 5], [6, 7, 8]],
                      [[1, 2, 3], [4, 5, 6], [7, 8, 9]]])
        K = nd.array([[[0, 1], [2, 3]], [[1, 2], [3, 4]]])

        corr2d_multi_in(X, K)

Out[2]:
        [[ 56.  72.]
         [104. 120.]]
        <NDArray 2x2 @cpu(0)>
```

5.3.2 多输出通道

当输入通道有多个时，因为我们对各个通道的结果做了累加，所以不论输入通道数是多少，输出通道数总是为 1。设卷积核输入通道数和输出通道数分别为 c_i 和 c_o，高和宽分别为 k_h 和 k_w。如果希望得到含多个通道的输出，我们可以为每个输出通道分别创建形状为 $c_i \times k_h \times k_w$ 的核数组。将它们在输出通道维上连结，卷积核的形状即 $c_o \times c_i \times k_h \times k_w$。在做互相关运算时，每个输出通道上的结果由卷积核在该输出通道上的核数组与整个输入数组计算而来。

下面我们实现一个互相关运算函数来计算多个通道的输出。

```
In [3]: def corr2d_multi_in_out(X, K):
            # 对K的第0维遍历，每次同输入X做互相关计算。所有结果使用stack函数合并在一起
            return nd.stack(*[corr2d_multi_in(X, k) for k in K])
```

我们将核数组 K 同 K+1（K 中每个元素加一）和 K+2 连结在一起来构造一个输出通道数为 3 的卷积核。

```
In [4]: K = nd.stack(K, K + 1, K + 2)
        K.shape

Out[4]: (3, 2, 2, 2)
```

下面我们对输入数组 X 与核数组 K 做互相关运算。此时的输出含有 3 个通道，其中第一个通道的结果与之前输入数组 X 与多输入通道、单输出通道核的计算结果一致。

```
In [5]: corr2d_multi_in_out(X, K)

Out[5]:
        [[[ 56.  72.]
```

```
 [104. 120.]]

[[ 76. 100.]
 [148. 172.]]

[[ 96. 128.]
 [192. 224.]]]
<NDArray 3x2x2 @cpu(0)>
```

5.3.3　1×1卷积层

最后我们讨论卷积窗口形状为 1×1（$k_h = k_w = 1$）的多通道卷积层。我们通常称之为 1×1 卷积层，并将其中的卷积运算称为 1×1 卷积。因为使用了最小窗口，1×1 卷积失去了卷积层可以识别高和宽维度上相邻元素构成的模式的功能。实际上，1×1 卷积的主要计算发生在通道维上。图 5-5 展示了使用输入通道数为 3、输出通道数为 2 的 1×1 卷积核的互相关计算。值得注意的是，输入和输出具有相同的高和宽。输出中的每个元素来自输入中在高和宽上相同位置的元素在不同通道之间的按权重累加。假设我们将通道维当作特征维，将高和宽维度上的元素当成数据样本，那么 1×1 卷积层的作用与全连接层等价。

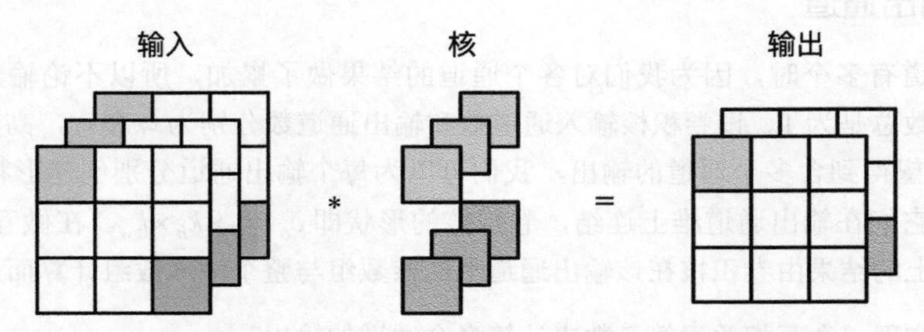

图 5-5　使用输入通道数为 3、输出通道数为 2 的 1 × 1 卷积核的互相关计算。输入和输出具有相同的高和宽

下面我们使用全连接层中的矩阵乘法来实现 1×1 卷积。这里需要在矩阵乘法运算前后对数据形状做一些调整。

```
In [6]: def corr2d_multi_in_out_1x1(X, K):
            c_i, h, w = X.shape
            c_o = K.shape[0]
            X = X.reshape((c_i, h * w))
            K = K.reshape((c_o, c_i))
            Y = nd.dot(K, X)  # 全连接层的矩阵乘法
            return Y.reshape((c_o, h, w))
```

经验证，做 1×1 卷积时，以上函数与之前实现的互相关运算函数 corr2d_multi_in_out 等价。

```
In [7]: X = nd.random.uniform(shape=(3, 3, 3))
        K = nd.random.uniform(shape=(2, 3, 1, 1))
```

```
    Y1 = corr2d_multi_in_out_1x1(X, K)
    Y2 = corr2d_multi_in_out(X, K)

    (Y1 - Y2).norm().asscalar() < 1e-6
```

```
Out[7]: True
```

在之后的模型里我们将会看到 1×1 卷积层被当作保持高和宽维度形状不变的全连接层使用。于是，我们可以通过调整网络层之间的通道数来控制模型复杂度。

小结

- 使用多通道可以拓展卷积层的模型参数。
- 假设将通道维当作特征维，将高和宽维度上的元素当成数据样本，那么 1×1 卷积层的作用与全连接层等价。
- 1×1 卷积层通常用来调整网络层之间的通道数，并控制模型复杂度。

练习

（1）假设输入形状为 $c_i \times h \times w$，且使用形状为 $c_o \times c_i \times k_h \times k_w$、填充为 (p_h, p_w)、步幅为 (s_h, s_w) 的卷积核。那么这个卷积层的前向计算分别需要多少次乘法和加法？

（2）翻倍输入通道数 c_i 和输出通道数 c_o 会增加多少倍计算？翻倍填充呢？

（3）如果卷积核的高和宽 $k_h = k_w = 1$，能减少多少计算？

（4）本节最后一个例子中的变量 Y1 和 Y2 完全一致吗？原因是什么？

（5）当卷积窗口不为 1×1 时，如何用矩阵乘法实现卷积计算？

5.4 池化层

回忆一下，在 5.1 节里介绍的图像物体边缘检测应用中，我们构造卷积核从而精确地找到了像素变化的位置。设任意二维数组 X 的 i 行 j 列的元素为 X[i, j]。如果我们构造的卷积核输出 Y[i, j]=1，那么说明输入中 X[i,j] 和 X[i,j+1] 数值不一样。这可能意味着物体边缘通过这两个元素之间。但实际图像里，我们感兴趣的物体不会总出现在固定位置：即使我们连续拍摄同一个物体也极有可能出现像素位置上的偏移。这会导致同一个边缘对应的输出可能出现在卷积输出 Y 中的不同位置，进而对后面的模式识别造成不便。

在本节中我们介绍池化（pooling）层，它的提出是为了缓解卷积层对位置的过度敏感性。

5.4.1 二维最大池化层和平均池化层

同卷积层一样，池化层每次对输入数据的一个固定形状窗口（又称池化窗口）中的元素计算输出。不同于卷积层里计算输入和核的互相关性，池化层直接计算池化窗口内元素的最大值或者平均值。该运算也分别叫作最大池化或平均池化。在二维最大池化中，池化窗口从输入数组的最左上方开始，按从左往右、从上往下的顺序，依次在输入数组上滑动。当池化窗口滑动到某一位置时，窗口中的输入子数组的最大值即输出数组中相应位置的元素。

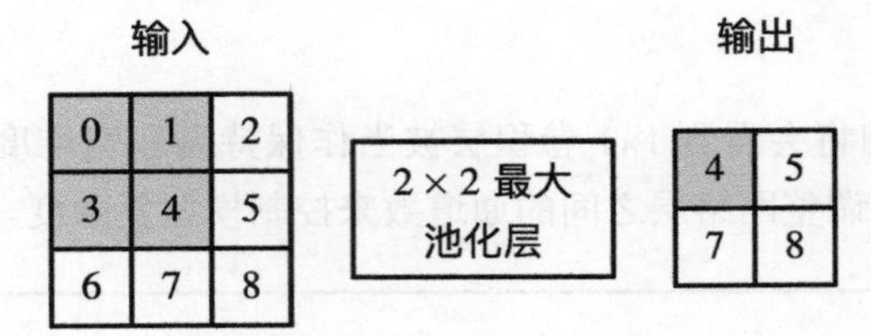

图 5-6　池化窗口形状为 2 × 2 的最大池化

图 5-6 展示了池化窗口形状为 2×2 的最大池化，阴影部分为第一个输出元素及其计算所使用的输入元素。输出数组的高和宽分别为 2，其中的 4 个元素由取最大值运算 max 得出：

$$\max(0,1,3,4)=4$$
$$\max(1,2,4,5)=5$$
$$\max(3,4,6,7)=7$$
$$\max(4,5,7,8)=8$$

二维平均池化的工作原理与二维最大池化类似，但将最大运算符替换成平均运算符。池化窗口形状为 $p\times q$ 的池化层称为 $p\times q$ 池化层，其中的池化运算叫作 $p\times q$ 池化。

让我们再次回到本节开始提到的物体边缘检测的例子。现在我们将卷积层的输出作为 2×2 最大池化的输入。设该卷积层输入是 X、池化层输出为 Y。无论是 X[i,j] 和 X[i,j+1] 值不同，还是 X[i,j+1] 和 X[i,j+2] 不同，池化层输出均有 Y[i,j]=1。也就是说，使用 2×2 最大池化层时，只要卷积层识别的模式在高和宽上移动不超过一个元素，我们依然可以将它检测出来。

下面把池化层的前向计算实现在 pool2d 函数里。它与 5.1 节里 corr2d 函数非常类似，唯一的区别在计算输出 Y 上。

```
In [1]: from mxnet import nd
        from mxnet.gluon import nn
        def pool2d(X, pool_size, mode='max'):
            p_h, p_w = pool_size
            Y = nd.zeros((X.shape[0] - p_h + 1, X.shape[1] - p_w + 1))
            for i in range(Y.shape[0]):
                for j in range(Y.shape[1]):
                    if mode == 'max':
                        Y[i, j] = X[i: i + p_h, j: j + p_w].max()
                    elif mode == 'avg':
                        Y[i, j] = X[i: i + p_h, j: j + p_w].mean()
            return Y
```

我们可以构造图 5-6 中的输入数组 X 来验证二维最大池化层的输出。

```
In [2]: X = nd.array([[0, 1, 2], [3, 4, 5], [6, 7, 8]])
        pool2d(X, (2, 2))
```

```
Out[2]:
        [[4. 5.]
         [7. 8.]]
        <NDArray 2x2 @cpu(0)>
```

同时我们实验一下平均池化层。

```
In [3]: pool2d(X, (2, 2), 'avg')

Out[3]:
        [[2. 3.]
         [5. 6.]]
        <NDArray 2x2 @cpu(0)>
```

5.4.2 填充和步幅

同卷积层一样，池化层也可以在输入的高和宽两侧的填充并调整窗口的移动步幅来改变输出形状。池化层填充和步幅与卷积层填充和步幅的工作机制一样。我们将通过 nn 模块里的二维最大池化层 MaxPool2D 来演示池化层填充和步幅的工作机制。我们先构造一个形状为 (1, 1, 4, 4) 的输入数据，前两个维度分别是批量和通道。

```
In [4]: X = nd.arange(16).reshape((1, 1, 4, 4))
        X

Out[4]:
        [[[[ 0.  1.  2.  3.]
           [ 4.  5.  6.  7.]
           [ 8.  9. 10. 11.]
           [12. 13. 14. 15.]]]]
        <NDArray 1x1x4x4 @cpu(0)>
```

默认情况下，MaxPool2D 实例里步幅和池化窗口形状相同。下面使用形状为 (3, 3) 的池化窗口，默认获得形状为 (3, 3) 的步幅。

```
In [5]: pool2d = nn.MaxPool2D(3)
        pool2d(X)  # 因为池化层没有模型参数，所以不需要调用参数初始化函数

Out[5]:
        [[[[10.]]]]
        <NDArray 1x1x1x1 @cpu(0)>
```

我们可以手动指定步幅和填充。

```
In [6]: pool2d = nn.MaxPool2D(3, padding=1, strides=2)
        pool2d(X)

Out[6]:
        [[[[ 5.  7.]
           [13. 15.]]]]
        <NDArray 1x1x2x2 @cpu(0)>
```

当然，我们也可以指定非正方形的池化窗口，并分别指定高和宽上的填充和步幅。

```
In [7]: pool2d = nn.MaxPool2D((2, 3), padding=(1, 2), strides=(2, 3))
        pool2d(X)

Out[7]:
        [[[[ 0.  3.]
           [ 8. 11.]
           [12. 15.]]]]
        <NDArray 1x1x3x2 @cpu(0)>
```

5.4.3 多通道

在处理多通道输入数据时，池化层对每个输入通道分别池化，而不是像卷积层那样将各通道的输入按通道相加。这意味着池化层的输出通道数与输入通道数相等。下面我们将数组 X 和 X+1 在通道维上连结来构造通道数为 2 的输入。

```
In [8]: X = nd.concat(X, X + 1, dim=1)
        X
Out[8]:
        [[[[ 0.  1.  2.  3.]
           [ 4.  5.  6.  7.]
           [ 8.  9. 10. 11.]
           [12. 13. 14. 15.]]

          [[ 1.  2.  3.  4.]
           [ 5.  6.  7.  8.]
           [ 9. 10. 11. 12.]
           [13. 14. 15. 16.]]]]
        <NDArray 1x2x4x4 @cpu(0)>
```

池化后，我们发现输出通道数仍然是 2。

```
In [9]: pool2d = nn.MaxPool2D(3, padding=1, strides=2)
        pool2d(X)

Out[9]:
        [[[[ 5.  7.]
           [13. 15.]]

          [[ 6.  8.]
           [14. 16.]]]]
        <NDArray 1x2x2x2 @cpu(0)>
```

小结

- 最大池化和平均池化分别取池化窗口中输入元素的最大值和平均值作为输出。
- 池化层的一个主要作用是缓解卷积层对位置的过度敏感性。
- 可以指定池化层的填充和步幅。
- 池化层的输出通道数与输入通道数相同。

练习

（1）分析池化层的计算复杂度。假设输入形状为 $c \times h \times w$，我们使用形状为 $p_h \times p_w$ 的池化窗口，而且使用 (p_h, p_w) 填充和 (s_h, s_w) 步幅。这个池化层的前向计算复杂度有多大？

（2）想一想，最大池化层和平均池化层在作用上可能有哪些区别？

（3）你觉得最小池化层这个想法有没有意义？

5.5 卷积神经网络（LeNet）

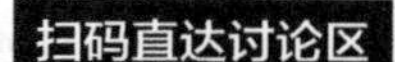

在 3.9 节里我们构造了一个含单隐藏层的多层感知机模型来对 Fashion-MNIST 数据集中的图像进行分类。每张图像高和宽均是 28 像素。我们将图像中的像素逐行展开，得到长度为 784 的向量，并输入进全连接层中。然而，这种分类方法有一定的局限性。

（1）图像在同一列邻近的像素在这个向量中可能相距较远。它们构成的模式可能难以被模型识别。

（2）对于大尺寸的输入图像，使用全连接层容易导致模型过大。假设输入是高和宽均为 1 000 像素的彩色照片（含 3 个通道）。即使全连接层输出个数仍是 256，该层权重参数的形状也是 $3\,000\,000 \times 256$：它占用了大约 3 GB 的内存或显存。这会带来过于复杂的模型和过高的存储开销。

卷积层尝试解决这两个问题。一方面，卷积层保留输入形状，使图像的像素在高和宽两个方向上的相关性均可能被有效识别；另一方面，卷积层通过滑动窗口将同一卷积核与不同位置的输入重复计算，从而避免参数尺寸过大。

卷积神经网络就是含卷积层的网络。本节里我们将介绍一个早期用来识别手写数字图像的卷积神经网络——LeNet [31]。这个名字来源于 LeNet 论文的第一作者 Yann LeCun。LeNet 展示了通过梯度下降训练卷积神经网络可以达到手写数字识别在当时最先进的结果。这个奠基性的工作第一次将卷积神经网络推上舞台，为世人所知。

5.5.1 LeNet模型

LeNet 分为卷积层块和全连接层块两个部分。下面我们分别介绍这两个模块。

卷积层块里的基本单位是卷积层后接最大池化层：卷积层用来识别图像里的空间模式，如线条和物体局部，之后的最大池化层则用来降低卷积层对位置的敏感性。卷积层块由两个这样的基本单位重复堆叠构成。在卷积层块中，每个卷积层都使用 5×5 的窗口，并在输出上使用 sigmoid 激活函数。第一个卷积层输出通道数为 6，第二个卷积层输出通道数则增加到 16。这是因为第二个卷积层比第一个卷积层的输入的高和宽要小，所以增加输出通道使两个卷积层的参数尺寸类似。卷积层块的两个最大池化层的窗口形状均为 2×2，且步幅为 2。由于池化窗口与步幅形状相同，池化窗口在输入上每次滑动所覆盖的区域互不重叠。

卷积层块的输出形状为 (批量大小，通道，高，宽)。当卷积层块的输出传入全连接层块时，全连接层块会将小批量中每个样本变平（flatten）。也就是说，全连接层的输入形状将变成二维，其中第一维是小批量中的样本，第二维是每个样本变平后的向量表示，且向量长度为通道、高和宽的乘积。全连接层块含 3 个全连接层。它们的输出个数分别是 120、84 和 10，其中 10 为输出的类别个数。

下面我们通过 Sequential 类来实现 LeNet 模型。

```
In [1]: import d2lzh as d2l
        import mxnet as mx
        from mxnet import autograd, gluon, init, nd
        from mxnet.gluon import loss as gloss, nn
        import time

        net = nn.Sequential()
        net.add(nn.Conv2D(channels=6, kernel_size=5, activation='sigmoid'),
                nn.MaxPool2D(pool_size=2, strides=2),
                nn.Conv2D(channels=16, kernel_size=5, activation='sigmoid'),
                nn.MaxPool2D(pool_size=2, strides=2),
                # Dense会默认将(批量大小, 通道, 高, 宽)形状的输入转换成
                # (批量大小, 通道 * 高 * 宽)形状的输入
                nn.Dense(120, activation='sigmoid'),
                nn.Dense(84, activation='sigmoid'),
                nn.Dense(10))
```

接下来我们构造一个高和宽均为 28 的单通道数据样本，并逐层进行前向计算来查看每个层的输出形状。

```
In [2]: X = nd.random.uniform(shape=(1, 1, 28, 28))
        net.initialize()
        for layer in net:
            X = layer(X)
            print(layer.name, 'output shape:\t', X.shape)

conv0 output shape:      (1, 6, 24, 24)
pool0 output shape:      (1, 6, 12, 12)
conv1 output shape:      (1, 16, 8, 8)
pool1 output shape:      (1, 16, 4, 4)
dense0 output shape:     (1, 120)
dense1 output shape:     (1, 84)
dense2 output shape:     (1, 10)
```

可以看到，在卷积层块中输入的高和宽在逐层减小。卷积层由于使用高和宽均为 5 的卷积核，从而将高和宽分别减小 4，而池化层则将高和宽减半，但通道数则从 1 增加到 16。全连接层则逐层减少输出个数，直到变成图像的类别数 10。

5.5.2 训练模型

下面我们来实验 LeNet 模型。实验中，我们仍然使用 Fashion-MNIST 作为训练数据集。

```
In [3]: batch_size = 256
        train_iter, test_iter = d2l.load_data_fashion_mnist(batch_size=batch_size)
```

因为卷积神经网络计算比多层感知机要复杂，建议使用 GPU 来加速计算。我们尝试在 gpu(0) 上创建 NDArray，如果成功则使用 gpu(0)，否则仍然使用 CPU。

```
In [4]: def try_gpu():  # 本函数已保存在d2lzh包中方便以后使用
            try:
                ctx = mx.gpu()
                _ = nd.zeros((1,), ctx=ctx)
            except mx.base.MXNetError:
                ctx = mx.cpu()
            return ctx

        ctx = try_gpu()
        ctx

Out[4]: gpu(0)
```

相应地，我们对 3.6 节中描述的 evaluate_accuracy 函数略作修改。由于数据刚开始存在 CPU 使用的内存上，当 ctx 变量代表 GPU 及相应的显存时，我们通过 4.6 节中介绍的 as_in_context 函数将数据复制到显存上，例如 gpu(0)。

```
In [5]: # 本函数已保存在d2lzh包中方便以后使用。该函数将被逐步改进：它的完整实现将在9.1节中描述
        def evaluate_accuracy(data_iter, net, ctx):
            acc_sum, n = nd.array([0], ctx=ctx), 0
            for X, y in data_iter:
                # 如果ctx代表GPU及相应的显存，将数据复制到显存上
                X, y = X.as_in_context(ctx), y.as_in_context(ctx).astype('float32')
                acc_sum += (net(X).argmax(axis=1) == y).sum()
                n += y.size
            return acc_sum.asscalar() / n
```

我们同样对 3.6 节中定义的 train_ch3 函数略作修改，确保计算使用的数据和模型同在内存或显存上。

```
In [6]: # 本函数已保存在d2lzh包中方便以后使用
        def train_ch5(net, train_iter, test_iter, batch_size, trainer, ctx,
                      num_epochs):
            print('training on', ctx)
            loss = gloss.SoftmaxCrossEntropyLoss()
            for epoch in range(num_epochs):
                train_l_sum, train_acc_sum, n, start = 0.0, 0.0, 0, time.time()
                for X, y in train_iter:
                    X, y = X.as_in_context(ctx), y.as_in_context(ctx)
                    with autograd.record():
                        y_hat = net(X)
                        l = loss(y_hat, y).sum()
                    l.backward()
                    trainer.step(batch_size)
                    y = y.astype('float32')
                    train_l_sum += l.asscalar()
                    train_acc_sum += (y_hat.argmax(axis=1) == y).sum().asscalar()
```

```
            n += y.size
        test_acc = evaluate_accuracy(test_iter, net, ctx)
        print('epoch %d, loss %.4f, train acc %.3f, test acc %.3f, '
              'time %.1f sec'
              % (epoch + 1, train_l_sum / n, train_acc_sum / n, test_acc,
                 time.time() - start))
```

我们重新将模型参数初始化到设备变量 ctx 之上，并使用 Xavier 随机初始化。损失函数和训练算法则依然使用交叉熵损失函数和小批量随机梯度下降。

```
In [7]: lr, num_epochs = 0.9, 5
        net.initialize(force_reinit=True, ctx=ctx, init=init.Xavier())
        trainer = gluon.Trainer(net.collect_params(), 'sgd', {'learning_rate': lr})
        train_ch5(net, train_iter, test_iter, batch_size, trainer, ctx, num_epochs)

training on gpu(0)
epoch 1, loss 2.3205, train acc 0.100, test acc 0.174, time 1.9 sec
epoch 2, loss 2.0349, train acc 0.215, test acc 0.505, time 1.7 sec
epoch 3, loss 0.9928, train acc 0.605, test acc 0.689, time 1.7 sec
epoch 4, loss 0.7733, train acc 0.700, test acc 0.731, time 1.7 sec
epoch 5, loss 0.6794, train acc 0.731, test acc 0.755, time 1.7 sec
```

小结

- 卷积神经网络就是含卷积层的网络。
- LeNet 交替使用卷积层和最大池化层后接全连接层来进行图像分类。

练习

尝试基于 LeNet 构造更复杂的网络来提高分类准确率。例如，调整卷积窗口大小、输出通道数、激活函数和全连接层输出个数。在优化方面，可以尝试使用不同的学习率、初始化方法以及增加迭代周期。

5.6 深度卷积神经网络（AlexNet）

扫码直达讨论区

在 LeNet 提出后的将近 20 年里，神经网络一度被其他机器学习方法超越，如支持向量机。虽然 LeNet 可以在早期的小数据集上取得好的成绩，但是在更大的真实数据集上的表现并不尽如人意。一方面，神经网络计算复杂。虽然 20 世纪 90 年代也有过一些针对神经网络的加速硬件，但并没有像之后 GPU 那样大量普及。因此，训练一个多通道、多层和有大量参数的卷积神经网络在当年很难完成。另一方面，当年研究者还没有大量深入研究参数初始化和非凸优化算法等诸多领域，导致复杂的神经网络的训练通常较困难。

我们在上一节看到，神经网络可以直接基于图像的原始像素进行分类。这种称为端到端（end-to-end）的方法节省了很多中间步骤。然而，在很长一段时间里更流行的是研究者通过勤劳与智慧设计并生成的手工特征。这类图像分类研究的主要流程是：

（1）获取图像数据集；

（2）使用已有的特征提取函数生成图像的特征；

（3）使用机器学习模型对图像的特征分类。

当时认为的机器学习部分仅限最后这一步。如果那时候跟机器学习研究者交谈，他们会认为机器学习既重要又优美。优雅的定理证明了许多分类器的性质。机器学习领域生机勃勃、严谨而且极其有用。然而，如果跟计算机视觉研究者交谈，则是另外一幅景象。他们会告诉你图像识别里“不可告人”的现实是：计算机视觉流程中真正重要的是数据和特征。也就是说，使用较干净的数据集和较有效的特征甚至比机器学习模型的选择对图像分类结果的影响更大。

5.6.1 学习特征表示

既然特征如此重要，它该如何表示呢？

我们已经提到，在相当长的时间里，特征都是基于各式各样手工设计的函数从数据中提取的。事实上，不少研究者通过提出新的特征提取函数不断改进图像分类结果。这一度为计算机视觉的发展做出了重要贡献。

然而，另一些研究者则持异议。他们认为特征本身也应该由学习得来。他们还相信，为了表征足够复杂的输入，特征本身应该分级表示。持这一想法的研究者相信，多层神经网络可能可以学得数据的多级表征，并逐级表示越来越抽象的概念或模式。以图像分类为例，并回忆5.1节中物体边缘检测的例子。在多层神经网络中，图像的第一级的表示可以是在特定的位置和角度是否出现边缘；而第二级的表示说不定能够将这些边缘组合出有趣的模式，如花纹；在第三级的表示中，也许上一级的花纹能进一步汇合成对应物体特定部位的模式。这样逐级表示下去，最终，模型能够较容易根据最后一级的表示完成分类任务。需要强调的是，输入的逐级表示由多层模型中的参数决定，而这些参数都是学出来的。

尽管一直有一群执着的研究者不断钻研，试图学习视觉数据的逐级表征，然而很长一段时间里这些野心都未能实现。这其中有诸多因素值得我们一一分析。

1. 缺失要素一：数据

包含许多特征的深度模型需要大量的有标签的数据才能表现得比其他经典方法更好。限于早期计算机有限的存储和20世纪90年代有限的研究预算，大部分研究只基于小的公开数据集。例如，不少研究论文基于加州大学欧文分校（UCI）提供的若干个公开数据集，其中许多数据集只有几百至几千张图像。这一状况在2010年前后兴起的大数据浪潮中得到改善。特别是，2009年诞生的ImageNet数据集包含了1 000大类物体，每类有多达数千张不同的图像。这一规模是当时其他公开数据集无法与之相提并论的。ImageNet数据集同时推动计算机视觉和机器学习研究进入新的阶段，使此前的传统方法不再有优势。

2. 缺失要素二：硬件

深度学习对计算资源要求很高。早期的硬件计算能力有限，这使训练较复杂的神经网络变得很困难。然而，通用 GPU 的到来改变了这一格局。很久以来，GPU 都是为图像处理和计算机游戏设计的，尤其是针对大吞吐量的矩阵和向量乘法，从而服务于基本的图形变换。值得庆幸的是，这其中的数学表达与深度网络中的卷积层的表达类似。通用 GPU 这个概念在 2001 年开始兴起，涌现出诸如 OpenCL 和 CUDA 之类的编程框架。这使得 GPU 也在 2010 年前后开始被机器学习社区使用。

5.6.2 AlexNet

2012 年 AlexNet 横空出世。这个模型的名字来源于论文第一作者的姓名 Alex Krizhevsky[30]。AlexNet 使用了 8 层卷积神经网络，并以很大的优势赢得了 ImageNet 2012 图像识别挑战赛。它首次证明了学习到的特征可以超越手工设计的特征，从而一举打破计算机视觉研究的前状。

AlexNet 与 LeNet 的设计理念非常相似，但也有显著的区别。

第一，与相对较小的 LeNet 相比，AlexNet 包含 8 层变换，其中有 5 层卷积和 2 层全连接隐藏层，以及 1 个全连接输出层。下面我们来详细描述这些层的设计。

AlexNet 第一层中的卷积窗口形状是 11×11。因为 ImageNet 中绝大多数图像的高和宽均比 MNIST 图像的高和宽大 10 倍以上，ImageNet 图像的物体占用更多的像素，所以需要更大的卷积窗口来捕获物体。第二层中的卷积窗口形状减小到 5×5，之后全采用 3×3。此外，第一、第二和第五个卷积层之后都使用了窗口形状为 3×3、步幅为 2 的最大池化层。而且，AlexNet 使用的卷积通道数也数十倍于 LeNet 中的卷积通道数。

紧接着最后一个卷积层的是两个输出个数为 4 096 的全连接层。这两个巨大的全连接层带来将近 1 GB 的模型参数。由于早期显存的限制，最早的 AlexNet 使用双数据流的设计使一块 GPU 只需要处理一半模型。幸运的是，显存在过去几年得到了长足的发展，因此通常我们不再需要这样的特别设计了。

第二，AlexNet 将 sigmoid 激活函数改成了更加简单的 ReLU 激活函数。一方面，ReLU 激活函数的计算更简单，例如它并没有 sigmoid 激活函数中的求幂运算。另一方面，ReLU 激活函数在不同的参数初始化方法下使模型更容易训练。这是由于当 sigmoid 激活函数输出极接近 0 或 1 时，这些区域的梯度几乎为 0，从而造成反向传播无法继续更新部分模型参数；而 ReLU 激活函数在正区间的梯度恒为 1。因此，若模型参数初始化不当，sigmoid 函数可能在正区间得到几乎为 0 的梯度，从而令模型无法得到有效训练。

第三，AlexNet 通过丢弃法（参见 3.13 节）来控制全连接层的模型复杂度。而 LeNet 并没有使用丢弃法。

第四，AlexNet 引入了大量的图像增广，如翻转、裁剪和颜色变化，从而进一步扩大数据集来缓解过拟合。我们将在后面的 9.1 节详细介绍这种方法。

下面我们实现稍微简化过的 AlexNet。

```
In [1]: import d2lzh as d2l
        from mxnet import gluon, init, nd
        from mxnet.gluon import data as gdata, nn
        import os
```

```
import sys

net = nn.Sequential()
# 使用较大的11 × 11窗口来捕获物体。同时使用步幅4来较大幅度减小输出高和宽。这里使用的输出通
# 道数比LeNet中的也要大很多
net.add(nn.Conv2D(96, kernel_size=11, strides=4, activation='relu'),
        nn.MaxPool2D(pool_size=3, strides=2),
        # 减小卷积窗口，使用填充为2来使得输入与输出的高和宽一致，且增大输出通道数
        nn.Conv2D(256, kernel_size=5, padding=2, activation='relu'),
        nn.MaxPool2D(pool_size=3, strides=2),
        # 连续3个卷积层，且使用更小的卷积窗口。除了最后的卷积层外，进一步增大了输出通道数。
        # 前两个卷积层后不使用池化层来减小输入的高和宽
        nn.Conv2D(384, kernel_size=3, padding=1, activation='relu'),
        nn.Conv2D(384, kernel_size=3, padding=1, activation='relu'),
        nn.Conv2D(256, kernel_size=3, padding=1, activation='relu'),
        nn.MaxPool2D(pool_size=3, strides=2),
        # 这里全连接层的输出个数比LeNet中的大数倍。使用丢弃层来缓解过拟合
        nn.Dense(4096, activation="relu"), nn.Dropout(0.5),
        nn.Dense(4096, activation="relu"), nn.Dropout(0.5),
        # 输出层。由于这里使用Fashion-MNIST，所以用类别数为10，而非论文中的1000
        nn.Dense(10))
```

我们构造一个高和宽均为224的单通道数据样本来观察每一层的输出形状。

```
In [2]: X = nd.random.uniform(shape=(1, 1, 224, 224))
        net.initialize()
        for layer in net:
            X = layer(X)
            print(layer.name, 'output shape:\t', X.shape)

conv0 output shape:     (1, 96, 54, 54)
pool0 output shape:     (1, 96, 26, 26)
conv1 output shape:     (1, 256, 26, 26)
pool1 output shape:     (1, 256, 12, 12)
conv2 output shape:     (1, 384, 12, 12)
conv3 output shape:     (1, 384, 12, 12)
conv4 output shape:     (1, 256, 12, 12)
pool2 output shape:     (1, 256, 5, 5)
dense0 output shape:    (1, 4096)
dropout0 output shape:  (1, 4096)
dense1 output shape:    (1, 4096)
dropout1 output shape:  (1, 4096)
dense2 output shape:    (1, 10)
```

5.6.3 读取数据集

虽然论文中AlexNet使用ImageNet数据集，但因为ImageNet数据集训练时间较长，我们仍用前面的Fashion-MNIST数据集来演示AlexNet。读取数据的时候我们额外做了一步将图像高和宽扩大到AlexNet使用的图像高和宽——224。这个可以通过`Resize`实例来实现。

也就是说，我们在 ToTensor 实例前使用 Resize 实例，然后使用 Compose 实例来将这两个变换串联以方便调用。

```
In [3]: # 本函数已保存在d2lzh包中方便以后使用
        def load_data_fashion_mnist(batch_size, resize=None, root=os.path.join(
                '~', '.mxnet', 'datasets', 'fashion-mnist')):
            root = os.path.expanduser(root)  # 展开用户路径'~'
            transformer = []
            if resize:
                transformer += [gdata.vision.transforms.Resize(resize)]
            transformer += [gdata.vision.transforms.ToTensor()]
            transformer = gdata.vision.transforms.Compose(transformer)
            mnist_train = gdata.vision.FashionMNIST(root=root, train=True)
            mnist_test = gdata.vision.FashionMNIST(root=root, train=False)
            num_workers = 0 if sys.platform.startswith('win32') else 4
            train_iter = gdata.DataLoader(
                mnist_train.transform_first(transformer), batch_size, shuffle=True,
                num_workers=num_workers)
            test_iter = gdata.DataLoader(
                mnist_test.transform_first(transformer), batch_size, shuffle=False,
                num_workers=num_workers)
            return train_iter, test_iter

        batch_size = 128
        # 如出现“out of memory”的报错信息，可减小batch_size或resize
        train_iter, test_iter = load_data_fashion_mnist(batch_size, resize=224)
```

5.6.4　训练模型

这时候我们可以开始训练 AlexNet 了。相对于 5.5 节的 LeNet，这里的主要改动是使用了更小的学习率。

```
In [4]: lr, num_epochs, ctx = 0.01, 5, d2l.try_gpu()
        net.initialize(force_reinit=True, ctx=ctx, init=init.Xavier())
        trainer = gluon.Trainer(net.collect_params(), 'sgd', {'learning_rate': lr})
        d2l.train_ch5(net, train_iter, test_iter, batch_size, trainer, ctx, num_epochs)

training on gpu(0)
epoch 1, loss 1.3030, train acc 0.510, test acc 0.767, time 18.5 sec
epoch 2, loss 0.6450, train acc 0.759, test acc 0.810, time 17.4 sec
epoch 3, loss 0.5298, train acc 0.803, test acc 0.831, time 17.4 sec
epoch 4, loss 0.4664, train acc 0.828, test acc 0.851, time 17.5 sec
epoch 5, loss 0.4252, train acc 0.845, test acc 0.867, time 17.3 sec
```

小结

- AlexNet 与 LeNet 结构类似，但使用了更多的卷积层和更大的参数空间来拟合大规模数据集 ImageNet。它是浅层神经网络和深度神经网络的分界线。
- 虽然看上去 AlexNet 的实现比 LeNet 的实现也就多了几行代码而已，但这个观念上的转变和真正优秀实验结果的产生令学术界付出了很多年。

练习

（1）尝试增加迭代周期。跟 LeNet 的结果相比，AlexNet 的结果有什么区别？为什么？

（2）AlexNet 对 Fashion-MNIST 数据集来说可能过于复杂。试着简化模型来使训练更快，同时保证准确率不明显下降。

（3）修改批量大小，观察准确率和内存或显存的变化。

5.7 使用重复元素的网络（VGG）

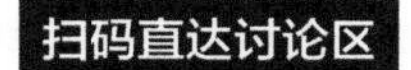

AlexNet 在 LeNet 的基础上增加了 3 个卷积层。但 AlexNet 作者对它们的卷积窗口、输出通道数和构造顺序均做了大量的调整。虽然 AlexNet 指明了深度卷积神经网络可以取得出色的结果，但并没有提供简单的规则以指导后来的研究者如何设计新的网络。我们将在本章的后续几节里介绍几种不同的深度网络设计思路。

本节介绍 VGG，它的名字来源于论文作者所在的实验室 Visual Geometry Group [48]。VGG 提出了可以通过重复使用简单的基础块来构建深度模型的思路。

5.7.1 VGG块

VGG 块的组成规律是：连续使用数个相同的填充为 1、窗口形状为 3×3 的卷积层后接上一个步幅为 2、窗口形状为 2×2 的最大池化层。卷积层保持输入的高和宽不变，而池化层则对其减半。我们使用 vgg_block 函数来实现这个基础的 VGG 块，它可以指定卷积层的数量 num_convs 和输出通道数 num_channels。

```
In [1]: import d2lzh as d2l
        from mxnet import gluon, init, nd
        from mxnet.gluon import nn

        def vgg_block(num_convs, num_channels):
            blk = nn.Sequential()
            for _ in range(num_convs):
                blk.add(nn.Conv2D(num_channels, kernel_size=3,
                                  padding=1, activation='relu'))
            blk.add(nn.MaxPool2D(pool_size=2, strides=2))
            return blk
```

5.7.2 VGG网络

与 AlexNet 和 LeNet 一样，VGG 网络由卷积层模块后接全连接层模块构成。卷积层模块串联数个 vgg_block，其超参数由变量 conv_arch 定义。该变量指定了每个 VGG 块里卷积层个数和输出通道数。全连接模块则与 AlexNet 中的一样。

现在我们构造一个 VGG 网络。它有 5 个卷积块，前 2 块使用单卷积层，而后 3 块使用双卷积层。第一块的输出通道是 64，之后每次对输出通道数翻倍，直到变为 512。因为这个网络使用了 8 个卷积层和 3 个全连接层，所以经常被称为 VGG-11。

```
In [2]: conv_arch = ((1, 64), (1, 128), (2, 256), (2, 512), (2, 512))
```

下面我们实现 VGG-11。

```
In [3]: def vgg(conv_arch):
            net = nn.Sequential()
            # 卷积层部分
            for (num_convs, num_channels) in conv_arch:
                net.add(vgg_block(num_convs, num_channels))
            # 全连接层部分
            net.add(nn.Dense(4096, activation='relu'), nn.Dropout(0.5),
                    nn.Dense(4096, activation='relu'), nn.Dropout(0.5),
                    nn.Dense(10))
            return net

        net = vgg(conv_arch)
```

下面构造一个高和宽均为 224 的单通道数据样本来观察每一层的输出形状。

```
In [4]: net.initialize()
        X = nd.random.uniform(shape=(1, 1, 224, 224))
        for blk in net:
            X = blk(X)
            print(blk.name, 'output shape:\t', X.shape)

sequential1 output shape:        (1, 64, 112, 112)
sequential2 output shape:        (1, 128, 56, 56)
sequential3 output shape:        (1, 256, 28, 28)
sequential4 output shape:        (1, 512, 14, 14)
sequential5 output shape:        (1, 512, 7, 7)
dense0 output shape:     (1, 4096)
dropout0 output shape:   (1, 4096)
dense1 output shape:     (1, 4096)
dropout1 output shape:   (1, 4096)
dense2 output shape:     (1, 10)
```

可以看到，每次我们将输入的高和宽减半，直到最终高和宽变成 7 后传入全连接层。与此同时，输出通道数每次翻倍，直到变成 512。因为每个卷积层的窗口大小一样，所以每层的模型参数尺寸和计算复杂度与输入高、输入宽、输入通道数和输出通道数的乘积成正比。VGG 这种高和宽减半以及通道翻倍的设计使多数卷积层都有相同的模型参数尺寸和计算复杂度。

5.7.3 训练模型

因为 VGG-11 计算上比 AlexNet 更加复杂，出于测试的目的我们构造一个通道数更小，或者说更窄的网络在 Fashion-MNIST 数据集上进行训练。

```
In [5]: ratio = 4
        small_conv_arch = [(pair[0], pair[1] // ratio) for pair in conv_arch]
        net = vgg(small_conv_arch)
```

除了使用了稍大些的学习率，模型训练过程与 5.6 节的 AlexNet 中的类似。

```
In [6]: lr, num_epochs, batch_size, ctx = 0.05, 5, 128, d2l.try_gpu()
        net.initialize(ctx=ctx, init=init.Xavier())
        trainer = gluon.Trainer(net.collect_params(), 'sgd', {'learning_rate': lr})
        train_iter, test_iter = d2l.load_data_fashion_mnist(batch_size, resize=224)
        d2l.train_ch5(net, train_iter, test_iter, batch_size, trainer, ctx,
                      num_epochs)

training on gpu(0)
epoch 1, loss 0.9239, train acc 0.665, test acc 0.853, time 38.7 sec
epoch 2, loss 0.4129, train acc 0.850, test acc 0.879, time 37.0 sec
epoch 3, loss 0.3373, train acc 0.877, test acc 0.899, time 37.0 sec
epoch 4, loss 0.2937, train acc 0.892, test acc 0.906, time 37.0 sec
epoch 5, loss 0.2640, train acc 0.903, test acc 0.912, time 37.0 sec
```

小结

- VGG-11 通过 5 个可以重复使用的卷积块来构造网络。根据每块里卷积层个数和输出通道数的不同可以定义出不同的 VGG 模型。

练习

（1）与 AlexNet 相比，VGG 通常计算慢很多，也需要更多的内存或显存。试分析原因。

（2）尝试将 Fashion-MNIST 中图像的高和宽由 224 改为 96。这在实验中有哪些影响？

（3）参考 VGG 论文里的表 1 来构造 VGG 其他常用模型，如 VGG-16 和 VGG-19 [48]。

5.8 网络中的网络（NiN）

扫码直达讨论区

5.5 节至 5.7 节介绍的 LeNet、AlexNet 和 VGG 在设计上的共同之处是：先以由卷积层构成的模块充分抽取空间特征，再以由全连接层构成的模块来输出分类结果。其中，AlexNet 和 VGG 对 LeNet 的改进主要在于如何对这两个模块加宽（增加通道数）和加深。本节我们介绍网络中的网络（NiN）[33]。它提出了另外一个思路，即串联多个由卷积层和“全连接”层构成的小网络来构建一个深层网络。

5.8.1 NiN块

我们知道，卷积层的输入和输出通常是四维数组（样本，通道，高，宽），而全连接层的输入和输出则通常是二维数组（样本，特征）。如果想在全连接层后再接上卷积层，则需要将全连接层的输出变换为四维。回忆在 5.3 节里介绍的 1×1 卷积层。它可以看成全连接层，其中空间维度（高和宽）上的每个元素相当于样本，通道相当于特征。因此，NiN 使用 1×1 卷积层来替代全连接层，从而使空间信息能够自然传递到后面的层中去。图 5-7 对比了 NiN 同 AlexNet 和 VGG 等网络在结构上的主要区别。

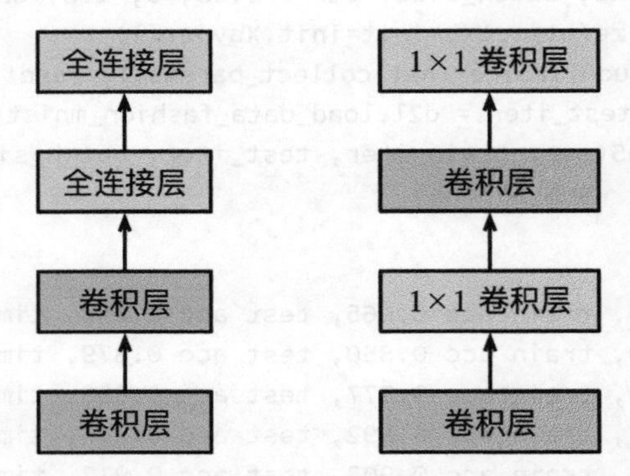

图 5-7　左图是 AlexNet 和 VGG 的网络结构局部，右图是 NiN 的网络结构局部

NiN 块是 NiN 中的基础块。它由一个卷积层加两个充当全连接层的 1×1 卷积层串联而成。其中第一个卷积层的超参数可以自行设置，而第二和第三个卷积层的超参数一般是固定的。

```
In [1]: import d2lzh as d2l
        from mxnet import gluon, init, nd
        from mxnet.gluon import nn

        def nin_block(num_channels, kernel_size, strides, padding):
            blk = nn.Sequential()
            blk.add(nn.Conv2D(num_channels, kernel_size,
                              strides, padding, activation='relu'),
                    nn.Conv2D(num_channels, kernel_size=1, activation='relu'),
                    nn.Conv2D(num_channels, kernel_size=1, activation='relu'))
            return blk
```

5.8.2 NiN模型

NiN 是在 AlexNet 问世不久后提出的。它们的卷积层设定有类似之处。NiN 使用卷积窗口形状分别为 11×11、5×5 和 3×3 的卷积层，相应的输出通道数也与 AlexNet 中的一致。每个 NiN 块后接一个步幅为 2、窗口形状为 3×3 的最大池化层。

除使用 NiN 块以外，NiN 还有一个设计与 AlexNet 显著不同：NiN 去掉了 AlexNet 最后的 3 个全连接层，取而代之地，NiN 使用了输出通道数等于标签类别数的 NiN 块，然后使用全局平均池化层对每个通道中所有元素求平均并直接用于分类。这里的全局平均池化层即窗口形状等于输入空间维形状的平均池化层。NiN 的这个设计的好处是可以显著减小模型参数尺寸，从而缓解过拟合。然而，该设计有时会造成获得有效模型的训练时间的增加。

```
In [2]: net = nn.Sequential()
        net.add(nin_block(96, kernel_size=11, strides=4, padding=0),
```

```
                nn.MaxPool2D(pool_size=3, strides=2),
                nin_block(256, kernel_size=5, strides=1, padding=2),
                nn.MaxPool2D(pool_size=3, strides=2),
                nin_block(384, kernel_size=3, strides=1, padding=1),
                nn.MaxPool2D(pool_size=3, strides=2), nn.Dropout(0.5),
                # 标签类别数是10
                nin_block(10, kernel_size=3, strides=1, padding=1),
                # 全局平均池化层将窗口形状自动设置成输入的高和宽
                nn.GlobalAvgPool2D(),
                # 将四维的输出转成二维的输出，其形状为(批量大小, 10)
                nn.Flatten())
```

我们构建一个数据样本来查看每一层的输出形状。

```
In [3]: X = nd.random.uniform(shape=(1, 1, 224, 224))
        net.initialize()
        for layer in net:
            X = layer(X)
            print(layer.name, 'output shape:\t', X.shape)

sequential1 output shape:        (1, 96, 54, 54)
pool0 output shape:      (1, 96, 26, 26)
sequential2 output shape:        (1, 256, 26, 26)
pool1 output shape:      (1, 256, 12, 12)
sequential3 output shape:        (1, 384, 12, 12)
pool2 output shape:      (1, 384, 5, 5)
dropout0 output shape:   (1, 384, 5, 5)
sequential4 output shape:        (1, 10, 5, 5)
pool3 output shape:      (1, 10, 1, 1)
flatten0 output shape:   (1, 10)
```

5.8.3 训练模型

我们依然使用 Fashion-MNIST 数据集来训练模型。NiN 的训练与 AlexNet 和 VGG 的类似，但这里使用的学习率更大。

```
In [4]: lr, num_epochs, batch_size, ctx = 0.1, 5, 128, d2l.try_gpu()
        net.initialize(force_reinit=True, ctx=ctx, init=init.Xavier())
        trainer = gluon.Trainer(net.collect_params(), 'sgd', {'learning_rate': lr})
        train_iter, test_iter = d2l.load_data_fashion_mnist(batch_size, resize=224)
        d2l.train_ch5(net, train_iter, test_iter, batch_size, trainer, ctx,
                      num_epochs)

training on gpu(0)
epoch 1, loss 2.2635, train acc 0.153, test acc 0.147, time 24.6 sec
epoch 2, loss 1.3903, train acc 0.499, test acc 0.699, time 23.5 sec
epoch 3, loss 0.8132, train acc 0.707, test acc 0.737, time 23.4 sec
epoch 4, loss 0.6420, train acc 0.765, test acc 0.798, time 23.5 sec
epoch 5, loss 0.5659, train acc 0.795, test acc 0.817, time 23.4 sec
```

小结

- NiN 重复使用由卷积层和代替全连接层的 1×1 卷积层构成的 NiN 块来构建深层网络。
- NiN 去除了容易造成过拟合的全连接输出层，而是将其替换成输出通道数等于标签类别数的 NiN 块和全局平均池化层。
- NiN 的以上设计思想影响了后面一系列卷积神经网络的设计。

练习

（1）调节超参数，提高分类准确率。

（2）为什么 NiN 块里要有两个 1×1 卷积层？去除其中的一个，观察并分析实验现象。

5.9 含并行连结的网络（GoogLeNet）

扫码直达讨论区

在 2014 年的 ImageNet 图像识别挑战赛中，一个名叫 GoogLeNet 的网络结构大放异彩 [54]。它虽然在名字上向 LeNet 致敬，但在网络结构上已经很难看到 LeNet 的影子。GoogLeNet 吸收了 NiN 中网络串联网络的思想，并在此基础上做了很大改进。在随后的几年里，研究人员对 GoogLeNet 进行了数次改进，本节将介绍这个模型系列的第一个版本。

5.9.1 Inception块

GoogLeNet 中的基础卷积块叫作 Inception 块，得名于同名电影《盗梦空间》（Inception）。与上一节介绍的 NiN 块相比，这个基础块在结构上更加复杂，如图 5-8 所示。

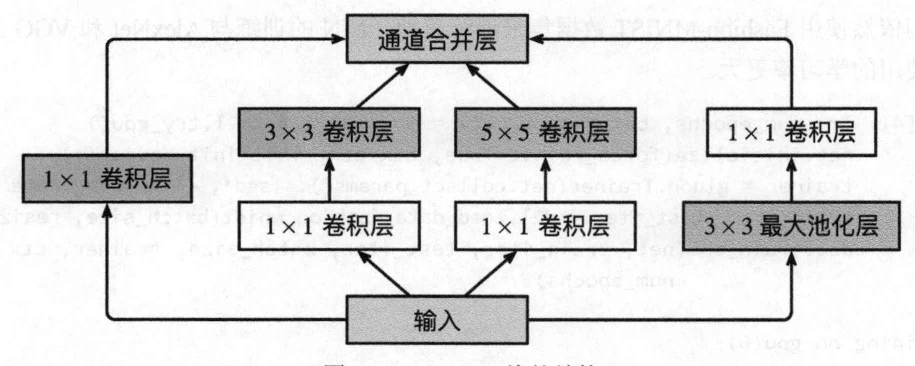

图 5-8　Inception 块的结构

由图 5-8 可以看出，Inception 块里有 4 条并行的线路。前 3 条线路使用窗口大小分别是 1×1、3×3 和 5×5 的卷积层来抽取不同空间尺寸下的信息，其中中间 2 个线路会对输入先做 1×1 卷积来减少输入通道数，以降低模型复杂度。第四条线路则使用 3×3 最大池化层，后接 1×1 卷积层来改变通道数。4 条线路都使用了合适的填充来使输入与输出的高和宽一致。最后我们将每条线路的输出在通道维上连结，并输入接下来的层中去。

Inception 块中可以自定义的超参数是每个层的输出通道数，我们以此来控制模型复杂度。

```
In [1]: import d2lzh as d2l
        from mxnet import gluon, init, nd
        from mxnet.gluon import nn

        class Inception(nn.Block):
            # c1 - c4为每条线路里的层的输出通道数
            def __init__(self, c1, c2, c3, c4, **kwargs):
                super(Inception, self).__init__(**kwargs)
                # 线路1，单1 x 1卷积层
                self.p1_1 = nn.Conv2D(c1, kernel_size=1, activation='relu')
                # 线路2，1 x 1卷积层后接3 x 3卷积层
                self.p2_1 = nn.Conv2D(c2[0], kernel_size=1, activation='relu')
                self.p2_2 = nn.Conv2D(c2[1], kernel_size=3, padding=1,
                                      activation='relu')
                # 线路3，1 x 1卷积层后接5 x 5卷积层
                self.p3_1 = nn.Conv2D(c3[0], kernel_size=1, activation='relu')
                self.p3_2 = nn.Conv2D(c3[1], kernel_size=5, padding=2,
                                      activation='relu')
                # 线路4，3 x 3最大池化层后接1 x 1卷积层
                self.p4_1 = nn.MaxPool2D(pool_size=3, strides=1, padding=1)
                self.p4_2 = nn.Conv2D(c4, kernel_size=1, activation='relu')

            def forward(self, x):
                p1 = self.p1_1(x)
                p2 = self.p2_2(self.p2_1(x))
                p3 = self.p3_2(self.p3_1(x))
                p4 = self.p4_2(self.p4_1(x))
                return nd.concat(p1, p2, p3, p4, dim=1)  # 在通道维上连结输出
```

5.9.2 GoogLeNet模型

GoogLeNet 跟 VGG 一样，在主体卷积部分中使用 5 个模块（block），每个模块之间使用步幅为 2 的 3×3 最大池化层来减小输出高宽。第一模块使用一个 64 通道的 7×7 卷积层。

```
In [2]: b1 = nn.Sequential()
        b1.add(nn.Conv2D(64, kernel_size=7, strides=2, padding=3, activation='relu'),
               nn.MaxPool2D(pool_size=3, strides=2, padding=1))
```

第二模块使用 2 个卷积层：首先是 64 通道的 1×1 卷积层，然后是将通道增大 3 倍的 3×3 卷积层。它对应 Inception 块中的第二条线路。

```
In [3]: b2 = nn.Sequential()
        b2.add(nn.Conv2D(64, kernel_size=1, activation='relu'),
               nn.Conv2D(192, kernel_size=3, padding=1, activation='relu'),
               nn.MaxPool2D(pool_size=3, strides=2, padding=1))
```

第三模块串联 2 个完整的 Inception 块。第一个 Inception 块的输出通道数为 64 + 128 + 32 + 32 = 256，其中 4 条线路的输出通道数比例为 64 : 128 : 32 : 32 = 2 : 4 : 1 : 1。其中第二、第三条线路先分别将输入通道数减小至 96/192 = 1/2 和 16/192 = 1/12 后，再接上第二层卷积层。第二个 Inception 块输出通道数增至 128 + 192 + 96 + 64 = 480，每条线路的输出通道数之比为 128 : 192 : 96 : 64 = 4 : 6 : 3 : 2。其中第二、第三条线路先分别将输入通道数减小至 128/256 = 1/2 和 32/256 = 1/8。

```
In [4]: b3 = nn.Sequential()
        b3.add(Inception(64, (96, 128), (16, 32), 32),
               Inception(128, (128, 192), (32, 96), 64),
               nn.MaxPool2D(pool_size=3, strides=2, padding=1))
```

第四模块更加复杂。它串联了 5 个 Inception 块，其输出通道数分别是 192 + 208 + 48 + 64 = 512、160 + 224 + 64 + 64 = 512、128 + 256 + 64 + 64 = 512、112 + 288 + 64 + 64 = 528 和 256 + 320 + 128 + 128 = 832。这些线路的通道数分配和第三模块中的类似，首先是含 3 × 3 卷积层的第二条线路输出最多通道，其次是仅含 1 × 1 卷积层的第一条线路，之后是含 5 × 5 卷积层的第三条线路和含 3 × 3 最大池化层的第四条线路。其中第二、第三条线路都会先按比例减小通道数。这些比例在各个 Inception 块中都略有不同。

```
In [5]: b4 = nn.Sequential()
        b4.add(Inception(192, (96, 208), (16, 48), 64),
               Inception(160, (112, 224), (24, 64), 64),
               Inception(128, (128, 256), (24, 64), 64),
               Inception(112, (144, 288), (32, 64), 64),
               Inception(256, (160, 320), (32, 128), 128),
               nn.MaxPool2D(pool_size=3, strides=2, padding=1))
```

第五模块有输出通道数为 256 + 320 + 128 + 128 = 832 和 384 + 384 + 128 + 128 = 1024 的两个 Inception 块。其中每条线路的通道数的分配思路和第三、第四模块中的一致，只是在具体数值上有所不同。需要注意的是，第五模块的后面紧跟输出层，该模块同 NiN 一样使用全局平均池化层来将每个通道的高和宽变成 1。最后我们将输出变成二维数组后接上一个输出个数为标签类别数的全连接层。

```
In [6]: b5 = nn.Sequential()
        b5.add(Inception(256, (160, 320), (32, 128), 128),
               Inception(384, (192, 384), (48, 128), 128),
               nn.GlobalAvgPool2D())

        net = nn.Sequential()
        net.add(b1, b2, b3, b4, b5, nn.Dense(10))
```

GoogLeNet 模型的计算复杂，而且不如 VGG 那样便于修改通道数。本节里我们将输入的高和宽从 224 降到 96 来简化计算。下面演示各个模块之间的输出的形状变化。

```
In [7]: X = nd.random.uniform(shape=(1, 1, 96, 96))
        net.initialize()
        for layer in net:
            X = layer(X)
```

```
            print(layer.name, 'output shape:\t', X.shape)

sequential0 output shape:        (1, 64, 24, 24)
sequential1 output shape:        (1, 192, 12, 12)
sequential2 output shape:        (1, 480, 6, 6)
sequential3 output shape:        (1, 832, 3, 3)
sequential4 output shape:        (1, 1024, 1, 1)
dense0 output shape:     (1, 10)
```

5.9.3 训练模型

我们使用高和宽均为 96 像素的图像来训练 GoogLeNet 模型。训练使用的图像依然来自 Fashion-MNIST 数据集。

```
In [8]: lr, num_epochs, batch_size, ctx = 0.1, 5, 128, d2l.try_gpu()
        net.initialize(force_reinit=True, ctx=ctx, init=init.Xavier())
        trainer = gluon.Trainer(net.collect_params(), 'sgd', {'learning_rate': lr})
        train_iter, test_iter = d2l.load_data_fashion_mnist(batch_size, resize=96)
        d2l.train_ch5(net, train_iter, test_iter, batch_size, trainer, ctx,
                      num_epochs)

training on gpu(0)
epoch 1, loss 1.7187, train acc 0.357, test acc 0.727, time 27.1 sec
epoch 2, loss 0.5887, train acc 0.780, test acc 0.830, time 23.8 sec
epoch 3, loss 0.4362, train acc 0.835, test acc 0.862, time 23.5 sec
epoch 4, loss 0.3698, train acc 0.860, test acc 0.868, time 23.5 sec
epoch 5, loss 0.3336, train acc 0.874, test acc 0.885, time 23.7 sec
```

小结

- Inception 块相当于一个有 4 条线路的子网络。它通过不同窗口形状的卷积层和最大池化层来并行抽取信息，并使用 1×1 卷积层减少通道数从而降低模型复杂度。
- GoogLeNet 将多个设计精细的 Inception 块和其他层串联起来。其中 Inception 块的通道数分配之比是在 ImageNet 数据集上通过大量的实验得来的。
- GoogLeNet 和它的后继者们一度是 ImageNet 上最高效的模型之一：在类似的测试精度下，它们的计算复杂度往往更低。

练习

（1）GoogLeNet 有数个后续版本。尝试实现并运行它们，然后观察实验结果。这些后续版本包括加入批量归一化层（5.10 节将介绍）[25]、对 Inception 块做调整 [55] 和加入残差连接（5.11 节将介绍）[53]。

（2）对比 AlexNet、VGG 和 NiN、GoogLeNet 的模型参数尺寸。为什么后两个网络可以显著减小模型参数尺寸？

5.10　批量归一化

扫码直达讨论区

本节我们介绍批量归一化（batch normalization）层，它能让较深的神经网络的训练变得更加容易[25]。在 3.16 节里，我们对输入数据做了标准化处理：处理后的任意一个特征在数据集中所有样本上的均值为 0、标准差为 1。标准化处理输入数据使各个特征的分布相近：这往往更容易训练出有效的模型。

通常来说，数据标准化预处理对于浅层模型就足够有效了。随着模型训练的进行，当每层中参数更新时，靠近输出层的输出较难出现剧烈变化。但对深层神经网络来说，即使输入数据已做标准化，训练中模型参数的更新依然很容易造成靠近输出层输出的剧烈变化。这种计算数值的不稳定性通常令我们难以训练出有效的深度模型。

批量归一化的提出正是为了应对深度模型训练的挑战。在模型训练时，批量归一化利用小批量上的均值和标准差，不断调整神经网络中间输出，从而使整个神经网络在各层的中间输出的数值更稳定。批量归一化和 5.11 节将要介绍的残差网络为训练和设计深度模型提供了两类重要思路。

5.10.1　批量归一化层

对全连接层和卷积层做批量归一化的方法稍有不同。下面我们将分别介绍这两种情况下的批量归一化。

1. 对全连接层做批量归一化

我们先考虑如何对全连接层做批量归一化。通常，我们将批量归一化层置于全连接层中的仿射变换和激活函数之间。设全连接层的输入为 $\boldsymbol{u}$，权重参数和偏差参数分别为 $\boldsymbol{W}$ 和 $\boldsymbol{b}$，激活函数为 ϕ。设批量归一化的运算符为 BN。那么，使用批量归一化的全连接层的输出为

$$\phi(\text{BN}(\boldsymbol{x}))$$

其中批量归一化输入 $\boldsymbol{x}$ 由仿射变换

$$\boldsymbol{x} = \boldsymbol{W}\boldsymbol{u} + \boldsymbol{b}$$

得到。考虑一个由 m 个样本组成的小批量，仿射变换的输出为一个新的小批量 $\mathcal{B} = \{\boldsymbol{x}^{(1)}, \cdots, \boldsymbol{x}^{(m)}\}$。它们正是批量归一化层的输入。对于小批量 $\mathcal{B}$ 中任意样本 $\boldsymbol{x}^{(i)} \in \mathbb{R}^d, 1 \leqslant i \leqslant m$，批量归一化层的输出同样是 d 维向量

$$\boldsymbol{y}^{(i)} = \text{BN}(\boldsymbol{x}^{(i)})$$

并由以下几步求得。首先，对小批量 $\mathcal{B}$ 求均值和方差：

$$\boldsymbol{\mu}_\mathcal{B} \leftarrow \frac{1}{m}\sum_{i=1}^{m} \boldsymbol{x}^{(i)}$$

$$\boldsymbol{\sigma}_\mathcal{B}^2 \leftarrow \frac{1}{m}\sum_{i=1}^{m} (\boldsymbol{x}^{(i)} - \boldsymbol{\mu}_\mathcal{B})^2$$

其中的平方计算是按元素求平方。接下来，使用按元素开方和按元素除法对 $\boldsymbol{x}^{(i)}$ 标准化：

$$\hat{\boldsymbol{x}}^{(i)} \leftarrow \frac{\boldsymbol{x}^{(i)} - \boldsymbol{\mu}_\mathcal{B}}{\sqrt{\boldsymbol{\sigma}_\mathcal{B}^2 + \epsilon}}$$

这里 $\epsilon > 0$ 是一个很小的常数，保证分母大于 0。在上面标准化的基础上，批量归一化层引入了两个可以学习的模型参数，拉伸（scale）参数 $\boldsymbol{\gamma}$ 和偏移（shift）参数 $\boldsymbol{\beta}$。这两个参数和 $\boldsymbol{x}^{(i)}$ 形状相同，皆为 d 维向量。它们与 $\hat{\boldsymbol{x}}^{(i)}$ 分别做按元素乘法（符号 $\odot$）和加法计算：

$$\boldsymbol{y}^{(i)} \leftarrow \boldsymbol{\gamma} \odot \hat{\boldsymbol{x}}^{(i)} + \boldsymbol{\beta}$$

至此，我们得到了 $\boldsymbol{x}^{(i)}$ 的批量归一化的输出 $\boldsymbol{y}^{(i)}$。值得注意的是，可学习的拉伸和偏移参数保留了不对 $\boldsymbol{x}^{(i)}$ 做批量归一化的可能：此时只需学出 $\boldsymbol{\gamma} = \sqrt{\boldsymbol{\sigma}_\mathcal{B}^2 + \epsilon}$ 和 $\boldsymbol{\beta} = \boldsymbol{\mu}_\mathcal{B}$。我们可以对此这样理解：如果批量归一化无益，理论上讲，学出的模型可以不使用批量归一化。

2. 对卷积层做批量归一化

对卷积层来说，批量归一化发生在卷积计算之后、应用激活函数之前。如果卷积计算输出多个通道，我们需要对这些通道的输出分别做批量归一化，且每个通道都拥有独立的拉伸和偏移参数，并均为标量。设小批量中有 m 个样本。在单个通道上，假设卷积计算输出的高和宽分别为 p 和 q。我们需要对该通道中 $m \times p \times q$ 个元素同时做批量归一化。对这些元素做标准化计算时，我们使用相同的均值和方差，即该通道中 $m \times p \times q$ 个元素的均值和方差。

3. 预测时的批量归一化

使用批量归一化训练时，我们可以将批量大小设得大一点，从而使批量内样本的均值和方差的计算都较为准确。将训练好的模型用于预测时，我们希望模型对于任意输入都有确定的输出。因此，单个样本的输出不应取决于批量归一化所需要的随机小批量中的均值和方差。一种常用的方法是通过移动平均估算整个训练数据集的样本均值和方差，并在预测时使用它们得到确定的输出。可见，和丢弃层一样，批量归一化层在训练模式和预测模式下的计算结果也是不一样的。

5.10.2 从零开始实现

下面我们通过 NDArray 来实现批量归一化层。

```
In [1]: import d2lzh as d2l
        from mxnet import autograd, gluon, init, nd
        from mxnet.gluon import nn

        def batch_norm(X, gamma, beta, moving_mean, moving_var, eps, momentum):
            # 通过autograd来判断当前模式是训练模式还是预测模式
            if not autograd.is_training():
                # 如果是在预测模式下，直接使用传入的移动平均所得的均值和方差
                X_hat = (X - moving_mean) / nd.sqrt(moving_var + eps)
            else:
                assert len(X.shape) in (2, 4)
```

```
        if len(X.shape) == 2:
            # 使用全连接层的情况，计算特征维上的均值和方差
            mean = X.mean(axis=0)
            var = ((X - mean) ** 2).mean(axis=0)
        else:
            # 使用二维卷积层的情况，计算通道维上（axis=1）的均值和方差。这里我们需要保持
            # X的形状以便后面可以做广播运算
            mean = X.mean(axis=(0, 2, 3), keepdims=True)
            var = ((X - mean) ** 2).mean(axis=(0, 2, 3), keepdims=True)
        # 训练模式下用当前的均值和方差做标准化
        X_hat = (X - mean) / nd.sqrt(var + eps)
        # 更新移动平均的均值和方差
        moving_mean = momentum * moving_mean + (1.0 - momentum) * mean
        moving_var = momentum * moving_var + (1.0 - momentum) * var
    Y = gamma * X_hat + beta  # 拉伸和偏移
    return Y, moving_mean, moving_var
```

接下来，我们自定义一个 BatchNorm 层。它保存参与求梯度和迭代的拉伸参数 gamma 和偏移参数 beta，同时也维护移动平均得到的均值和方差，以便能够在模型预测时被使用。BatchNorm 实例所需指定的 num_features 参数对于全连接层来说应为输出个数，对于卷积层来说则为输出通道数。该实例所需指定的 num_dims 参数对于全连接层和卷积层来说分别为 2 和 4。

```
In [2]: class BatchNorm(nn.Block):
            def __init__(self, num_features, num_dims, **kwargs):
                super(BatchNorm, self).__init__(**kwargs)
                if num_dims == 2:
                    shape = (1, num_features)
                else:
                    shape = (1, num_features, 1, 1)
                # 参与求梯度和迭代的拉伸和偏移参数，分别初始化成0和1
                self.gamma = self.params.get('gamma', shape=shape, init=init.One())
                self.beta = self.params.get('beta', shape=shape, init=init.Zero())
                # 不参与求梯度和迭代的变量，全在内存上初始化成0
                self.moving_mean = nd.zeros(shape)
                self.moving_var = nd.zeros(shape)

            def forward(self, X):
                # 如果X不在内存上，将moving_mean和moving_var复制到X所在显存上
                if self.moving_mean.context != X.context:
                    self.moving_mean = self.moving_mean.copyto(X.context)
                    self.moving_var = self.moving_var.copyto(X.context)
                # 保存更新过的moving_mean和moving_var
                Y, self.moving_mean, self.moving_var = batch_norm(
                    X, self.gamma.data(), self.beta.data(), self.moving_mean,
                    self.moving_var, eps=1e-5, momentum=0.9)
                return Y
```

5.10.3 使用批量归一化层的LeNet

下面我们修改 5.5 节介绍的 LeNet 模型，从而应用批量归一化层。我们在所有的卷积层或

全连接层之后、激活层之前加入批量归一化层。

```
In [3]: net = nn.Sequential()
        net.add(nn.Conv2D(6, kernel_size=5),
                BatchNorm(6, num_dims=4),
                nn.Activation('sigmoid'),
                nn.MaxPool2D(pool_size=2, strides=2),
                nn.Conv2D(16, kernel_size=5),
                BatchNorm(16, num_dims=4),
                nn.Activation('sigmoid'),
                nn.MaxPool2D(pool_size=2, strides=2),
                nn.Dense(120),
                BatchNorm(120, num_dims=2),
                nn.Activation('sigmoid'),
                nn.Dense(84),
                BatchNorm(84, num_dims=2),
                nn.Activation('sigmoid'),
                nn.Dense(10))
```

下面我们训练修改后的模型。

```
In [4]: lr, num_epochs, batch_size, ctx = 1.0, 5, 256, d2l.try_gpu()
        net.initialize(ctx=ctx, init=init.Xavier())
        trainer = gluon.Trainer(net.collect_params(), 'sgd', {'learning_rate': lr})
        train_iter, test_iter = d2l.load_data_fashion_mnist(batch_size)
        d2l.train_ch5(net, train_iter, test_iter, batch_size, trainer, ctx,
                      num_epochs)

training on gpu(0)
epoch 1, loss 0.6675, train acc 0.760, test acc 0.824, time 3.6 sec
epoch 2, loss 0.3946, train acc 0.858, test acc 0.813, time 3.4 sec
epoch 3, loss 0.3477, train acc 0.874, test acc 0.740, time 3.3 sec
epoch 4, loss 0.3215, train acc 0.884, test acc 0.867, time 3.3 sec
epoch 5, loss 0.3015, train acc 0.890, test acc 0.823, time 3.4 sec
```

最后我们查看第一个批量归一化层学习到的拉伸参数 `gamma` 和偏移参数 `beta`。

```
In [5]: net[1].gamma.data().reshape((-1,)), net[1].beta.data().reshape((-1,))

Out[5]: (
         [2.0340614 1.5274717 1.7007711 1.2053087 1.5917673 1.7429659]
         <NDArray 6 @gpu(0)>,
         [ 1.1765741   0.02335754 0.4149146   0.60519356 -0.2102287 -1.936496 ]
         <NDArray 6 @gpu(0)>)
```

5.10.4 简洁实现

与我们刚刚自己定义的 `BatchNorm` 类相比，Gluon 中 `nn` 模块定义的 `BatchNorm` 类使用起来更加简单。它不需要指定自己定义的 `BatchNorm` 类中所需的 `num_features` 和 `num_dims` 参数值。在 Gluon 中，这些参数值都将通过延后初始化而自动获取。下面我们用 Gluon 实现使用批量归一化的 LeNet。

```
In [6]: net = nn.Sequential()
        net.add(nn.Conv2D(6, kernel_size=5),
        nn.BatchNorm(),
        nn.Activation('sigmoid'),
        nn.MaxPool2D(pool_size=2, strides=2),
        nn.Conv2D(16, kernel_size=5),
        nn.BatchNorm(),
        nn.Activation('sigmoid'),
        nn.MaxPool2D(pool_size=2, strides=2),
        nn.Dense(120),
        nn.BatchNorm(),
        nn.Activation('sigmoid'),
        nn.Dense(84),
        nn.BatchNorm(),
        nn.Activation('sigmoid'),
        nn.Dense(10))
```

使用同样的超参数进行训练。

```
In [7]: net.initialize(ctx=ctx, init=init.Xavier())
        trainer = gluon.Trainer(net.collect_params(), 'sgd', {'learning_rate': lr})
        d2l.train_ch5(net, train_iter, test_iter, batch_size, trainer, ctx,
                      num_epochs)

training on gpu(0)
epoch 1, loss 0.6382, train acc 0.774, test acc 0.833, time 2.1 sec
epoch 2, loss 0.3904, train acc 0.859, test acc 0.854, time 2.1 sec
epoch 3, loss 0.3448, train acc 0.875, test acc 0.855, time 1.9 sec
epoch 4, loss 0.3198, train acc 0.884, test acc 0.842, time 2.0 sec
epoch 5, loss 0.2970, train acc 0.891, test acc 0.880, time 2.1 sec
```

小结

- 在模型训练时，批量归一化利用小批量上的均值和标准差，不断调整神经网络的中间输出，从而使整个神经网络在各层的中间输出的数值更稳定。
- 对全连接层和卷积层做批量归一化的方法稍有不同。
- 批量归一化层和丢弃层一样，在训练模式和预测模式的计算结果是不一样的。
- Gluon 提供的 BatchNorm 类使用起来简单、方便。

练习

（1）能否将批量归一化前的全连接层或卷积层中的偏差参数去掉？为什么？（提示：回忆批量归一化中标准化的定义。）

（2）尝试调大学习率。同 5.5 节中未使用批量归一化的 LeNet 相比，现在是不是可以使用更大的学习率？

（3）尝试将批量归一化层插入 LeNet 的其他地方，观察并分析结果的变化。

（4）尝试一下不学习拉伸参数 gamma 和偏移量参数 beta（构造的时候加入参数 grad_req='null' 来避免计算梯度），观察并分析结果。

（5）查看 BatchNorm 类的文档来了解更多使用方法，例如，如何在训练时使用基于全局平均的均值和方差。

5.11 残差网络（ResNet）

扫码直达讨论区

让我们先思考一个问题：对神经网络模型添加新的层，充分训练后的模型是否只可能更有效地降低训练误差？理论上，原模型解的空间只是新模型解的空间的子空间。也就是说，如果我们能将新添加的层训练成恒等映射 $f(x)=x$，新模型和原模型将同样有效。由于新模型可能得出更优的解来拟合训练数据集，因此添加层似乎更容易降低训练误差。然而在实践中，添加过多的层后训练误差往往不降反升。即使利用批量归一化带来的数值稳定性使训练深层模型更加容易，该问题仍然存在。针对这一问题，何恺明等人提出了残差网络（ResNet）[19]。它在 2015 年的 ImageNet 图像识别挑战赛夺魁，并深刻影响了后来的深度神经网络的设计。

5.11.1 残差块

让我们聚焦于神经网络局部。如图 5-9 所示，设输入为 $\boldsymbol{x}$。假设我们希望学出的理想映射为 $f(\boldsymbol{x})$，从而作为图 5-9 最上方激活函数的输入。左图虚线框中的部分需要直接拟合出该映射 $f(\boldsymbol{x})$，而右图虚线框中的部分则需要拟合出有关恒等映射的残差映射 $f(\boldsymbol{x})-\boldsymbol{x}$。残差映射在实际中往往更容易优化。以本节开头提到的恒等映射作为我们希望学出的理想映射 $f(\boldsymbol{x})$。我们只需将图 5-9 中右图虚线框内上方的加权运算（如仿射）的权重和偏差参数学成 0，那么 $f(\boldsymbol{x})$ 即为恒等映射。实际中，当理想映射 $f(\boldsymbol{x})$ 极接近于恒等映射时，残差映射也易于捕捉恒等映射的细微波动。图 5-9 右图也是 ResNet 的基础块，即*残差块*（residual block）。在残差块中，输入可通过跨层的数据线路更快地向前传播。

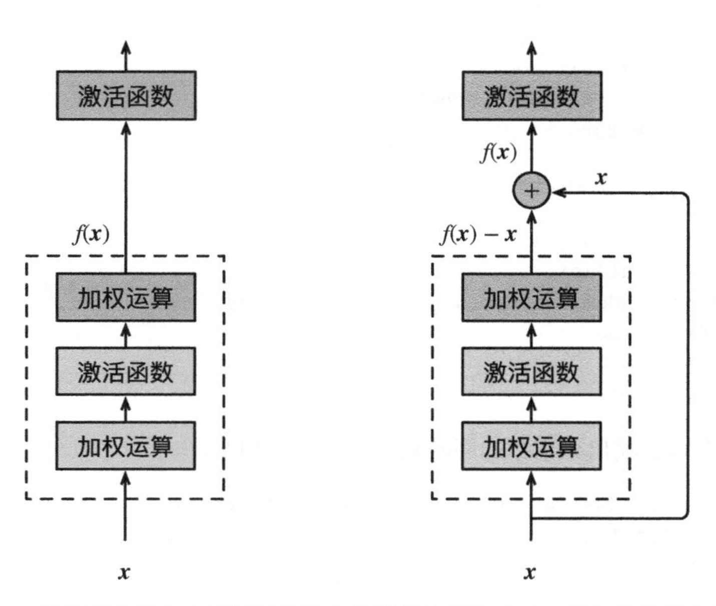

图 5-9 设输入为 $\boldsymbol{x}$。假设图中最上方激活函数输入的理想映射为 $f(\boldsymbol{x})$。左图虚线框中的部分需要直接拟合出该映射 $f(\boldsymbol{x})$，而右图虚线框中的部分需要拟合出有关恒等映射的残差映射 $f(\boldsymbol{x})-\boldsymbol{x}$

ResNet 沿用了 VGG 全 3×3 卷积层的设计。残差块里首先有 2 个有相同输出通道数的 3×3 卷积层。每个卷积层后接一个批量归一化层和 ReLU 激活函数。然后我们将输入跳过这 2 个卷积运算后直接加在最后的 ReLU 激活函数前。这样的设计要求 2 个卷积层的输出与输入形状一样，从而可以相加。如果想改变通道数，就需要引入一个额外的 1×1 卷积层来将输入变换成需要的形状后再做相加运算。

残差块的实现如下。它可以设定输出通道数、是否使用额外的 1×1 卷积层来修改通道数以及卷积层的步幅。

```
In [1]: import d2lzh as d2l
        from mxnet import gluon, init, nd
        from mxnet.gluon import nn

        class Residual(nn.Block):  # 本类已保存在d2lzh包中方便以后使用
            def __init__(self, num_channels, use_1x1conv=False, strides=1, **kwargs):
                super(Residual, self).__init__(**kwargs)
                self.conv1 = nn.Conv2D(num_channels, kernel_size=3, padding=1,
                                       strides=strides)
                self.conv2 = nn.Conv2D(num_channels, kernel_size=3, padding=1)
                if use_1x1conv:
                    self.conv3 = nn.Conv2D(num_channels, kernel_size=1,
                                           strides=strides)
                else:
                    self.conv3 = None
                self.bn1 = nn.BatchNorm()
                self.bn2 = nn.BatchNorm()

            def forward(self, X):
                Y = nd.relu(self.bn1(self.conv1(X)))
                Y = self.bn2(self.conv2(Y))
                if self.conv3:
                    X = self.conv3(X)
                return nd.relu(Y + X)
```

下面我们来查看输入和输出形状一致的情况。

```
In [2]: blk = Residual(3)
        blk.initialize()
        X = nd.random.uniform(shape=(4, 3, 6, 6))
        blk(X).shape

Out[2]: (4, 3, 6, 6)
```

我们也可以在增加输出通道数的同时减半输出的高和宽。

```
In [3]: blk = Residual(6, use_1x1conv=True, strides=2)
        blk.initialize()
        blk(X).shape

Out[3]: (4, 6, 3, 3)
```

5.11.2 ResNet模型

ResNet 的前两层跟之前介绍的 GoogLeNet 中的一样：在输出通道数为 64、步幅为 2 的 7×7 卷积层后接步幅为 2 的 3×3 的最大池化层。不同之处在于 ResNet 每个卷积层后增加的批量归一化层。

```
In [4]: net = nn.Sequential()
        net.add(nn.Conv2D(64, kernel_size=7, strides=2, padding=3),
                nn.BatchNorm(), nn.Activation('relu'),
                nn.MaxPool2D(pool_size=3, strides=2, padding=1))
```

GoogLeNet 在后面接了 4 个由 Inception 块组成的模块。ResNet 则使用 4 个由残差块组成的模块，每个模块使用若干个同样输出通道数的残差块。第一个模块的通道数同输入通道数一致。由于之前已经使用了步幅为 2 的最大池化层，所以无须减小高和宽。之后的每个模块在第一个残差块里将上一个模块的通道数翻倍，并将高和宽减半。

下面我们来实现这个模块。注意，这里对第一个模块做了特别处理。

```
In [5]: def resnet_block(num_channels, num_residuals, first_block=False):
            blk = nn.Sequential()
            for i in range(num_residuals):
                if i == 0 and not first_block:
                    blk.add(Residual(num_channels, use_1x1conv=True, strides=2))
                else:
                    blk.add(Residual(num_channels))
            return blk
```

接着我们为 ResNet 加入所有残差块。这里每个模块使用 2 个残差块。

```
In [6]: net.add(resnet_block(64, 2, first_block=True),
                resnet_block(128, 2),
                resnet_block(256, 2),
                resnet_block(512, 2))
```

最后，与 GoogLeNet 一样，加入全局平均池化层后接上全连接层输出。

```
In [7]: net.add(nn.GlobalAvgPool2D(), nn.Dense(10))
```

这里每个模块里有 4 个卷积层（不计算 1×1 卷积层），加上最开始的卷积层和最后的全连接层，共计 18 层。这个模型通常也被称为 ResNet-18。通过配置不同的通道数和模块里的残差块数可以得到不同的 ResNet 模型，例如更深的含 152 层的 ResNet-152。虽然 ResNet 的主体架构跟 GoogLeNet 的类似，但 ResNet 结构更简单，修改也更方便。这些因素都导致了 ResNet 迅速被广泛使用。

在训练 ResNet 之前，我们来观察一下输入形状在 ResNet 不同模块之间的变化。

```
In [8]: X = nd.random.uniform(shape=(1, 1, 224, 224))
        net.initialize()
```

```
    for layer in net:
        X = layer(X)
        print(layer.name, 'output shape:\t', X.shape)
```

```
conv5 output shape:       (1, 64, 112, 112)
batchnorm4 output shape:          (1, 64, 112, 112)
relu0 output shape:       (1, 64, 112, 112)
pool0 output shape:       (1, 64, 56, 56)
sequential1 output shape:         (1, 64, 56, 56)
sequential2 output shape:         (1, 128, 28, 28)
sequential3 output shape:         (1, 256, 14, 14)
sequential4 output shape:         (1, 512, 7, 7)
pool1 output shape:       (1, 512, 1, 1)
dense0 output shape:      (1, 10)
```

5.11.3 训练模型

下面我们在 Fashion-MNIST 数据集上训练 ResNet。

```
In [9]: lr, num_epochs, batch_size, ctx = 0.05, 5, 256, d2l.try_gpu()
        net.initialize(force_reinit=True, ctx=ctx, init=init.Xavier())
        trainer = gluon.Trainer(net.collect_params(), 'sgd', {'learning_rate': lr})
        train_iter, test_iter = d2l.load_data_fashion_mnist(batch_size, resize=96)
        d2l.train_ch5(net, train_iter, test_iter, batch_size, trainer, ctx,
                      num_epochs)
```

```
training on gpu(0)
epoch 1, loss 0.4848, train acc 0.829, test acc 0.890, time 15.7 sec
epoch 2, loss 0.2539, train acc 0.906, test acc 0.910, time 14.4 sec
epoch 3, loss 0.1909, train acc 0.930, test acc 0.916, time 14.4 sec
epoch 4, loss 0.1442, train acc 0.947, test acc 0.919, time 14.3 sec
epoch 5, loss 0.1072, train acc 0.962, test acc 0.912, time 14.4 sec
```

小结

- 残差块通过跨层的数据通道从而能够训练出有效的深度神经网络。
- ResNet 深刻影响了后来的深度神经网络的设计。

练习

（1）参考 ResNet 论文的表 1 来实现不同版本的 ResNet [19]。

（2）对于比较深的网络，ResNet 论文中介绍了一个“瓶颈”架构来降低模型复杂度。尝试实现它 [19]。

（3）在 ResNet 的后续版本里，作者将残差块里的“卷积、批量归一化和激活”结构改成了“批量归一化、激活和卷积”，实现这个改进（见参考文献 [20]，图 1）。

5.12 稠密连接网络（DenseNet）

ResNet 中的跨层连接设计引申出了数个后续工作。本节介绍其中的一个——稠密连接网络（DenseNet）[24]。它与 ResNet 的主要区别如图 5-10 所示。

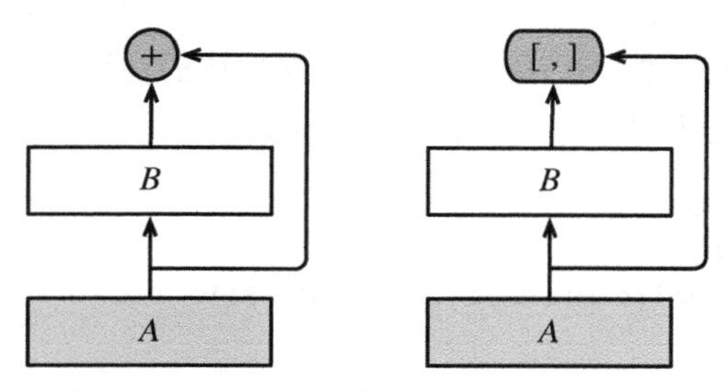

图 5-10 ResNet（左）与 DenseNet（右）在跨层连接上的主要区别：使用相加和使用连结

图 5-10 中将部分前后相邻的运算抽象为模块 A 和模块 B。与 ResNet 的主要区别在于，DenseNet 里模块 B 的输出不是像 ResNet 那样和模块 A 的输出相加，而是在通道维上连结。这样模块 A 的输出可以直接传入模块 B 后面的层。在这个设计里，模块 A 直接跟模块 B 后面的所有层连接在了一起。这也是它被称为“稠密连接”的原因。

DenseNet 的主要构建模块是*稠密块*（dense block）和*过渡层*（transition layer）。前者定义了输入和输出是如何连结的，后者则用来控制通道数，使之不过大。

5.12.1 稠密块

DenseNet 使用了 ResNet 改良版的“批量归一化、激活和卷积”结构（参见 5.11 节的练习），我们首先在 conv_block 函数里实现这个结构。

```
In [1]: import d2lzh as d2l
        from mxnet import gluon, init, nd
        from mxnet.gluon import nn

        def conv_block(num_channels):
            blk = nn.Sequential()
            blk.add(nn.BatchNorm(), nn.Activation('relu'),
                    nn.Conv2D(num_channels, kernel_size=3, padding=1))
            return blk
```

稠密块由多个 conv_block 组成，每块使用相同的输出通道数。但在前向计算时，我们将每块的输入和输出在通道维上连结。

```
In [2]: class DenseBlock(nn.Block):
            def __init__(self, num_convs, num_channels, **kwargs):
                super(DenseBlock, self).__init__(**kwargs)
                self.net = nn.Sequential()
```

```
        for _ in range(num_convs):
            self.net.add(conv_block(num_channels))

    def forward(self, X):
        for blk in self.net:
            Y = blk(X)
            X = nd.concat(X, Y, dim=1)  # 在通道维上将输入和输出连结
        return X
```

在下面的例子中，我们定义一个有 2 个输出通道数为 10 的卷积块。使用通道数为 3 的输入时，我们会得到通道数为 $3+2\times10=23$ 的输出。卷积块的通道数控制了输出通道数相对于输入通道数的增长，因此也被称为增长率（growth rate）。

```
In [3]: blk = DenseBlock(2, 10)
        blk.initialize()
        X = nd.random.uniform(shape=(4, 3, 8, 8))
        Y = blk(X)
        Y.shape

Out[3]: (4, 23, 8, 8)
```

5.12.2 过渡层

由于每个稠密块都会带来通道数的增加，使用过多则会带来过于复杂的模型。过渡层用来控制模型复杂度。它通过 1×1 卷积层来减小通道数，并使用步幅为 2 的平均池化层减半高和宽，从而进一步降低模型复杂度。

```
In [4]: def transition_block(num_channels):
            blk = nn.Sequential()
            blk.add(nn.BatchNorm(), nn.Activation('relu'),
                    nn.Conv2D(num_channels, kernel_size=1),
                    nn.AvgPool2D(pool_size=2, strides=2))
            return blk
```

对上一个例子中稠密块的输出使用通道数为 10 的过渡层。此时输出的通道数减为 10，高和宽均减半。

```
In [5]: blk = transition_block(10)
        blk.initialize()
        blk(Y).shape

Out[5]: (4, 10, 4, 4)
```

5.12.3 DenseNet模型

我们来构造 DenseNet 模型。DenseNet 首先使用同 ResNet 一样的单卷积层和最大池化层。

```
In [6]: net = nn.Sequential()
        net.add(nn.Conv2D(64, kernel_size=7, strides=2, padding=3),
                nn.BatchNorm(), nn.Activation('relu'),
                nn.MaxPool2D(pool_size=3, strides=2, padding=1))
```

类似于 ResNet 接下来使用的 4 个残差块，DenseNet 使用的是 4 个稠密块。同 ResNet 一样，我们可以设置每个稠密块使用多少个卷积层。这里我们设成 4，从而与 5.11 节的 ResNet-18 保持一致。稠密块里的卷积层通道数（即增长率）设为 32，所以每个稠密块将增加 128 个通道。

ResNet 里通过步幅为 2 的残差块在每个模块之间减小高和宽。这里我们则使用过渡层来减半高和宽，并减半通道数。

```
In [7]: num_channels, growth_rate = 64, 32  # num_channels为当前的通道数
        num_convs_in_dense_blocks = [4, 4, 4, 4]

        for i, num_convs in enumerate(num_convs_in_dense_blocks):
            net.add(DenseBlock(num_convs, growth_rate))
            # 上一个稠密块的输出通道数
            num_channels += num_convs * growth_rate
            # 在稠密块之间加入通道数减半的过渡层
            if i != len(num_convs_in_dense_blocks) - 1:
                num_channels //= 2
                net.add(transition_block(num_channels))
```

同 ResNet 一样，最后接上全局池化层和全连接层来输出。

```
In [8]: net.add(nn.BatchNorm(), nn.Activation('relu'), nn.GlobalAvgPool2D(),
                nn.Dense(10))
```

5.12.4 训练模型

由于这里使用了比较深的网络，本节里我们将输入高和宽从 224 降到 96 来简化计算。

```
In [9]: lr, num_epochs, batch_size, ctx = 0.1, 5, 256, d2l.try_gpu()
        net.initialize(ctx=ctx, init=init.Xavier())
        trainer = gluon.Trainer(net.collect_params(), 'sgd', {'learning_rate': lr})
        train_iter, test_iter = d2l.load_data_fashion_mnist(batch_size, resize=96)
        d2l.train_ch5(net, train_iter, test_iter, batch_size, trainer, ctx,
                      num_epochs)

training on gpu(0)
epoch 1, loss 0.5387, train acc 0.808, test acc 0.862, time 14.7 sec
epoch 2, loss 0.3157, train acc 0.885, test acc 0.875, time 13.0 sec
epoch 3, loss 0.2646, train acc 0.903, test acc 0.891, time 13.0 sec
epoch 4, loss 0.2375, train acc 0.914, test acc 0.899, time 13.0 sec
epoch 5, loss 0.2124, train acc 0.923, test acc 0.915, time 13.0 sec
```

小结

- 在跨层连接上，不同于 ResNet 中将输入与输出相加，DenseNet 在通道维上连结输入与输出。
- DenseNet 的主要构建模块是稠密块和过渡层。

练习

（1）DenseNet 论文中提到的一个优点是模型参数比 ResNet 的更小，这是为什么？

（2）DenseNet 被人诟病的一个问题是内存或显存消耗过多。真的会这样吗？可以把输入形状换成 224×224，来看看实际的消耗。

（3）实现 DenseNet 论文中的表 1 提出的不同版本的 DenseNet [24]。

第6章

循环神经网络

与之前介绍的多层感知机和能有效处理空间信息的卷积神经网络不同，循环神经网络是为更好地处理时序信息而设计的。它引入状态变量来存储过去的信息，并用其与当前的输入共同决定当前的输出。

循环神经网络常用于处理序列数据，如一段文字或声音、购物或观影的顺序，甚至是图像中的一行或一列像素。因此，循环神经网络有着极为广泛的实际应用，如语言模型、文本分类、机器翻译、语音识别、图像分析、手写识别和推荐系统。

因为本章中的应用是基于语言模型的，所以我们将先介绍语言模型的基本概念，并由此激发循环神经网络的设计灵感。接着，我们将描述循环神经网络中的梯度计算方法，从而探究循环神经网络训练可能存在的问题。对于其中的部分问题，我们可以使用本章稍后介绍的含门控的循环神经网络来解决。最后，我们将拓展循环神经网络的架构。

6.1 语言模型

扫码直达讨论区

语言模型（language model）是自然语言处理的重要技术。自然语言处理中最常见的数据是文本数据。我们可以把一段自然语言文本看作一段离散的时间序列。假设一段长度为 T 的文本中的词依次为 $w_1, w_2, \cdots, w_T$，那么在离散的时间序列中，w_t（$1 \leqslant t \leqslant T$）可看作在时间步（time step）$t$ 的输出或标签。给定一个长度为 T 的词的序列 $w_1, w_2, \cdots, w_T$，语言模型将计算该序列的概率：

$$P(w_1, w_2, \cdots, w_T)$$

语言模型可用于提升语音识别和机器翻译的性能。例如，在语音识别中，给定一段“厨房里食油用完了”的语音，有可能会输出“厨房里食油用完了”和“厨房里石油用完了”这两个读音完全一样的文本序列。如果语言模型判断出前者的概率大于后者的概率，我们就可以根据相同读音的语音输出“厨房里食油用完了”的文本序列。在机器翻译中，如果对英文“you go first”逐词翻译成中文的话，可能得到“你走先”“你先走”等排列方式的文本序列。如果语言模型判断出“你先走”的概率大于其他排列方式的文本序列的概率，我们就可以把“you go first”翻译成“你先走”。

6.1.1 语言模型的计算

既然语言模型很有用，那该如何计算它呢？假设序列 $w_1, w_2, \cdots, w_T$ 中的每个词是依次生成的，我们有

$$P(w_1, w_2, \cdots, w_T) = \prod_{t=1}^{T} P(w_t \mid w_1, \cdots, w_{t-1})$$

例如，一段含有 4 个词的文本序列的概率

$$P(w_1, w_2, w_3, w_4) = P(w_1)P(w_2 \mid w_1)P(w_3 \mid w_1, w_2)P(w_4 \mid w_1, w_2, w_3)$$

为了计算语言模型，我们需要计算词的概率，以及一个词在给定前几个词的情况下的条件概率，即语言模型参数。设训练数据集为一个大型文本语料库，如维基百科的所有条目。词的概率可以通过该词在训练数据集中的相对词频来计算。例如，$P(w_1)$ 可以计算为 w_1 在训练数据集中的词频（词出现的次数）与训练数据集的总词数之比。因此，根据条件概率定义，一个词在给定前几个词的情况下的条件概率也可以通过训练数据集中的相对词频计算。例如，$P(w_2 \mid w_1)$ 可以计算为 w_1 和 w_2 两词相邻的频率与 w_1 词频的比值，因为该比值即 $P(w_1, w_2)$ 与 $P(w_1)$ 之比；而 $P(w_3 \mid w_1, w_2)$ 同理可以计算为 w_1、w_2 和 w_3 这 3 个词相邻的频率与 w_1 和 w_2 这 2 个词相邻的频率的比值。以此类推。

6.1.2 *n*元语法

当序列长度增加时，计算和存储多个词共同出现的概率的复杂度会呈指数级增加。n 元语法通过马尔可夫假设（虽然并不一定成立）简化了语言模型的计算。这里的马尔可夫假设是指一个词的出现只与前面 n 个词相关，即 n **阶马尔可夫链**（Markov chain of order n）。如果 $n=1$，那么有 $P(w_3 \mid w_1, w_2) = P(w_3 \mid w_2)$。如果基于 $n-1$ 阶马尔可夫链，我们可以将语言模型改写为

$$P(w_1, w_2, \cdots, w_T) \approx \prod_{t=1}^{T} P(w_t \mid w_{t-(n-1)}, \cdots, w_{t-1})$$

以上也叫 n **元语法**（n-grams）。它是基于 $n-1$ 阶马尔可夫链的概率语言模型。当 n 分别为 1、2 和 3 时，我们将其分别称作一元语法（unigram）、二元语法（bigram）和三元语法（trigram）。例如，长度为 4 的序列 w_1, w_2, w_3, w_4 在一元语法、二元语法和三元语法中的概率分别为

$$\begin{aligned}
P(w_1, w_2, w_3, w_4) &= P(w_1)P(w_2)P(w_3)P(w_4) \\
P(w_1, w_2, w_3, w_4) &= P(w_1)P(w_2 \mid w_1)P(w_3 \mid w_2)P(w_4 \mid w_3) \\
P(w_1, w_2, w_3, w_4) &= P(w_1)P(w_2 \mid w_1)P(w_3 \mid w_1, w_2)P(w_4 \mid w_2, w_3)
\end{aligned}$$

当 n 较小时，n 元语法往往并不准确。例如，在一元语法中，由 3 个词组成的句子“你走先”和“你先走”的概率是一样的。然而，当 n 较大时，n 元语法需要计算并存储大量的词频和多词相邻频率。

那么，有没有方法在语言模型中更好地平衡以上这两点呢？我们将在本章探究这样的方法。

小结

- 语言模型是自然语言处理的重要技术。
- N 元语法是基于 $n-1$ 阶马尔可夫链的概率语言模型，其中 n 权衡了计算复杂度和模型准确性。

练习

（1）假设训练数据集中有 10 万个词，四元语法需要存储多少词频和多词相邻频率？

（2）你还能想到哪些语言模型的应用？

6.2 循环神经网络

扫码直达讨论区

6.1 节介绍的 n 元语法中，时间步 t 的词 w_t 基于前面所有词的条件概率只考虑了最近时间步的 $n-1$ 个词。如果要考虑比 $t-(n-1)$ 更早时间步的词对 w_t 的可能影响，我们需要增大 n。但这样模型参数的数量将随之呈指数级增长（可参考 6.1 节的练习）。

本节将介绍循环神经网络。它并非刚性地记忆所有固定长度的序列，而是通过隐藏状态来存储之前时间步的信息。首先我们回忆一下前面介绍过的多层感知机，然后描述如何添加隐藏状态来将它变成循环神经网络。

6.2.1 不含隐藏状态的神经网络

让我们考虑一个含单隐藏层的多层感知机。给定样本数为 n、输入个数（特征数或特征向量维度）为 d 的小批量数据样本 $\boldsymbol{X} \in \mathbb{R}^{n\times d}$。设隐藏层的激活函数为 ϕ，那么隐藏层的输出 $\boldsymbol{H} \in \mathbb{R}^{n\times h}$ 计算为

$$\boldsymbol{H} = \phi(\boldsymbol{X}\boldsymbol{W}_{xh} + \boldsymbol{b}_h)$$

其中隐藏层权重参数 $\boldsymbol{W}_{xh} \in \mathbb{R}^{d\times h}$，隐藏层偏差参数 $\boldsymbol{b}_h \in \mathbb{R}^{1\times h}$，$h$ 为隐藏单元个数。上式相加的两项形状不同，因此将按照广播机制相加（参见 2.2 节）。把隐藏变量 $\boldsymbol{H}$ 作为输出层的输入，且设输出个数为 q（如分类问题中的类别数），输出层的输出为

$$\boldsymbol{O} = \boldsymbol{H}\boldsymbol{W}_{hq} + \boldsymbol{b}_q$$

其中输出变量 $\boldsymbol{O} \in \mathbb{R}^{n\times q}$，输出层权重参数 $\boldsymbol{W}_{hq} \in \mathbb{R}^{h\times q}$，输出层偏差参数 $\boldsymbol{b}_q \in \mathbb{R}^{1\times q}$。如果是分类问题，我们可以使用 softmax($\boldsymbol{O}$) 来计算输出类别的概率分布。

6.2.2 含隐藏状态的循环神经网络

现在我们考虑输入数据存在时间相关性的情况。假设 $\boldsymbol{X}_t \in \mathbb{R}^{n\times d}$ 是序列中时间步 t 的小批量输入，$\boldsymbol{H}_t \in \mathbb{R}^{n\times h}$ 是该时间步的隐藏变量。与多层感知机不同的是，这里我们保存上一时间步的隐藏变量 $\boldsymbol{H}_{t-1}$，并引入一个新的权重参数 $\boldsymbol{W}_{hh} \in \mathbb{R}^{h\times h}$，该参数用来描述在当前时间步如何

使用上一时间步的隐藏变量。具体来说，时间步 t 的隐藏变量的计算由当前时间步的输入和上一时间步的隐藏变量共同决定：

$$\boldsymbol{H}_t = \phi(\boldsymbol{X}_t \boldsymbol{W}_{xh} + \boldsymbol{H}_{t-1} \boldsymbol{W}_{hh} + \boldsymbol{b}_h)$$

与多层感知机相比，我们在这里添加了 $\boldsymbol{H}_{t-1}\boldsymbol{W}_{hh}$ 一项。由上式中相邻时间步的隐藏变量 $\boldsymbol{H}_t$ 和 $\boldsymbol{H}_{t-1}$ 之间的关系可知，这里的隐藏变量能够捕捉截至当前时间步的序列的历史信息，就像是神经网络当前时间步的状态或记忆一样。因此，该隐藏变量也称为*隐藏状态*。由于隐藏状态在当前时间步的定义使用了上一时间步的隐藏状态，上式的计算是循环的。使用循环计算的网络即*循环神经网络*（recurrent neural network）。

循环神经网络有很多种不同的构造方法。含上式所定义的隐藏状态的循环神经网络是极为常见的一种。若无特别说明，本章中的循环神经网络均基于上式中隐藏状态的循环计算。在时间步 t，输出层的输出和多层感知机中的计算类似：

$$\boldsymbol{O}_t = \boldsymbol{H}_t \boldsymbol{W}_{hq} + \boldsymbol{b}_q$$

循环神经网络的参数包括隐藏层的权重 $\boldsymbol{W}_{xh} \in \mathbb{R}^{d\times h}$、$\boldsymbol{W}_{hh} \in \mathbb{R}^{h\times h}$ 和偏差 $\boldsymbol{b}_h \in \mathbb{R}^{1\times h}$，以及输出层的权重 $\boldsymbol{W}_{hq} \in \mathbb{R}^{h\times q}$ 和偏差 $\boldsymbol{b}_q \in \mathbb{R}^{1\times q}$。值得一提的是，即便在不同时间步，循环神经网络也始终使用这些模型参数。因此，循环神经网络模型参数的数量不随时间步的增加而增长。

图 6-1 展示了循环神经网络在 3 个相邻时间步的计算逻辑。在时间步 t，隐藏状态的计算可以看成是将输入 $\boldsymbol{X}_t$ 和前一时间步隐藏状态 $\boldsymbol{H}_{t-1}$ 连结后输入一个激活函数为 ϕ 的全连接层。该全连接层的输出就是当前时间步的隐藏状态 $\boldsymbol{H}_t$，且模型参数为 $\boldsymbol{W}_{xh}$ 与 $\boldsymbol{W}_{hh}$ 的连结，偏差为 $\boldsymbol{b}_h$。当前时间步 t 的隐藏状态 $\boldsymbol{H}_t$ 将参与下一个时间步 $t+1$ 的隐藏状态 $\boldsymbol{H}_{t+1}$ 的计算，并输入到当前时间步的全连接输出层。

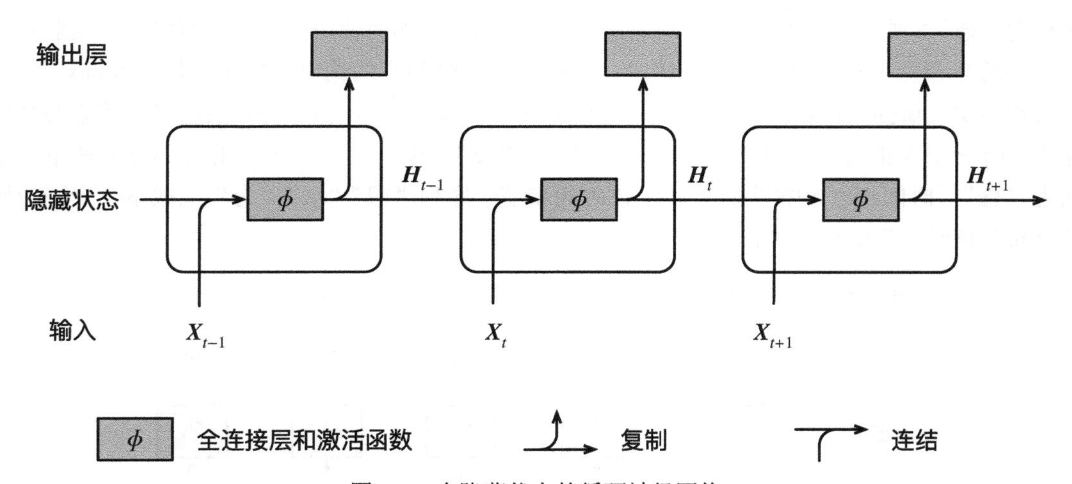

图 6-1 含隐藏状态的循环神经网络

我们刚刚提到，隐藏状态中 $\boldsymbol{X}_t\boldsymbol{W}_{xh} + \boldsymbol{H}_{t-1}\boldsymbol{W}_{hh}$ 的计算等价于 $\boldsymbol{X}_t$ 与 $\boldsymbol{H}_{t-1}$ 连结后的矩阵乘以 $\boldsymbol{W}_{xh}$ 与 $\boldsymbol{W}_{hh}$ 连结后的矩阵。接下来，我们用一个具体的例子来验证这一点。首先，我们构造矩阵 `X`、`W_xh`、`H` 和 `W_hh`，它们的形状分别为 (3, 1)、(1, 4)、(3, 4) 和 (4, 4)。将 `X` 与 `W_xh`、`H` 与 `W_hh` 分别相乘，再把两个乘法运算的结果相加，得到形状为 (3, 4) 的矩阵。

```
In [1]: from mxnet import nd

        X, W_xh = nd.random.normal(shape=(3, 1)), nd.random.normal(shape=(1, 4))
        H, W_hh = nd.random.normal(shape=(3, 4)), nd.random.normal(shape=(4, 4))
        nd.dot(X, W_xh) + nd.dot(H, W_hh)

Out[1]:
        [[ 5.0373516   2.6754622  -1.6607479  -0.40628886]
         [ 0.948454    0.46941757 -1.1866101  -1.180677  ]
         [-1.1514019   0.8373027  -2.197437   -5.2480164 ]]
        <NDArray 3x4 @cpu(0)>
```

将矩阵 X 和 H 按列（维度 1）连结，连结后的矩阵形状为 (3, 5)。可见，连结后矩阵在维度 1 的长度为矩阵 X 和 H 在维度 1 的长度之和（1 + 4）。然后，将矩阵 W_xh 和 W_hh 按行（维度 0）连结，连结后的矩阵形状为 (5, 4)。最后将两个连结后的矩阵相乘，得到与上面代码输出相同的形状为 (3, 4) 的矩阵。

```
In [2]: nd.dot(nd.concat(X, H, dim=1), nd.concat(W_xh, W_hh, dim=0))

Out[2]:
        [[ 5.0373516    2.6754622   -1.6607479  -0.40628862]
         [ 0.94845396   0.46941754  -1.1866102  -1.1806769 ]
         [-1.1514019    0.83730274  -2.1974368  -5.2480164 ]]
        <NDArray 3x4 @cpu(0)>
```

6.2.3　应用：基于字符级循环神经网络的语言模型

最后我们介绍如何应用循环神经网络来构建一个语言模型。设小批量中样本数为 1，文本序列为“想”“要”“有”“直”“升”“机”。图 6-2 演示了如何使用循环神经网络基于当前和过去的字符来预测下一个字符。在训练时，我们对每个时间步的输出层输出使用 softmax 运算，然后使用交叉熵损失函数来计算它与标签的误差。在图 6-2 中，由于隐藏层中隐藏状态的循环计算，时间步 3 的输出 O_3 取决于文本序列“想”“要”“有”。由于训练数据中该序列的下一个词为“直”，时间步 3 的损失将取决于该时间步基于序列“想”“要”“有”生成下一个词的概率分布与该时间步的标签“直”。

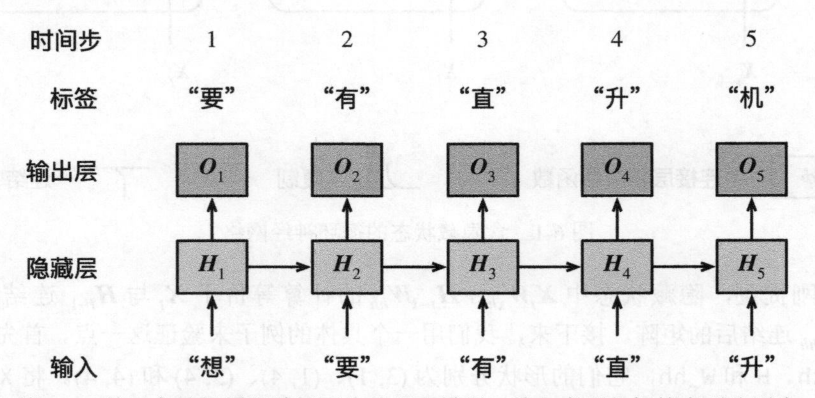

图 6-2　基于字符级循环神经网络的语言模型。输入序列和标签序列分别为“想”“要”“有”“直”“升”和“要”“有”“直”“升”“机”

因为每个输入词是一个字符，因此这个模型被称为字符级循环神经网络（character-level recurrent neural network）。因为不同字符的个数远小于不同词的个数（对于英文尤其如此），所以字符级循环神经网络的计算通常更加简单。在接下来的 6.3 节至 6.5 节里，我们将介绍它的具体实现。

小结

- 使用循环计算的网络即循环神经网络。
- 循环神经网络的隐藏状态可以捕捉截至当前时间步的序列的历史信息。
- 循环神经网络模型参数的数量不随时间步的增加而增长。
- 可以基于字符级循环神经网络来创建语言模型。

练习

（1）如果使用循环神经网络来预测一段文本序列的下一个词，输出个数应该设为多少？

（2）为什么循环神经网络可以表达某时间步的词基于文本序列中所有过去的词的条件概率？

6.3 语言模型数据集（歌词）

本节将介绍如何预处理一个语言模型数据集，并将其转换成字符级循环神经网络所需要的输入格式。为此，我们收集了周杰伦从第一张专辑《Jay》到第十张专辑《跨时代》中的歌词，并在后面几节里应用循环神经网络来训练一个语言模型。当模型训练好后，我们就可以用这个模型来创作歌词。

6.3.1 读取数据集

首先读取这个数据集，看看前 40 个字符是什么样的。

```
In [1]: from mxnet import nd
        import random
        import zipfile

        with zipfile.ZipFile('../data/jaychou_lyrics.txt.zip') as zin:
            with zin.open('jaychou_lyrics.txt') as f:
                corpus_chars = f.read().decode('utf-8')
        corpus_chars[:40]
Out[1]: '想要有直升机\n想要和你飞到宇宙去\n想要和你融化在一起\n融化在宇宙里\n我每天每天每'
```

这个数据集有 6 万多个字符。为了打印方便，我们把换行符替换成空格，然后仅使用前 1 万个字符来训练模型。

```
In [2]: corpus_chars = corpus_chars.replace('\n', ' ').replace('\r', ' ')
        corpus_chars = corpus_chars[0:10000]
```

6.3.2 建立字符索引

我们将每个字符映射成一个从 0 开始的连续整数，又称索引，来方便之后的数据处理。为了得到索引，我们将数据集里所有不同字符取出来，然后将其逐一映射到索引来构造词典。接着，打印 vocab_size，即词典中不同字符的个数，又称词典大小。

```
In [3]: idx_to_char = list(set(corpus_chars))
        char_to_idx = dict([(char, i) for i, char in enumerate(idx_to_char)])
        vocab_size = len(char_to_idx)
        vocab_size

Out[3]: 1027
```

之后，将训练数据集中每个字符转化为索引，并打印前 20 个字符及其对应的索引。

```
In [4]: corpus_indices = [char_to_idx[char] for char in corpus_chars]
        sample = corpus_indices[:20]
        print('chars:', ''.join([idx_to_char[idx] for idx in sample]))
        print('indices:', sample)

chars: 想要有直升机 想要和你飞到宇宙去 想要和
indices: [672, 744, 791, 45, 122, 835, 732, 672, 744, 651, 614, 208, 910, 786, 411,
 → 674, 732, 672, 744, 651]
```

我们将以上代码封装在 d2lzh 包里的 load_data_jay_lyrics 函数中，以方便后面章节调用。调用该函数后会依次得到 corpus_indices、char_to_idx、idx_to_char 和 vocab_size 这 4 个变量。

6.3.3 时序数据的采样

在训练中我们需要每次随机读取小批量样本和标签。与第 3 章和第 5 章的实验数据不同的是，时序数据的一个样本通常包含连续的字符。假设时间步数为 5，样本序列为 5 个字符，即“想”“要”“有”“直”“升”。该样本的标签序列为这些字符分别在训练集中的下一个字符，即“要”“有”“直”“升”“机”。我们有两种方式对时序数据进行采样，分别是随机采样和相邻采样。

1. 随机采样

下面的代码每次从数据里随机采样一个小批量。其中批量大小 batch_size 指每个小批量的样本数，num_steps 为每个样本所包含的时间步数。在随机采样中，每个样本是原始序列上任意截取的一段序列。相邻的两个随机小批量在原始序列上的位置不一定相毗邻。因此，我们无法用一个小批量最终时间步的隐藏状态来初始化下一个小批量的隐藏状态。在训练模型时，每次随机采样前都需要重新初始化隐藏状态。

```
In [5]: # 本函数已保存在d2lzh包中方便以后使用
        def data_iter_random(corpus_indices, batch_size, num_steps, ctx=None):
            # 减1是因为输出的索引是相应输入的索引加1
            num_examples = (len(corpus_indices) - 1) // num_steps
```

```
    epoch_size = num_examples // batch_size
    example_indices = list(range(num_examples))
    random.shuffle(example_indices)

    # 返回从pos开始的长为num_steps的序列
    def _data(pos):
        return corpus_indices[pos: pos + num_steps]

    for i in range(epoch_size):
        # 每次读取batch_size个随机样本
        i = i * batch_size
        batch_indices = example_indices[i: i + batch_size]
        X = [_data(j * num_steps) for j in batch_indices]
        Y = [_data(j * num_steps + 1) for j in batch_indices]
        yield nd.array(X, ctx), nd.array(Y, ctx)
```

让我们输入一个从 0 到 29 的连续整数的人工序列。设批量大小和时间步数分别为 2 和 6。打印随机采样每次读取的小批量样本的输入 X 和标签 Y。可见，相邻的两个随机小批量在原始序列上的位置不一定相毗邻。

```
In [6]: my_seq = list(range(30))
        for X, Y in data_iter_random(my_seq, batch_size=2, num_steps=6):
            print('X: ', X, '\nY:', Y, '\n')

X:
[[ 0.  1.  2.  3.  4.  5.]
 [18. 19. 20. 21. 22. 23.]]
<NDArray 2x6 @cpu(0)>
Y:
[[ 1.  2.  3.  4.  5.  6.]
 [19. 20. 21. 22. 23. 24.]]
<NDArray 2x6 @cpu(0)>

X:
[[12. 13. 14. 15. 16. 17.]
 [ 6.  7.  8.  9. 10. 11.]]
<NDArray 2x6 @cpu(0)>
Y:
[[13. 14. 15. 16. 17. 18.]
 [ 7.  8.  9. 10. 11. 12.]]
<NDArray 2x6 @cpu(0)>
```

2. 相邻采样

除对原始序列做随机采样之外，我们还可以令相邻的两个随机小批量在原始序列上的位置相毗邻。这时候，我们就可以用一个小批量最终时间步的隐藏状态来初始化下一个小批量的隐藏状态，从而使下一个小批量的输出也取决于当前小批量的输入，并如此循环下去。这对实现循环神经网络造成了两方面影响：一方面，在训练模型时，我们只需在每一个迭代周期开始时初始化隐藏状态；另一方面，当多个相邻小批量通过传递隐藏状态串联起来时，模型参数的梯度计算将依赖所有串联起来的小批量序列。同一迭代周期中，随着迭代次数的增加，梯度的计算开销会越来越大。为了使模型参数的梯度计算只依赖单次迭代读取的小批量序列，我们可以在每次读取小批量前将隐藏状态从计算图中分离出来。我们将在 6.4 节的实现中了解这种处理方式。

```
In [7]: # 本函数已保存在d2lzh包中方便以后使用
        def data_iter_consecutive(corpus_indices, batch_size, num_steps, ctx=None):
            corpus_indices = nd.array(corpus_indices, ctx=ctx)
            data_len = len(corpus_indices)
            batch_len = data_len // batch_size
            indices = corpus_indices[0: batch_size*batch_len].reshape((
                batch_size, batch_len))
            epoch_size = (batch_len - 1) // num_steps
            for i in range(epoch_size):
                i = i * num_steps
                X = indices[:, i: i + num_steps]
                Y = indices[:, i + 1: i + num_steps + 1]
                yield X, Y
```

同样的设置下，打印相邻采样每次读取的小批量样本的输入 X 和标签 Y。相邻的两个随机小批量在原始序列上的位置相毗邻。

```
In [8]: for X, Y in data_iter_consecutive(my_seq, batch_size=2, num_steps=6):
            print('X: ', X, '\nY:', Y, '\n')


X:
[[ 0.  1.  2.  3.  4.  5.]
 [15. 16. 17. 18. 19. 20.]]
<NDArray 2x6 @cpu(0)>
Y:
[[ 1.  2.  3.  4.  5.  6.]
 [16. 17. 18. 19. 20. 21.]]
<NDArray 2x6 @cpu(0)>

X:
[[ 6.  7.  8.  9. 10. 11.]
 [21. 22. 23. 24. 25. 26.]]
<NDArray 2x6 @cpu(0)>
Y:
[[ 7.  8.  9. 10. 11. 12.]
 [22. 23. 24. 25. 26. 27.]]
<NDArray 2x6 @cpu(0)>
```

小结

- 时序数据采样方式包括随机采样和相邻采样。使用这两种方式的循环神经网络训练在实现上略有不同。

练习

(1) 你还能想到哪些采样小批量时序数据的方法?

(2) 如果我们希望一个序列样本是一个完整的句子，这会给小批量采样带来什么样的问题?

6.4 循环神经网络的从零开始实现

扫码直达讨论区

在本节中，我们将从零开始实现一个基于字符级循环神经网络的语言模型，并在周杰伦专辑歌词数据集上训练一个模型来进行歌词创作。首先，我们读取周杰伦专辑歌词数据集。

```
In [1]: import d2lzh as d2l
        import math
        from mxnet import autograd, nd
        from mxnet.gluon import loss as gloss
        import time

        (corpus_indices, char_to_idx, idx_to_char,
         vocab_size) = d2l.load_data_jay_lyrics()
```

6.4.1 one-hot向量

为了将词表示成向量输入到神经网络，一个简单的办法是使用 one-hot 向量。假设词典中不同字符的数量为 N（即词典大小 vocab_size），每个字符已经同一个从 0 到 $N-1$ 的连续整数值索引一一对应。如果一个字符的索引是整数 i，那么我们创建一个全 0 的长为 N 的向量，并将其位置为 i 的元素设成 1。该向量就是对原字符的 one-hot 向量。下面分别展示了索引为 0 和 2 的 one-hot 向量，向量长度等于词典大小。

```
In [2]: nd.one_hot(nd.array([0, 2]), vocab_size)

Out[2]:
        [[1. 0. 0. ... 0. 0. 0.]
         [0. 0. 1. ... 0. 0. 0.]]
        <NDArray 2x1027 @cpu(0)>
```

我们每次采样的小批量的形状是 (批量大小, 时间步数)。下面的函数将这样的小批量变换成数个可以输入到网络的形状为 (批量大小, 词典大小) 的矩阵，矩阵个数等于时间步数。也就是说，时间步 t 的输入为 $\boldsymbol{X}_t \in \mathbb{R}^{n\times d}$，其中 n 为批量大小，d 为输入个数，即 one-hot 向量长度（词典大小）。

```
In [3]: def to_onehot(X, size):  # 本函数已保存在d2lzh包中方便以后使用
            return [nd.one_hot(x, size) for x in X.T]

        X = nd.arange(10).reshape((2, 5))
        inputs = to_onehot(X, vocab_size)
        len(inputs), inputs[0].shape

Out[3]: (5, (2, 1027))
```

6.4.2 初始化模型参数

接下来，我们初始化模型参数。隐藏单元个数 num_hiddens 是一个超参数。

```
In [4]: num_inputs, num_hiddens, num_outputs = vocab_size, 256, vocab_size
        ctx = d2l.try_gpu()
        print('will use', ctx)

        def get_params():
            def _one(shape):
                return nd.random.normal(scale=0.01, shape=shape, ctx=ctx)

            # 隐藏层参数
            W_xh = _one((num_inputs, num_hiddens))
            W_hh = _one((num_hiddens, num_hiddens))
            b_h = nd.zeros(num_hiddens, ctx=ctx)
            # 输出层参数
            W_hq = _one((num_hiddens, num_outputs))
            b_q = nd.zeros(num_outputs, ctx=ctx)
            # 附上梯度
            params = [W_xh, W_hh, b_h, W_hq, b_q]
            for param in params:
                param.attach_grad()
            return params

will use gpu(0)
```

6.4.3 定义模型

我们根据循环神经网络的计算表达式实现该模型。首先定义 init_rnn_state 函数来返回初始化的隐藏状态。它返回由一个形状为（批量大小，隐藏单元个数）的值为 0 的 NDArray 组成的元组。使用元组是为了更便于处理隐藏状态含有多个 NDArray 的情况。

```
In [5]: def init_rnn_state(batch_size, num_hiddens, ctx):
            return (nd.zeros(shape=(batch_size, num_hiddens), ctx=ctx), )
```

下面的 rnn 函数定义了在一个时间步里如何计算隐藏状态和输出。这里的激活函数使用了 tanh 函数。3.8 节中介绍过，当元素在实数域上均匀分布时，tanh 函数值的均值为 0。

```
In [6]: def rnn(inputs, state, params):
            # inputs和outputs皆为num_steps个形状为(batch_size, vocab_size)的矩阵
            W_xh, W_hh, b_h, W_hq, b_q = params
            H, = state
            outputs = []
            for X in inputs:
                H = nd.tanh(nd.dot(X, W_xh) + nd.dot(H, W_hh) + b_h)
                Y = nd.dot(H, W_hq) + b_q
                outputs.append(Y)
            return outputs, (H,)
```

做个简单的测试来观察输出结果的个数（时间步数），以及第一个时间步的输出层输出的

形状和隐藏状态的形状。

```
In [7]: state = init_rnn_state(X.shape[0], num_hiddens, ctx)
        inputs = to_onehot(X.as_in_context(ctx), vocab_size)
        params = get_params()
        outputs, state_new = rnn(inputs, state, params)
        len(outputs), outputs[0].shape, state_new[0].shape

Out[7]: (5, (2, 1027), (2, 256))
```

6.4.4 定义预测函数

以下函数基于前缀 prefix（含有数个字符的字符串）来预测接下来的 num_chars 个字符。这个函数稍显复杂，其中我们将循环神经单元 rnn 设置成了函数参数，这样在后面小节介绍其他循环神经网络时能重复使用这个函数。

```
In [8]: # 本函数已保存在d2lzh包中方便以后使用
        def predict_rnn(prefix, num_chars, rnn, params, init_rnn_state,
                        num_hiddens, vocab_size, ctx, idx_to_char, char_to_idx):
            state = init_rnn_state(1, num_hiddens, ctx)
            output = [char_to_idx[prefix[0]]]
            for t in range(num_chars + len(prefix) - 1):
                # 将上一时间步的输出作为当前时间步的输入
                X = to_onehot(nd.array([output[-1]], ctx=ctx), vocab_size)
                # 计算输出和更新隐藏状态
                (Y, state) = rnn(X, state, params)
                # 下一个时间步的输入是prefix里的字符或者当前的最佳预测字符
                if t < len(prefix) - 1:
                    output.append(char_to_idx[prefix[t + 1]])
                else:
                    output.append(int(Y[0].argmax(axis=1).asscalar()))
            return ''.join([idx_to_char[i] for i in output])
```

我们先测试一下 predict_rnn 函数。我们将根据前缀“分开”创作长度为 10 个字符（不考虑前缀长度）的一段歌词。因为模型参数为随机值，所以预测结果也是随机的。

```
In [9]: predict_rnn('分开', 10, rnn, params, init_rnn_state, num_hiddens, vocab_size,
                    ctx, idx_to_char, char_to_idx)

Out[9]: '分开拖印悉纳他亮做载为共'
```

6.4.5 裁剪梯度

循环神经网络中较容易出现梯度衰减或梯度爆炸。我们会在 6.6 节中解释原因。为了应对梯度爆炸，我们可以裁剪梯度（clip gradient）。假设我们把所有模型参数梯度的元素拼接成一个向量 $\boldsymbol{g}$，并设裁剪的阈值是 θ。裁剪后的梯度

$$\min\left(\frac{\theta}{\|\boldsymbol{g}\|}, 1\right)\boldsymbol{g}$$

的 L_2 范数不超过 θ。

```
In [10]: # 本函数已保存在d2lzh包中方便以后使用
         def grad_clipping(params, theta, ctx):
             norm = nd.array([0], ctx)
             for param in params:
                 norm += (param.grad ** 2).sum()
             norm = norm.sqrt().asscalar()
             if norm > theta:
                 for param in params:
                     param.grad[:] *= theta / norm
```

6.4.6 困惑度

我们通常使用困惑度（perplexity）来评价语言模型的好坏。回忆一下 3.4 节中交叉熵损失函数的定义。困惑度是对交叉熵损失函数做指数运算后得到的值。特别地，

- 最佳情况下，模型总是把标签类别的概率预测为 1，此时困惑度为 1；
- 最坏情况下，模型总是把标签类别的概率预测为 0，此时困惑度为正无穷；
- 基线情况下，模型总是预测所有类别的概率都相同，此时困惑度为类别个数。

显然，任何一个有效模型的困惑度必须小于类别个数。在本例中，困惑度必须小于词典大小 vocab_size。

6.4.7 定义模型训练函数

与第 3 章和第 5 章中的模型训练函数相比，这里的模型训练函数有以下几点不同。

（1）使用困惑度评价模型。

（2）在迭代模型参数前裁剪梯度。

（3）对时序数据采用不同采样方法将导致隐藏状态初始化的不同。相关讨论可参考 6.3 节。

另外，考虑到后面将介绍的其他循环神经网络，为了更通用，这里的函数实现更长一些。

```
In [11]: # 本函数已保存在d2lzh包中方便以后使用
         def train_and_predict_rnn(rnn, get_params, init_rnn_state, num_hiddens,
                                   vocab_size, ctx, corpus_indices, idx_to_char,
                                   char_to_idx, is_random_iter, num_epochs, num_steps,
                                   lr, clipping_theta, batch_size, pred_period,
                                   pred_len, prefixes):
             if is_random_iter:
                 data_iter_fn = d2l.data_iter_random
             else:
                 data_iter_fn = d2l.data_iter_consecutive
             params = get_params()
             loss = gloss.SoftmaxCrossEntropyLoss()

             for epoch in range(num_epochs):
                 if not is_random_iter: # 如使用相邻采样，在epoch开始时初始化隐藏状态
                     state = init_rnn_state(batch_size, num_hiddens, ctx)
                 l_sum, n, start = 0.0, 0, time.time()
                 data_iter = data_iter_fn(corpus_indices, batch_size, num_steps, ctx)
                 for X, Y in data_iter:
```

```
            if is_random_iter:  # 如使用随机采样，在每个小批量更新前初始化隐藏状态
                state = init_rnn_state(batch_size, num_hiddens, ctx)
            else:  # 否则需要使用detach函数从计算图分离隐藏状态
                for s in state:
                    s.detach()
            with autograd.record():
                inputs = to_onehot(X, vocab_size)
                # outputs有num_steps个形状为(batch_size, vocab_size)的矩阵
                (outputs, state) = rnn(inputs, state, params)
                # 连结之后形状为(num_steps * batch_size, vocab_size)
                outputs = nd.concat(*outputs, dim=0)
                # Y的形状是(batch_size, num_steps)，转置后再变成长度为
                # batch * num_steps 的向量，这样跟输出的行一一对应
                y = Y.T.reshape((-1,))
                # 使用交叉熵损失计算平均分类误差
                l = loss(outputs, y).mean()
            l.backward()
            grad_clipping(params, clipping_theta, ctx)  # 裁剪梯度
            d2l.sgd(params, lr, 1)  # 因为误差已经取过均值，梯度不用再做平均
            l_sum += l.asscalar() * y.size
            n += y.size

        if (epoch + 1) % pred_period == 0:
            print('epoch %d, perplexity %f, time %.2f sec' % (
                epoch + 1, math.exp(l_sum / n), time.time() - start))
            for prefix in prefixes:
                print(' -', predict_rnn(
                    prefix, pred_len, rnn, params, init_rnn_state,
                    num_hiddens, vocab_size, ctx, idx_to_char, char_to_idx))
```

6.4.8 训练模型并创作歌词

现在我们可以训练模型了。首先，设置模型超参数。我们将根据前缀“分开”和“不分开”分别创作长度为 50 个字符（不考虑前缀长度）的一段歌词。我们每过 50 个迭代周期便根据当前训练的模型创作一段歌词。

```
In [12]: num_epochs, num_steps, batch_size, lr, clipping_theta = 250, 35, 32, 1e2, 1e-2
         pred_period, pred_len, prefixes = 50, 50, ['分开', '不分开']
```

下面采用随机采样训练模型并创作歌词。

```
In [13]: train_and_predict_rnn(rnn, get_params, init_rnn_state, num_hiddens,
                               vocab_size, ctx, corpus_indices, idx_to_char,
                               char_to_idx, True, num_epochs, num_steps, lr,
                               clipping_theta, batch_size, pred_period, pred_len,
                               prefixes)
epoch 50, perplexity 69.992022, time 0.25 sec
 - 分开 我不要再不能 不知再 你不么 一九四 我给我 别你我 别你的 我疯狂的可爱女人 坏要的让我疯狂的可
 - 不分开 我想想你想你 不知哈 你给我 别你的让我疯狂的可爱女人 坏柔的让我疯狂的可爱女人
↪  坏柔的让我疯狂的
epoch 100, perplexity 9.871265, time 0.25 sec
 - 分开 我想想这样活 世不着 一直走 我想就这样牵着你的手不放开 爱可不能够永 一使到我 说你的让我 无的
 - 不分开  想有你烦  有不的事丽  我不能再想 我不 我不 我不 我不 我不 我不 我不 我不 我不 我不 我
```

```
epoch 150, perplexity 2.844756, time 0.24 sec
 - 分开 有杰的美丽在我 家乡的 娘沉默 娘子却依旧每日折一枝杨柳 在小村外的溪边河口默默等著我 娘子依旧每
 - 不分开吗 我后能爸 你打我妈 这样 我后要听 牵果前 有数怎么停 老不苦 如皮堂 是属了的信代的墙都 还著
epoch 200, perplexity 1.586915, time 0.25 sec
 - 分开 不想用你心仪 唱多年以后 还是让人难过 心伤透 娘子她人在江南等我 泪不休 语沉默 娘子她人在江南
 - 不分开扫把的胖女巫 用拉丁文念咒语啦啦呜 她养的黑猫笑起来像哭 啦啦啦呜 一根我早 在对上吗的溪 一口 老
epoch 250, perplexity 1.297808, time 0.24 sec
 - 分开 不只好 一给四颗三颗四步望著天 看星星 一颗两颗三颗四颗 连成线背著背 游荡在蓝后 还是让人难过
 - 不分开期 我不能再想 我不 我不 我不能 爱情走的太快就像龙卷风 不能承受我已无处可躲 我不要再想 我不要
```

接下来采用相邻采样训练模型并创作歌词。

```
In [14]: train_and_predict_rnn(rnn, get_params, init_rnn_state, num_hiddens,
                               vocab_size, ctx, corpus_indices, idx_to_char,
                               char_to_idx, False, num_epochs, num_steps, lr,
                               clipping_theta, batch_size, pred_period, pred_len,
                               prefixes)
```

```
epoch 50, perplexity 62.419301, time 0.24 sec
 - 分开 我想要你的溪边 我想就的爱写在人 坏坏的让我疯狂的可爱女人 坏坏的让我疯狂的可爱女人 坏坏的让我疯
 - 不分开 我不要你 你谁了双 我想一直 如果用人 如果用人 如果用人 如果用人 如果用人 如果用人 如果用人
epoch 100, perplexity 7.271332, time 0.24 sec
 - 分开 我给了这样    没有你在我有多烦熬多难 我想著你 你我想外的溪边 我默店够二 三两银够不够 景色入秋
 - 不分开 我给就的前活 我知你 生不我的想头 你什么 瞎不是你不想活 说你怎么面对我 甩开球我满腔的怒火 我
epoch 150, perplexity 2.092366, time 0.24 sec
 - 分开 我给我 你你开 看壶了中手代 对我依停留 谁非是 旧诉我 印地安的传说 还真是 瞎透了 什么都有
 - 不分开觉 你已经离开我 不知不觉 我跟了这节奏 后知后觉 又过了一个秋 后知后觉 我该好好生活 我该好好生
epoch 200, perplexity 1.301714, time 0.24 sec
 - 分开 我候在烦生离 不知尽觉 又脸风伯爵寞 近乡情怯 我该好好生活 我该好好生活 不知不觉 你已经离开我
 - 不分开觉 你已经离开在听像 她今再也三里斯纵 瞎 说都说不听听 痛 我们在你斯翢阻止一切 看远方的星如果听
epoch 250, perplexity 1.150178, time 0.24 sec
 - 分开 问候我 谁是我 说分于的传说 还真是回忆 伤人的美丽 你的完美主义 太彻底 让我连根都难以下笔 将
 - 不分开觉 你已经离开我 不知不觉 我跟了这节奏 后知后觉 又过了一个秋 后知后觉 我该好好生活 我该好好生
```

小结

- 可以用基于字符级循环神经网络的语言模型来生成文本序列，例如创作歌词。
- 当训练循环神经网络时，为了应对梯度爆炸，可以裁剪梯度。
- 困惑度是对交叉熵损失函数做指数运算后得到的值。

练习

（1）调节超参数，观察并分析对运行时间、困惑度以及创作歌词的结果造成的影响。

（2）不裁剪梯度，运行本节中的代码，结果会怎样？

（3）将 `pred_period` 变量设为 1，观察未充分训练的模型（困惑度高）是如何创作歌词的。你获得了什么启发？

（4）将相邻采样改为不从计算图分离隐藏状态，运行时间有没有变化？

（5）将本节中使用的激活函数替换成 ReLU，重复本节的实验。

6.5 循环神经网络的简洁实现

扫码直达讨论区

本节将使用 Gluon 来更简洁地实现基于循环神经网络的语言模型。首先，我们读取周杰伦专辑歌词数据集。

```
In [1]: import d2lzh as d2l
        import math
        from mxnet import autograd, gluon, init, nd
        from mxnet.gluon import loss as gloss, nn, rnn
        import time

        (corpus_indices, char_to_idx, idx_to_char,
         vocab_size) = d2l.load_data_jay_lyrics()
```

6.5.1 定义模型

Gluon 的 rnn 模块提供了循环神经网络的实现。下面构造一个含单隐藏层、隐藏单元个数为 256 的循环神经网络层 rnn_layer，并对权重做初始化。

```
In [2]: num_hiddens = 256
        rnn_layer = rnn.RNN(num_hiddens)
        rnn_layer.initialize()
```

接下来，调用 rnn_layer 的成员函数 begin_state 来返回初始化的隐藏状态列表。它有一个形状为 (隐藏层个数, 批量大小, 隐藏单元个数) 的元素。

```
In [3]: batch_size = 2
        state = rnn_layer.begin_state(batch_size=batch_size)
        state[0].shape

Out[3]: (1, 2, 256)
```

与上一节中实现的循环神经网络不同，这里 rnn_layer 的输入形状为 (时间步数，批量大小，输入个数)，其中输入个数即 one-hot 向量长度（词典大小）。此外，rnn_layer 作为 Gluon 的 rnn.RNN 实例，在前向计算后会分别返回输出和隐藏状态，其中输出指的是隐藏层在各个时间步上计算并输出的隐藏状态，它们通常作为后续输出层的输入。需要强调的是，该“输出”本身并不涉及输出层计算，形状为 (时间步数, 批量大小, 隐藏单元个数)。而 rnn.RNN 实例在前向计算返回的隐藏状态指的是隐藏层在最后时间步的可用于初始化下一时间步的隐藏状态：当隐藏层有多层时，每一层的隐藏状态都会记录在该变量中；对于像长短期记忆这样的循环神经网络，该变量还会包含其他信息。我们会在 6.8 节和 6.9 节分别介绍长短期记忆和深度循环神经网络。

```
In [4]: num_steps = 35
        X = nd.random.uniform(shape=(num_steps, batch_size, vocab_size))
        Y, state_new = rnn_layer(X, state)
        Y.shape, len(state_new), state_new[0].shape

Out[4]: ((35, 2, 256), 1, (1, 2, 256))
```

接下来我们继承 Block 类来定义一个完整的循环神经网络。它首先将输入数据使用 one-hot 向量表示后输入到 rnn_layer 中，然后使用全连接输出层得到输出。输出个数等于词典大小 vocab_size。

```
In [5]: # 本类已保存在d2lzh包中方便以后使用
        class RNNModel(nn.Block):
            def __init__(self, rnn_layer, vocab_size, **kwargs):
                super(RNNModel, self).__init__(**kwargs)
                self.rnn = rnn_layer
                self.vocab_size = vocab_size
                self.dense = nn.Dense(vocab_size)

            def forward(self, inputs, state):
                # 将输入转置成(num_steps, batch_size)后获取one-hot向量表示
                X = nd.one_hot(inputs.T, self.vocab_size)
                Y, state = self.rnn(X, state)
                # 全连接层会首先将Y的形状变成(num_steps * batch_size, num_hiddens), 它的输出
                # 形状为(num_steps * batch_size, vocab_size)
                output = self.dense(Y.reshape((-1, Y.shape[-1])))
                return output, state

            def begin_state(self, *args, **kwargs):
                return self.rnn.begin_state(*args, **kwargs)
```

6.5.2 训练模型

同 6.4 节一样，下面定义一个预测函数。这里的实现区别在于前向计算和初始化隐藏状态的函数接口。

```
In [6]: # 本函数已保存在d2lzh包中方便以后使用
        def predict_rnn_gluon(prefix, num_chars, model, vocab_size, ctx, idx_to_char,
                              char_to_idx):
            # 使用model的成员函数来初始化隐藏状态
            state = model.begin_state(batch_size=1, ctx=ctx)
            output = [char_to_idx[prefix[0]]]
            for t in range(num_chars + len(prefix) - 1):
                X = nd.array([output[-1]], ctx=ctx).reshape((1, 1))
                (Y, state) = model(X, state)  # 前向计算不需要传入模型参数
                if t < len(prefix) - 1:
                    output.append(char_to_idx[prefix[t + 1]])
                else:
                    output.append(int(Y.argmax(axis=1).asscalar()))
            return ''.join([idx_to_char[i] for i in output])
```

让我们使用权重为随机值的模型来预测一次。

```
In [7]: ctx = d2l.try_gpu()
        model = RNNModel(rnn_layer, vocab_size)
        model.initialize(force_reinit=True, ctx=ctx)
        predict_rnn_gluon('分开', 10, model, vocab_size, ctx, idx_to_char, char_to_idx)

Out[7]: '分开否得村死蜡颗牛义爱婆'
```

接下来实现训练函数。算法同 6.4 节一样，但这里只使用了相邻采样来读取数据。

```
In [8]: # 本函数已保存在d2lzh包中方便以后使用
        def train_and_predict_rnn_gluon(model, num_hiddens, vocab_size, ctx,
                                        corpus_indices, idx_to_char, char_to_idx,
                                        num_epochs, num_steps, lr, clipping_theta,
                                        batch_size, pred_period, pred_len, prefixes):
            loss = gloss.SoftmaxCrossEntropyLoss()
            model.initialize(ctx=ctx, force_reinit=True, init=init.Normal(0.01))
            trainer = gluon.Trainer(model.collect_params(), 'sgd',
                                    {'learning_rate': lr, 'momentum': 0, 'wd': 0})

            for epoch in range(num_epochs):
                l_sum, n, start = 0.0, 0, time.time()
                data_iter = d2l.data_iter_consecutive(
                    corpus_indices, batch_size, num_steps, ctx)
                state = model.begin_state(batch_size=batch_size, ctx=ctx)
                for X, Y in data_iter:
                    for s in state:
                        s.detach()
                    with autograd.record():
                        (output, state) = model(X, state)
                        y = Y.T.reshape((-1,))
                        l = loss(output, y).mean()
                    l.backward()
                    # 梯度裁剪
                    params = [p.data() for p in model.collect_params().values()]
                    d2l.grad_clipping(params, clipping_theta, ctx)
                    trainer.step(1)  # 因为已经误差取过均值，梯度不用再做平均
                    l_sum += l.asscalar() * y.size
                    n += y.size

                if (epoch + 1) % pred_period == 0:
                    print('epoch %d, perplexity %f, time %.2f sec' % (
                        epoch + 1, math.exp(l_sum / n), time.time() - start))
                    for prefix in prefixes:
                        print(' -', predict_rnn_gluon(
                            prefix, pred_len, model, vocab_size, ctx, idx_to_char,
                            char_to_idx))
```

使用和6.4节实验中一样的超参数来训练模型。

```
In [9]: num_epochs, batch_size, lr, clipping_theta = 250, 32, 1e2, 1e-2
        pred_period, pred_len, prefixes = 50, 50, ['分开', '不分开']
        train_and_predict_rnn_gluon(model, num_hiddens, vocab_size, ctx,
                                    corpus_indices, idx_to_char, char_to_idx,
                                    num_epochs, num_steps, lr, clipping_theta,
                                    batch_size, pred_period, pred_len, prefixes)

epoch 50, perplexity 82.062816, time 0.05 sec
 - 分开 我想能再想 我不能再想 我不能再想 我不能再想 我不能再想 我不能再想 我不能再想 我不能再想 我
 - 不分开 我想我这我 你的让我感狂的可爱女人 坏坏的让我疯狂的可爱女人 坏坏的让我疯狂的可爱女人
 ↪  坏坏的让我
epoch 100, perplexity 13.982722, time 0.05 sec
 - 分开 娘子的没有 你的完美 你的爱空 我想定有些 我不能再想 我不能再想 我不能再想 我不能再想 我不能
 - 不分开  说知云层 我马儿努些 我不能再不 我不能再想 我不能再想 我不能再想 我不能再想 我不能再想 我
epoch 150, perplexity 4.328425, time 0.05 sec
```

```
 - 分开 娘子的黑猫 谁的躺以 温暖了蜘屋 白色蜡烛 温暖了空屋 白色蜡烛 温暖了空屋 白色蜡烛 温暖了空屋
 - 不分开过 我有你伊为力许开一个不演戏 最后再一起人慢到你怎到 爸楔的美息干枯的河息手等恍过外会可么
 → 是果在
epoch 200, perplexity 2.544455, time 0.05 sec
 - 分开 平候她 旧属于那年代 墙黑得看留都 平常话 我手眼的生活 不知依依 满脸风霜 迷迷蒙容 没风的梦
 - 不分开 不要再我环绕大自然 迎著风 开始共渡每一天 手牵手 一步两步三步四步望著天 看星星 一颗两颗三颗四
epoch 250, perplexity 1.840158, time 0.05 sec
 - 分开 问养堂 是属于那年代白墙黑瓦的淡淡的忧伤 消失的 旧时光 一九四三 回头看 的片段 有一些风霜 老
 - 不分开 不要再 一直真 我想就这样牵着你的手不放开 爱可不可以简简单单没有伤害 你 靠着我的肩膀 你 在我
```

小结

- Gluon 的 `rnn` 模块提供了循环神经网络层的实现。
- Gluon 的 `rnn.RNN` 实例在前向计算后会分别返回输出和隐藏状态。该前向计算并不涉及输出层计算。

练习

与 6.4 节的实现进行比较，看看 Gluon 的实现是不是运行速度更快？如果你觉得差别明显，试着找找原因。

6.6 通过时间反向传播

如果读者做了 6.4 节的练习，就会发现，如果不裁剪梯度，模型将无法正常训练。为了深刻理解这一现象，本节将介绍循环神经网络中梯度的计算和存储方法，即通过时间反向传播（back-propagation through time）。

我们在 3.14 节中介绍了神经网络中梯度计算与存储的一般思路，并强调正向传播和反向传播相互依赖。正向传播在循环神经网络中比较直观，而通过时间反向传播其实是反向传播在循环神经网络中的具体应用。我们需要将循环神经网络按时间步展开，从而得到模型变量和参数之间的依赖关系，并依据链式法则应用反向传播计算并存储梯度。

6.6.1 定义模型

简单起见，我们考虑一个无偏差项的循环神经网络，且激活函数为恒等映射（$\phi(x)=x$）。设时间步 t 的输入为单样本 $\boldsymbol{x}_t \in \mathbb{R}^d$，标签为 y_t，那么隐藏状态 $\boldsymbol{h}_t \in \mathbb{R}^h$ 的计算表达式为

$$\boldsymbol{h}_t = \boldsymbol{W}_{hx}\boldsymbol{x}_t + \boldsymbol{W}_{hh}\boldsymbol{h}_{t-1}$$

其中 $\boldsymbol{W}_{hx} \in \mathbb{R}^{h\times d}$ 和 $\boldsymbol{W}_{hh} \in \mathbb{R}^{h\times h}$ 是隐藏层权重参数。设输出层权重参数 $\boldsymbol{W}_{qh} \in \mathbb{R}^{q\times h}$，时间步 t 的输出层变量 $\boldsymbol{o}_t \in \mathbb{R}^q$ 计算为

$$\boldsymbol{o}_t = \boldsymbol{W}_{qh}\boldsymbol{h}_t$$

设时间步 t 的损失为 $\ell(\boldsymbol{o}_t, y_t)$。时间步数为 T 的损失函数 L 定义为

$$L=\frac{1}{T}\sum_{t=1}^{T}\ell(\boldsymbol{o}_t, y_t)$$

我们将 L 称为有关给定时间步的数据样本的目标函数，并在本节后续讨论中简称为目标函数。

6.6.2 模型计算图

为了可视化循环神经网络中模型变量和参数在计算中的依赖关系，我们可以绘制模型计算图，如图 6-3 所示。例如，时间步 3 的隐藏状态 $\boldsymbol{h}_3$ 的计算依赖模型参数 $\boldsymbol{W}_{hx}$、$\boldsymbol{W}_{hh}$、上一时间步隐藏状态 $\boldsymbol{h}_2$ 以及当前时间步输入 $\boldsymbol{x}_3$。

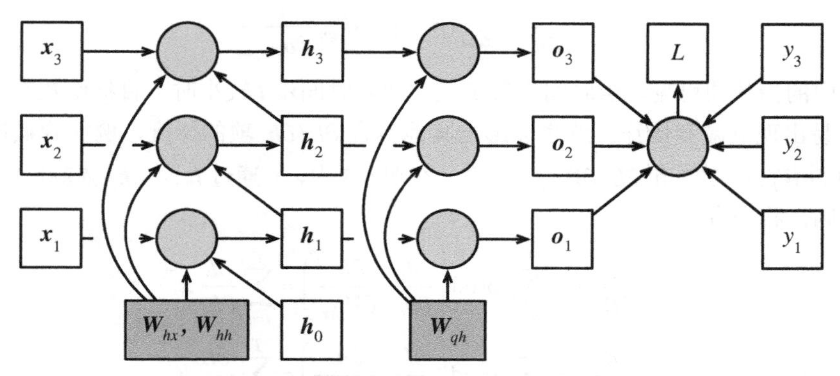

图 6-3 时间步数为 3 的循环神经网络模型计算中的依赖关系。方框代表变量（无阴影）或参数（有阴影），圆圈代表运算符

6.6.3 方法

刚刚提到，图 6-3 中的模型的参数是 $\boldsymbol{W}_{hx}$、$\boldsymbol{W}_{hh}$ 和 $\boldsymbol{W}_{qh}$。与 3.14 节中的类似，训练模型通常需要模型参数的梯度 $\partial L/\partial \boldsymbol{W}_{hx}$、$\partial L/\partial \boldsymbol{W}_{hh}$ 和 $\partial L/\partial \boldsymbol{W}_{qh}$。根据图 6-3 中的依赖关系，我们可以按照其中箭头所指的反方向依次计算并存储梯度。为了表述方便，我们依然采用 3.14 节中表达链式法则的运算符 prod。

首先，目标函数有关各时间步输出层变量的梯度 $\partial L/\partial \boldsymbol{o}_t \in \mathbb{R}^q$ 很容易计算：

$$\frac{\partial L}{\partial \boldsymbol{o}_t}=\frac{\partial \ell(\boldsymbol{o}_t, y_t)}{T\cdot \partial \boldsymbol{o}_t}$$

下面，我们可以计算目标函数有关模型参数 $\boldsymbol{W}_{qh}$ 的梯度 $\partial L/\partial \boldsymbol{W}_{qh} \in \mathbb{R}^{q\times h}$。根据图 6-3，$L$ 通过 $o_1,\cdots,o_T$ 依赖 $\boldsymbol{W}_{qh}$。依据链式法则，

$$\frac{\partial L}{\partial \boldsymbol{W}_{qh}}=\sum_{t=1}^{T}\text{prod}\left(\frac{\partial L}{\partial \boldsymbol{o}_t}, \frac{\partial \boldsymbol{o}_t}{\partial \boldsymbol{W}_{qh}}\right)=\sum_{t=1}^{T}\frac{\partial L}{\partial \boldsymbol{o}_t}\boldsymbol{h}_t^\top$$

其次，我们注意到隐藏状态之间也存在依赖关系。在图 6-3 中，L 只通过 $\boldsymbol{o}_T$ 依赖最终时间步 T 的隐藏状态 $\boldsymbol{h}_T$。因此，我们先计算目标函数有关最终时间步隐藏状态的梯度 $\partial L/\partial \boldsymbol{h}_T \in \mathbb{R}^h$。依据链式法则，我们得到

$$\frac{\partial L}{\partial \boldsymbol{h}_T} = \text{prod}\left(\frac{\partial L}{\partial \boldsymbol{o}_T}, \frac{\partial \boldsymbol{o}_T}{\partial \boldsymbol{h}_T}\right) = \boldsymbol{W}_{qh}^\top \frac{\partial L}{\partial \boldsymbol{o}_T}$$

接下来对于时间步 $t < T$，在图 6-3 中，L 通过 $\boldsymbol{h}_{t+1}$ 和 $\boldsymbol{o}_t$ 依赖 $\boldsymbol{h}_t$。依据链式法则，目标函数有关时间步 $t < T$ 的隐藏状态的梯度 $\partial L / \partial \boldsymbol{h}_t \in \mathbb{R}^h$ 需要按照时间步从大到小依次计算：

$$\frac{\partial L}{\partial \boldsymbol{h}_t} = \text{prod}\left(\frac{\partial L}{\partial \boldsymbol{h}_{t+1}}, \frac{\partial \boldsymbol{h}_{t+1}}{\partial \boldsymbol{h}_t}\right) + \text{prod}\left(\frac{\partial L}{\partial \boldsymbol{o}_t}, \frac{\partial \boldsymbol{o}_t}{\partial \boldsymbol{h}_t}\right) = \boldsymbol{W}_{hh}^\top \frac{\partial L}{\partial \boldsymbol{h}_{t+1}} + \boldsymbol{W}_{qh}^\top \frac{\partial L}{\partial \boldsymbol{o}_t}$$

将上面的递归公式展开，对任意时间步 $1 \leqslant t \leqslant T$，我们可以得到目标函数有关隐藏状态梯度的通项公式

$$\frac{\partial L}{\partial \boldsymbol{h}_t} = \sum_{i=t}^{T} (\boldsymbol{W}_{hh}^\top)^{T-i} \boldsymbol{W}_{qh}^\top \frac{\partial L}{\partial \boldsymbol{o}_{T+t-i}}$$

由上式中的指数项可见，当时间步数 T 较大或者时间步 t 较小时，目标函数有关隐藏状态的梯度较容易出现衰减和爆炸。这也会影响其他包含 $\partial L / \partial \boldsymbol{h}_t$ 项的梯度，例如隐藏层中模型参数的梯度 $\partial L / \partial \boldsymbol{W}_{hx} \in \mathbb{R}^{h \times d}$ 和 $\partial L / \partial \boldsymbol{W}_{hh} \in \mathbb{R}^{h \times h}$。在图 6-3 中，$L$ 通过 $\boldsymbol{h}_1, \cdots, \boldsymbol{h}_T$ 依赖这些模型参数。依据链式法则，我们有

$$\frac{\partial L}{\partial \boldsymbol{W}_{hx}} = \sum_{t=1}^{T} \text{prod}\left(\frac{\partial L}{\partial \boldsymbol{h}_t}, \frac{\partial \boldsymbol{h}_t}{\partial \boldsymbol{W}_{hx}}\right) = \sum_{t=1}^{T} \frac{\partial L}{\partial \boldsymbol{h}_t} \boldsymbol{x}_t^\top$$

$$\frac{\partial L}{\partial \boldsymbol{W}_{hh}} = \sum_{t=1}^{T} \text{prod}\left(\frac{\partial L}{\partial \boldsymbol{h}_t}, \frac{\partial \boldsymbol{h}_t}{\partial \boldsymbol{W}_{hh}}\right) = \sum_{t=1}^{T} \frac{\partial L}{\partial \boldsymbol{h}_t} \boldsymbol{h}_{t-1}^\top$$

我们已在 3.14 节里解释过，每次迭代中，我们在依次计算完以上各个梯度后，会将它们存储起来，从而避免重复计算。例如，由于隐藏状态梯度 $\partial L / \partial \boldsymbol{h}_t$ 被计算和存储，之后的模型参数梯度 $\partial L / \partial \boldsymbol{W}_{hx}$ 和 $\partial L / \partial \boldsymbol{W}_{hh}$ 的计算可以直接读取 $\partial L / \partial \boldsymbol{h}_t$ 的值，而无须重复计算它们。此外，反向传播中的梯度计算可能会依赖变量的当前值。它们正是通过正向传播计算出来的。举例来说，参数梯度 $\partial L / \partial \boldsymbol{W}_{hh}$ 的计算需要依赖隐藏状态在时间步 $t = 0, \cdots, T-1$ 的当前值 $\boldsymbol{h}_t$（$\boldsymbol{h}_0$ 是初始化得到的）。这些值是通过从输入层到输出层的正向传播计算并存储得到的。

小结

- 通过时间反向传播是反向传播在循环神经网络中的具体应用。
- 当时间步数较大或者时间步较小时，循环神经网络的梯度较容易出现衰减或爆炸。

练习

除了梯度裁剪，你还能想到别的什么方法应对循环神经网络中的梯度爆炸？

6.7　门控循环单元（GRU）

6.6 节介绍了循环神经网络中的梯度计算方法。我们发现，当时间步数较大或者时间步较

小时，循环神经网络的梯度较容易出现衰减或爆炸。虽然裁剪梯度可以应对梯度爆炸，但无法解决梯度衰减的问题。通常由于这个原因，循环神经网络在实际中较难捕捉时间序列中时间步距离较大的依赖关系。

门控循环神经网络（gated recurrent neural network）的提出，正是为了更好地捕捉时间序列中时间步距离较大的依赖关系。它通过可以学习的门来控制信息的流动。其中，门控循环单元（gated recurrent unit，GRU）是一种常用的门控循环神经网络[7, 9]。另一种常用的门控循环神经网络则将在6.8节中介绍。

6.7.1 门控循环单元

下面将介绍门控循环单元的设计。它引入了重置门和更新门的概念，从而修改了循环神经网络中隐藏状态的计算方式。

1. 重置门和更新门

如图6-4所示，门控循环单元中的重置门（reset gate）和更新门（update gate）的输入均为当前时间步输入 $\boldsymbol{X}_t$ 与上一时间步隐藏状态 $\boldsymbol{H}_{t-1}$，输出由激活函数为sigmoid函数的全连接层计算得到。

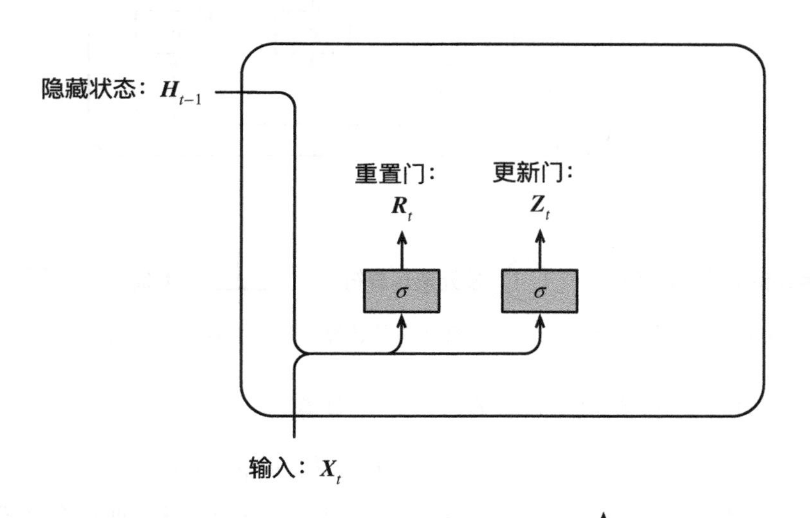

图6-4 门控循环单元中重置门和更新门的计算

具体来说，假设隐藏单元个数为 h，给定时间步 t 的小批量输入 $\boldsymbol{X}_t \in \mathbb{R}^{n \times d}$（样本数为 n，输入个数为 d）和上一时间步隐藏状态 $\boldsymbol{H}_{t-1} \in \mathbb{R}^{n \times h}$。重置门 $\boldsymbol{R}_t \in \mathbb{R}^{n \times h}$ 和更新门 $\boldsymbol{Z}_t \in \mathbb{R}^{n \times h}$ 的计算如下：

$$\boldsymbol{R}_t = \sigma(\boldsymbol{X}_t \boldsymbol{H}_{xr} + \boldsymbol{H}_{t-1} \boldsymbol{W}_{hr} + \boldsymbol{b}_r)$$
$$\boldsymbol{Z}_t = \sigma(\boldsymbol{X}_t \boldsymbol{H}_{xz} + \boldsymbol{H}_{t-1} \boldsymbol{W}_{hz} + \boldsymbol{b}_z)$$

其中 $W_{xr}, W_{xz} \in \mathbb{R}^{d\times h}$ 和 $W_{hr}, W_{hz} \in \mathbb{R}^{h\times h}$ 是权重参数，$b_r, b_z \in \mathbb{R}^{1\times h}$ 是偏差参数。3.8 节中介绍过，sigmoid 函数可以将元素的值变换到 0 和 1 之间。因此，重置门 R_t 和更新门 Z_t 中每个元素的值域都是 [0, 1]。

2. 候选隐藏状态

接下来，门控循环单元将计算候选隐藏状态来辅助稍后的隐藏状态计算。如图 6-5 所示，我们将当前时间步重置门的输出与上一时间步隐藏状态做按元素乘法（符号为 ⊙）。如果重置门中元素值接近 0，那么意味着重置对应隐藏状态元素为 0，即丢弃上一时间步的隐藏状态。如果元素值接近 1，那么表示保留上一时间步的隐藏状态。然后，将按元素乘法的结果与当前时间步的输入连结，再通过含激活函数 tanh 的全连接层计算出候选隐藏状态，其所有元素的值域为 [−1, 1]。

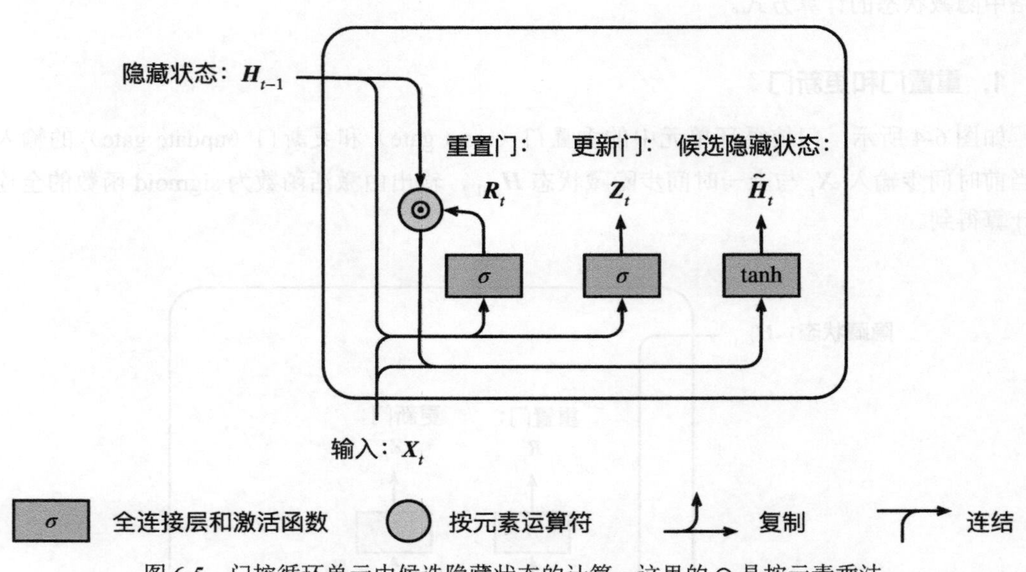

图 6-5 门控循环单元中候选隐藏状态的计算。这里的 ⊙ 是按元素乘法

具体来说，时间步 t 的候选隐藏状态 $\tilde{H}_t \in \mathbb{R}^{n\times h}$ 的计算为

$$\tilde{H}_t = \tanh(X_t W_{xh} + (R_t \odot H_{t-1}) W_{hh} + b_h)$$

其中 $W_{xh} \in \mathbb{R}^{d\times h}$ 和 $W_{hh} \in \mathbb{R}^{h\times h}$ 是权重参数，$b_h \in \mathbb{R}^{1\times h}$ 是偏差参数。从上面这个公式可以看出，重置门控制了上一时间步的隐藏状态如何流入当前时间步的候选隐藏状态，而上一时间步的隐藏状态可能包含了时间序列截至上一时间步的全部历史信息。因此，重置门可以用来丢弃与预测无关的历史信息。

3. 隐藏状态

最后，时间步 t 的隐藏状态 $H_t \in \mathbb{R}^{n\times h}$ 的计算使用当前时间步的更新门 Z_t 来对上一时间步的隐藏状态 H_{t-1} 和当前时间步的候选隐藏状态 $\tilde{H}_t$ 做组合：

$$H_t = Z_t \odot H_{t-1} + (1 - Z_t) \odot \tilde{H}_t$$

值得注意的是，更新门可以控制隐藏状态应该如何被包含当前时间步信息的候选隐藏状态所更新，如图 6-6 所示。假设更新门在时间步 t' 到 t（$t'<t$）之间一直近似 1。那么，在时间步 t' 到 t 之间的输入信息几乎没有流入时间步 t 的隐藏状态 $\boldsymbol{H}_t$。实际上，这可以看作是较早时刻的隐藏状态 $\boldsymbol{H}_{t'-1}$ 一直通过时间保存并传递至当前时间步 t。这个设计可以应对循环神经网络中的梯度衰减问题，并更好地捕捉时间序列中时间步距离较大的依赖关系。

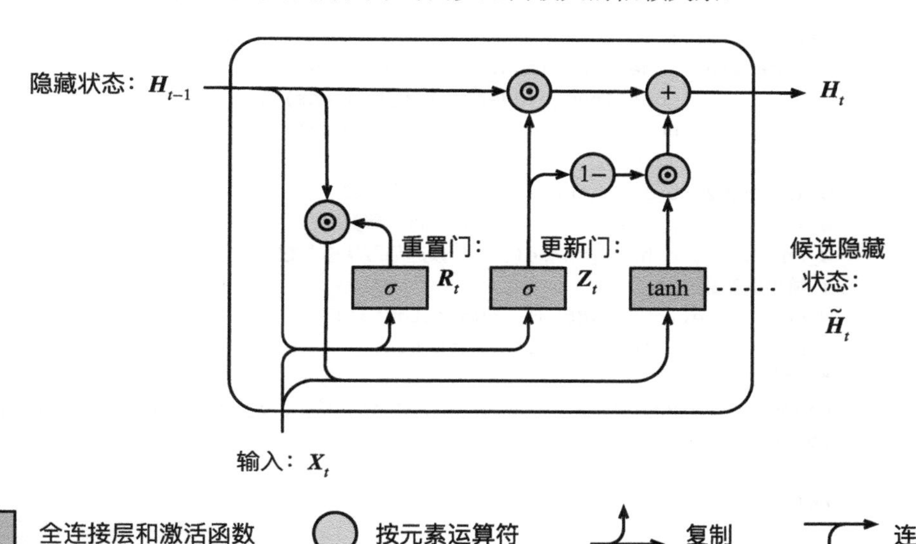

图 6-6 门控循环单元中隐藏状态的计算。这里的 ⊙ 是按元素乘法

我们对门控循环单元的设计稍作总结：

- 重置门有助于捕捉时间序列里短期的依赖关系；
- 更新门有助于捕捉时间序列里长期的依赖关系。

6.7.2 读取数据集

为了实现并展示门控循环单元，下面依然使用周杰伦歌词数据集来训练模型作词。这里除门控循环单元以外的实现已在 6.4 节中介绍过。以下为读取数据集部分。

```
In [1]: import d2lzh as d2l
        from mxnet import nd
        from mxnet.gluon import rnn
        (corpus_indices, char_to_idx, idx_to_char,
         vocab_size) = d2l.load_data_jay_lyrics()
```

6.7.3 从零开始实现

我们先介绍如何从零开始实现门控循环单元。

1. 初始化模型参数

下面的代码对模型参数进行初始化。超参数 `num_hiddens` 定义了隐藏单元的个数。

```
In [2]: num_inputs, num_hiddens, num_outputs = vocab_size, 256, vocab_size
        ctx = d2l.try_gpu()

        def get_params():
            def _one(shape):
                return nd.random.normal(scale=0.01, shape=shape, ctx=ctx)

            def _three():
                return (_one((num_inputs, num_hiddens)),
                        _one((num_hiddens, num_hiddens)),
                        nd.zeros(num_hiddens, ctx=ctx))

            W_xz, W_hz, b_z = _three()  # 更新门参数
            W_xr, W_hr, b_r = _three()  # 重置门参数
            W_xh, W_hh, b_h = _three()  # 候选隐藏状态参数
            # 输出层参数
            W_hq = _one((num_hiddens, num_outputs))
            b_q = nd.zeros(num_outputs, ctx=ctx)
            # 附上梯度
            params = [W_xz, W_hz, b_z, W_xr, W_hr, b_r, W_xh, W_hh, b_h, W_hq, b_q]
            for param in params:
                param.attach_grad()
            return params
```

2. 定义模型

下面的代码定义隐藏状态初始化函数 init_gru_state。同 6.4 节中定义的 init_rnn_state 函数一样，它返回由一个形状为（批量大小，隐藏单元个数）的值为 0 的 NDArray 组成的元组。

```
In [3]: def init_gru_state(batch_size, num_hiddens, ctx):
            return (nd.zeros(shape=(batch_size, num_hiddens), ctx=ctx), )
```

下面根据门控循环单元的计算表达式定义模型。

```
In [4]: def gru(inputs, state, params):
            W_xz, W_hz, b_z, W_xr, W_hr, b_r, W_xh, W_hh, b_h, W_hq, b_q = params
            H, = state
            outputs = []
            for X in inputs:
                Z = nd.sigmoid(nd.dot(X, W_xz) + nd.dot(H, W_hz) + b_z)
                R = nd.sigmoid(nd.dot(X, W_xr) + nd.dot(H, W_hr) + b_r)
                H_tilda = nd.tanh(nd.dot(X, W_xh) + nd.dot(R * H, W_hh) + b_h)
                H = Z * H + (1 - Z) * H_tilda
                Y = nd.dot(H, W_hq) + b_q
                outputs.append(Y)
            return outputs, (H,)
```

3. 训练模型并创作歌词

我们在训练模型时只使用相邻采样。设置好超参数后，我们将训练模型并根据前缀“分

开”和“不分开”分别创作长度为50个字符的一段歌词。

```
In [5]: num_epochs, num_steps, batch_size, lr, clipping_theta = 160, 35, 32, 1e2, 1e-2
        pred_period, pred_len, prefixes = 40, 50, ['分开', '不分开']
```

我们每过40个迭代周期便根据当前训练的模型创作一段歌词。

```
In [6]: d2l.train_and_predict_rnn(gru, get_params, init_gru_state, num_hiddens,
                                  vocab_size, ctx, corpus_indices, idx_to_char,
                                  char_to_idx, False, num_epochs, num_steps, lr,
                                  clipping_theta, batch_size, pred_period, pred_len,
                                  prefixes)

epoch 40, perplexity 150.633229, time 0.60 sec
 - 分开 我想我不 你不我 你不我 你不我 你不我 你不我 你不我 你不我 你不我 你不我 你不我 你不我
 - 不分开 你不我 你不我 你不我 你不我 你不我 你不我 你不我 你不我 你不我 你不我 你不我 你不我 你
epoch 80, perplexity 32.144000, time 0.62 sec
 - 分开 我想要你的微笑 一定在人人 你的让我 别你的美笑 你爱女人 你果我 别不了我 我不要再想 我不要再
 - 不分开  没有你在我 说你 我想你的爱笑 一定人人 快使用双截 哼哼哈兮 快使用双截棍 哼哼哈兮 快使用双
epoch 120, perplexity 4.846768, time 0.63 sec
 - 分开 我想想你  我不了这节  我的你笑不起 不知不觉 你已经离开我 不知不觉 我跟了这节奏 后知后觉 又
 - 不分开 我已经这样打我妈妈 难道你手不会痛吗 我不要再想 我不能再想 我不 我不 我不能 爱情走的太快就像
epoch 160, perplexity 1.449507, time 0.60 sec
 - 分开 我想想这样 我有多烦恼  没有你烦我有多烦恼多难熬  穿过云层 我试著努力向你奔跑 爱才送到 你却
 - 不分开 你已经离开我 不知不觉 我跟了这节奏 后知后觉 又过了一个秋 后知后觉 我该好好生活 我该好好生活
```

6.7.4 简洁实现

在Gluon中我们直接调用rnn模块中的GRU类即可。

```
In [7]: gru_layer = rnn.GRU(num_hiddens)
        model = d2l.RNNModel(gru_layer, vocab_size)
        d2l.train_and_predict_rnn_gluon(model, num_hiddens, vocab_size, ctx,
                                        corpus_indices, idx_to_char, char_to_idx,
                                        num_epochs, num_steps, lr, clipping_theta,
                                        batch_size, pred_period, pred_len, prefixes)

epoch 40, perplexity 153.725809, time 0.07 sec
 - 分开 我想你的让我 我想你的让我 我想你的让我 我想你的让我 我想你的让我 我想你的让我 我想你的让我
 - 不分开 我想你的让我 我想你的让我 我想你的让我 我想你的让我 我想你的让我 我想你的让我 我想你的让我
epoch 80, perplexity 34.257549, time 0.07 sec
 - 分开 我想要这样 我不要 我不要再想 我不要再想 我不要再想 我不要再想 我不要再想 我不要再想 我不要
 - 不分开 我不要再想 我不要 我不了再想 我不要再想 我不要再想 我不要再想 我不要再想 我不要再想 我不要
epoch 120, perplexity 5.149150, time 0.07 sec
 - 分开  我想带这样牵着你的手不放开  爱可不能以简简单单没有  我知道你的脑袋有问题 深便 你爱很久了
 - 不分开 你已经离不会我妈妈 我说的话不甘 想要和你已经堡 我想想你的微笑每天 想想和你 你是我有难想 我不
epoch 160, perplexity 1.505936, time 0.07 sec
 - 分开 我想带这样牵着你的手不放开 爱能不能够永远单纯没有悲害 我 想带你骑单车 我 想和你看棒球 想这样
 - 不分开 你已经离开我 不知不觉 我跟了这节奏 后知后觉 又过了一个秋 后知后觉 我该好好生活 我该好好生活
```

小结

- 门控循环神经网络可以更好地捕捉时间序列中时间步距离较大的依赖关系。
- 门控循环单元引入了门的概念，从而修改了循环神经网络中隐藏状态的计算方式。它包括重置门、更新门、候选隐藏状态和隐藏状态。
- 重置门有助于捕捉时间序列里短期的依赖关系。
- 更新门有助于捕捉时间序列里长期的依赖关系。

练习

（1）假设时间步 $t'<t$。如果只希望用时间步 t' 的输入来预测时间步 t 的输出，每个时间步的重置门和更新门的理想的值是多少？

（2）调节超参数，观察并分析对运行时间、困惑度以及创作歌词的结果造成的影响。

（3）在相同条件下，比较门控循环单元和不带门控的循环神经网络的运行时间。

6.8 长短期记忆（LSTM）

扫码直达讨论区

本节将介绍另一种常用的门控循环神经网络——长短期记忆（long short-term memory，LSTM）[22]。它比门控循环单元的结构稍微复杂一点。

6.8.1 长短期记忆

LSTM 中引入了 3 个门，即输入门（input gate）、遗忘门（forget gate）和输出门（output gate），以及与隐藏状态形状相同的记忆细胞（某些文献把记忆细胞当成一种特殊的隐藏状态），从而记录额外的信息。

1. 输入门、遗忘门和输出门

与门控循环单元中的重置门和更新门一样，如图 6-7 所示，长短期记忆的门的输入均为当前时间步输入 $\boldsymbol{X}_t$ 与上一时间步隐藏状态 $\boldsymbol{H}_{t-1}$，输出由激活函数为 sigmoid 函数的全连接层计算得到。如此一来，这 3 个门元素的值域均为 [0, 1]。

具体来说，假设隐藏单元个数为 h，给定时间步 t 的小批量输入 $\boldsymbol{X}_t \in \mathbb{R}^{n\times d}$（样本数为 n，输入个数为 d）和上一时间步隐藏状态 $\boldsymbol{H}_{t-1} \in \mathbb{R}^{n\times h}$。时间步 t 的输入门 $\boldsymbol{I}_t \in \mathbb{R}^{n\times h}$、遗忘门 $\boldsymbol{F}_t \in \mathbb{R}^{n\times h}$ 和输出门 $\boldsymbol{O}_t \in \mathbb{R}^{n\times h}$ 分别计算如下：

$$\boldsymbol{I}_t = \sigma(\boldsymbol{X}_t \boldsymbol{W}_{xi} + \boldsymbol{H}_{t-1} \boldsymbol{W}_{hi} + \boldsymbol{b}_i)$$
$$\boldsymbol{F}_t = \sigma(\boldsymbol{X}_t \boldsymbol{W}_{xf} + \boldsymbol{H}_{t-1} \boldsymbol{W}_{hf} + \boldsymbol{b}_f)$$
$$\boldsymbol{O}_t = \sigma(\boldsymbol{X}_t \boldsymbol{W}_{xo} + \boldsymbol{H}_{t-1} \boldsymbol{W}_{ho} + \boldsymbol{b}_o)$$

其中的 $\boldsymbol{W}_{xi}, \boldsymbol{W}_{xf}, \boldsymbol{W}_{xo} \in \mathbb{R}^{d\times h}$ 和 $\boldsymbol{W}_{hi}, \boldsymbol{W}_{hf}, \boldsymbol{W}_{ho} \in \mathbb{R}^{h\times h}$ 是权重参数，$\boldsymbol{b}_i, \boldsymbol{b}_f, \boldsymbol{b}_o \in \mathbb{R}^{1\times h}$ 是偏差参数。

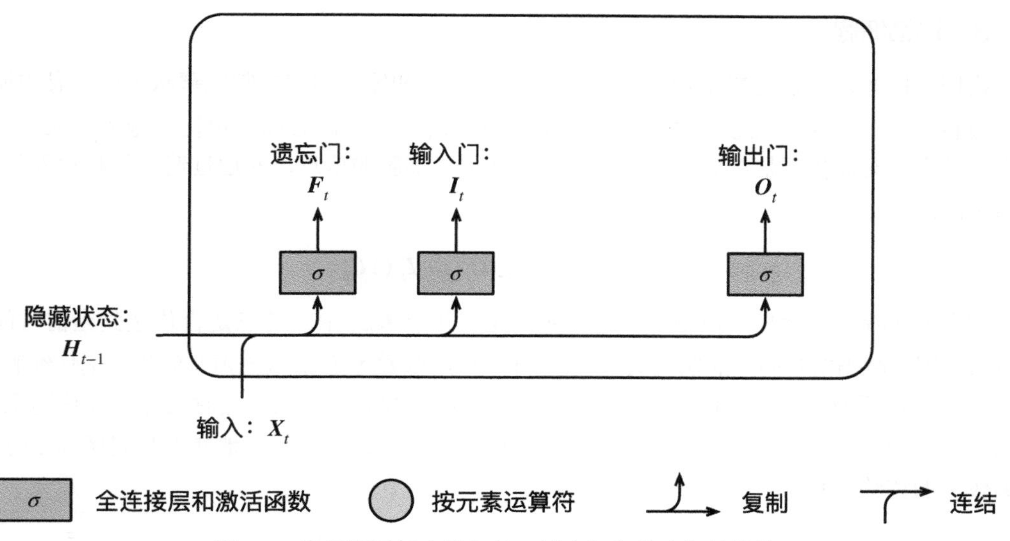

图 6-7 长短期记忆中输入门、遗忘门和输出门的计算

2. 候选记忆细胞

接下来，长短期记忆需要计算候选记忆细胞 $\tilde{\boldsymbol{C}}_t$。它的计算与上面介绍的 3 个门类似，但使用了值域在 [−1, 1] 的 tanh 函数作为激活函数，如图 6-8 所示。

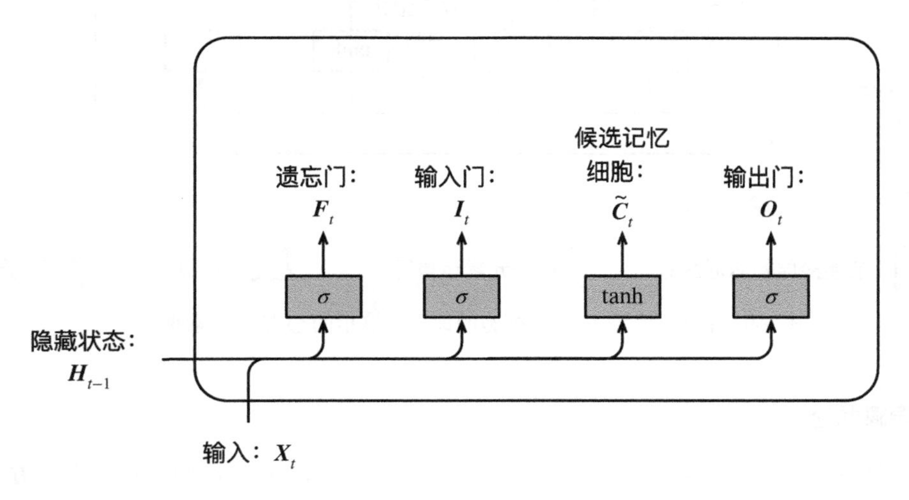

图 6-8 长短期记忆中候选记忆细胞的计算

具体来说，时间步 t 的候选记忆细胞 $\tilde{\boldsymbol{C}}_t \in \mathbb{R}^{n\times h}$ 的计算为

$$\tilde{\boldsymbol{C}}_t = \tanh(\boldsymbol{X}_t\boldsymbol{W}_{xc} + \boldsymbol{H}_{t-1}\boldsymbol{W}_{hc} + \boldsymbol{b}_c)$$

其中 $\boldsymbol{W}_{xc} \in \mathbb{R}^{d\times h}$ 和 $\boldsymbol{W}_{hc} \in \mathbb{R}^{h\times h}$ 是权重参数，$\boldsymbol{b}_c \in \mathbb{R}^{1\times h}$ 是偏差参数。

3. 记忆细胞

我们可以通过元素值域在 [0, 1] 的输入门、遗忘门和输出门来控制隐藏状态中信息的流动，这一般也是通过使用按元素乘法（符号为 ⊙）来实现的。当前时间步记忆细胞 $\boldsymbol{C}_t \in \mathbb{R}^{n\times h}$ 的计算组合了上一时间步记忆细胞和当前时间步候选记忆细胞的信息，并通过遗忘门和输入门来控制信息的流动：

$$\boldsymbol{C}_t = \boldsymbol{F}_t \odot \boldsymbol{C}_{t-1} + \boldsymbol{I}_t \odot \tilde{\boldsymbol{C}}_t$$

如图 6-9 所示，遗忘门控制上一时间步的记忆细胞 $\boldsymbol{C}_{t-1}$ 中的信息是否传递到当前时间步，而输入门则控制当前时间步的输入 $\boldsymbol{X}_t$ 通过候选记忆细胞 $\tilde{\boldsymbol{C}}_t$ 如何流入当前时间步的记忆细胞。如果遗忘门一直近似 1 且输入门一直近似 0，过去的记忆细胞将一直通过时间保存并传递至当前时间步。这个设计可以应对循环神经网络中的梯度衰减问题，并更好地捕捉时间序列中时间步距离较大的依赖关系。

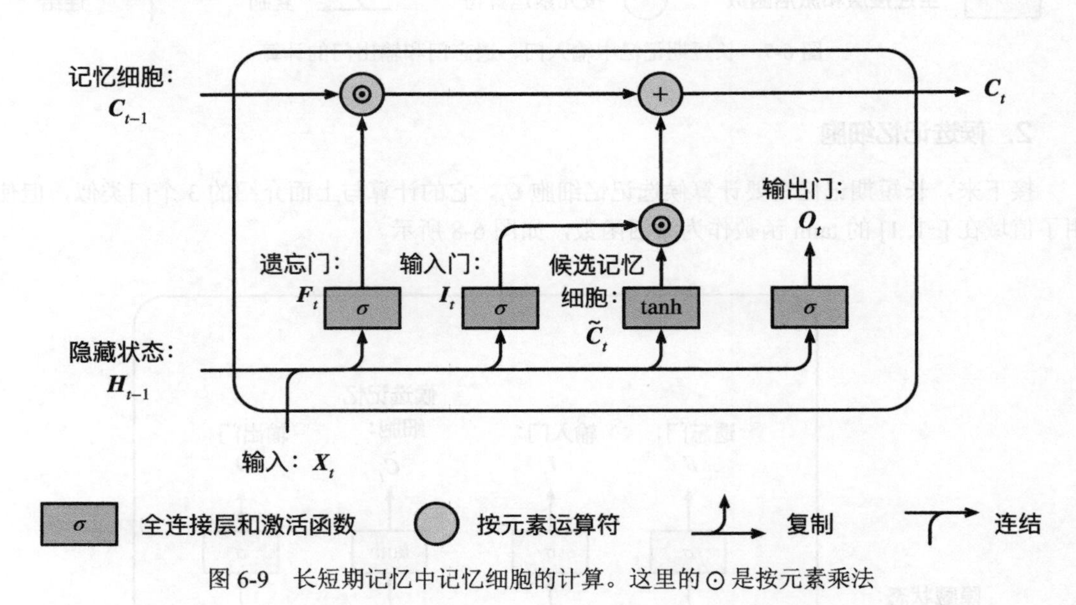

图 6-9　长短期记忆中记忆细胞的计算。这里的 ⊙ 是按元素乘法

4. 隐藏状态

有了记忆细胞以后，接下来我们还可以通过输出门来控制从记忆细胞到隐藏状态 $\boldsymbol{H}_t \in \mathbb{R}^{n\times h}$ 的信息的流动：

$$\boldsymbol{H}_t = \boldsymbol{O}_t \odot \tanh(\boldsymbol{C}_t)$$

这里的 tanh 函数确保隐藏状态元素值在 −1 到 1 之间。需要注意的是，当输出门近似 1 时，记忆细胞信息将传递到隐藏状态供输出层使用；当输出门近似 0 时，记忆细胞信息只自己保留。图 6-10 展示了长短期记忆中隐藏状态的计算。

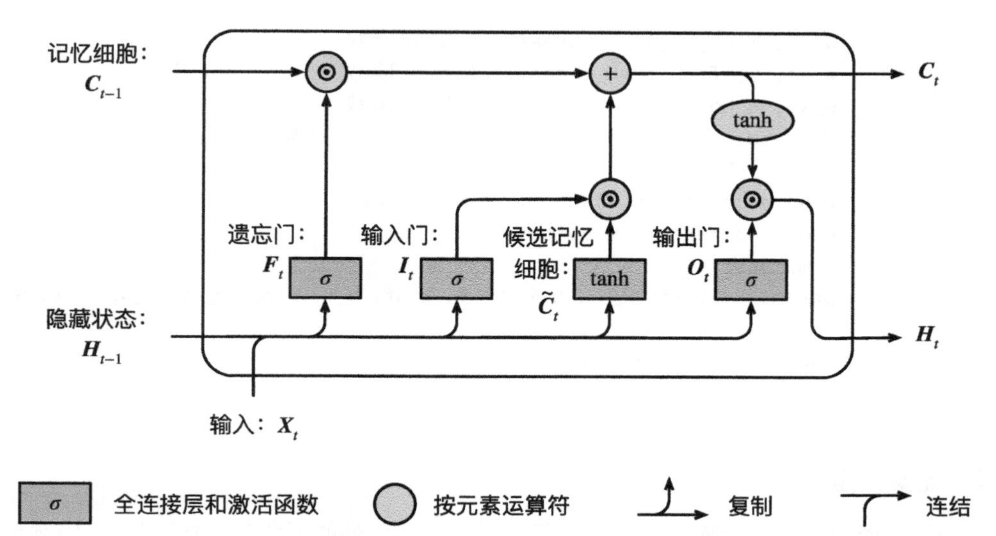

图 6-10　长短期记忆中隐藏状态的计算。这里的 ⊙ 是按元素乘法

6.8.2　读取数据集

下面我们开始实现并展示长短期记忆。和前几节中的实验一样，这里依然使用周杰伦歌词数据集来训练模型作词。

```
In [1]: import d2lzh as d2l
        from mxnet import nd
        from mxnet.gluon import rnn

        (corpus_indices, char_to_idx, idx_to_char,
         vocab_size) = d2l.load_data_jay_lyrics()
```

6.8.3　从零开始实现

我们先介绍如何从零开始实现长短期记忆。

1. 初始化模型参数

下面的代码对模型参数进行初始化。超参数 num_hiddens 定义了隐藏单元的个数。

```
In [2]: num_inputs, num_hiddens, num_outputs = vocab_size, 256, vocab_size
        ctx = d2l.try_gpu()

        def get_params():
            def _one(shape):
                return nd.random.normal(scale=0.01, shape=shape, ctx=ctx)

            def _three():
                return (_one((num_inputs, num_hiddens)),
                        _one((num_hiddens, num_hiddens)),
                        nd.zeros(num_hiddens, ctx=ctx))
```

```
    W_xi, W_hi, b_i = _three()  # 输入门参数
    W_xf, W_hf, b_f = _three()  # 遗忘门参数
    W_xo, W_ho, b_o = _three()  # 输出门参数
    W_xc, W_hc, b_c = _three()  # 候选记忆细胞参数
    # 输出层参数
    W_hq = _one((num_hiddens, num_outputs))
    b_q = nd.zeros(num_outputs, ctx=ctx)
    # 附上梯度
    params = [W_xi, W_hi, b_i, W_xf, W_hf, b_f, W_xo, W_ho, b_o, W_xc, W_hc,
              b_c, W_hq, b_q]
    for param in params:
        param.attach_grad()
    return params
```

2. 定义模型

在初始化函数中，长短期记忆的隐藏状态需要返回额外的形状为 (批量大小, 隐藏单元个数) 的值为 0 的记忆细胞。

```
In [3]: def init_lstm_state(batch_size, num_hiddens, ctx):
            return (nd.zeros(shape=(batch_size, num_hiddens), ctx=ctx),
                    nd.zeros(shape=(batch_size, num_hiddens), ctx=ctx))
```

下面根据长短期记忆的计算表达式定义模型。需要注意的是，只有隐藏状态会传递到输出层，而记忆细胞不参与输出层的计算。

```
In [4]: def lstm(inputs, state, params):
            [W_xi, W_hi, b_i, W_xf, W_hf, b_f, W_xo, W_ho, b_o, W_xc, W_hc, b_c,
             W_hq, b_q] = params
            (H, C) = state
            outputs = []
            for X in inputs:
                I = nd.sigmoid(nd.dot(X, W_xi) + nd.dot(H, W_hi) + b_i)
                F = nd.sigmoid(nd.dot(X, W_xf) + nd.dot(H, W_hf) + b_f)
                O = nd.sigmoid(nd.dot(X, W_xo) + nd.dot(H, W_ho) + b_o)
                C_tilda = nd.tanh(nd.dot(X, W_xc) + nd.dot(H, W_hc) + b_c)
                C = F * C + I * C_tilda
                H = O * C.tanh()
                Y = nd.dot(H, W_hq) + b_q
                outputs.append(Y)
            return outputs, (H, C)
```

3. 训练模型并创作歌词

同 6.7 节一样，我们在训练模型时只使用相邻采样。设置好超参数后，我们将训练模型并根据前缀“分开”和“不分开”分别创作长度为 50 个字符的一段歌词。

```
In [5]: num_epochs, num_steps, batch_size, lr, clipping_theta = 160, 35, 32, 1e2, 1e-2
        pred_period, pred_len, prefixes = 40, 50, ['分开', '不分开']
```

我们每过 40 个迭代周期便根据当前训练的模型创作一段歌词。

```
In [6]: d2l.train_and_predict_rnn(lstm, get_params, init_lstm_state, num_hiddens,
                                  vocab_size, ctx, corpus_indices, idx_to_char,
                                  char_to_idx, False, num_epochs, num_steps, lr,
                                  clipping_theta, batch_size, pred_period, pred_len,
                                  prefixes)

epoch 40, perplexity 212.596267, time 0.75 sec
 - 分开 我不的我 我不的我 我不的我 我不的我 我不的我 我不的我 我不的我 我不的我 我不的我 我不的我
 - 不分开 我不的我 我不的我 我不的我 我不的我 我不的我 我不的我 我不的我 我不的我 我不的我 我不的我
epoch 80, perplexity 65.194249, time 0.75 sec
 - 分开 我想你你 我不我 我想我 我不么我 我不了我 我不了这我 你人了觉 我不了好 我不了双 快人人
 - 不分开 我想你你 我不我 我想我 我不么我 我不了我 我不了这我 你人了觉 我不了好 我不了双 快人人
epoch 120, perplexity 15.478827, time 0.75 sec
 - 分开 我想你这样很 有你 你想我的怒恼  我 你的爱笑 有你 你想我的睡你 我想你的你爱你 想要 你想很
 - 不分开 我不要这样 我不要 我不 我不能 爱情走的太快就像龙卷风 不不能我已简 不不不 不不 我想要这样
epoch 160, perplexity 3.980211, time 0.75 sec
 - 分开 我不要这里 我有这这样 我不要可生活 不知不觉 你过经离开我 不知不觉 我跟了这节奏 后知后觉 又
 - 不分开 我已要这样 我不要这想 我不要觉不活 不知不觉 我跟了这节奏 后知后觉 又过了一个秋 后知后觉 我
```

6.8.4 简洁实现

在 Gluon 中我们可以直接调用 rnn 模块中的 LSTM 类。

```
In [7]: lstm_layer = rnn.LSTM(num_hiddens)
        model = d2l.RNNModel(lstm_layer, vocab_size)
        d2l.train_and_predict_rnn_gluon(model, num_hiddens, vocab_size, ctx,
                                        corpus_indices, idx_to_char, char_to_idx,
                                        num_epochs, num_steps, lr, clipping_theta,
                                        batch_size, pred_period, pred_len, prefixes)

epoch 40, perplexity 222.122638, time 0.07 sec
 - 分开 我不的我的 我不的我 我不的我 我不的我 我不的我 我不的我 我不的我 我不的我 我不的我 我不的
 - 不分开 我不不的我 我不不的 我不的我 我不的我 我不的我 我不的我 我不的我 我不的我 我不的我 我不的
epoch 80, perplexity 66.759638, time 0.07 sec
 - 分开 我想你你的你 我不要你不 我不要这不 你不了觉 我不了这 我不了这 快人了  什么了 一使用 什
 - 不分开 我想你你不你 我不要你不 我不要这不 你不了觉 我不了这 我不了这 快人了  什么了 一使用 什
epoch 120, perplexity 14.485707, time 0.07 sec
 - 分开 你想的话不笑 每天 在你的考笑 像知后觉 我想了这节活 我知后觉生活 后知不觉 你已了离开我 不知
 - 不分开 我想要这生 我不能这想 我不能这生我 不知不觉 我不了这节活 我知后觉 我不要这生活 我知后觉生活
epoch 160, perplexity 3.685880, time 0.07 sec
 - 分开 我想 你你的玩笑像像像卷风 我想我这辈子注定 不要再再样打我妈妈 我说的话不不会吗 不要再这样打我
 - 不分开 我想经你天我 不知不觉 我跟了这节奏 后知后觉 我跟了这生活 我该好好生活 不知不觉 你已经离开我
```

小结

- 长短期记忆的隐藏层输出包括隐藏状态和记忆细胞。只有隐藏状态会传递到输出层。
- 长短期记忆的输入门、遗忘门和输出门可以控制信息的流动。
- 长短期记忆可以应对循环神经网络中的梯度衰减问题，并更好地捕捉时间序列中时间步距离较大的依赖关系。

练习

（1）调节超参数，观察并分析对运行时间、困惑度以及创作歌词的结果造成的影响。

（2）在相同条件下，比较长短期记忆、门控循环单元和不带门控的循环神经网络的运行时间。

（3）既然候选记忆细胞已通过使用 tanh 函数确保值域在 -1 到 1 之间，为什么隐藏状态还需要再次使用 tanh 函数来确保输出值域在 -1 到 1 之间？

6.9　深度循环神经网络

扫码直达讨论区

本章到目前为止介绍的循环神经网络只有一个单向的隐藏层，在深度学习应用里，我们通常会用到含有多个隐藏层的循环神经网络，也称作深度循环神经网络。图 6-11 演示了一个有 L 个隐藏层的深度循环神经网络，每个隐藏状态不断传递至当前层的下一时间步和当前时间步的下一层。

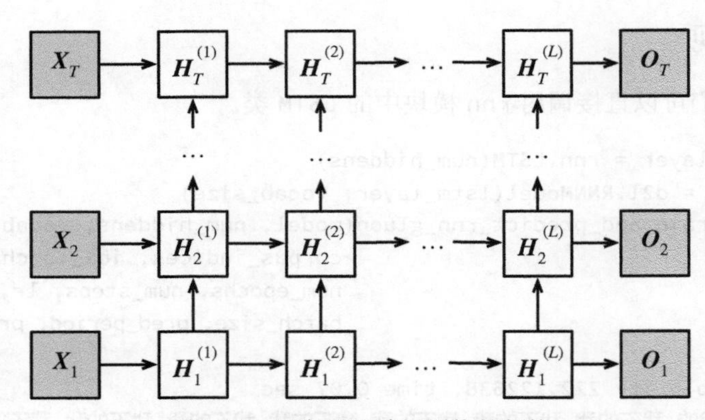

图 6-11　深度循环神经网络的架构

具体来说，在时间步 t 里，设小批量输入 $\boldsymbol{X}_t \in \mathbb{R}^{n\times d}$（样本数为 n，输入个数为 d），第 l 隐藏层（$l=1,\cdots,L$）的隐藏状态为 $\boldsymbol{H}_t^{(l)} \in \mathbb{R}^{n\times h}$（隐藏单元个数为 h），输出层变量为 $\boldsymbol{O}_t \in \mathbb{R}^{n\times q}$（输出个数为 q），且隐藏层的激活函数为 ϕ。第 1 隐藏层的隐藏状态和之前的计算一样：

$$\boldsymbol{H}_t^{(1)} = \phi(\boldsymbol{X}_t \boldsymbol{W}_{xh}^{(1)} + \boldsymbol{H}_{t-1}^{(1)} \boldsymbol{W}_{hh}^{(1)} + \boldsymbol{b}_h^{(1)})$$

其中权重 $\boldsymbol{W}_{xh}^{(1)} \in \mathbb{R}^{d\times h}$、$\boldsymbol{W}_{hh}^{(1)} \in \mathbb{R}^{h\times h}$ 和偏差 $\boldsymbol{b}_h^{(1)} \in \mathbb{R}^{1\times h}$ 分别为第 1 隐藏层的模型参数。

当 $1 < l \leqslant L$ 时，第 l 隐藏层的隐藏状态的表达式为

$$\boldsymbol{H}_t^{(l)} = \phi(\boldsymbol{H}_t^{(l-1)} \boldsymbol{W}_{xh}^{(l)} + \boldsymbol{H}_{t-1}^{(l)} \boldsymbol{W}_{hh}^{(l)} + \boldsymbol{b}_h^{(l)})$$

其中权重 $\boldsymbol{W}_{xh}^{(l)} \in \mathbb{R}^{h\times h}$、$\boldsymbol{W}_{hh}^{(l)} \in \mathbb{R}^{h\times h}$ 和偏差 $\boldsymbol{b}_h^{(l)} \in \mathbb{R}^{1\times h}$ 分别为第 l 隐藏层的模型参数。

最终，输出层的输出只需要基于第 L 隐藏层的隐藏状态：

$$\boldsymbol{O}_t = \boldsymbol{H}_t^{(L)} \boldsymbol{W}_{hq} + \boldsymbol{b}_q$$

其中权重 $\boldsymbol{W}_{hq} \in \mathbb{R}^{h\times q}$ 和偏差 $\boldsymbol{b}_q \in \mathbb{R}^{1\times q}$ 为输出层的模型参数。

同多层感知机一样，隐藏层个数 L 和隐藏单元个数 h 都是超参数。此外，如果将隐藏状态的计算换成门控循环单元或者长短期记忆的计算，我们可以得到深度门控循环神经网络。

小结

- 在深度循环神经网络中，隐藏状态的信息不断传递至当前层的下一时间步和当前时间步的下一层。

练习

将 6.4 节中的模型改为含有 2 个隐藏层的循环神经网络。观察并分析实验现象。

6.10 双向循环神经网络

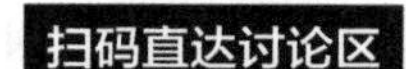

之前介绍的循环神经网络模型都是假设当前时间步是由前面的较早时间步的序列决定的，因此它们都将信息通过隐藏状态从前往后传递。有时候，当前时间步也可能由后面时间步决定。例如，当我们写下一个句子时，可能会根据句子后面的词来修改句子前面的用词。双向循环神经网络通过增加从后往前传递信息的隐藏层来更灵活地处理这类信息。图 6-12 演示了一个含单隐藏层的双向循环神经网络的架构。

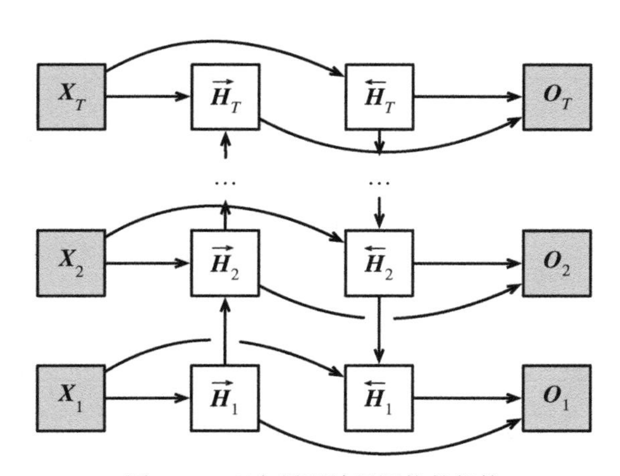

图 6-12 双向循环神经网络的架构

下面我们来介绍具体的定义。给定时间步 t 的小批量输入 $\boldsymbol{X}_t \in \mathbb{R}^{n\times d}$（样本数为 n，输入个数为 d）和隐藏层激活函数为 ϕ。在双向循环神经网络的架构中，设该时间步正向隐藏状态为 $\overrightarrow{\boldsymbol{H}}_t \in \mathbb{R}^{n\times h}$（正向隐藏单元个数为 h），反向隐藏状态为 $\overleftarrow{\boldsymbol{H}}_t \in \mathbb{R}^{n\times h}$（反向隐藏单元个数为 h）。我们可以分别计算正向隐藏状态和反向隐藏状态：

$$\vec{H}_t = \phi(X_t W_{xh}^{(f)} + \vec{H}_{t-1} W_{hh}^{(f)} + b_h^{(f)})$$
$$\overleftarrow{H}_t = \phi(X_t W_{xh}^{(b)} + \overleftarrow{H}_{t+1} W_{hh}^{(b)} + b_h^{(b)})$$

其中权重 $W_{xh}^{(f)} \in \mathbb{R}^{d\times h}$、$W_{hh}^{(f)} \in \mathbb{R}^{h\times h}$、$W_{xh}^{(b)} \in \mathbb{R}^{d\times h}$、$W_{hh}^{(b)} \in \mathbb{R}^{h\times h}$ 和偏差 $b_h^{(f)} \in \mathbb{R}^{1\times h}$、$b_h^{(b)} \in \mathbb{R}^{1\times h}$ 均为模型参数。

然后我们连结两个方向的隐藏状态 $\vec{H}_t$ 和 $\overleftarrow{H}_t$ 来得到隐藏状态 $H_t \in \mathbb{R}^{n\times 2h}$，并将其输入到输出层。输出层计算输出 $O_t \in \mathbb{R}^{n\times q}$（输出个数为 q）：

$$O_t = H_t W_{hq} + b_q$$

其中权重 $W_{hq} \in \mathbb{R}^{2h\times q}$ 和偏差 $b_q \in \mathbb{R}^{1\times q}$ 为输出层的模型参数。不同方向上的隐藏单元个数也可以不同。

小结

- 双向循环神经网络在每个时间步的隐藏状态同时取决于该时间步之前和之后的子序列（包括当前时间步的输入）。

练习

（1）如果不同方向上使用不同的隐藏单元个数，H_t 的形状会发生怎样的改变？

（2）参考图 6-11 和图 6-12，设计含多个隐藏层的双向循环神经网络。

第7章 优化算法

如果读者一直按照本书的顺序读到这里，那么一定已经使用了优化算法来训练深度学习模型。具体来说，在训练模型时，我们会使用优化算法不断迭代模型参数以降低模型损失函数的值。当迭代终止时，模型的训练随之终止，此时的模型参数就是模型通过训练所学习到的参数。

优化算法对于深度学习十分重要。一方面，训练一个复杂的深度学习模型可能需要数小时、数日，甚至数周时间，而优化算法的表现直接影响模型的训练效率；另一方面，理解各种优化算法的原理以及其中超参数的意义将有助于我们更有针对性地调参，从而使深度学习模型表现更好。

本章将详细介绍深度学习中常用的优化算法。

7.1 优化与深度学习

扫码直达讨论区

本节将讨论优化与深度学习的关系，以及优化在深度学习中的挑战。在一个深度学习问题中，我们通常会预先定义一个损失函数。有了损失函数以后，我们就可以使用优化算法试图将其最小化。在优化中，这样的损失函数通常被称作优化问题的*目标函数*（objective function）。依据惯例，优化算法通常只考虑最小化目标函数。其实，任何最大化问题都可以很容易地转化为最小化问题，只需令目标函数的相反数为新的目标函数即可。

7.1.1 优化与深度学习的关系

虽然优化为深度学习提供了最小化损失函数的方法，但本质上，优化与深度学习的目标是有区别的。在3.11节中，我们区分了训练误差和泛化误差。由于优化算法的目标函数通常是一个基于训练数据集的损失函数，优化的目标在于降低训练误差。而深度学习的目标在于降低泛化误差。为了降低泛化误差，除了使用优化算法降低训练误差以外，还需要注意应对过拟合。

本章中，我们只关注优化算法在最小化目标函数上的表现，而不关注模型的泛化误差。

7.1.2　优化在深度学习中的挑战

我们在 3.1 节中对优化问题的解析解和数值解做了区分。深度学习中绝大多数目标函数都很复杂。因此，很多优化问题并不存在解析解，而需要使用基于数值方法的优化算法找到近似解，即数值解。本书中讨论的优化算法都是这类基于数值方法的算法。为了求得最小化目标函数的数值解，我们将通过优化算法有限次迭代模型参数来尽可能降低损失函数的值。

优化在深度学习中有很多挑战。下面描述了其中的两个挑战，即局部最小值和鞍点。为了更好地描述问题，我们先导入实验需要的包或模块。

```
In [1]: %matplotlib inline
        import d2lzh as d2l
        from mpl_toolkits import mplot3d
        import numpy as np
```

1. 局部最小值

对于目标函数 $f(x)$，如果 $f(x)$ 在 x 上的值比在 x 邻近的其他点的值更小，那么 $f(x)$ 可能是一个局部最小值（local minimum）。如果 $f(x)$ 在 x 上的值是目标函数在整个定义域上的最小值，那么 $f(x)$ 是全局最小值（global minimum）。

举个例子，给定函数

$$f(x) = x \cdot \cos(\pi x), \qquad -1.0 \leqslant x \leqslant 2.0$$

我们可以大致找出该函数的局部最小值和全局最小值的位置。需要注意的是，图中箭头所指示的只是大致位置。

```
In [2]: def f(x):
            return x * np.cos(np.pi * x)

        d2l.set_figsize((4.5, 2.5))
        x = np.arange(-1.0, 2.0, 0.1)
        fig, = d2l.plt.plot(x, f(x))  # 逗号表示只取返回列表中的第一元素
        fig.axes.annotate('local minimum', xy=(-0.3, -0.25), xytext=(-0.77, -1.0),
                          arrowprops=dict(arrowstyle='->'))
        fig.axes.annotate('global minimum', xy=(1.1, -0.95), xytext=(0.6, 0.8),
                          arrowprops=dict(arrowstyle='->'))
        d2l.plt.xlabel('x')
        d2l.plt.ylabel('f(x)');
```

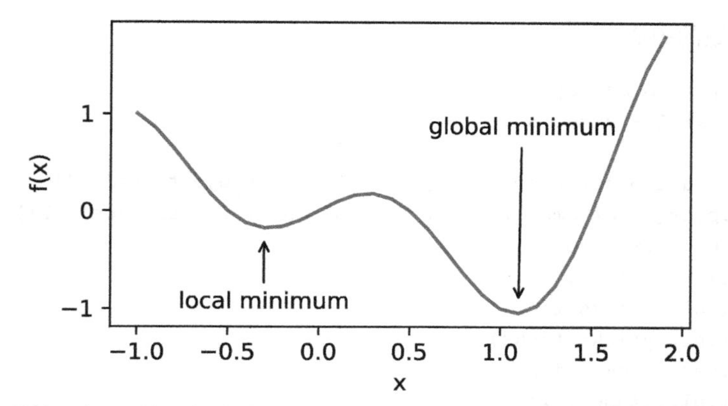

深度学习模型的目标函数可能有若干局部最优值。当一个优化问题的数值解在局部最优解附近时，由于目标函数有关解的梯度接近或变成 0，最终迭代求得的数值解可能只令目标函数局部最小化而非全局最小化。

2. 鞍点

刚刚我们提到，梯度接近或变成 0 可能是由于当前解在局部最优解附近造成的。事实上，另一种可能性是当前解在鞍点（saddle point）附近。

举个例子，给定函数

$$f(x) = x^3$$

我们可以找出该函数的鞍点位置。

```
In [3]: x = np.arange(-2.0, 2.0, 0.1)
        fig, = d2l.plt.plot(x, x**3)
        fig.axes.annotate('saddle point', xy=(0, -0.2), xytext=(-0.52, -5.0),
                          arrowprops=dict(arrowstyle='->'))
        d2l.plt.xlabel('x')
        d2l.plt.ylabel('f(x)');
```

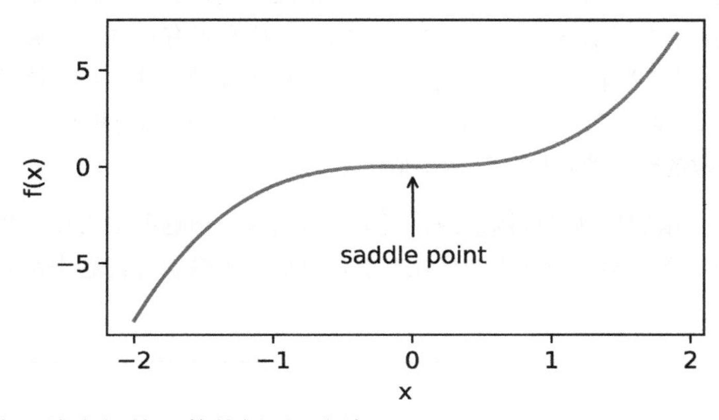

再举个定义在二维空间的函数的例子，例如：

$$f(x, y) = x^2 - y^2$$

我们可以找出该函数的鞍点位置。也许你已经发现了，该函数看起来像一个马鞍，而鞍点恰好是马鞍上可坐区域的中心。

```
In [4]: x, y = np.mgrid[-1: 1: 31j, -1: 1: 31j]
        z = x**2 - y**2

        ax = d2l.plt.figure().add_subplot(111, projection='3d')
        ax.plot_wireframe(x, y, z, **{'rstride': 2, 'cstride': 2})
        ax.plot([0], [0], [0], 'rx')
        ticks = [-1, 0, 1]
        d2l.plt.xticks(ticks)
        d2l.plt.yticks(ticks)
        ax.set_zticks(ticks)
        d2l.plt.xlabel('x')
        d2l.plt.ylabel('y');
```

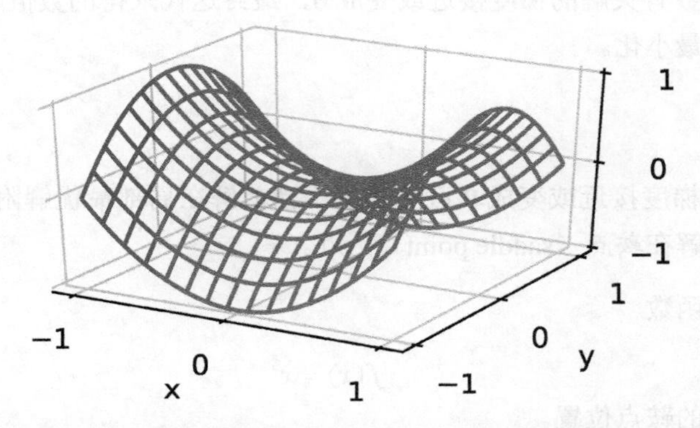

在图的鞍点位置，目标函数在 x 轴方向上是局部最小值，但在 y 轴方向上是局部最大值。

假设一个函数的输入为 k 维向量，输出为标量，那么它的海森矩阵（Hessian matrix）有 k 个特征值（参见附录 A）。该函数在梯度为 0 的位置上可能是局部最小值、局部最大值或者鞍点：

- 当函数的海森矩阵在梯度为 0 的位置上的特征值全为正时，该函数得到局部最小值；
- 当函数的海森矩阵在梯度为 0 的位置上的特征值全为负时，该函数得到局部最大值；
- 当函数的海森矩阵在梯度为 0 的位置上的特征值有正有负时，该函数得到鞍点。

随机矩阵理论告诉我们，对于一个大的高斯随机矩阵来说，任一特征值是正或者是负的概率都是 0.5[59]。那么，以上第一种情况的概率为 0.5^k。由于深度学习模型参数通常都是高维的（k 很大），目标函数的鞍点通常比局部最小值更常见。

在深度学习中，虽然找到目标函数的全局最优解很难，但这并非必要。我们将在本章接下来的几节中逐一介绍深度学习中常用的优化算法，它们在很多实际问题中都能够训练出十分有效的深度学习模型。

小结

- 由于优化算法的目标函数通常是一个基于训练数据集的损失函数，优化的目标在于降低训练误差。
- 由于深度学习模型参数通常都是高维的，目标函数的鞍点通常比局部最小值更常见。

练习

对于深度学习中的优化问题，你还能想到哪些其他的挑战？

7.2 梯度下降和随机梯度下降

扫码直达讨论区

在本节中，我们将介绍梯度下降（gradient descent）的工作原理。虽然梯度下降在深度学习中很少直接使用，但理解梯度的意义以及沿着梯度反方向更新自变量可能降低目标函数值的原因是学习后续优化算法的基础。随后，我们将引出随机梯度下降（stochastic gradient descent）。

7.2.1 一维梯度下降

我们先以简单的一维梯度下降为例，解释梯度下降算法可能降低目标函数值的原因。假设连续可导的函数 $f:\mathbb{R}\to\mathbb{R}$ 的输入和输出都是标量。给定绝对值足够小的数 ϵ，根据泰勒展开公式（参见附录 A），我们得到以下的近似：

$$f(x+\epsilon)\approx f(x)+\epsilon f'(x)$$

这里 $f'(x)$ 是函数 f 在 x 处的梯度。一维函数的梯度是一个标量，也称导数。

接下来，找到一个常数 $\eta>0$，使得 $|\eta f'(x)|$ 足够小，那么可以将 ϵ 替换为 $-\eta f'(x)$ 并得到

$$f(x-\eta f'(x))\approx f(x)-\eta f'(x)^2$$

如果导数 $f'(x)\neq 0$，那么 $\eta f'(x)^2>0$，所以

$$f(x-\eta f'(x))\lesssim f(x)$$

这意味着，如果通过

$$x\leftarrow x-\eta f'(x)$$

来迭代 x，函数 $f(x)$ 的值可能会降低。因此在梯度下降中，我们先选取一个初始值 x 和常数 $\eta>0$，然后不断通过上式来迭代 x，直到达到停止条件，例如 $f'(x)^2$ 的值已足够小或迭代次数已达到某个值。

下面我们以目标函数 $f(x)=x^2$ 为例来看一看梯度下降是如何工作的。虽然我们知道最小化 $f(x)$ 的解为 $x=0$，这里依然使用这个简单函数来观察 x 是如何被迭代的。首先，导入本节实验所需的包或模块。

```
In [1]: %matplotlib inline
        import d2lzh as d2l
        import math
        from mxnet import nd
        import numpy as np
```

接下来使用 $x=10$ 作为初始值，并设 $\eta=0.2$。使用梯度下降对 x 迭代 10 次，可见最终 x 的值较接近最优解。

```
In [2]: def gd(eta):
            x = 10
            results = [x]
            for i in range(10):
                x -= eta * 2 * x  # f(x) = x * x的导数为f'(x) = 2 * x
                results.append(x)
            print('epoch 10, x:', x)
            return results

        res = gd(0.2)
epoch 10, x: 0.06046617599999997
```

下面将绘制出自变量 x 的迭代轨迹。

```
In [3]: def show_trace(res):
            n = max(abs(min(res)), abs(max(res)), 10)
            f_line = np.arange(-n, n, 0.1)
            d2l.set_figsize()
            d2l.plt.plot(f_line, [x * x for x in f_line])
            d2l.plt.plot(res, [x * x for x in res], '-o')
            d2l.plt.xlabel('x')
            d2l.plt.ylabel('f(x)')

        show_trace(res)
```

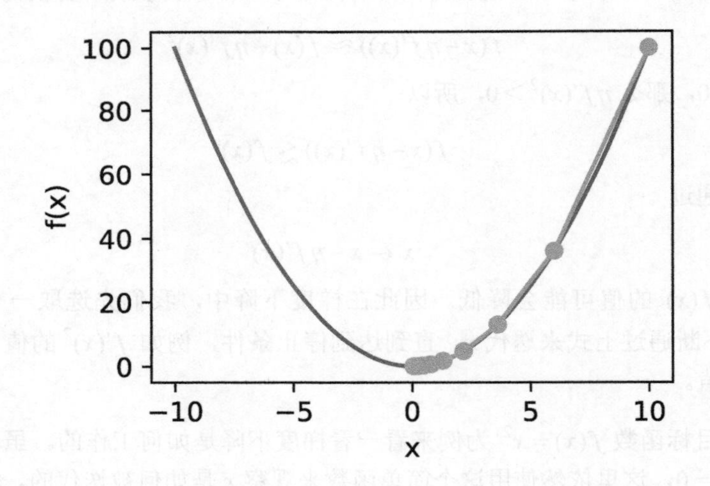

7.2.2　学习率

上述梯度下降算法中的正数 η 通常叫作学习率。这是一个超参数，需要人工设定。如果使用过小的学习率，会导致 x 更新缓慢从而需要更多的迭代才能得到较好的解。

下面展示使用学习率 $\eta=0.05$ 时自变量 x 的迭代轨迹。可见，同样迭代 10 次后，当学习率过小时，最终 x 的值依然与最优解存在较大偏差。

```
In [4]: show_trace(gd(0.05))

epoch 10, x: 3.4867844009999995
```

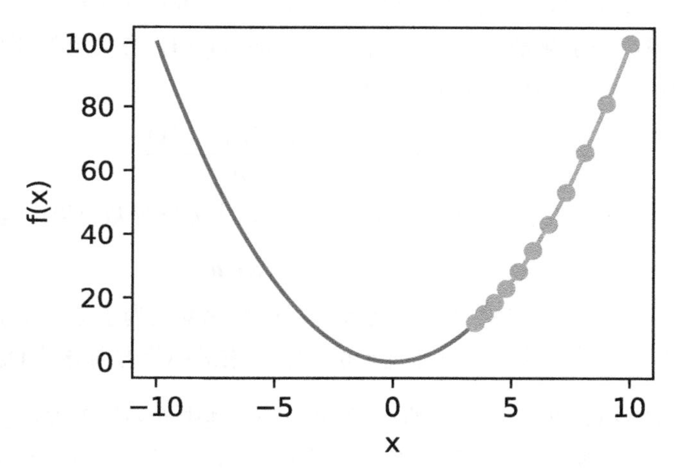

如果使用过大的学习率，$|\eta f'(x)|$ 可能会过大从而使前面提到的一阶泰勒展开公式不再成立：这时我们无法保证迭代 x 会降低 $f(x)$ 的值。

举个例子，当设学习率 $\eta = 1.1$ 时，可以看到 x 不断越过（overshoot）最优解 $x = 0$ 并逐渐发散。

```
In [5]: show_trace(gd(1.1))

epoch 10, x: 61.917364224000096
```

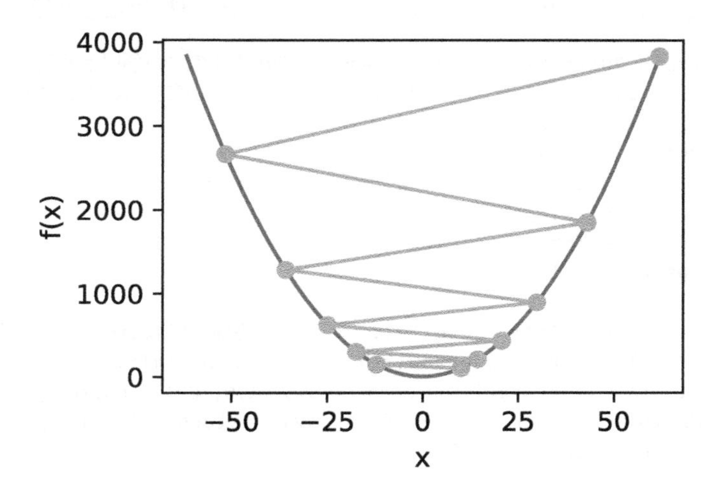

7.2.3 多维梯度下降

在了解了一维梯度下降之后，我们再考虑一种更广义的情况：目标函数的输入为向量，输出为标量。假设目标函数 $f:\mathbb{R}^d \to \mathbb{R}$ 的输入是一个 d 维向量 $\boldsymbol{x} = [x_1, x_2, \cdots, x_d]^\top$。目标函数 $f(\boldsymbol{x})$ 有关 $\boldsymbol{x}$ 的梯度是一个由 d 个偏导数组成的向量：

$$\nabla_{x} f(\boldsymbol{x}) = \left[\frac{\partial f(\boldsymbol{x})}{\partial x_1}, \frac{\partial f(\boldsymbol{x})}{\partial x_2}, \ldots, \frac{\partial f(\boldsymbol{x})}{\partial x_d}\right]^\top$$

为表示简洁，我们用 $\nabla f(\boldsymbol{x})$ 代替 $\nabla_{\boldsymbol{x}} f(\boldsymbol{x})$。梯度中每个偏导数元素 $\partial f(\boldsymbol{x})/\partial x_i$ 代表着 f 在 $\boldsymbol{x}$ 有关输入 x_i 的变化率。为了测量 f 沿着单位向量 $\boldsymbol{u}$（即 $\|\boldsymbol{u}\|=1$）方向上的变化率，在多元微积分中，我们定义 f 在 $\boldsymbol{x}$ 上沿着 $\boldsymbol{u}$ 方向的方向导数为

$$\mathrm{D}_{\boldsymbol{u}} f(\boldsymbol{x}) = \lim_{h \to 0} \frac{f(\boldsymbol{x} + h\boldsymbol{u}) - f(\boldsymbol{x})}{h}$$

依据方向导数性质（参见文献 [50]，14.6 节定理三），以上方向导数可以改写为

$$\mathrm{D}_{\boldsymbol{u}} f(\boldsymbol{x}) = \nabla f(\boldsymbol{x}) \cdot \boldsymbol{u}$$

方向导数 $\mathrm{D}_{\boldsymbol{u}} f(\boldsymbol{x})$ 给出了 f 在 $\boldsymbol{x}$ 上沿着所有可能方向的变化率。为了最小化 f，我们希望找到 f 能被最快降低的方向。因此，我们可以通过单位向量 $\boldsymbol{u}$ 来最小化方向导数 $\mathrm{D}_{\boldsymbol{u}} f(\boldsymbol{x})$。

由于 $\mathrm{D}_{\boldsymbol{u}} f(\boldsymbol{x}) = \|\nabla f(\boldsymbol{x})\| \cdot \|\boldsymbol{u}\| \cdot \cos(\theta) = \|\nabla f(\boldsymbol{x})\| \cdot \cos(\theta)$，其中 θ 为梯度 $\nabla f(\boldsymbol{x})$ 和单位向量 $\boldsymbol{u}$ 之间的夹角，当 $\theta = \pi$ 时，$\cos(\theta)$ 取得最小值 -1。因此，当 $\boldsymbol{u}$ 在梯度方向 $\nabla f(\boldsymbol{x})$ 的相反方向时，方向导数 $\mathrm{D}_{\boldsymbol{u}} f(\boldsymbol{x})$ 被最小化。因此，我们可能通过梯度下降算法来不断降低目标函数 f 的值：

$$\boldsymbol{x} \leftarrow \boldsymbol{x} - \eta \nabla f(\boldsymbol{x})$$

同样，其中 η（取正数）称作学习率。

下面我们构造一个输入为二维向量 $\boldsymbol{x} = [x_1, x_2]^\top$ 和输出为标量的目标函数 $f(\boldsymbol{x}) = x_1^2 + 2x_2^2$。那么，梯度 $\nabla f(\boldsymbol{x}) = [2x_1, 4x_2]^\top$。我们将观察梯度下降从初始位置 $[-5, -2]$ 开始对自变量 $\boldsymbol{x}$ 的迭代轨迹。我们先定义两个辅助函数，第一个函数使用给定的自变量更新函数，从初始位置 $[-5, -2]$ 开始迭代自变量 $\boldsymbol{x}$ 共 20 次，第二个函数对自变量 $\boldsymbol{x}$ 的迭代轨迹进行可视化。

```
In [6]: def train_2d(trainer):  # 本函数将保存在d2lzh包中方便以后使用
            x1, x2, s1, s2 = -5, -2, 0, 0  # s1和s2是自变量状态，本章后续几节会使用
            results = [(x1, x2)]
            for i in range(20):
                x1, x2, s1, s2 = trainer(x1, x2, s1, s2)
                results.append((x1, x2))
            print('epoch %d, x1 %f, x2 %f' % (i + 1, x1, x2))
            return results

        def show_trace_2d(f, results):  # 本函数将保存在d2lzh包中方便以后使用
            d2l.plt.plot(*zip(*results), '-o', color='#ff7f0e')
            x1, x2 = np.meshgrid(np.arange(-5.5, 1.0, 0.1), np.arange(-3.0, 1.0, 0.1))
            d2l.plt.contour(x1, x2, f(x1, x2), colors='#1f77b4')
            d2l.plt.xlabel('x1')
            d2l.plt.ylabel('x2')
```

然后，观察学习率为 0.1 时自变量的迭代轨迹。使用梯度下降对自变量 $\boldsymbol{x}$ 迭代 20 次后，可见最终 $\boldsymbol{x}$ 的值较接近最优解 $[0, 0]$。

```
In [7]: eta = 0.1

        def f_2d(x1, x2):  # 目标函数
```

```
        return x1 ** 2 + 2 * x2 ** 2

    def gd_2d(x1, x2, s1, s2):
        return (x1 - eta * 2 * x1, x2 - eta * 4 * x2, 0, 0)

    show_trace_2d(f_2d, train_2d(gd_2d))
```

```
epoch 20, x1 -0.057646, x2 -0.000073
```

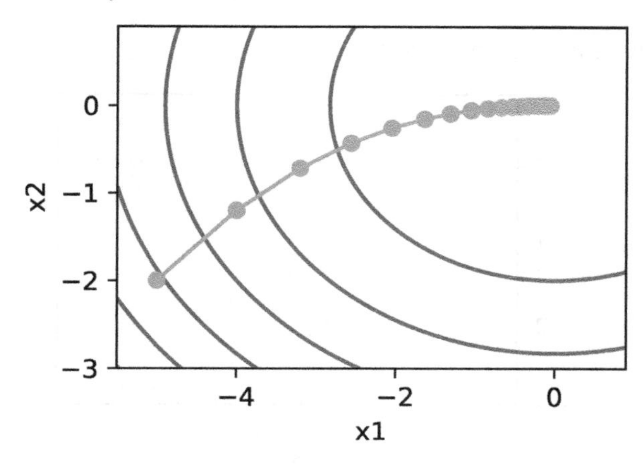

7.2.4 随机梯度下降

在深度学习里，目标函数通常是训练数据集中有关各个样本的损失函数的平均。设 $f_i(\boldsymbol{x})$ 是有关索引为 i 的训练数据样本的损失函数，n 是训练数据样本数，$\boldsymbol{x}$ 是模型的参数向量，那么目标函数定义为

$$f(\boldsymbol{x}) = \frac{1}{n}\sum_{i=1}^{n} f_i(\boldsymbol{x})$$

目标函数在 $\boldsymbol{x}$ 处的梯度计算为

$$\nabla f(\boldsymbol{x}) = \frac{1}{n}\sum_{i=1}^{n} \nabla f_i(\boldsymbol{x})$$

如果使用梯度下降，每次自变量迭代的计算开销为 $\mathcal{O}(n)$，它随着 n 线性增长。因此，当训练数据样本数很大时，梯度下降每次迭代的计算开销很高。

随机梯度下降（stochastic gradient descent，SGD）减少了每次迭代的计算开销。在随机梯度下降的每次迭代中，我们随机均匀采样的一个样本索引 $i \in \{1, \cdots, n\}$，并计算梯度 $\nabla f_i(\boldsymbol{x})$ 来迭代 $\boldsymbol{x}$：

$$\boldsymbol{x} \leftarrow \boldsymbol{x} - \eta \nabla f_i(\boldsymbol{x})$$

这里 η 同样是学习率。可以看到，每次迭代的计算开销从梯度下降的 $\mathcal{O}(n)$ 降到了常数 $\mathcal{O}(1)$。值得强调的是，随机梯度 $\nabla f_i(\boldsymbol{x})$ 是对梯度 $\nabla f(\boldsymbol{x})$ 的无偏估计：

$$E_i \nabla f_i(\boldsymbol{x}) = \frac{1}{n}\sum_{i=1}^{n} \nabla f_i(\boldsymbol{x}) = \nabla f(\boldsymbol{x})$$

这意味着，平均来说，随机梯度是对梯度的一个良好的估计。

下面我们通过在梯度中添加均值为 0 的随机噪声来模拟随机梯度下降，以此来比较它与梯度下降的区别。

```
In [8]: def sgd_2d(x1, x2, s1, s2):
            return (x1 - eta * (2 * x1 + np.random.normal(0.1)),
                    x2 - eta * (4 * x2 + np.random.normal(0.1)), 0, 0)

        show_trace_2d(f_2d, train_2d(sgd_2d))
```

```
epoch 20, x1 0.003648, x2 -0.215806
```

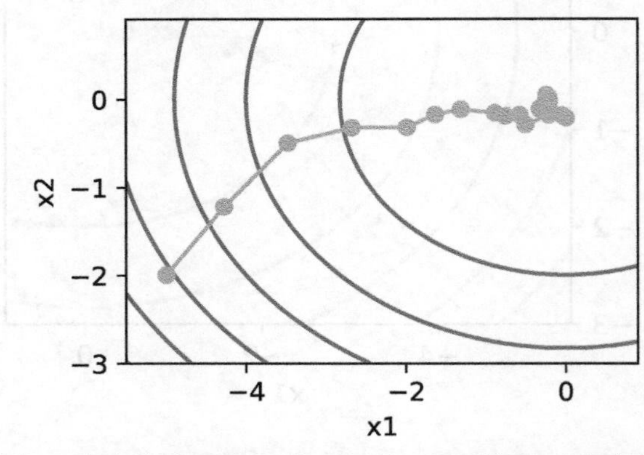

可以看到，随机梯度下降中自变量的迭代轨迹相对于梯度下降中的来说更为曲折。这是由于实验所添加的噪声使模拟的随机梯度的准确度下降。在实际中，这些噪声通常指训练数据集中的无意义的干扰。

小结

- 使用适当的学习率，沿着梯度反方向更新自变量可能降低目标函数值。梯度下降重复这一更新过程直到得到满足要求的解。
- 学习率过大或过小都有问题。一个合适的学习率通常是需要通过多次实验找到的。
- 当训练数据集的样本较多时，梯度下降每次迭代的计算开销较大，因而随机梯度下降通常更受青睐。

练习

（1）使用一个不同的目标函数，观察梯度下降和随机梯度下降中自变量的迭代轨迹。

（2）在二维梯度下降的实验中尝试使用不同的学习率，观察并分析实验现象。

扫码直达讨论区

7.3　小批量随机梯度下降

在每一次迭代中，梯度下降使用整个训练数据集来计算梯度，因此它有时也被称为批量梯度下降（batch gradient descent）。而随机梯度下降在每次迭代中只随机采样一个样本来计算梯度。正如我们在前几章中所看到的，我们还可以在每轮迭代中随机均匀采样多个样本来组成一个小批量，然后使用这个小批量来计算梯度。下面就来描述小批量随机梯度下降。

设目标函数 $f(\boldsymbol{x}):\mathbb{R}^d \rightarrow \mathbb{R}$。在迭代开始前的时间步设为 0。该时间步的自变量记为 $\boldsymbol{x}_0 \in \mathbb{R}^d$，通常由随机初始化得到。在接下来的每一个时间步 $t>0$ 中，小批量随机梯度下降随机均匀采样一个由训练数据样本索引组成的小批量 $\mathcal{B}_t$。我们可以通过重复采样（sampling with replacement）或者不重复采样（sampling without replacement）得到一个小批量中的各个样本。前者允许同一个小批量中出现重复的样本，后者则不允许如此，且更常见。对于这两者间的任一种方式，都可以使用

$$\boldsymbol{g}_t \leftarrow \nabla f_{\mathcal{B}_t}(\boldsymbol{x}_{t-1}) = \frac{1}{|\mathcal{B}|}\sum_{i\in\mathcal{B}_t}\nabla f_i(\boldsymbol{x}_{t-1})$$

来计算时间步 t 的小批量 $\mathcal{B}_t$ 上目标函数位于 $\boldsymbol{x}_{t-1}$ 处的梯度 $\boldsymbol{g}_t$。这里 $|\mathcal{B}|$ 代表批量大小，即小批量中样本的个数，是一个超参数。同随机梯度一样，重复采样所得的小批量随机梯度 $\boldsymbol{g}_t$ 也是对梯度 $\nabla f(\boldsymbol{x}_{t-1})$ 的无偏估计。给定学习率 η_t（取正数），小批量随机梯度下降对自变量的迭代如下：

$$\boldsymbol{x}_t \leftarrow \boldsymbol{x}_{t-1} - \eta_t \boldsymbol{g}_t$$

基于随机采样得到的梯度的方差在迭代过程中无法减小，因此在实际中，（小批量）随机梯度下降的学习率可以在迭代过程中自我衰减，例如 $\eta_t = \eta t^\alpha$（通常 $\alpha=-1$ 或者 -0.5）、$\eta_t = \eta\alpha^t$（如 $\alpha=0.95$）或者每迭代若干次后将学习率衰减一次。如此一来，学习率和（小批量）随机梯度乘积的方差会减小。而梯度下降在迭代过程中一直使用目标函数的真实梯度，无须自我衰减学习率。

小批量随机梯度下降中每次迭代的计算开销为 $\mathcal{O}(|\mathcal{B}|)$。当批量大小为 1 时，该算法即随机梯度下降；当批量大小等于训练数据样本数时，该算法即梯度下降。当批量较小时，每次迭代中使用的样本少，这会导致并行处理和内存使用效率变低。这使得在计算同样数目样本的情况下比使用更大批量时所花时间更多。当批量较大时，每个小批量梯度里可能含有更多的冗余信息。为了得到较好的解，批量较大时比批量较小时需要计算的样本数目可能更多，例如增大迭代周期数。

7.3.1 读取数据集

本章里我们将使用一个来自 NASA 的测试不同飞机机翼噪音的数据集来比较各个优化算法。我们使用该数据集的前 1 500 个样本和 5 个特征，并使用标准化对数据进行预处理。

```
In [1]: %matplotlib inline
        import d2lzh as d2l
        from mxnet import autograd, gluon, init, nd
        from mxnet.gluon import nn, data as gdata, loss as gloss
        import numpy as np
        import time

        def get_data_ch7():  # 本函数已保存在d2lzh包中方便以后使用
```

```
    data = np.genfromtxt('../data/airfoil_self_noise.dat', delimiter='\t')
    data = (data - data.mean(axis=0)) / data.std(axis=0)
    return nd.array(data[:1500, :-1]), nd.array(data[:1500, -1])

features, labels = get_data_ch7()
features.shape
```

```
Out[1]: (1500, 5)
```

7.3.2 从零开始实现

3.2 节中已经实现过小批量随机梯度下降算法。我们在这里将它的输入参数变得更加通用，主要是为了方便本章后面介绍的其他优化算法也可以使用同样的输入。具体来说，我们添加了一个状态输入 states 并将超参数放在字典 hyperparams 里。此外，我们将在训练函数里对各个小批量样本的损失求平均，因此优化算法里的梯度不需要除以批量大小。

```
In [2]: def sgd(params, states, hyperparams):
            for p in params:
                p[:] -= hyperparams['lr'] * p.grad
```

下面实现一个通用的训练函数，以方便本章后面介绍的其他优化算法使用。它初始化一个线性回归模型，然后可以使用小批量随机梯度下降以及后续小节介绍的其他算法来训练模型。

```
In [3]: # 本函数已保存在d2lzh包中方便以后使用
        def train_ch7(trainer_fn, states, hyperparams, features, labels,
                      batch_size=10, num_epochs=2):
            # 初始化模型
            net, loss = d2l.linreg, d2l.squared_loss
            w = nd.random.normal(scale=0.01, shape=(features.shape[1], 1))
            b = nd.zeros(1)
            w.attach_grad()
            b.attach_grad()

            def eval_loss():
                return loss(net(features, w, b), labels).mean().asscalar()

            ls = [eval_loss()]
            data_iter = gdata.DataLoader(
                gdata.ArrayDataset(features, labels), batch_size, shuffle=True)
            for _ in range(num_epochs):
                start = time.time()
                for batch_i, (X, y) in enumerate(data_iter):
                    with autograd.record():
                        l = loss(net(X, w, b), y).mean()  # 使用平均损失
                    l.backward()
                    trainer_fn([w, b], states, hyperparams)  # 迭代模型参数
                    if (batch_i + 1) * batch_size % 100 == 0:
                        ls.append(eval_loss())  # 每100个样本记录下当前训练误差
            # 打印结果和作图
            print('loss: %f, %f sec per epoch' % (ls[-1], time.time() - start))
            d2l.set_figsize()
```

```
        d2l.plt.plot(np.linspace(0, num_epochs, len(ls)), ls)
        d2l.plt.xlabel('epoch')
        d2l.plt.ylabel('loss')
```

当批量大小为样本总数 1 500 时，优化使用的是梯度下降。梯度下降的 1 个迭代周期对模型参数只迭代 1 次。可以看到 6 次迭代后目标函数值（训练损失）的下降趋向了平稳。

```
In [4]: def train_sgd(lr, batch_size, num_epochs=2):
            train_ch7(sgd, None, {'lr': lr}, features, labels, batch_size, num_epochs)

        train_sgd(1, 1500, 6)
```

```
loss: 0.246095, 0.025457 sec per epoch
```

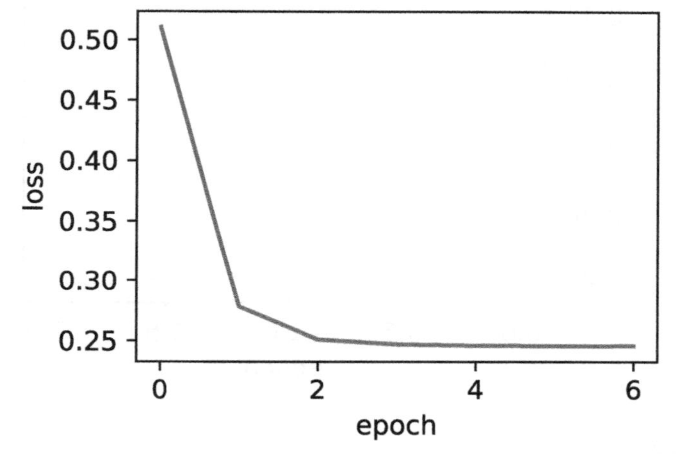

当批量大小为 1 时，优化使用的是随机梯度下降。为了简化实现，有关（小批量）随机梯度下降的实验中，我们未对学习率进行自我衰减，而是直接采用较小的常数学习率。随机梯度下降中，每处理一个样本会更新一次自变量（模型参数），一个迭代周期里会对自变量进行 1 500 次更新。可以看到，目标函数值的下降在 1 个迭代周期后就变得较为平缓。

```
In [5]: train_sgd(0.005, 1)
```

```
loss: 0.246830, 2.179513 sec per epoch
```

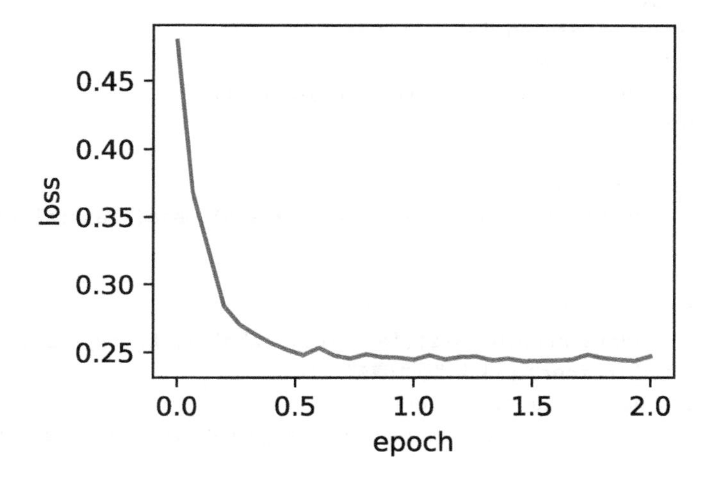

虽然随机梯度下降和梯度下降在一个迭代周期里都处理了 1 500 个样本，但实验中随机梯度下降的一个迭代周期耗时更多。这是因为随机梯度下降在一个迭代周期里做了更多次的自变量迭代，而且单样本的梯度计算难以有效利用矢量计算。

当批量大小为 10 时，优化使用的是小批量随机梯度下降。它在每个迭代周期的耗时介于梯度下降和随机梯度下降的耗时之间。

```
In [6]: train_sgd(0.05, 10)

loss: 0.243866, 0.252724 sec per epoch
```

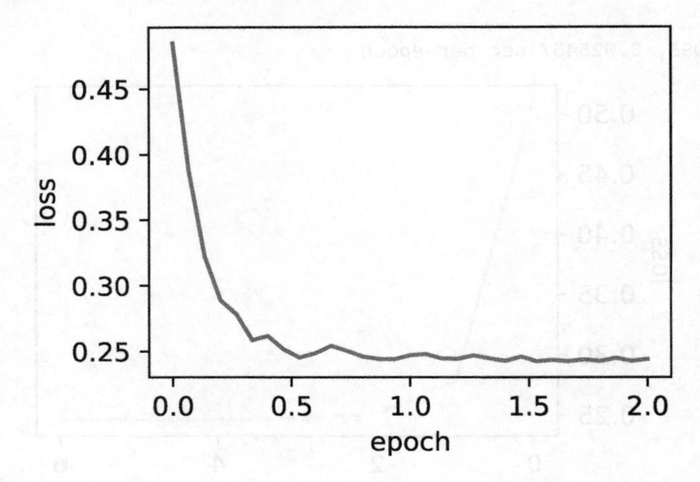

7.3.3　简洁实现

在 Gluon 里可以通过创建 `Trainer` 实例来调用优化算法。这能让实现更简洁。下面实现一个通用的训练函数，它通过优化算法的名字 `trainer_name` 和超参数 `trainer_hyperparams` 来创建 `Trainer` 实例。

```
In [7]: # 本函数已保存在d2lzh包中方便以后使用
        def train_gluon_ch7(trainer_name, trainer_hyperparams, features, labels,
                            batch_size=10, num_epochs=2):
            # 初始化模型
            net = nn.Sequential()
            net.add(nn.Dense(1))
            net.initialize(init.Normal(sigma=0.01))
            loss = gloss.L2Loss()

            def eval_loss():
                return loss(net(features), labels).mean().asscalar()

            ls = [eval_loss()]
            data_iter = gdata.DataLoader(
                gdata.ArrayDataset(features, labels), batch_size, shuffle=True)
            # 创建Trainer实例来迭代模型参数
            trainer = gluon.Trainer(
                net.collect_params(), trainer_name, trainer_hyperparams)
```

```
    for _ in range(num_epochs):
        start = time.time()
        for batch_i, (X, y) in enumerate(data_iter):
            with autograd.record():
                l = loss(net(X), y)
            l.backward()
            trainer.step(batch_size)  # 在Trainer实例里做梯度平均
            if (batch_i + 1) * batch_size % 100 == 0:
                ls.append(eval_loss())
    # 打印结果和作图
    print('loss: %f, %f sec per epoch' % (ls[-1], time.time() - start))
    d2l.set_figsize()
    d2l.plt.plot(np.linspace(0, num_epochs, len(ls)), ls)
    d2l.plt.xlabel('epoch')
    d2l.plt.ylabel('loss')
```

使用 Gluon 重复上一个实验。

```
In [8]: train_gluon_ch7('sgd', {'learning_rate': 0.05}, features, labels, 10)

loss: 0.244045, 0.246339 sec per epoch
```

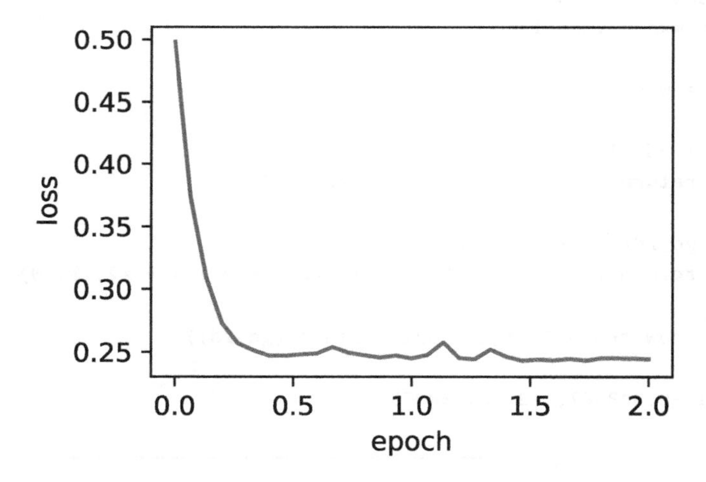

小结

- 小批量随机梯度每次随机均匀采样一个小批量的训练样本来计算梯度。
- 在实际中，（小批量）随机梯度下降的学习率可以在迭代过程中自我衰减。
- 通常，小批量随机梯度在每个迭代周期的耗时介于梯度下降和随机梯度下降的耗时之间。

练习

（1）修改批量大小和学习率，观察目标函数值的下降速度和每个迭代周期的耗时。

（2）查阅 MXNet 文档，使用 Trainer 类的 set_learning_rate 函数，令小批量随机梯度下降的学习率每过一个迭代周期减小到原值的 1/10。

7.4 动量法

在 7.2 节中我们提到，目标函数有关自变量的梯度代表了目标函数在自变量当前位置下降最快的方向。因此，梯度下降也叫作最陡下降（steepest descent）。在每次迭代中，梯度下降根据自变量当前位置，沿着当前位置的梯度更新自变量。然而，如果自变量的迭代方向仅仅取决于自变量当前位置，这可能会带来一些问题。

7.4.1 梯度下降的问题

让我们考虑一个输入和输出分别为二维向量 $\boldsymbol{x}=[x_1,x_2]^\top$ 和标量的目标函数 $f(\boldsymbol{x})=0.1x_1^2+2x_2^2$。与 7.2 节中不同，这里将 x_1^2 系数从 1 减小到了 0.1。下面实现基于这个目标函数的梯度下降，并演示使用学习率为 0.4 时自变量的迭代轨迹。

```
In [1]: %matplotlib inline
        import d2lzh as d2l
        from mxnet import nd

        eta = 0.4

        def f_2d(x1, x2):
            return 0.1 * x1 ** 2 + 2 * x2 ** 2

        def gd_2d(x1, x2, s1, s2):
            return (x1 - eta * 0.2 * x1, x2 - eta * 4 * x2, 0, 0)

        d2l.show_trace_2d(f_2d, d2l.train_2d(gd_2d))

epoch 20, x1 -0.943467, x2 -0.000073
```

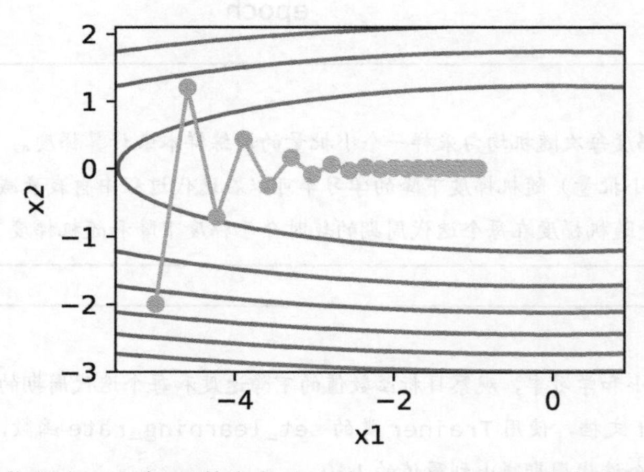

可以看到，同一位置上，目标函数在竖直方向（x_2 轴方向）比在水平方向（x_1 轴方向）的斜率的绝对值更大。因此，给定学习率，梯度下降迭代自变量时会使自变量在竖直方向比在水

平方向移动幅度更大。那么，我们需要一个较小的学习率从而避免自变量在竖直方向上越过目标函数最优解。然而，这会造成自变量在水平方向上朝最优解移动变慢。

下面我们试着将学习率调得稍大一点，此时自变量在竖直方向不断越过最优解并逐渐发散。

```
In [2]: eta = 0.6
        d2l.show_trace_2d(f_2d, d2l.train_2d(gd_2d))

epoch 20, x1 -0.387814, x2 -1673.365109
```

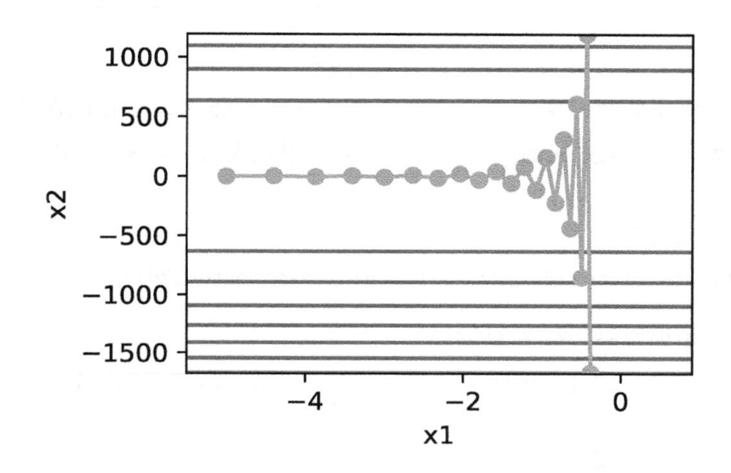

7.4.2 动量法

动量法的提出是为了解决梯度下降的上述问题。由于小批量随机梯度下降比梯度下降更为广义，本章后续讨论将沿用 7.3 节中时间步 t 的小批量随机梯度 $\boldsymbol{g}_t$ 的定义。设时间步 t 的自变量为 $\boldsymbol{x}_t$，学习率为 η_t。在时间步 0，动量法创建速度变量 $\boldsymbol{v}_0$，并将其元素初始化成 0。在时间步 $t>0$，动量法对每次迭代的步骤做如下修改：

$$\boldsymbol{v}_t \leftarrow \gamma \boldsymbol{v}_{t-1} + \eta_t \boldsymbol{g}_t$$
$$\boldsymbol{x}_t \leftarrow \boldsymbol{x}_{t-1} - \boldsymbol{v}_t$$

其中，动量超参数 γ 满足 $0 \leqslant \gamma < 1$。当 $\gamma = 0$ 时，动量法等价于小批量随机梯度下降。

在解释动量法的数学原理前，让我们先从实验中观察梯度下降在使用动量法后的迭代轨迹。

```
In [3]: def momentum_2d(x1, x2, v1, v2):
            v1 = gamma * v1 + eta * 0.2 * x1
            v2 = gamma * v2 + eta * 4 * x2
            return x1 - v1, x2 - v2, v1, v2

        eta, gamma = 0.4, 0.5
        d2l.show_trace_2d(f_2d, d2l.train_2d(momentum_2d))

epoch 20, x1 -0.062843, x2 0.001202
```

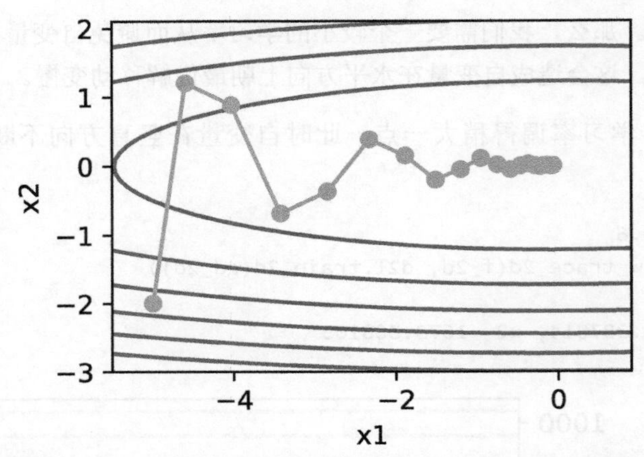

可以看到使用较小的学习率 $\eta = 0.4$ 和动量超参数 $\gamma = 0.5$ 时，动量法在竖直方向上的移动更加平滑，且在水平方向上更快逼近最优解。下面使用较大的学习率 $\eta = 0.6$，此时自变量也不再发散。

```
In [4]: eta = 0.6
        d2l.show_trace_2d(f_2d, d2l.train_2d(momentum_2d))

epoch 20, x1 0.007188, x2 0.002553
```

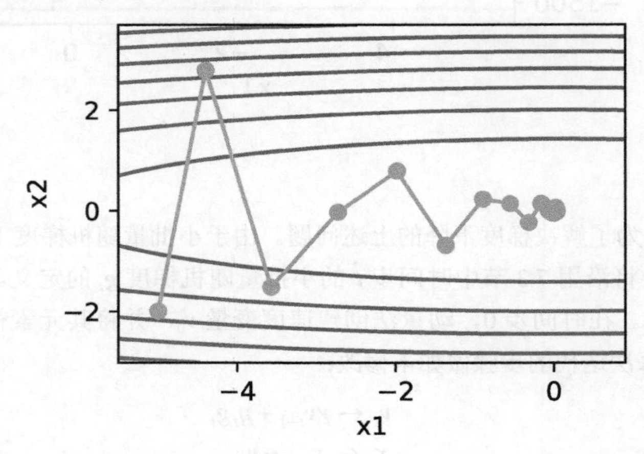

1. 指数加权移动平均

为了从数学上理解动量法，让我们先解释一下**指数加权移动平均**（exponentially weighted moving average）。给定超参数 $0 \leqslant \gamma < 1$，当前时间步 t 的变量 y_t 是上一时间步 $t-1$ 的变量 y_{t-1} 和当前时间步另一变量 x_t 的线性组合：

$$y_t = \gamma y_{t-1} + (1-\gamma) x_t$$

我们可以对 y_t 展开：

$$\begin{aligned}
y_t &= (1-\gamma) x_t + \gamma y_{t-1} \\
&= (1-\gamma) x_t + (1-\gamma) \cdot \gamma x_{t-1} + \gamma^2 y_{t-2} \\
&= (1-\gamma) x_t + (1-\gamma) \cdot \gamma x_{t-1} + (1-\gamma) \cdot \gamma^2 x_{t-2} + \gamma^3 y_{t-3} \\
&\cdots
\end{aligned}$$

令 $n=1/(1-\gamma)$，那么 $(1-1/n)^n=\gamma^{1/(1-\gamma)}$。因为

$$\lim_{n\to\infty}\left(1-\frac{1}{n}\right)^n=\exp(-1)\approx 0.3679$$

所以当 $\gamma\to 1$ 时，$\gamma^{1/(1-\gamma)}=\exp(-1)$，如 $0.95^{20}\approx\exp(-1)$。如果把 $\exp(-1)$ 当作一个比较小的数，我们可以在近似中忽略所有含 $\gamma^{1/(1-\gamma)}$ 和比 $\gamma^{1/(1-\gamma)}$ 更高阶的系数的项。例如，当 $\gamma=0.95$ 时，

$$y_t\approx 0.05\sum_{i=0}^{19}0.95^i x_{t-i}$$

因此，在实际中，我们常常将 y_t 看作是对最近 $1/(1-\gamma)$ 个时间步的 x_t 值的加权平均。例如，当 $\gamma=0.95$ 时，y_t 可以看作对最近 20 个时间步的 x_t 值的加权平均；当 $\gamma=0.9$ 时，y_t 可以看作对最近 10 个时间步的 x_t 值的加权平均。而且，离当前时间步 t 越近的 x_t 值获得的权重越大（越接近 1）。

2. 由指数加权移动平均理解动量法

现在，我们对动量法的速度变量做变形：

$$\boldsymbol{v}_t\leftarrow\gamma\boldsymbol{v}_{t-1}+(1-\gamma)\left(\frac{\eta_t}{1-\gamma}\boldsymbol{g}_t\right)$$

由指数加权移动平均的形式可得，速度变量 $\boldsymbol{v}_t$ 实际上对序列 $\{\eta_{t-i}\boldsymbol{g}_{t-i}/(1-\gamma):i=0,\cdots,1/(1-\gamma)-1\}$ 做了指数加权移动平均。换句话说，相比于小批量随机梯度下降，动量法在每个时间步的自变量更新量近似于将前者对应的最近 $1/(1-\gamma)$ 个时间步的更新量做了指数加权移动平均后再除以 $1-\gamma$。所以，在动量法中，自变量在各个方向上的移动幅度不仅取决于当前梯度，还取决于过去的各个梯度在各个方向上是否一致。在本节之前示例的优化问题中，所有梯度在水平方向上为正（向右），而在竖直方向上时正（向上）时负（向下）。这样，我们就可以使用较大的学习率，从而使自变量向最优解更快移动。

7.4.3 从零开始实现

相对于小批量随机梯度下降，动量法需要对每一个自变量维护一个同它一样形状的速度变量，且超参数里多了动量超参数。实现中，我们将速度变量用更广义的状态变量 states 表示。

```
In [5]: features, labels = d2l.get_data_ch7()

        def init_momentum_states():
            v_w = nd.zeros((features.shape[1], 1))
            v_b = nd.zeros(1)
            return (v_w, v_b)

        def sgd_momentum(params, states, hyperparams):
            for p, v in zip(params, states):
                v[:] = hyperparams['momentum'] * v + hyperparams['lr'] * p.grad
                p[:] -= v
```

我们先将动量超参数 momentum 设 0.5，这时可以看成是特殊的小批量随机梯度下降：其小批量随机梯度为最近 2 个时间步的 2 倍小批量梯度的加权平均。

```
In [6]: d2l.train_ch7(sgd_momentum, init_momentum_states(),
                      {'lr': 0.02, 'momentum': 0.5}, features, labels)

loss: 0.243307, 0.233371 sec per epoch
```

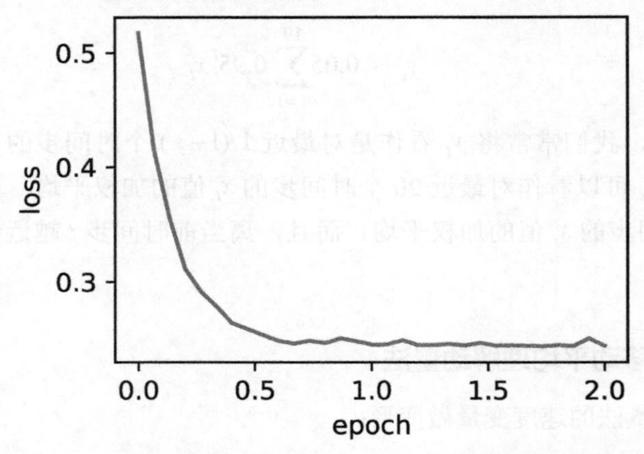

将动量超参数 momentum 增大到 0.9，这时依然可以看成是特殊的小批量随机梯度下降：其小批量随机梯度为最近 10 个时间步的 10 倍小批量梯度的加权平均。我们先保持学习率 0.02 不变。

```
In [7]: d2l.train_ch7(sgd_momentum, init_momentum_states(),
                      {'lr': 0.02, 'momentum': 0.9}, features, labels)

loss: 0.249351, 0.257350 sec per epoch
```

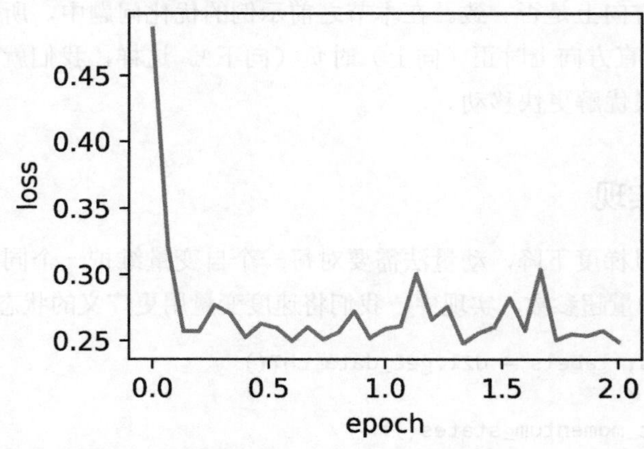

可见目标函数值在后期迭代过程中的变化不够平滑。直觉上，10 倍小批量梯度比 2 倍小批量梯度大了 5 倍，我们可以试着将学习率减小到原来的 1/5。此时目标函数值在下降了一段时间后变化更加平滑。

```
In [8]: d2l.train_ch7(sgd_momentum, init_momentum_states(),
                      {'lr': 0.004, 'momentum': 0.9}, features, labels)

loss: 0.244458, 0.277555 sec per epoch
```

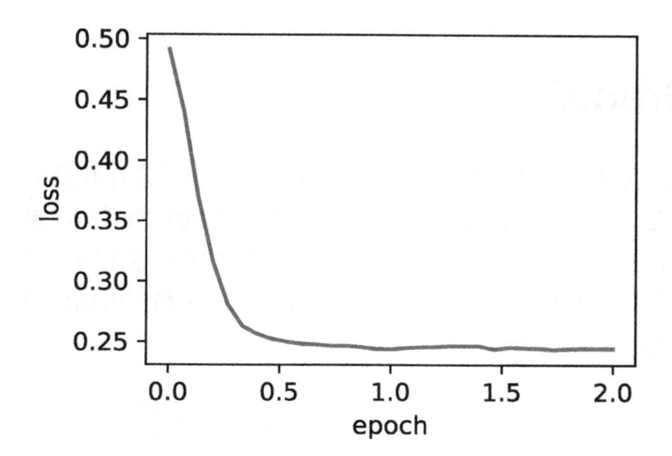

7.4.4 简洁实现

在 Gluon 中，只需要在 `Trainer` 实例中通过 `momentum` 来指定动量超参数即可使用动量法。

```
In [9]: d2l.train_gluon_ch7('sgd', {'learning_rate': 0.004, 'momentum': 0.9},
                            features, labels)

loss: 0.243096, 0.199614 sec per epoch
```

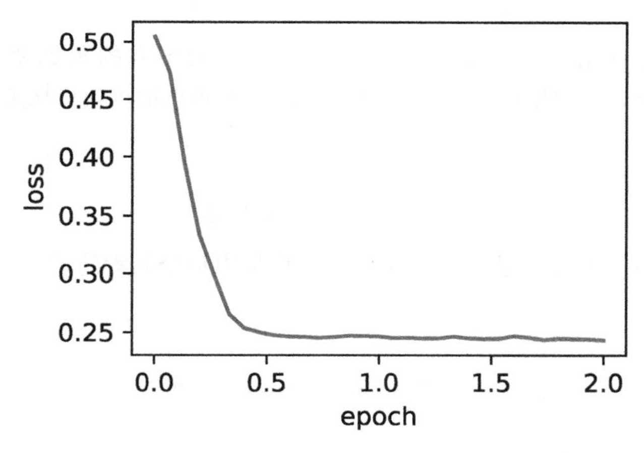

小结

- 动量法使用了指数加权移动平均的思想。它将过去时间步的梯度做了加权平均，且权重按时间步指数衰减。
- 动量法使得相邻时间步的自变量更新在方向上更加一致。

练习

使用其他动量超参数和学习率的组合，观察并分析实验结果。

7.5 AdaGrad算法

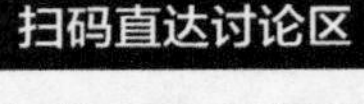

在之前介绍过的优化算法中，目标函数自变量的每一个元素在相同时间步都使用同一个学习率来自我迭代。举个例子，假设目标函数为 f，自变量为一个二维向量 $[x_1, x_2]^\top$，该向量中每一个元素在迭代时都使用相同的学习率。例如，在学习率为 η 的梯度下降中，元素 x_1 和 x_2 都使用相同的学习率 η 来自我迭代：

$$x_1 \leftarrow x_1 - \eta \frac{\partial f}{\partial x_1}, \quad x_2 \leftarrow x_2 - \eta \frac{\partial f}{\partial x_2}$$

在 7.4 节里我们看到，当 x_1 和 x_2 的梯度值有较大差别时，需要选择足够小的学习率使得自变量在梯度值较大的维度上不发散。但这样会导致自变量在梯度值较小的维度上迭代过慢。动量法依赖指数加权移动平均使得自变量的更新方向更加一致，从而降低发散的可能。本节我们介绍 AdaGrad 算法，它根据自变量在每个维度的梯度值的大小来调整各个维度上的学习率，从而避免统一的学习率难以适应所有维度的问题 [11]。

7.5.1　算法

AdaGrad 算法会使用一个小批量随机梯度 $\boldsymbol{g}_t$ 按元素平方的累加变量 $\boldsymbol{s}_t$。在时间步 0，AdaGrad 将 $\boldsymbol{s}_0$ 中每个元素初始化为 0。在时间步 t，首先将小批量随机梯度 $\boldsymbol{g}_t$ 按元素平方后累加到变量 $\boldsymbol{s}_t$：

$$\boldsymbol{s}_t \leftarrow \boldsymbol{s}_{t-1} + \boldsymbol{g}_t \odot \boldsymbol{g}_t$$

其中 $\odot$ 是按元素相乘。接着，我们将目标函数自变量中每个元素的学习率通过按元素运算重新调整一下：

$$\boldsymbol{x}_t \leftarrow \boldsymbol{x}_{t-1} - \frac{\eta}{\sqrt{\boldsymbol{s}_t + \epsilon}} \odot \boldsymbol{g}_t$$

其中 η 是学习率，ϵ 是为了维持数值稳定性而添加的常数，如 10^{-6}。这里开方、除法和乘法的运算都是按元素运算的。这些按元素运算使得目标函数自变量中每个元素都分别拥有自己的学习率。

7.5.2　特点

需要强调的是，小批量随机梯度按元素平方的累加变量 $\boldsymbol{s}_t$ 出现在学习率的分母项中。因此，如果目标函数有关自变量中某个元素的偏导数一直都较大，那么该元素的学习率将下降较快；反之，如果目标函数有关自变量中某个元素的偏导数一直都较小，那么该元素的学习率将下降较慢。然而，由于 $\boldsymbol{s}_t$ 一直在累加按元素平方的梯度，自变量中每个元素的学习率在迭代过程中一直在降低（或不变）。所以，当学习率在迭代早期降得较快且当前解依然不佳时，AdaGrad 算法在迭代后期由于学习率过小，可能较难找到一个有用的解。

下面我们仍然以目标函数 $f(\boldsymbol{x}) = 0.1x_1^2 + 2x_2^2$ 为例观察 AdaGrad 算法对自变量的迭代轨迹。我们实现 AdaGrad 算法并使用和上一节实验中相同的学习率 0.4。可以看到，自变量的迭代轨迹较平滑。但由于 $\boldsymbol{s}_t$ 的累加效果使学习率不断衰减，自变量在迭代后期的移动幅度较小。

```
In [1]: %matplotlib inline
        import d2lzh as d2l
        import math
        from mxnet import nd

        def adagrad_2d(x1, x2, s1, s2):
            g1, g2, eps = 0.2 * x1, 4 * x2, 1e-6  # 前两项为自变量梯度
            s1 += g1 ** 2
            s2 += g2 ** 2
            x1 -= eta / math.sqrt(s1 + eps) * g1
            x2 -= eta / math.sqrt(s2 + eps) * g2
            return x1, x2, s1, s2

        def f_2d(x1, x2):
            return 0.1 * x1 ** 2 + 2 * x2 ** 2

        eta = 0.4
        d2l.show_trace_2d(f_2d, d2l.train_2d(adagrad_2d))
```

```
epoch 20, x1 -2.382563, x2 -0.158591
```

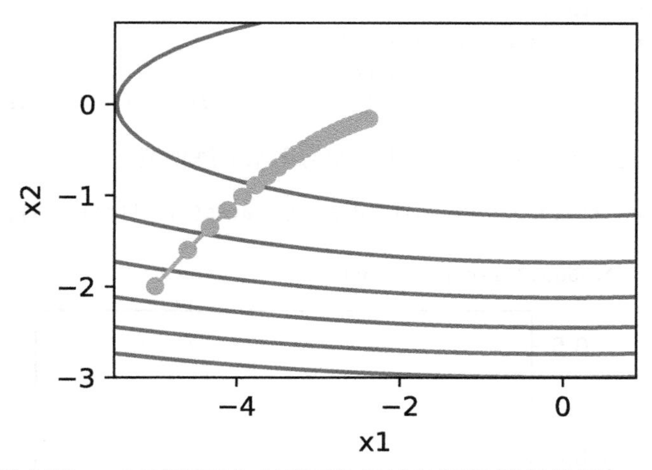

下面将学习率增大到 2。可以看到自变量更为迅速地逼近了最优解。

```
In [2]: eta = 2
        d2l.show_trace_2d(f_2d, d2l.train_2d(adagrad_2d))
```

```
epoch 20, x1 -0.002295, x2 -0.000000
```

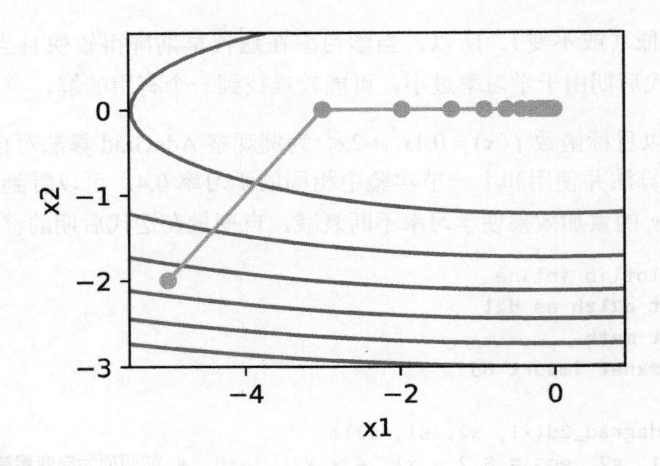

7.5.3　从零开始实现

同动量法一样，AdaGrad 算法需要对每个自变量维护同它一样形状的状态变量。我们根据 AdaGrad 算法中的公式实现该算法。

```
In [3]: features, labels = d2l.get_data_ch7()

        def init_adagrad_states():
            s_w = nd.zeros((features.shape[1], 1))
            s_b = nd.zeros(1)
            return (s_w, s_b)

        def adagrad(params, states, hyperparams):
            eps = 1e-6
            for p, s in zip(params, states):
                s[:] += p.grad.square()
                p[:] -= hyperparams['lr'] * p.grad / (s + eps).sqrt()
```

与 7.3 节中的实验相比，这里使用更大的学习率来训练模型。

```
In [4]: d2l.train_ch7(adagrad, init_adagrad_states(), {'lr': 0.1}, features, labels)

loss: 0.243480, 0.366687 sec per epoch
```

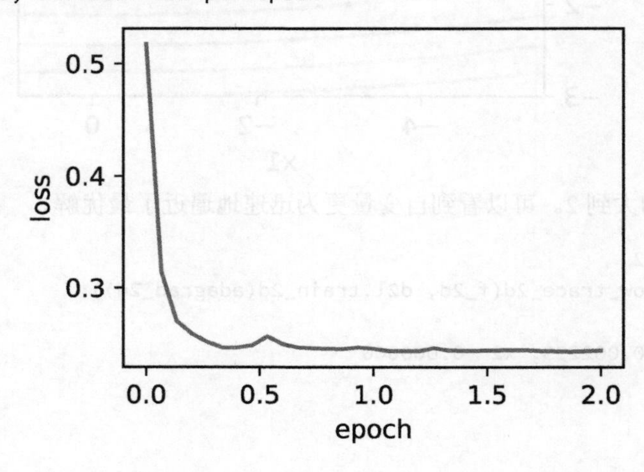

7.5.4 简洁实现

通过名称为“adagrad”的 `Trainer` 实例，我们便可使用 Gluon 提供的 AdaGrad 算法来训练模型。

```
In [5]: d2l.train_gluon_ch7('adagrad', {'learning_rate': 0.1}, features, labels)

loss: 0.242683, 0.392820 sec per epoch
```

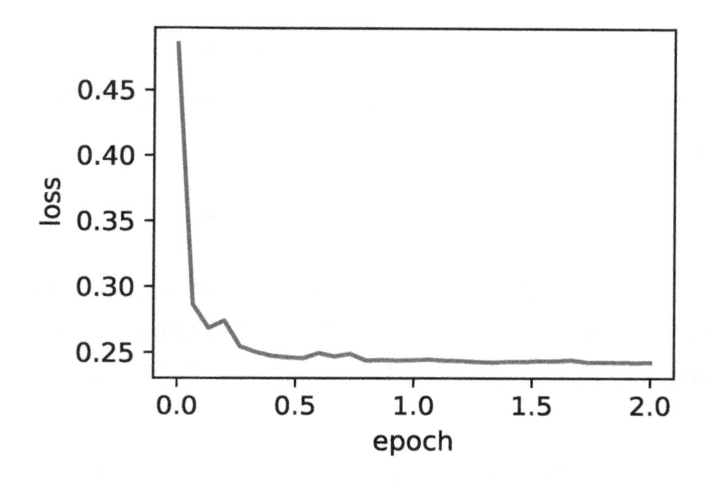

小结

- AdaGrad 算法在迭代过程中不断调整学习率，并让目标函数自变量中每个元素都分别拥有自己的学习率。
- 使用 AdaGrad 算法时，自变量中每个元素的学习率在迭代过程中一直在降低（或不变）。

练习

（1）在介绍 AdaGrad 算法的特点时，我们提到了它可能存在的问题。你能想到什么办法来解决这个问题？

（2）在实验中尝试使用其他的初始学习率，结果有什么变化？

7.6 RMSProp算法

扫码直达讨论区

我们在 7.5 节中提到，因为调整学习率时分母上的变量 $\boldsymbol{s}_t$ 一直在累加按元素平方的小批量随机梯度，所以目标函数自变量每个元素的学习率在迭代过程中一直在降低（或不变）。因此，当学习率在迭代早期降得较快且当前解依然不佳时，AdaGrad 算法在迭代后期由于学习率过小，可能较难找到一个有用的解。为了解决这一问题，RMSProp 算法对 AdaGrad 算法做了一点小小的修改。

该算法源自 Coursera 上的一门课，即“机器学习的神经网络”。

7.6.1 算法

我们在 7.4 节里介绍过指数加权移动平均。不同于 AdaGrad 算法里状态变量 $\boldsymbol{s}_t$ 是截至时间步 t 所有小批量随机梯度 $\boldsymbol{g}_t$ 按元素平方和，RMSProp 算法将这些梯度按元素平方做指数加权移动平均。具体来说，给定超参数 $0 \leqslant \gamma < 1$，RMSProp 算法在时间步 $t > 0$ 计算

$$\boldsymbol{s}_t \leftarrow \gamma \boldsymbol{s}_{t-1} + (1-\gamma) \boldsymbol{g}_t \odot \boldsymbol{g}_t$$

和 AdaGrad 算法一样，RMSProp 算法将目标函数自变量中每个元素的学习率通过按元素运算重新调整，然后更新自变量

$$\boldsymbol{x}_t \leftarrow \boldsymbol{x}_{t-1} - \frac{\eta}{\sqrt{\boldsymbol{s}_t + \epsilon}} \odot \boldsymbol{g}_t$$

其中 η 是学习率，ϵ 是为了维持数值稳定性而添加的常数，如 10^{-6}。因为 RMSProp 算法的状态变量是对平方项 $\boldsymbol{g}_t \odot \boldsymbol{g}_t$ 的指数加权移动平均，所以可以看作最近 $1/(1-\gamma)$ 个时间步的小批量随机梯度平方项的加权平均。如此一来，自变量每个元素的学习率在迭代过程中就不再一直降低（或不变）。

照例，让我们先观察 RMSProp 算法对目标函数 $f(\boldsymbol{x}) = 0.1x_1^2 + 2x_2^2$ 中自变量的迭代轨迹。回忆在 7.5 节使用的学习率为 0.4 的 AdaGrad 算法，自变量在迭代后期的移动幅度较小。但在同样的学习率下，RMSProp 算法可以更快逼近最优解。

```
In [1]: %matplotlib inline
        import d2lzh as d2l
        import math
        from mxnet import nd

        def rmsprop_2d(x1, x2, s1, s2):
            g1, g2, eps = 0.2 * x1, 4 * x2, 1e-6
            s1 = gamma * s1 + (1 - gamma) * g1 ** 2
            s2 = gamma * s2 + (1 - gamma) * g2 ** 2
            x1 -= eta / math.sqrt(s1 + eps) * g1
            x2 -= eta / math.sqrt(s2 + eps) * g2
            return x1, x2, s1, s2

        def f_2d(x1, x2):
            return 0.1 * x1 ** 2 + 2 * x2 ** 2

        eta, gamma = 0.4, 0.9
        d2l.show_trace_2d(f_2d, d2l.train_2d(rmsprop_2d))

epoch 20, x1 -0.010599, x2 0.000000
```

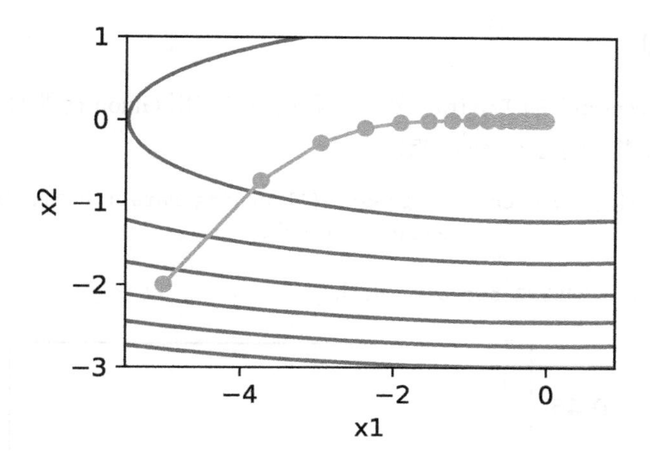

7.6.2 从零开始实现

接下来按照 RMSProp 算法中的公式实现该算法。

```
In [2]: features, labels = d2l.get_data_ch7()

        def init_rmsprop_states():
            s_w = nd.zeros((features.shape[1], 1))
            s_b = nd.zeros(1)
            return (s_w, s_b)

        def rmsprop(params, states, hyperparams):
            gamma, eps = hyperparams['gamma'], 1e-6
            for p, s in zip(params, states):
                s[:] = gamma * s + (1 - gamma) * p.grad.square()
                p[:] -= hyperparams['lr'] * p.grad / (s + eps).sqrt()
```

我们将初始学习率设为 0.01，并将超参数 γ 设为 0.9。此时，变量 $\boldsymbol{s}_t$ 可看作最近 $1/(1-0.9)=10$ 个时间步的平方项 $\boldsymbol{g}_t \odot \boldsymbol{g}_t$ 的加权平均。

```
In [3]: d2l.train_ch7(rmsprop, init_rmsprop_states(), {'lr': 0.01, 'gamma': 0.9},
                      features, labels)
```

```
loss: 0.243877, 0.395199 sec per epoch
```

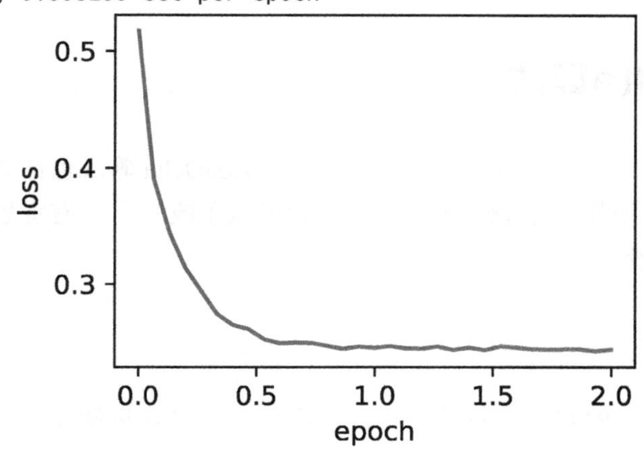

7.6.3 简洁实现

通过名称为“rmsprop”的 `Trainer` 实例，我们便可使用 Gluon 提供的 RMSProp 算法来训练模型。注意，超参数 γ 通过 `gamma1` 指定。

```
In [4]: d2l.train_gluon_ch7('rmsprop', {'learning_rate': 0.01, 'gamma1': 0.9},
                            features, labels)

loss: 0.243835, 0.248232 sec per epoch
```

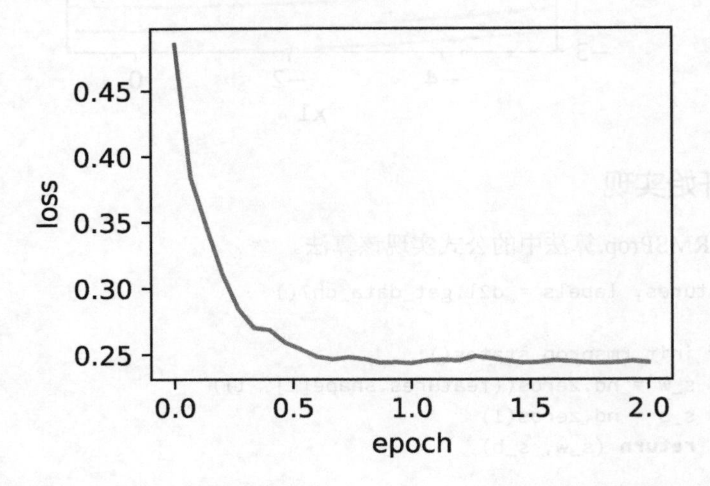

小结

- RMSProp 算法和 AdaGrad 算法的不同在于，RMSProp 算法使用了小批量随机梯度按元素平方的指数加权移动平均来调整学习率。

练习

（1）把 γ 的值设为 1，实验结果有什么变化？为什么？

（2）试着使用其他的初始学习率和 γ 超参数的组合，观察并分析实验结果。

7.7 AdaDelta算法

扫码直达讨论区

除了 RMSProp 算法以外，另一个常用优化算法 AdaDelta 算法也针对 AdaGrad 算法在迭代后期可能较难找到有用解的问题做了改进[63]。有意思的是，AdaDelta 算法没有学习率这一超参数。

7.7.1 算法

AdaDelta 算法也像 RMSProp 算法一样，使用了小批量随机梯度 $\boldsymbol{g}_t$ 按元素平方的指数加

权移动平均变量 $\boldsymbol{s}_t$。在时间步 0，它的所有元素被初始化为 0。给定超参数 $0 \leqslant \rho < 1$（对应 RMSProp 算法中的 γ），在时间步 $t > 0$，同 RMSProp 算法一样计算

$$\boldsymbol{s}_t \leftarrow \rho \boldsymbol{s}_{t-1} + (1-\rho) \boldsymbol{g}_t \odot \boldsymbol{g}_t$$

与 RMSProp 算法不同的是，AdaDelta 算法还维护一个额外的状态变量 $\Delta \boldsymbol{x}_t$，其元素同样在时间步 0 时被初始化为 0。我们使用 $\Delta \boldsymbol{x}_{t-1}$ 来计算自变量的变化量：

$$\boldsymbol{g}_t' \leftarrow \sqrt{\frac{\Delta \boldsymbol{x}_{t-1} + \epsilon}{\boldsymbol{s}_t + \epsilon}} \odot \boldsymbol{g}_t$$

其中 ϵ 是为了维持数值稳定性而添加的常数，如 10^{-5}。接着更新自变量：

$$\boldsymbol{x}_t \leftarrow \boldsymbol{x}_{t-1} - \boldsymbol{g}_t'$$

最后，我们使用 $\Delta \boldsymbol{x}_t$ 来记录自变量变化量 $\boldsymbol{g}_t'$ 按元素平方的指数加权移动平均：

$$\Delta \boldsymbol{x}_t \leftarrow \rho \Delta \boldsymbol{x}_{t-1} + (1-\rho) \boldsymbol{g}_t' \odot \boldsymbol{g}_t'$$

可以看到，如不考虑 ϵ 的影响，AdaDelta 算法与 RMSProp 算法的不同之处在于使用 $\sqrt{\Delta \boldsymbol{x}_{t-1}}$ 来替代超参数 η。

7.7.2 从零开始实现

AdaDelta 算法需要对每个自变量维护两个状态变量，即 $\boldsymbol{s}_t$ 和 $\Delta \boldsymbol{x}_t$。我们按 AdaDelta 算法中的公式实现该算法。

```
In [1]: %matplotlib inline
        import d2lzh as d2l
        from mxnet import nd

        features, labels = d2l.get_data_ch7()

        def init_adadelta_states():
            s_w, s_b = nd.zeros((features.shape[1], 1)), nd.zeros(1)
            delta_w, delta_b = nd.zeros((features.shape[1], 1)), nd.zeros(1)
            return ((s_w, delta_w), (s_b, delta_b))

        def adadelta(params, states, hyperparams):
            rho, eps = hyperparams['rho'], 1e-5
            for p, (s, delta) in zip(params, states):
                s[:] = rho * s + (1 - rho) * p.grad.square()
                g = ((delta + eps).sqrt() / (s + eps).sqrt()) * p.grad
                p[:] -= g
                delta[:] = rho * delta + (1 - rho) * g * g
```

使用超参数 $\rho = 0.9$ 来训练模型。

```
In [2]: d2l.train_ch7(adadelta, init_adadelta_states(), {'rho': 0.9}, features,
                      labels)

loss: 0.247759, 0.500291 sec per epoch
```

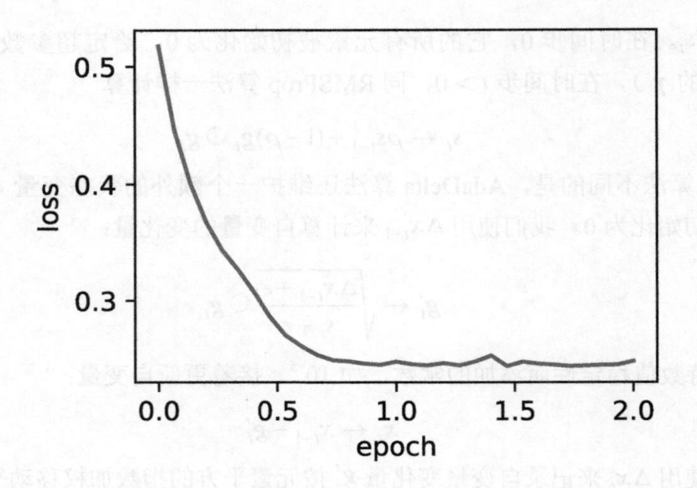

7.7.3 简洁实现

通过名称为“adadelta”的 Trainer 实例，我们便可使用 Gluon 提供的 AdaDelta 算法。它的超参数可以通过 rho 来指定。

```
In [3]: d2l.train_gluon_ch7('adadelta', {'rho': 0.9}, features, labels)

loss: 0.247549, 0.440736 sec per epoch
```

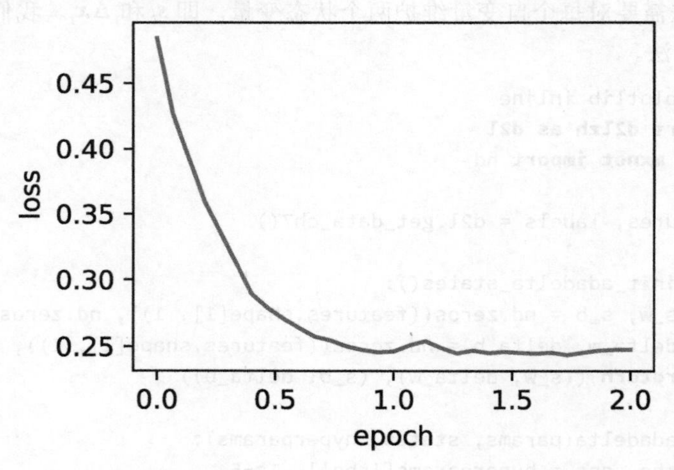

小结

- AdaDelta 算法没有学习率超参数，它通过使用有关自变量更新量平方的指数加权移动平均的项来替代 RMSProp 算法中的学习率。

练习

调节 AdaDelta 算法中的超参数 ρ 的值，观察实验结果。

7.8 Adam算法

扫码直达讨论区

Adam 算法在 RMSProp 算法基础上对小批量随机梯度也做了指数加权移动平均 [29]。下面我们来介绍这个算法。

7.8.1 算法

Adam 算法使用了动量变量 $\boldsymbol{v}_t$ 和 RMSProp 算法中小批量随机梯度按元素平方的指数加权移动平均变量 $\boldsymbol{s}_t$，并在时间步 0 将它们中每个元素初始化为 0。给定超参数 $0 \leqslant \beta_1 < 1$（算法作者建议设为 0.9），时间步 t 的动量变量 $\boldsymbol{v}_t$ 即小批量随机梯度 $\boldsymbol{g}_t$ 的指数加权移动平均：

$$\boldsymbol{v}_t \leftarrow \beta_1 \boldsymbol{v}_{t-1} + (1-\beta_1)\boldsymbol{g}_t$$

和 RMSProp 算法中一样，给定超参数 $0 \leqslant \beta_2 < 1$（算法作者建议设为 0.999），将小批量随机梯度按元素平方后的项 $\boldsymbol{g}_t \odot \boldsymbol{g}_t$ 做指数加权移动平均得到 $\boldsymbol{s}_t$：

$$\boldsymbol{s}_t \leftarrow \beta_2 \boldsymbol{s}_{t-1} + (1-\beta_2)\boldsymbol{g}_t \odot \boldsymbol{g}_t$$

由于我们将 $\boldsymbol{v}_0$ 和 $\boldsymbol{s}_0$ 中的元素都初始化为 0，在时间步 t 我们得到 $\boldsymbol{v}_t = (1-\beta_1)\sum_{i=1}^{t} \beta_1^{t-i} \boldsymbol{g}_i$。将过去各时间步小批量随机梯度的权值相加，得到 $(1-\beta_1)\sum_{i=1}^{t} \beta_1^{t-i} = 1-\beta_1^t$。需要注意的是，当 t 较小时，过去各时间步小批量随机梯度权值之和会较小。例如，当 $\beta_1 = 0.9$ 时，$\boldsymbol{v}_1 = 0.1\boldsymbol{g}_1$。为了消除这样的影响，对于任意时间步 t，我们可以将 $\boldsymbol{v}_t$ 再除以 $1-\beta_1^t$，从而使过去各时间步小批量随机梯度权值之和为 1。这也叫作*偏差修正*。在 Adam 算法中，我们对变量 $\boldsymbol{v}_t$ 和 $\boldsymbol{s}_t$ 均作偏差修正：

$$\hat{\boldsymbol{v}}_t \leftarrow \frac{\boldsymbol{v}_t}{1-\beta_1^t}$$

$$\hat{\boldsymbol{s}}_t \leftarrow \frac{\boldsymbol{s}_t}{1-\beta_2^t}$$

接下来，Adam 算法使用以上偏差修正后的变量 $\hat{\boldsymbol{v}}_t$ 和 $\hat{\boldsymbol{s}}_t$，将模型参数中每个元素的学习率通过按元素运算重新调整：

$$\boldsymbol{g}_t' \leftarrow \frac{\eta \hat{\boldsymbol{v}}_t}{\sqrt{\hat{\boldsymbol{s}}_t} + \epsilon}$$

其中 η 是学习率，ϵ 是为了维持数值稳定性而添加的常数，如 10^{-8}。和 AdaGrad 算法、RMSProp 算法以及 AdaDelta 算法一样，目标函数自变量中每个元素都分别拥有自己的学习率。最后，使用 $\boldsymbol{g}_t'$ 迭代自变量：

$$\boldsymbol{x}_t \leftarrow \boldsymbol{x}_{t-1} - \boldsymbol{g}_t'$$

7.8.2　从零开始实现

我们按照 Adam 算法中的公式实现该算法。其中时间步 t 通过 hyperparams 参数传入 adam 函数。

```
In [1]: %matplotlib inline
        import d2lzh as d2l
        from mxnet import nd

        features, labels = d2l.get_data_ch7()

        def init_adam_states():
            v_w, v_b = nd.zeros((features.shape[1], 1)), nd.zeros(1)
            s_w, s_b = nd.zeros((features.shape[1], 1)), nd.zeros(1)
            return ((v_w, s_w), (v_b, s_b))

        def adam(params, states, hyperparams):
            beta1, beta2, eps = 0.9, 0.999, 1e-6
            for p, (v, s) in zip(params, states):
                v[:] = beta1 * v + (1 - beta1) * p.grad
                s[:] = beta2 * s + (1 - beta2) * p.grad.square()
                v_bias_corr = v / (1 - beta1 ** hyperparams['t'])
                s_bias_corr = s / (1 - beta2 ** hyperparams['t'])
                p[:] -= hyperparams['lr'] * v_bias_corr / (s_bias_corr.sqrt() + eps)
            hyperparams['t'] += 1
```

使用学习率为 0.01 的 Adam 算法来训练模型。

```
In [2]: d2l.train_ch7(adam, init_adam_states(), {'lr': 0.01, 't': 1}, features,
                      labels)

loss: 0.243475, 0.507077 sec per epoch
```

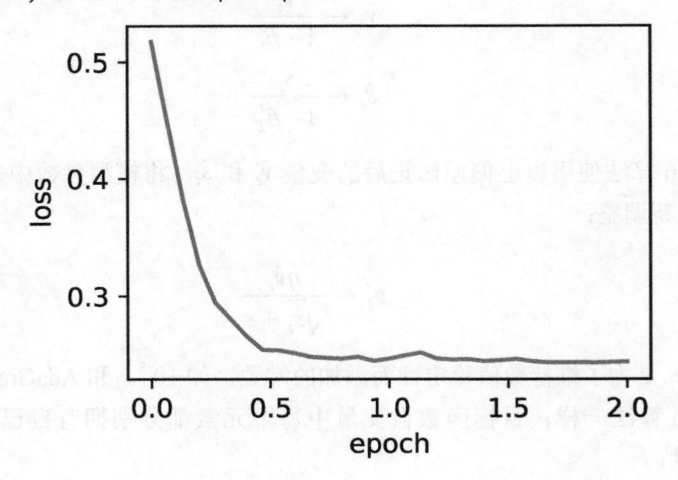

7.8.3　简洁实现

通过名称为“adam”的 Trainer 实例，我们便可使用 Gluon 提供的 Adam 算法。

```
In [3]: d2l.train_gluon_ch7('adam', {'learning_rate': 0.01}, features, labels)

loss: 0.244691, 0.198776 sec per epoch
```

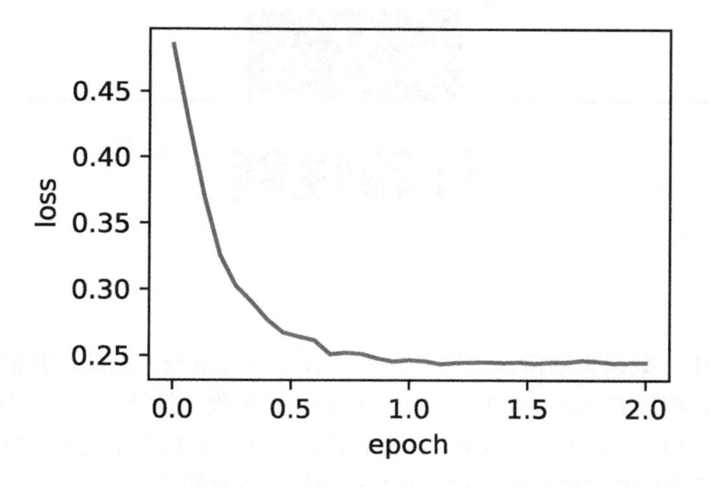

小结

- Adam 算法在 RMSProp 算法的基础上对小批量随机梯度也做了指数加权移动平均。
- Adam 算法使用了偏差修正。

练习

（1）调节学习率，观察并分析实验结果。

（2）有人说 Adam 算法是 RMSProp 算法与动量法的结合。想一想，这是为什么？

第 8 章

计算性能

在深度学习中，数据集通常很大而且模型计算往往很复杂。因此，我们十分关注计算性能。本章将重点介绍影响计算性能的重要因子：命令式编程、符号式编程、异步计算、自动并行计算和多 GPU 计算。通过本章的学习，你将很可能进一步提升前几章已实现的模型的计算性能，例如，在不影响模型精度的前提下减少模型的训练时间。

8.1 命令式和符号式混合编程

扫码直达讨论区

本书到目前为止一直都在使用命令式编程，它使用编程语句改变程序状态。考虑下面这段简单的命令式程序。

```
In [1]: def add(a, b):
            return a + b

        def fancy_func(a, b, c, d):
            e = add(a, b)
            f = add(c, d)
            g = add(e, f)
            return g

        fancy_func(1, 2, 3, 4)

Out[1]: 10
```

和我们预期的一样，在运行语句 e = add(a, b) 时，Python 会做加法运算并将结果存储在变量 e 中，从而令程序的状态发生改变。类似地，后面的 2 条语句 f = add(c, d) 和 g = add(e, f) 会依次做加法运算并存储变量。

虽然使用命令式编程很方便，但它的运行可能很慢。一方面，即使 fancy_func 函数中的 add 是被重复调用的函数，Python 也会逐一执行这 3 条函数调用语句。另一方面，我们需要保存变量 e 和 f 的值直到 fancy_func 中所有语句执行结束。这是因为在执行 e = add(a, b) 和 f = add(c, d) 这 2 条语句之后我们并不知道变量 e 和 f 是否会被程序的其他部分使用。

与命令式编程不同，符号式编程通常在计算流程完全定义好后才被执行。多个深度学习框架，如 Theano 和 TensorFlow，都使用了符号式编程。通常，符号式编程的程序需要下面 3 个步骤：

（1）定义计算流程；

（2）把计算流程编译成可执行的程序；

（3）给定输入，调用编译好的程序执行。

下面我们用符号式编程重新实现本节开头给出的命令式编程代码。

```
In [2]: def add_str():
            return '''
        def add(a, b):
            return a + b
        '''

        def fancy_func_str():
            return '''
        def fancy_func(a, b, c, d):
            e = add(a, b)
            f = add(c, d)
            g = add(e, f)
            return g
        '''

        def evoke_str():
            return add_str() + fancy_func_str() + '''
        print(fancy_func(1, 2, 3, 4))
        '''

        prog = evoke_str()
        print(prog)
        y = compile(prog, '', 'exec')
        exec(y)
```

```
def add(a, b):
    return a + b

def fancy_func(a, b, c, d):
    e = add(a, b)
    f = add(c, d)
    g = add(e, f)
    return g

print(fancy_func(1, 2, 3, 4))

10
```

以上定义的 3 个函数都仅以字符串的形式返回计算流程。最后，我们通过 `compile` 函数编译完整的计算流程并运行。由于在编译时系统能够完整地获取整个程序，因此有更多空间优化计算。例如，编译的时候可以将程序改写成 `print((1 + 2) + (3 + 4))`，甚至直接改写成 `print(10)`。这样不仅减少了函数调用，还节省了内存。

对比这两种编程方式，我们可以看到以下两点。

- 命令式编程更方便。当我们在 Python 里使用命令式编程时，大部分代码编写起来都很直观。同时，命令式编程更容易调试。这是因为我们可以很方便地获取并打印所有的中间变量值，或者使用 Python 的调试工具。
- 符号式编程更高效并更容易移植。一方面，在编译的时候系统容易做更多优化；另一方面，符号式编程可以将程序变成一个与 Python 无关的格式，从而可以使程序在非 Python 环境下运行，以避开 Python 解释器的性能问题。

8.1.1 混合式编程取两者之长

大部分深度学习框架在命令式编程和符号式编程之间二选一。例如，Theano 和受其启发的后来者 TensorFlow 使用了符号式编程，Chainer 和它的追随者 PyTorch 使用了命令式编程。开发人员在设计 Gluon 时思考了这个问题：有没有可能既得到命令式编程的好处，又享受符号式编程的优势？开发者们认为，用户应该用纯命令式编程进行开发和调试；当需要产品级别的计算性能和部署时，用户可以将大部分命令式程序转换成符号式程序来运行。Gluon 通过提供混合式编程的方式做到了这一点。

在混合式编程中，我们可以通过使用 `HybridBlock` 类或者 `HybridSequential` 类构建模型。默认情况下，它们和 `Block` 类或者 `Sequential` 类一样依据命令式编程的方式执行。当我们调用 `hybridize` 函数后，Gluon 会转换成依据符号式编程的方式执行。事实上，绝大多数模型都可以接受这样的混合式编程的执行方式。

本节将通过实验展示混合式编程的魅力。

8.1.2 使用HybridSequential类构造模型

我们之前学习了如何使用 `Sequential` 类来串联多个层。为了使用混合式编程，下面我们将 `Sequential` 类替换成 `HybridSequential` 类。

```
In [3]: from mxnet import nd, sym
        from mxnet.gluon import nn
        import time

        def get_net():
            net = nn.HybridSequential()  # 这里创建HybridSequential实例
            net.add(nn.Dense(256, activation='relu'),
                    nn.Dense(128, activation='relu'),
                    nn.Dense(2))
            net.initialize()
            return net

        x = nd.random.normal(shape=(1, 512))
        net = get_net()
        net(x)
Out[3]:
        [[0.08827581 0.00505182]]
        <NDArray 1x2 @cpu(0)>
```

我们可以通过调用 hybridize 函数来编译和优化 HybridSequential 实例中串联的层的计算。模型的计算结果不变。

```
In [4]: net.hybridize()
        net(x)

Out[4]:
        [[0.08827581 0.00505182]]
        <NDArray 1x2 @cpu(0)>
```

需要注意的是，只有继承 HybridBlock 类的层才会被优化计算。例如，HybridSequential 类和 Gluon 提供的 Dense 类都是 HybridBlock 类的子类，它们都会被优化计算。如果一个层只是继承自 Block 类而不是 HybridBlock 类，那么它将不会被优化。

1. 计算性能

下面通过比较调用 hybridize 函数前后的计算时间来展示符号式编程的性能提升。这里我们对 1 000 次 net 模型计算计时。在 net 调用 hybridize 函数前后，它分别依据命令式编程和符号式编程做模型计算。

```
In [5]: def benchmark(net, x):
            start = time.time()
            for i in range(1000):
                _ = net(x)
            nd.waitall()  # 等待所有计算完成方便计时
            return time.time() - start

        net = get_net()
        print('before hybridizing: %.4f sec' % (benchmark(net, x)))
        net.hybridize()
        print('after hybridizing: %.4f sec' % (benchmark(net, x)))

before hybridizing: 0.3768 sec
after hybridizing: 0.2560 sec
```

由上述结果可见，在一个 HybridSequential 实例调用 hybridize 函数后，它可以通过符号式编程提升计算性能。

2. 获取符号式程序

在模型 net 根据输入计算模型输出后，例如 benchmark 函数中的 net(x)，我们就可以通过 export 函数将符号式程序和模型参数保存到硬盘。

```
In [6]: net.export('my_mlp')
```

此时生成的 .json 和 .params 文件分别为符号式程序和模型参数。它们可以被 Python 或 MXNet 支持的其他前端语言读取，如 C++、R、Scala、Perl 和其他语言。这样，我们就可以很方便地使用其他前端语言或在其他设备上部署训练好的模型。同时，由于部署时使用的是符号式程序，计算性能往往比命令式程序的性能更好。

在 MXNet 中，符号式程序指的是基于 Symbol 类型的程序。我们知道，当给 net 提供 NDArray 类型的输入 x 后，net(x) 会根据 x 直接计算模型输出并返回结果。对于调用过 hybridize 函数后的模型，我们还可以给它输入一个 Symbol 类型的变量，net(x) 会返回 Symbol 类型的结果。

```
In [7]: x = sym.var('data')
        net(x)

Out[7]: <Symbol dense5_fwd>
```

8.1.3 使用HybridBlock类构造模型

和 Sequential 类与 Block 类之间的关系一样，HybridSequential 类是 HybridBlock 类的子类。与 Block 实例需要实现 forward 函数不太一样的是，对于 HybridBlock 实例，我们需要实现 hybrid_forward 函数。

前面我们展示了调用 hybridize 函数后的模型可以获得更好的计算性能和可移植性。此外，调用 hybridize 函数后的模型会影响灵活性。为了解释这一点，我们先使用 HybridBlock 类构造模型。

```
In [8]: class HybridNet(nn.HybridBlock):
            def __init__(self, **kwargs):
                super(HybridNet, self).__init__(**kwargs)
                self.hidden = nn.Dense(10)
                self.output = nn.Dense(2)

            def hybrid_forward(self, F, x):
                print('F: ', F)
                print('x: ', x)
                x = F.relu(self.hidden(x))
                print('hidden: ', x)
                return self.output(x)
```

在继承 HybridBlock 类时，我们需要在 hybrid_forward 函数中添加额外的输入 F。我们知道，MXNet 既有基于命令式编程的 NDArray 类，又有基于符号式编程的 Symbol 类。由于这两个类的函数基本一致，MXNet 会根据输入来决定 F 使用 NDArray 或 Symbol。

下面创建了一个 HybridBlock 实例。可以看到，在默认情况下 F 使用 NDArray。而且，我们打印出了输入 x 和使用 ReLU 激活函数的隐藏层的输出。

```
In [9]: net = HybridNet()
        net.initialize()
        x = nd.random.normal(shape=(1, 4))
        net(x)

F:  <module 'mxnet.ndarray' from '/home/ubuntu/miniconda3/envs/d2l-zh-build/lib/python
 ↪    3.6/site-packages/mxnet/ndarray/__init__.py'>
x:
[[-0.12225834  0.5429998  -0.9469352   0.59643304]]
<NDArray 1x4 @cpu(0)>
```

```
hidden:
[[0.11134676 0.04770704 0.05341475 0.         0.08091211 0.
  0.         0.04143535 0.         0.        ]]
<NDArray 1x10 @cpu(0)>

Out[9]:
        [[0.00370749 0.00134991]]
        <NDArray 1x2 @cpu(0)>
```

再运行一次前向计算会得到同样的结果。

```
In [10]: net(x)

F:   <module 'mxnet.ndarray' from '/home/ubuntu/miniconda3/envs/d2l-zh-build/lib/python
 ↪    3.6/site-packages/mxnet/ndarray/__init__.py'>
x:
[[-0.12225834  0.5429998  -0.9469352   0.59643304]]
<NDArray 1x4 @cpu(0)>
hidden:
[[0.11134676 0.04770704 0.05341475 0.         0.08091211 0.
  0.         0.04143535 0.         0.        ]]
<NDArray 1x10 @cpu(0)>

Out[10]:
        [[0.00370749 0.00134991]]
        <NDArray 1x2 @cpu(0)>
```

接下来看看调用 `hybridize` 函数后会发生什么。

```
In [11]: net.hybridize()
         net(x)

F:   <module 'mxnet.symbol' from '/home/ubuntu/miniconda3/envs/d2l-zh-build/lib/python3
 ↪    .6/site-packages/mxnet/symbol/__init__.py'>
x: <Symbol data>
hidden: <Symbol hybridnet0_relu0>

Out[11]:
        [[0.00370749 0.00134991]]
        <NDArray 1x2 @cpu(0)>
```

可以看到，`F` 变成了 `Symbol`。而且，虽然输入数据还是 `NDArray`，但在 `hybrid_forward` 函数里，相同输入和中间输出全部变成了 `Symbol` 类型。

再运行一次前向计算看看。

```
In [12]: net(x)

Out[12]:
        [[0.00370749 0.00134991]]
        <NDArray 1x2 @cpu(0)>
```

可以看到，`hybrid_forward` 函数里定义的 3 条打印语句都没有打印任何东西。这是因为上一次在调用 `hybridize` 函数后运行 `net(x)` 的时候，符号式程序已经得到。之后再运行

net(x) 的时候 MXNet 将不再访问 Python 代码，而是直接在 C++ 后端执行符号式程序。这也是调用 hybridize 函数后模型计算性能会提升的一个原因。但它可能的问题在于，我们损失了写程序的灵活性。在上面这个例子中，如果我们希望使用那 3 条打印语句调试代码，执行符号式程序时会跳过它们无法打印。此外，对于少数像 asnumpy 这样的 Symbol 所不支持的函数，以及像 a += b 和 a[:] = a + b（需改写为 a = a + b）这样的原地（in-place）操作，我们无法在 hybrid_forward 函数中使用并在调用 hybridize 函数后进行前向计算。

小结

- 命令式编程和符号式编程各有优劣。MXNet 通过混合式编程取二者之长。
- 通过 HybridSequential 类和 HybridBlock 类构建的模型可以调用 hybridize 函数将命令式程序转成符号式程序。建议大家使用这种方法获得计算性能的提升。

练习

（1）在本节 HybridNet 类的 hybrid_forward 函数中第一行添加 x.asnumpy()，运行本节的全部代码，观察并分析报错的位置和错误类型。

（2）如果在 hybrid_forward 函数中加入 Python 的 if 和 for 语句会怎么样？

（3）回顾前面几章中你感兴趣的模型，改用 HybridBlock 类或 HybridSequential 类实现。

8.2 异步计算

扫码直达讨论区

MXNet 使用异步计算来提升计算性能。理解它的工作原理既有助于开发更高效的程序，又有助于在内存资源有限的情况下主动降低计算性能从而减小内存开销。我们先导入本节中实验需要的包或模块。

```
In [1]: from mxnet import autograd, gluon, nd
        from mxnet.gluon import loss as gloss, nn
        import os
        import subprocess
        import time
```

8.2.1 MXNet中的异步计算

广义上讲，MXNet 包括用户直接用来交互的前端和系统用来执行计算的后端。例如，用户可以使用不同的前端语言编写 MXNet 程序，如 Python、R、Scala 和 C++。无论使用何种前端编程语言，MXNet 程序的执行主要都发生在 C++ 实现的后端。换句话说，用户写好的前端 MXNet 程序会传给后端执行计算。后端有自己的线程在队列中不断收集任务并执行它们。

MXNet 通过前端线程和后端线程的交互实现异步计算。**异步计算是指**，前端线程无须等待当前指令从后端线程返回结果就继续执行后面的指令。为了便于解释，假设 Python 前端线程调用以下 4 条指令。

```
In [2]: a = nd.ones((1, 2))
        b = nd.ones((1, 2))
        c = a * b + 2
        c

Out[2]:
        [[3. 3.]]
        <NDArray 1x2 @cpu(0)>
```

在异步计算中，Python 前端线程执行前 3 条语句的时候，仅仅是把任务放进后端的队列里就返回了。当最后一条语句需要打印计算结果时，Python 前端线程会等待 C++ 后端线程把变量 c 的结果计算完。此设计的一个好处是，这里的 Python 前端线程不需要做实际计算。因此，无论 Python 的性能如何，它对整个程序性能的影响很小。只要 C++ 后端足够高效，那么不管前端编程语言性能如何，MXNet 都可以提供一致的高性能。

为了演示异步计算的性能，我们先实现一个简单的计时类。

```
In [3]: class Benchmark():  # 本类已保存在d2lzh包中方便以后使用
            def __init__(self, prefix=None):
                self.prefix = prefix + ' ' if prefix else ''

            def __enter__(self):
                self.start = time.time()

            def __exit__(self, *args):
                print('%stime: %.4f sec' % (self.prefix, time.time() - self.start))
```

下面的例子通过计时来展示异步计算的效果。可以看到，当 y = nd.dot(x,x).sum() 返回的时候并没有等待变量 y 真正被计算完。只有当 print 函数需要打印变量 y 时才必须等待它计算完。

```
In [4]: with Benchmark('Workloads are queued.'):
            x = nd.random.uniform(shape=(2000, 2000))
            y = nd.dot(x, x).sum()

        with Benchmark('Workloads are finished.'):
            print('sum =', y)

Workloads are queued. time: 0.0007 sec
sum =
[2.0003661e+09]
<NDArray 1 @cpu(0)>
Workloads are finished. time: 0.1463 sec
```

的确，除非我们需要打印或者保存计算结果，否则我们基本无须关心目前结果在内存中是否已经计算好了。只要数据是保存在 NDArray 里并使用 MXNet 提供的运算符，MXNet 将默认使用异步计算来获取高计算性能。

8.2.2　用同步函数让前端等待计算结果

除了刚刚介绍的 print 函数外，我们还有其他方法让前端线程等待后端的计算结果完成。我们可以使用 wait_to_read 函数让前端等待某个的 NDArray 的计算结果完成，再执行前端中后面的语句。或者，我们可以用 waitall 函数令前端等待前面所有计算结果完成。后者是性能测试中常用的方法。

下面是使用 wait_to_read 函数的例子。输出用时包含了变量 y 的计算时间。

```
In [5]: with Benchmark():
            y = nd.dot(x, x)
            y.wait_to_read()

time: 0.0353 sec
```

下面是使用 waitall 函数的例子。输出用时包含了变量 y 和变量 z 的计算时间。

```
In [6]: with Benchmark():
            y = nd.dot(x, x)
            z = nd.dot(x, x)
            nd.waitall()

time: 0.0655 sec
```

此外，任何将 NDArray 转换成其他不支持异步计算的数据结构的操作都会让前端等待计算结果。例如，当我们调用 asnumpy 函数和 asscalar 函数时。

```
In [7]: with Benchmark():
            y = nd.dot(x, x)
            y.asnumpy()

time: 0.0367 sec

In [8]: with Benchmark():
            y = nd.dot(x, x)
            y.norm().asscalar()

time: 0.1305 sec
```

上面介绍的 wait_to_read 函数、waitall 函数、asnumpy 函数、asscalar 函数和 print 函数会触发让前端等待后端计算结果的行为。这类函数通常称为同步函数。

8.2.3　使用异步计算提升计算性能

在下面的例子中，我们用 for 循环不断对变量 y 赋值。当在 for 循环内使用同步函数 wait_to_read 时，每次赋值不使用异步计算；当在 for 循环外使用同步函数 waitall 时，则使用异步计算。

```
In [9]: with Benchmark('synchronous.'):
            for _ in range(1000):
                y = x + 1
                y.wait_to_read()

        with Benchmark('asynchronous.'):
            for _ in range(1000):
                y = x + 1
            nd.waitall()

synchronous. time: 0.4884 sec
asynchronous. time: 0.1960 sec
```

我们观察到，使用异步计算能提升一定的计算性能。为了解释这一现象，让我们对 Python 前端线程和 C++ 后端线程的交互稍作简化。在每一次循环中，前端和后端的交互大约可以分为 3 个阶段：

（1）前端令后端将计算任务 `y = x + 1` 放进队列；

（2）后端从队列中获取计算任务并执行真正的计算；

（3）后端将计算结果返回给前端。

我们将这 3 个阶段的耗时分别设为 t_1, t_2, t_3。如果不使用异步计算，执行 1000 次计算的总耗时大约为 $1000(t_1 + t_2 + t_3)$；如果使用异步计算，由于每次循环中前端都无须等待后端返回计算结果，执行 1000 次计算的总耗时可以降为 $t_1 + 1000t_2 + t_3$（假设 $1000t_2 > 999t_1$）。

8.2.4 异步计算对内存的影响

为了解释异步计算对内存使用的影响，让我们先回忆一下前面的一些章节的内容。在像 5.6 节至 5.9 节中实现的模型训练过程中，我们通常会在每个小批量上评测一下模型，如模型的损失或者准确率。细心的读者也许已经发现了，这类评测常用到同步函数，如 `asscalar` 函数或者 `asnumpy` 函数。如果去掉这些同步函数，前端会将大量的小批量计算任务在极短的时间内丢给后端，从而可能导致占用更多内存。当我们在每个小批量上都使用同步函数时，前端在每次迭代时仅会将一个小批量的任务丢给后端执行计算，并通常会减小内存占用。

由于深度学习模型通常比较大，而内存资源通常有限，建议大家在训练模型时对每个小批量都使用同步函数，例如，用 `asscalar` 函数或者 `asnumpy` 函数评价模型的表现。类似地，在使用模型预测时，为了减小内存的占用，也建议大家对每个小批量预测时都使用同步函数，例如，直接打印出当前小批量的预测结果。

下面我们来演示异步计算对内存的影响。我们先定义一个数据获取函数 `data_iter`，它会从被调用时开始计时，并定期打印到目前为止获取数据批量的总耗时。

```
In [10]: def data_iter():
             start = time.time()
             num_batches, batch_size = 100, 1024
             for i in range(num_batches):
```

```
            X = nd.random.normal(shape=(batch_size, 512))
            y = nd.ones((batch_size,))
            yield X, y
            if (i + 1) % 50 == 0:
                print('batch %d, time %f sec' % (i + 1, time.time() - start))
```

下面定义多层感知机、优化算法和损失函数。

```
In [11]: net = nn.Sequential()
         net.add(nn.Dense(2048, activation='relu'),
                 nn.Dense(512, activation='relu'),
                 nn.Dense(1))
         net.initialize()
         trainer = gluon.Trainer(net.collect_params(), 'sgd', {'learning_rate': 0.005})
         loss = gloss.L2Loss()
```

这里定义辅助函数来监测内存的使用。需要注意的是，这个函数只能在 Linux 或 macOS 上运行。

```
In [12]: def get_mem():
             res = subprocess.check_output(['ps', 'u', '-p', str(os.getpid())])
             return int(str(res).split()[15]) / 1e3
```

现在我们可以做测试了。我们先试运行一次，让系统把 net 的参数初始化。有关初始化的讨论可参见 4.3 节。

```
In [13]: for X, y in data_iter():
             break
         loss(y, net(X)).wait_to_read()
```

对于训练模型 net 来说，我们可以自然地使用同步函数 asscalar 将每个小批量的损失从 NDArray 格式中取出，并打印每个迭代周期后的模型损失。此时，每个小批量的生成间隔较长，不过内存开销较小。

```
In [14]: l_sum, mem = 0, get_mem()
         for X, y in data_iter():
             with autograd.record():
                 l = loss(y, net(X))
             l_sum += l.mean().asscalar()  # 使用同步函数asscalar
             l.backward()
             trainer.step(X.shape[0])
         nd.waitall()
         print('increased memory: %f MB' % (get_mem() - mem))

batch 50, time 2.044438 sec
batch 100, time 4.090350 sec
increased memory: 7.108000 MB
```

如果去掉同步函数，虽然每个小批量的生成间隔较短，但训练过程中可能会导致内存占用较高。这是因为在默认异步计算下，前端会将所有小批量计算在短时间内全部丢给后端。这可能在内存积压大量中间结果无法释放。实验中我们看到，不到一秒，所有数据（X 和 y）就都已经产生。但因为训练速度没有跟上，所以这些数据只能放在内存里不能及时清除，从而占用额外内存。

```
In [15]: mem = get_mem()
         for X, y in data_iter():
             with autograd.record():
                 l = loss(y, net(X))
             l.backward()
             trainer.step(X.shape[0])
         nd.waitall()
         print('increased memory: %f MB' % (get_mem() - mem))

batch 50, time 0.107093 sec
batch 100, time 0.214159 sec
increased memory: 196.620000 MB
```

小结

- MXNet 包括用户直接用来交互的前端和系统用来执行计算的后端。
- MXNet 能够通过异步计算提升计算性能。
- 建议使用每个小批量训练或预测时至少使用一个同步函数，从而避免在短时间内将过多计算任务丢给后端。

练习

在 8.2.3 节中，我们提到使用异步计算可以使执行 1000 次计算的总耗时降为 $t_1 + 1000t_2 + t_3$。这里为什么要假设 $1000t_2 > 999t_1$？

8.3 自动并行计算

MXNet 后端会自动构建计算图。通过计算图，系统可以知道所有计算的依赖关系，并可以选择将没有依赖关系的多个任务并行执行来获得计算性能的提升。例如，8.2 节的第一个例子里依次执行了 `a = nd.ones((1,2))` 和 `b = nd.ones((1,2))`。这两步计算之间并没有依赖关系，因此系统可以选择并行执行它们。

通常，一个运算符会用到所有 CPU 或单块 GPU 上全部的计算资源。例如，`dot` 运算符会用到所有 CPU（即使是一台机器上有多个 CPU 处理器）或单块 GPU 上所有的线程。如果每个运算符的计算量足够大，只在 CPU 上或者单块 GPU 上并行运行多个运算符时，每个运算符的运行只分到 CPU 或单块 GPU 上部分计算资源。即使这些计算可以并行，最终计算性能的提升可能也并不明显。本节中探讨的自动并行计算主要关注同时使用 CPU 和 GPU 的并行计算，以及计算和通信的并行。

首先导入本节中实验所需的包或模块。注意，需要至少一块 GPU 才能运行本节实验。

```
In [1]: import d2lzh as d2l
        import mxnet as mx
        from mxnet import nd
```

8.3.1 CPU和GPU的并行计算

我们先介绍 CPU 和 GPU 的并行计算，例如，程序中的计算既发生在 CPU 上，又发生在 GPU 上。先定义 run 函数，令它做 10 次矩阵乘法。

```
In [2]: def run(x):
            return [nd.dot(x, x) for _ in range(10)]
```

接下来，分别在内存和显存上创建 NDArray。

```
In [3]: x_cpu = nd.random.uniform(shape=(2000, 2000))
        x_gpu = nd.random.uniform(shape=(6000, 6000), ctx=mx.gpu(0))
```

然后，分别使用它们在内存和显存上运行 run 函数并打印运行所需时间。

```
In [4]: run(x_cpu)  # 预热开始
        run(x_gpu)
        nd.waitall()  # 预热结束

        with d2l.Benchmark('Run on CPU.'):
            run(x_cpu)
            nd.waitall()

        with d2l.Benchmark('Then run on GPU.'):
            run(x_gpu)
            nd.waitall()

Run on CPU. time: 0.3151 sec
Then run on GPU. time: 0.3050 sec
```

我们去掉 run(x_cpu) 和 run(x_gpu) 这两个计算任务之间的 waitall 同步函数，并希望系统能自动并行这两个任务。

```
In [5]: with d2l.Benchmark('Run on both CPU and GPU in parallel.'):
            run(x_cpu)
            run(x_gpu)
            nd.waitall()

Run on both CPU and GPU in parallel. time: 0.3119 sec
```

可以看到，当两个计算任务一起执行时，执行总时间小于它们分开执行的总和。这表明，MXNet 能有效地在 CPU 和 GPU 上自动并行计算。

8.3.2 计算和通信的并行计算

在同时使用 CPU 和 GPU 的计算中，经常需要在内存和显存之间复制数据，造成数据的通信。在下面的例子中，我们在 GPU 上计算，然后将结果复制回 CPU 使用的内存。我们分别打印 GPU 上计算时间和显存到内存的通信时间。

```
In [6]: def copy_to_cpu(x):
            return [y.copyto(mx.cpu()) for y in x]

        with d2l.Benchmark('Run on GPU.'):
            y = run(x_gpu)
            nd.waitall()

        with d2l.Benchmark('Then copy to CPU.'):
            copy_to_cpu(y)
            nd.waitall()

Run on GPU. time: 0.3098 sec
Then copy to CPU. time: 0.5153 sec
```

我们去掉计算和通信之间的 `waitall` 同步函数，打印这两个任务完成的总时间。

```
In [7]: with d2l.Benchmark('Run and copy in parallel.'):
            y = run(x_gpu)
            copy_to_cpu(y)
            nd.waitall()

Run and copy in parallel. time: 0.5428 sec
```

可以看到，执行计算和通信的总时间小于两者分别执行的耗时之和。需要注意的是，这个计算并通信的任务不同于本节之前介绍的同时使用 CPU 和 GPU 并行计算的任务。这里的运行和通信之间有依赖关系：`y[i]` 必须先在 GPU 上计算好才能复制到 CPU 使用的内存。所幸的是，在计算 `y[i]` 的时候系统可以复制 `y[i-1]`，从而减少计算和通信的总运行时间。

小结

- MXNet 能够通过自动并行计算提升计算性能，例如 CPU 和 GPU 的并行计算以及计算和通信的并行。

练习

（1）本节中定义的 `run` 函数里做了 10 次运算。它们之间也没有依赖关系。设计实验，看看 MXNet 有没有自动并行执行它们。

（2）设计包含更加复杂的数据依赖的计算任务，通过实验观察 MXNet 能否得到正确的结果并提升计算性能。

（3）当运算符的计算量足够小时，仅在 CPU 或单块 GPU 上并行计算也可能提升计算性能。设计实验来验证这一点。

8.4 多GPU计算

本节中我们将展示如何使用多块 GPU 计算，例如，使用多块 GPU 训练同一个模型。正如所期望的那样，运行本节中的程序需要至少 2 块 GPU。事实上，一台机器上安装多块 GPU 很常见，这是因为主板上通常会有多个 PCIe 插槽。如果正确安装了 NVIDIA 驱动，我们可以通过 `nvidia-smi` 命令来查看当前计算机上的全部 GPU。

```
In [1]: !nvidia-smi

Mon Feb 25 19:19:54 2019
+-----------------------------------------------------------------------------+
| NVIDIA-SMI 384.111                Driver Version: 384.111                   |
|-------------------------------+----------------------+----------------------+
| GPU  Name        Persistence-M| Bus-Id        Disp.A | Volatile Uncorr. ECC |
| Fan  Temp  Perf  Pwr:Usage/Cap|         Memory-Usage | GPU-Util  Compute M. |
|===============================+======================+======================|
|   0  Tesla V100-SXM2...  On   | 00000000:00:1B.0 Off |                    0 |
| N/A   46C    P0    38W / 300W |      0MiB / 16152MiB |      0%      Default |
+-------------------------------+----------------------+----------------------+
|   1  Tesla V100-SXM2...  On   | 00000000:00:1C.0 Off |                    0 |
| N/A   44C    P0    39W / 300W |      0MiB / 16152MiB |      0%      Default |
+-------------------------------+----------------------+----------------------+
|   2  Tesla V100-SXM2...  On   | 00000000:00:1D.0 Off |                    0 |
| N/A   42C    P0    39W / 300W |      0MiB / 16152MiB |      0%      Default |
+-------------------------------+----------------------+----------------------+
|   3  Tesla V100-SXM2...  On   | 00000000:00:1E.0 Off |                    0 |
| N/A   45C    P0    43W / 300W |      0MiB / 16152MiB |      0%      Default |
+-------------------------------+----------------------+----------------------+

+-----------------------------------------------------------------------------+
| Processes:                                                       GPU Memory |
|  GPU       PID   Type   Process name                             Usage      |
|=============================================================================|
|  No running processes found                                                 |
+-----------------------------------------------------------------------------+
```

8.3 节介绍过，大部分运算可以使用所有的 CPU 的全部计算资源，或者单块 GPU 的全部计算资源。但如果使用多块 GPU 训练模型，我们仍然需要实现相应的算法。这些算法中最常用的叫作数据并行。

8.4.1 数据并行

数据并行目前是深度学习里使用最广泛的将模型训练任务划分到多块 GPU 的方法。回忆一下我们在 7.3 节中介绍的使用优化算法训练模型的过程。下面我们就以小批量随机梯度下降为例来介绍数据并行是如何工作的。

假设一台机器上有 k 块 GPU。给定需要训练的模型，每块 GPU 及其相应的显存将分别独立维护一份完整的模型参数。在模型训练的任意一次迭代中，给定一个随机小批量，我们将该批量中的样本划分成 k 份并分给每块显卡的显存一份。然后，每块 GPU 将根据相应显存所分到的小批量子集和所维护的模型参数分别计算模型参数的本地梯度。接下来，我们把 k 块显卡的显存上的本地梯度相加，便得到当前的小批量随机梯度。之后，每块 GPU 都使用这个小批量随机梯度分别更新相应显存所维护的那一份完整的模型参数。图 8-1 描绘了使用 2 块 GPU 的数据并行下的小批量随机梯度的计算。

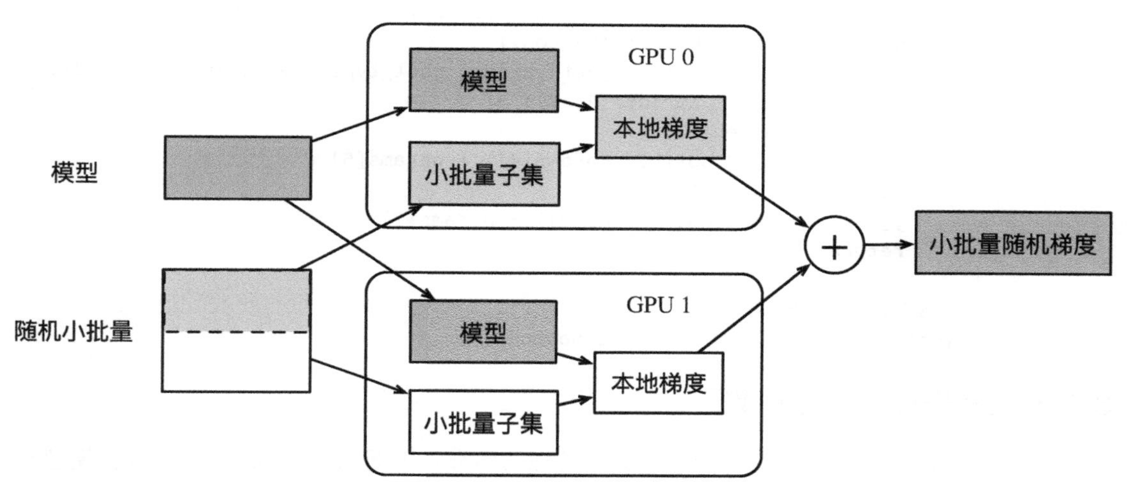

图 8-1 使用 2 块 GPU 的数据并行下的小批量随机梯度的计算

为了从零开始实现多 GPU 训练中的数据并行，让我们先导入需要的包或模块。

```
In [2]: import d2lzh as d2l
        import mxnet as mx
        from mxnet import autograd, nd
        from mxnet.gluon import loss as gloss
        import time
```

8.4.2 定义模型

我们使用 5.5 节里介绍的 LeNet 来作为本节的样例模型。这里的模型实现部分只用到了 NDArray。

```
In [3]: # 初始化模型参数
        scale = 0.01
        W1 = nd.random.normal(scale=scale, shape=(20, 1, 3, 3))
        b1 = nd.zeros(shape=20)
        W2 = nd.random.normal(scale=scale, shape=(50, 20, 5, 5))
        b2 = nd.zeros(shape=50)
        W3 = nd.random.normal(scale=scale, shape=(800, 128))
        b3 = nd.zeros(shape=128)
        W4 = nd.random.normal(scale=scale, shape=(128, 10))
        b4 = nd.zeros(shape=10)
```

```
params = [W1, b1, W2, b2, W3, b3, W4, b4]

# 定义模型
def lenet(X, params):
    h1_conv = nd.Convolution(data=X, weight=params[0], bias=params[1],
                             kernel=(3, 3), num_filter=20)
    h1_activation = nd.relu(h1_conv)
    h1 = nd.Pooling(data=h1_activation, pool_type='avg', kernel=(2, 2),
                    stride=(2, 2))
    h2_conv = nd.Convolution(data=h1, weight=params[2], bias=params[3],
                             kernel=(5, 5), num_filter=50)
    h2_activation = nd.relu(h2_conv)
    h2 = nd.Pooling(data=h2_activation, pool_type='avg', kernel=(2, 2),
                    stride=(2, 2))
    h2 = nd.flatten(h2)
    h3_linear = nd.dot(h2, params[4]) + params[5]
    h3 = nd.relu(h3_linear)
    y_hat = nd.dot(h3, params[6]) + params[7]
    return y_hat

# 交叉熵损失函数
loss = gloss.SoftmaxCrossEntropyLoss()
```

8.4.3 多GPU之间同步数据

我们需要实现一些多 GPU 之间同步数据的辅助函数。下面的 get_params 函数将模型参数复制到某块显卡的显存并初始化梯度。

```
In [4]: def get_params(params, ctx):
            new_params = [p.copyto(ctx) for p in params]
            for p in new_params:
                p.attach_grad()
            return new_params
```

尝试把模型参数 params 复制到 gpu(0) 上。

```
In [5]: new_params = get_params(params, mx.gpu(0))
        print('b1 weight:', new_params[1])
        print('b1 grad:', new_params[1].grad)

b1 weight:
[0. 0. 0. 0. 0. 0. 0. 0. 0. 0. 0. 0. 0. 0. 0. 0. 0. 0. 0. 0.]
<NDArray 20 @gpu(0)>
b1 grad:
[0. 0. 0. 0. 0. 0. 0. 0. 0. 0. 0. 0. 0. 0. 0. 0. 0. 0. 0. 0.]
<NDArray 20 @gpu(0)>
```

给定分布在多块显卡的显存之间的数据。下面的 allreduce 函数可以把各块显卡的显存上的数据加起来，然后再广播到所有的显存上。

```
In [6]: def allreduce(data):
            for i in range(1, len(data)):
                data[0][:] += data[i].copyto(data[0].context)
```

```
        for i in range(1, len(data)):
            data[0].copyto(data[i])
```

简单测试一下 allreduce 函数。

```
In [7]: data = [nd.ones((1, 2), ctx=mx.gpu(i)) * (i + 1) for i in range(2)]
        print('before allreduce:', data)
        allreduce(data)
        print('after allreduce:', data)

before allreduce: [
[[1. 1.]]
<NDArray 1x2 @gpu(0)>,
[[2. 2.]]
<NDArray 1x2 @gpu(1)>]
after allreduce: [
[[3. 3.]]
<NDArray 1x2 @gpu(0)>,
[[3. 3.]]
<NDArray 1x2 @gpu(1)>]
```

给定一个批量的数据样本，下面的 split_and_load 函数可以将其划分并复制到各块显卡的显存上。

```
In [8]: def split_and_load(data, ctx):
            n, k = data.shape[0], len(ctx)
            m = n // k  # 简单起见，假设可以整除
            assert m * k == n, '# examples is not divided by # devices.'
            return [data[i * m: (i + 1) * m].as_in_context(ctx[i]) for i in range(k)]
```

让我们试着用 split_and_load 函数将 6 个数据样本平均分给 2 块显卡的显存。

```
In [9]: batch = nd.arange(24).reshape((6, 4))
        ctx = [mx.gpu(0), mx.gpu(1)]
        splitted = split_and_load(batch, ctx)
        print('input: ', batch)
        print('load into', ctx)
        print('output:', splitted)

input:
[[ 0.  1.  2.  3.]
 [ 4.  5.  6.  7.]
 [ 8.  9. 10. 11.]
 [12. 13. 14. 15.]
 [16. 17. 18. 19.]
 [20. 21. 22. 23.]]
<NDArray 6x4 @cpu(0)>
load into [gpu(0), gpu(1)]
output: [
[[ 0.  1.  2.  3.]
 [ 4.  5.  6.  7.]
 [ 8.  9. 10. 11.]]
```

```
<NDArray 3x4 @gpu(0)>,
[[12. 13. 14. 15.]
 [16. 17. 18. 19.]
 [20. 21. 22. 23.]]
<NDArray 3x4 @gpu(1)>]
```

8.4.4　单个小批量上的多GPU训练

现在我们可以实现单个小批量上的多 GPU 训练了。它的实现主要依据本节介绍的数据并行方法。我们将使用刚刚定义的多 GPU 之间同步数据的辅助函数 allreduce 和 split_and_load。

```
In [10]: def train_batch(X, y, gpu_params, ctx, lr):
             # 当ctx包含多块GPU及相应的显存时，将小批量数据样本划分并复制到各个显存上
             gpu_Xs, gpu_ys = split_and_load(X, ctx), split_and_load(y, ctx)
             with autograd.record():  # 在各块GPU上分别计算损失
                 ls = [loss(lenet(gpu_X, gpu_W), gpu_y)
                       for gpu_X, gpu_y, gpu_W in zip(gpu_Xs, gpu_ys, gpu_params)]
             for l in ls:  # 在各块GPU上分别反向传播
                 l.backward()
             # 把各块显卡的显存上的梯度加起来，然后广播到所有显存上
             for i in range(len(gpu_params[0])):
                 allreduce([gpu_params[c][i].grad for c in range(len(ctx))])
             for param in gpu_params:  # 在各块显卡的显存上分别更新模型参数
                 d2l.sgd(param, lr, X.shape[0])  # 这里使用了完整批量大小
```

8.4.5　定义训练函数

现在我们可以定义训练函数了。这里的训练函数和 3.6 节定义的训练函数 train_ch3 有所不同。值得强调的是，在这里我们需要依据数据并行将完整的模型参数复制到多块显卡的显存上，并在每次迭代时对单个小批量进行多 GPU 训练。

```
In [11]: def train(num_gpus, batch_size, lr):
             train_iter, test_iter = d2l.load_data_fashion_mnist(batch_size)
             ctx = [mx.gpu(i) for i in range(num_gpus)]
             print('running on:', ctx)
             # 将模型参数复制到num_gpus块显卡的显存上
             gpu_params = [get_params(params, c) for c in ctx]
             for epoch in range(4):
                 start = time.time()
                 for X, y in train_iter:
                     # 对单个小批量进行多GPU训练
                     train_batch(X, y, gpu_params, ctx, lr)
                     nd.waitall()
                 train_time = time.time() - start

                 def net(x):  # 在gpu(0)上验证模型
```

```
            return lenet(x, gpu_params[0])
        test_acc = d2l.evaluate_accuracy(test_iter, net, ctx[0])
        print('epoch %d, time %.1f sec, test acc %.2f'
              % (epoch + 1, train_time, test_acc))
```

8.4.6 多GPU训练实验

让我们先从单 GPU 训练开始。设批量大小为 256，学习率为 0.2。

```
In [12]: train(num_gpus=1, batch_size=256, lr=0.2)

running on: [gpu(0)]
epoch 1, time 1.7 sec, test acc 0.10
epoch 2, time 1.6 sec, test acc 0.69
epoch 3, time 1.5 sec, test acc 0.75
epoch 4, time 1.6 sec, test acc 0.79
```

保持批量大小和学习率不变，将使用的 GPU 数量改为 2。可以看到，测试准确率的提升同上一个实验中的结果大体相当。因为有额外的通信开销，所以我们并没有看到训练时间的显著降低。因此，我们将在 8.5 节实验计算更加复杂的模型。

```
In [13]: train(num_gpus=2, batch_size=256, lr=0.2)

running on: [gpu(0), gpu(1)]
epoch 1, time 2.5 sec, test acc 0.10
epoch 2, time 2.3 sec, test acc 0.64
epoch 3, time 2.4 sec, test acc 0.68
epoch 4, time 2.6 sec, test acc 0.78
```

小结

- 可以使用数据并行更充分地利用多块 GPU 的计算资源，实现多 GPU 训练模型。
- 给定超参数的情况下，改变 GPU 数量时模型的准确率大体相当。

练习

（1）在多 GPU 训练实验中，使用 2 块 GPU 训练并将 `batch_size` 翻倍至 512，训练时间有何变化？如果希望测试准确率与单 GPU 训练中的结果相当，学习率应如何调节？

（2）将实验的模型预测部分改为用多 GPU 预测。

8.5 多GPU计算的简洁实现

扫码直达讨论区

在 Gluon 中，我们可以很方便地使用数据并行进行多 GPU 计算。例如，我们并不需要自己实现 8.4 节里介绍的多 GPU 之间同步数据的辅助函数。

首先导入本节实验所需的包或模块。运行本节中的程序需要至少 2 块 GPU。

```
In [1]: import d2lzh as d2l
        import mxnet as mx
        from mxnet import autograd, gluon, init, nd
        from mxnet.gluon import loss as gloss, nn, utils as gutils
        import time
```

8.5.1 多GPU上初始化模型参数

我们使用 ResNet-18 作为本节的样例模型。由于本节的输入图像使用原尺寸（未放大），这里的模型构造与 5.11 节中的 ResNet-18 构造稍有不同。这里的模型在一开始使用了较小的卷积核、步幅和填充，并去掉了最大池化层。

```
In [2]: def resnet18(num_classes):  # 本函数已保存在d2lzh包中方便以后使用
            def resnet_block(num_channels, num_residuals, first_block=False):
                blk = nn.Sequential()
                for i in range(num_residuals):
                    if i == 0 and not first_block:
                        blk.add(d2l.Residual(
                            num_channels, use_1x1conv=True, strides=2))
                    else:
                        blk.add(d2l.Residual(num_channels))
                return blk

            net = nn.Sequential()
            # 这里使用了较小的卷积核、步幅和填充，并去掉了最大池化层
            net.add(nn.Conv2D(64, kernel_size=3, strides=1, padding=1),
                    nn.BatchNorm(), nn.Activation('relu'))
            net.add(resnet_block(64, 2, first_block=True),
                    resnet_block(128, 2),
                    resnet_block(256, 2),
                    resnet_block(512, 2))
            net.add(nn.GlobalAvgPool2D(), nn.Dense(num_classes))
            return net

        net = resnet18(10)
```

之前我们介绍了如何使用 initialize 函数的 ctx 参数在内存或单块显卡的显存上初始化模型参数。事实上，ctx 可以接受一系列的 CPU 及内存和 GPU 及相应的显存，从而使初始化好的模型参数复制到 ctx 里所有的内存和显存上。

```
In [3]: ctx = [mx.gpu(0), mx.gpu(1)]
        net.initialize(init=init.Normal(sigma=0.01), ctx=ctx)
```

Gluon 提供了上一节中实现的 split_and_load 函数。它可以划分一个小批量的数据样本并复制到各个内存或显存上。之后，根据输入数据所在的内存或显存，模型计算会相应地使用 CPU 或相同显卡上的 GPU。

```
In [4]: x = nd.random.uniform(shape=(4, 1, 28, 28))
        gpu_x = gutils.split_and_load(x, ctx)
        net(gpu_x[0]), net(gpu_x[1])

Out[4]: (
         [[ 5.4814936e-06 -8.3371094e-07 -1.6316770e-06 -6.3674099e-07
           -3.8216162e-06 -2.3514044e-06 -2.5469599e-06 -9.4784696e-08
           -6.9033558e-07  2.5756231e-06]
          [ 5.4710872e-06 -9.4246496e-07 -1.0494070e-06  9.8081841e-08
           -3.3251815e-06 -2.4862918e-06 -3.3642798e-06  1.0455864e-07
           -6.1001344e-07  2.0327841e-06]]
         <NDArray 2x10 @gpu(0)>,
         [[ 5.6176345e-06 -1.2837586e-06 -1.4605541e-06  1.8302967e-07
           -3.5511653e-06 -2.4371013e-06 -3.5731798e-06 -3.0974860e-07
           -1.1016571e-06  1.8909889e-06]
          [ 5.1418697e-06 -1.3729932e-06 -1.1520088e-06  1.1507450e-07
           -3.7372811e-06 -2.8289724e-06 -3.6477197e-06  1.5781629e-07
           -6.0733043e-07  1.9712013e-06]]
         <NDArray 2x10 @gpu(1)>)
```

现在，我们可以访问已初始化好的模型参数值了。需要注意的是，默认情况下 `weight.data()` 会返回内存上的参数值。因为我们指定了 2 块 GPU 来初始化模型参数，所以需要指定显存来访问参数值。我们看到，相同参数在不同显卡的显存上的值一样。

```
In [5]: weight = net[0].params.get('weight')

        try:
            weight.data()
        except RuntimeError:
            print('not initialized on', mx.cpu())
        weight.data(ctx[0])[0], weight.data(ctx[1])[0]

not initialized on cpu(0)

Out[5]: (
         [[[-0.01473444 -0.01073093 -0.01042483]
           [-0.01327885 -0.01474966 -0.00524142]
           [ 0.01266256  0.00895064 -0.00601594]]]
         <NDArray 1x3x3 @gpu(0)>,
         [[[-0.01473444 -0.01073093 -0.01042483]
           [-0.01327885 -0.01474966 -0.00524142]
           [ 0.01266256  0.00895064 -0.00601594]]]
         <NDArray 1x3x3 @gpu(1)>)
```

8.5.2 多GPU训练模型

当使用多块 GPU 来训练模型时，`Trainer` 实例会自动做数据并行，例如，划分小批量数据样本并复制到各块显卡的显存上，以及对各块显卡的显存上的梯度求和再广播到所有显存上。这样，我们就可以很方便地实现训练函数了。

```
In [6]: def train(num_gpus, batch_size, lr):
            train_iter, test_iter = d2l.load_data_fashion_mnist(batch_size)
            ctx = [mx.gpu(i) for i in range(num_gpus)]
            print('running on:', ctx)
            net.initialize(init=init.Normal(sigma=0.01), ctx=ctx, force_reinit=True)
            trainer = gluon.Trainer(
                net.collect_params(), 'sgd', {'learning_rate': lr})
            loss = gloss.SoftmaxCrossEntropyLoss()
            for epoch in range(4):
                start = time.time()
                for X, y in train_iter:
                    gpu_Xs = gutils.split_and_load(X, ctx)
                    gpu_ys = gutils.split_and_load(y, ctx)
                    with autograd.record():
                        ls = [loss(net(gpu_X), gpu_y)
                              for gpu_X, gpu_y in zip(gpu_Xs, gpu_ys)]
                    for l in ls:
                        l.backward()
                    trainer.step(batch_size)
                nd.waitall()
                train_time = time.time() - start
                test_acc = d2l.evaluate_accuracy(test_iter, net, ctx[0])
                print('epoch %d, time %.1f sec, test acc %.2f' % (
                    epoch + 1, train_time, test_acc))
```

首先在单块 GPU 上训练模型。

```
In [7]: train(num_gpus=1, batch_size=256, lr=0.1)

running on: [gpu(0)]
epoch 1, time 14.9 sec, test acc 0.87
epoch 2, time 13.5 sec, test acc 0.90
epoch 3, time 13.6 sec, test acc 0.92
epoch 4, time 13.6 sec, test acc 0.91
```

然后尝试在 2 块 GPU 上训练模型。与 8.4 节使用的 LeNet 相比，ResNet-18 的计算更加复杂，通信时间比计算时间更短，因此 ResNet-18 的并行计算所获得的性能提升更佳。

```
In [8]: train(num_gpus=2, batch_size=512, lr=0.2)

running on: [gpu(0), gpu(1)]
epoch 1, time 7.8 sec, test acc 0.81
epoch 2, time 7.0 sec, test acc 0.87
epoch 3, time 7.0 sec, test acc 0.89
epoch 4, time 7.0 sec, test acc 0.91
```

小结

- 在 Gluon 中，可以很方便地进行多 GPU 计算，例如，在多 GPU 及相应的显存上初始化模型参数和训练模型。

练习

（1）本节使用了 ResNet-18 模型。试试不同的迭代周期、批量大小和学习率。如果条件允许，使用更多 GPU 来计算。

（2）有时候，不同设备的计算能力不一样，例如，同时使用 CPU 和 GPU，或者不同 GPU 之间型号不一样。这时候，应该如何将小批量划分到内存或不同显卡的显存？

第 9 章 计算机视觉

无论是医疗诊断、无人车、摄像监控，还是智能滤镜，计算机视觉领域的诸多应用都与我们当下和未来的生活息息相关。近年来，深度学习技术深刻推动了计算机视觉系统性能的提升。可以说，当下最先进的计算机视觉应用几乎离不开深度学习。鉴于此，本章将关注计算机视觉领域，并从中挑选时下在学术界和工业界具有影响力的方法与应用来展示深度学习的魅力。

我们在第 5 章中已经介绍了计算机视觉领域常使用的深度学习模型，并实践了简单的图像分类任务。在本章的开头，我们介绍两种有助于提升模型的泛化能力的方法，即图像增广和微调，并将它们应用于图像分类。由于深度神经网络能够对图像逐级有效地进行表征，这一特性被广泛应用在目标检测、语义分割和样式迁移这些主流计算机视觉任务中，并取得了成功。围绕这一核心思想，首先，我们将描述目标检测的工作流程与各类方法。之后，我们将探究如何使用全卷积网络对图像做语义分割。接下来，我们再解释如何使用样式迁移技术生成像本书封面一样的图像。最后，我们在两个计算机视觉的重要数据集上实践本章和前几章的知识。

9.1 图像增广

扫码直达讨论区

在 5.6 节里我们提到过，大规模数据集是成功应用深度神经网络的前提。图像增广（image augmentation）技术通过对训练图像做一系列随机改变，来产生相似但又不同的训练样本，从而扩大训练数据集的规模。图像增广的另一种解释是，随机改变训练样本可以降低模型对某些属性的依赖，从而提高模型的泛化能力。例如，我们可以对图像进行不同方式的裁剪，使感兴趣的物体出现在不同位置，从而减轻模型对物体出现位置的依赖性。我们也可以调整亮度、色彩等因素来降低模型对色彩的敏感度。可以说，在当年 AlexNet 的成功中，图像增广技术功不可没。本节我们将讨论这个在计算机视觉里被广泛使用的技术。

首先，导入实验所需的包或模块。

```
In [1]: %matplotlib inline
        import d2lzh as d2l
        import mxnet as mx
```

```
from mxnet import autograd, gluon, image, init, nd
from mxnet.gluon import data as gdata, loss as gloss, utils as gutils
import sys
import time
```

9.1.1 常用的图像增广方法

我们来读取一张形状为 400 × 500（高和宽分别为 400 像素和 500 像素）的图像作为实验的样例（另见彩插图 1)。

```
In [2]: d2l.set_figsize()
        img = image.imread('../img/cat1.jpg')
        d2l.plt.imshow(img.asnumpy())

Out[2]: <matplotlib.image.AxesImage at 0x7f331417c5f8>
```

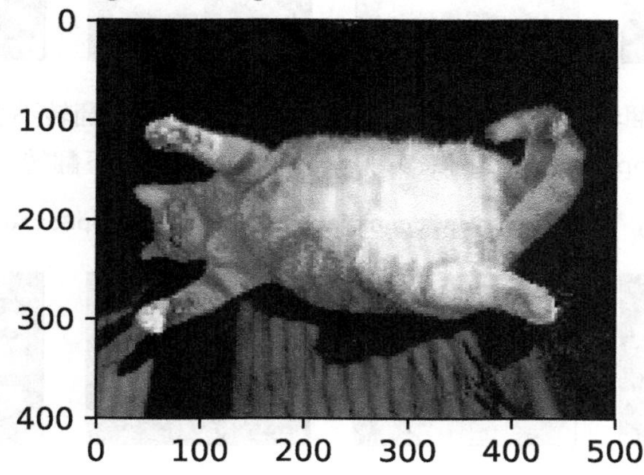

下面定义绘图函数 show_images。

```
In [3]: # 本函数已保存在d2lzh包中方便以后使用
        def show_images(imgs, num_rows, num_cols, scale=2):
            figsize = (num_cols * scale, num_rows * scale)
            _, axes = d2l.plt.subplots(num_rows, num_cols, figsize=figsize)
            for i in range(num_rows):
                for j in range(num_cols):
                    axes[i][j].imshow(imgs[i * num_cols + j].asnumpy())
                    axes[i][j].axes.get_xaxis().set_visible(False)
                    axes[i][j].axes.get_yaxis().set_visible(False)
            return axes
```

大部分图像增广方法都有一定的随机性。为了方便观察图像增广的效果，接下来我们定义一个辅助函数 apply。这个函数对输入图像 img 多次运行图像增广方法 aug 并展示所有的结果。

```
In [4]: def apply(img, aug, num_rows=2, num_cols=4, scale=1.5):
            Y = [aug(img) for _ in range(num_rows * num_cols)]
            show_images(Y, num_rows, num_cols, scale)
```

1. 翻转和裁剪

*左右*翻转图像通常不改变物体的类别。它是最早也是最广泛使用的一种图像增广方法。

下面我们通过 transforms 模块创建 RandomFlipLeftRight 实例来实现一半概率的图像左右翻转（另见彩插图 2）。

```
In [5]: apply(img, gdata.vision.transforms.RandomFlipLeftRight())
```

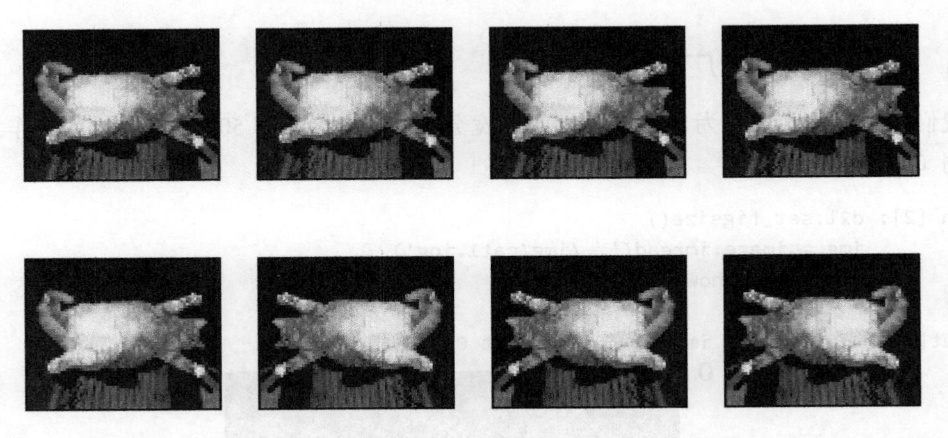

上下翻转不如左右翻转通用。但是至少对于样例图像，上下翻转不会造成识别障碍。下面我们创建 RandomFlipTopBottom 实例来实现一半概率的图像上下翻转（另见彩插图 3）。

```
In [6]: apply(img, gdata.vision.transforms.RandomFlipTopBottom())
```

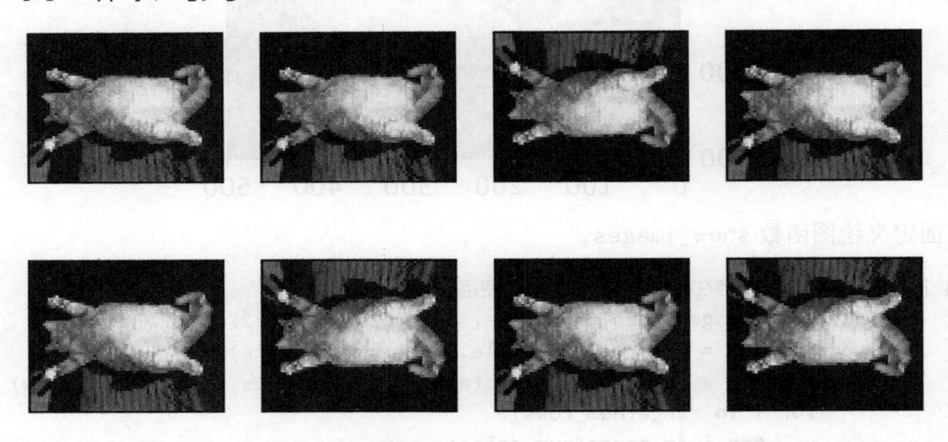

在我们使用的样例图像里，猫在图像正中间，但一般情况下可能不是这样。在 5.4 节里我们解释了池化层能降低卷积层对目标位置的敏感度。除此之外，我们还可以通过对图像随机裁剪来让物体以不同的比例出现在图像的不同位置，这同样能够降低模型对目标位置的敏感性。

在下面的代码里，我们每次随机裁剪出一块面积为原面积 10% ～ 100% 的区域，且该区域的宽和高之比随机取自 0.5 ～ 2，然后再将该区域的宽和高分别缩放到 200 像素（另见彩插图 4）。若无特殊说明，本节中 a 和 b 之间的随机数指的是从区间 $[a, b]$ 中随机均匀采样所得到的连续值。

```
In [7]: shape_aug = gdata.vision.transforms.RandomResizedCrop(
            (200, 200), scale=(0.1, 1), ratio=(0.5, 2))
        apply(img, shape_aug)
```

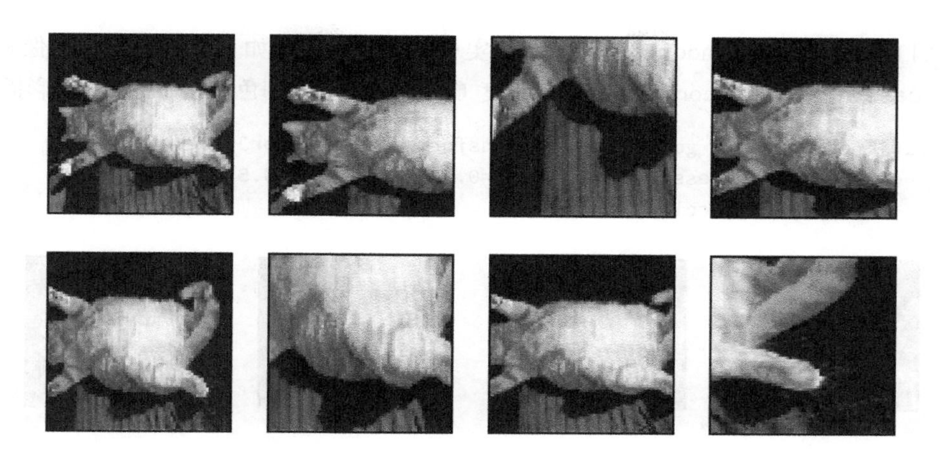

2. 变化颜色

另一类增广方法是变化颜色。我们可以从 4 个方面改变图像的颜色：亮度、对比度、饱和度和色调。在下面的例子里，我们将图像的亮度随机变化为原图亮度的 50%（即 1 − 0.5）～ 150%（即 1 + 0.5）（另见彩插图 5）。

```
In [8]: apply(img, gdata.vision.transforms.RandomBrightness(0.5))
```

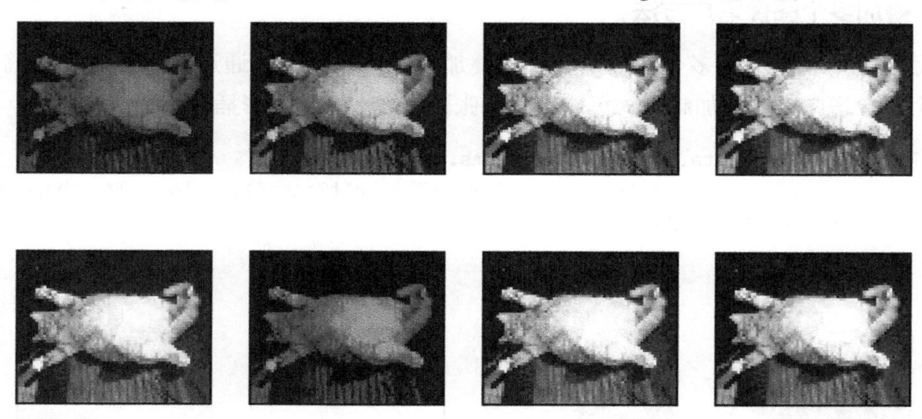

类似地，我们也可以随机变化图像的色调（另见彩插图 6）。

```
In [9]: apply(img, gdata.vision.transforms.RandomHue(0.5))
```

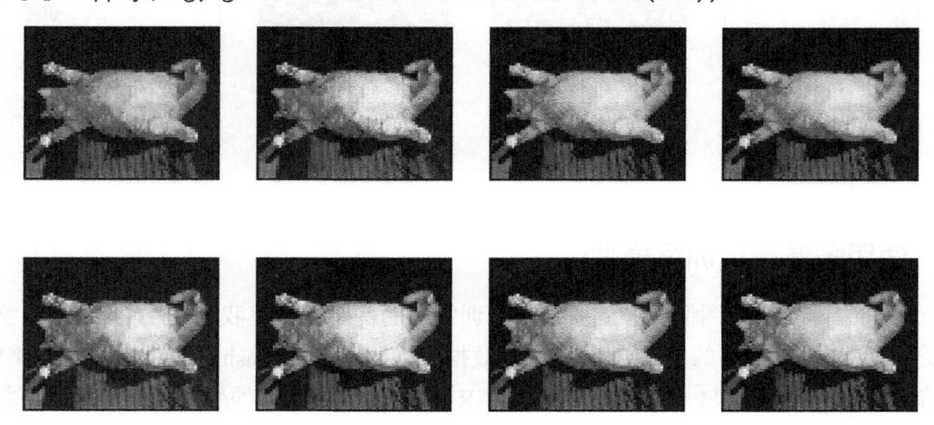

我们也可以创建 RandomColorJitter 实例并同时设置如何随机变化图像的亮度（brightness）、对比度（contrast）、饱和度（saturation）和色调（hue）（另见彩插图 7）。

```
In [10]: color_aug = gdata.vision.transforms.RandomColorJitter(
             brightness=0.5, contrast=0.5, saturation=0.5, hue=0.5)
         apply(img, color_aug)
```

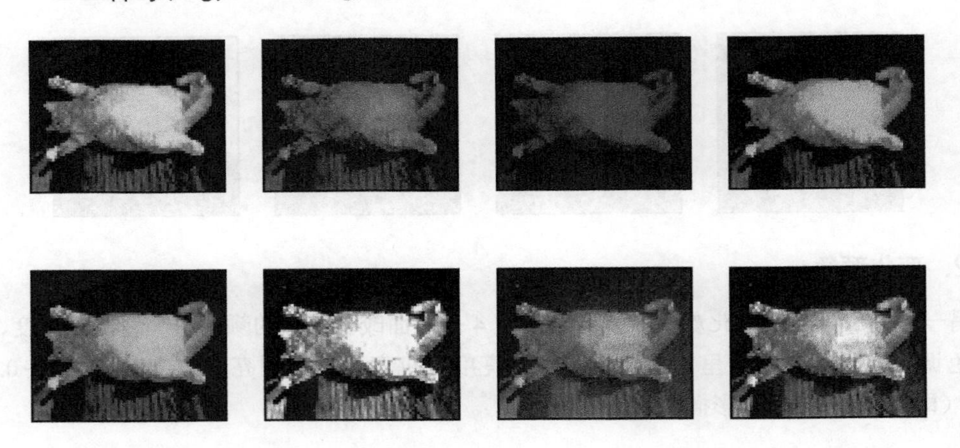

3. 叠加多个图像增广方法

实际应用中我们会将多个图像增广方法叠加使用。我们可以通过 Compose 实例将上面定义的多个图像增广方法叠加起来，再应用到每张图像之上（另见彩插图 8）。

```
In [11]: augs = gdata.vision.transforms.Compose([
             gdata.vision.transforms.RandomFlipLeftRight(), color_aug, shape_aug])
         apply(img, augs)
```

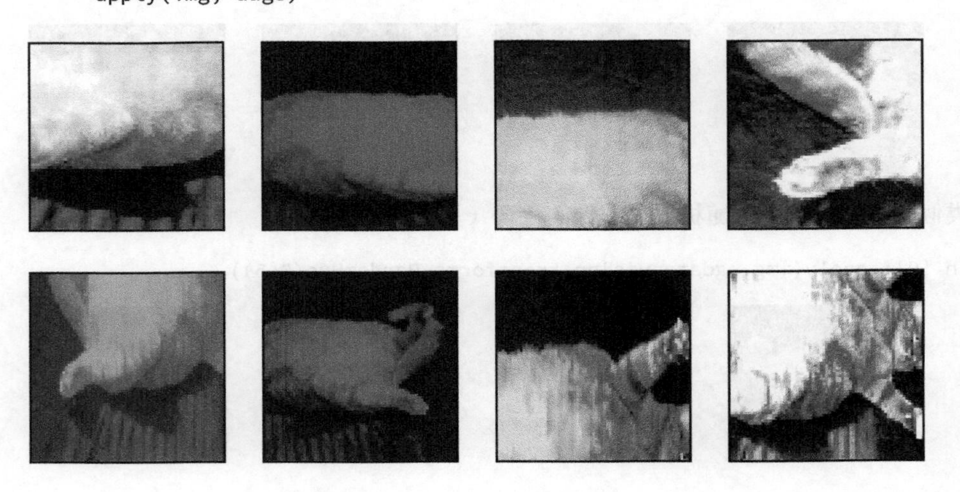

9.1.2 使用图像增广训练模型

下面我们来看一个将图像增广应用在实际训练中的例子。这里我们使用 CIFAR-10 数据集，而不是之前我们一直使用的 Fashion-MNIST 数据集。这是因为 Fashion-MNIST 数据集中物体的位置和尺寸都已经经过归一化处理，而 CIFAR-10 数据集中物体的颜色和大小区别更加显著。

下面展示了 CIFAR-10 数据集中前 32 张训练图像（另见彩插图 9）。

```
In [12]: show_images(gdata.vision.CIFAR10(train=True)[0:32][0], 4, 8, scale=0.8);
```

为了在预测时得到确定的结果，我们通常只将图像增广应用在训练样本上，而不在预测时使用含随机操作的图像增广。在这里我们只使用最简单的随机左右翻转。此外，我们使用 ToTensor 实例将小批量图像转成 MXNet 需要的格式，即形状为 (批量大小, 通道数, 高, 宽)、值域在 0 到 1 之间且类型为 32 位浮点数。

```
In [13]: flip_aug = gdata.vision.transforms.Compose([
             gdata.vision.transforms.RandomFlipLeftRight(),
             gdata.vision.transforms.ToTensor()])

         no_aug = gdata.vision.transforms.Compose([
             gdata.vision.transforms.ToTensor()])
```

接下来我们定义一个辅助函数来方便读取图像并应用图像增广。Gluon 的数据集提供的 transform_first 函数将图像增广应用在每个训练样本（图像和标签）的第一个元素，即图像之上。有关 DataLoader 的详细介绍，可参考更早的 3.5 节。

```
In [14]: num_workers = 0 if sys.platform.startswith('win32') else 4
         def load_cifar10(is_train, augs, batch_size):
             return gdata.DataLoader(
                 gdata.vision.CIFAR10(train=is_train).transform_first(augs),
                 batch_size=batch_size, shuffle=is_train, num_workers=num_workers)
```

使用多GPU训练模型

我们在 CIFAR-10 数据集上训练 5.11 节介绍的 ResNet-18 模型。我们还将应用 8.5 节中介绍的方法，使用多 GPU 训练模型。

首先，我们定义 try_all_gpus 函数，从而能够获取所有可用的 GPU。

```
In [15]: def try_all_gpus():  # 本函数已保存在d2lzh包中方便以后使用
             ctxes = []
             try:
                 for i in range(16):  # 假设一台机器上GPU的数量不超过16
                     ctx = mx.gpu(i)
                     _ = nd.array([0], ctx=ctx)
                     ctxes.append(ctx)
             except mx.base.MXNetError:
                 pass
             if not ctxes:
                 ctxes = [mx.cpu()]
             return ctxes
```

下面定义的辅助函数 _get_batch 将小批量数据样本 batch 划分并复制到 ctx 变量指定的各个显存上。

```
In [16]: def _get_batch(batch, ctx):
             features, labels = batch
             if labels.dtype != features.dtype:
                 labels = labels.astype(features.dtype)
             return (gutils.split_and_load(features, ctx),
                     gutils.split_and_load(labels, ctx), features.shape[0])
```

然后，我们定义 evaluate_accuracy 函数评价模型的分类准确率。与 3.6 和 5.5 节中描述的 evaluate_accuracy 函数不同，这里定义的函数更加通用：它通过辅助函数 _get_batch 使用 ctx 变量所包含的所有 GPU 来评价模型。

```
In [17]: # 本函数已保存在d2lzh包中方便以后使用
         def evaluate_accuracy(data_iter, net, ctx=[mx.cpu()]):
             if isinstance(ctx, mx.Context):
                 ctx = [ctx]
             acc_sum, n = nd.array([0]), 0
             for batch in data_iter:
                 features, labels, _ = _get_batch(batch, ctx)
                 for X, y in zip(features, labels):
                     y = y.astype('float32')
                     acc_sum += (net(X).argmax(axis=1) == y).sum().copyto(mx.cpu())
                     n += y.size
                 acc_sum.wait_to_read()
             return acc_sum.asscalar() / n
```

接下来，我们定义 train 函数使用多 GPU 训练并评价模型。

```
In [18]: # 本函数已保存在d2lzh包中方便以后使用
         def train(train_iter, test_iter, net, loss, trainer, ctx, num_epochs):
             print('training on', ctx)
             if isinstance(ctx, mx.Context):
                 ctx = [ctx]
             for epoch in range(num_epochs):
                 train_l_sum, train_acc_sum, n, m, start = 0.0, 0.0, 0, 0, time.time()
                 for i, batch in enumerate(train_iter):
```

```
            Xs, ys, batch_size = _get_batch(batch, ctx)
            with autograd.record():
                y_hats = [net(X) for X in Xs]
                ls = [loss(y_hat, y) for y_hat, y in zip(y_hats, ys)]
            for l in ls:
                l.backward()
            trainer.step(batch_size)
            train_l_sum += sum([l.sum().asscalar() for l in ls])
            n += sum([l.size for l in ls])
            train_acc_sum += sum([(y_hat.argmax(axis=1) == y).sum().asscalar()
                                 for y_hat, y in zip(y_hats, ys)])
            m += sum([y.size for y in ys])
        test_acc = evaluate_accuracy(test_iter, net, ctx)
        print('epoch %d, loss %.4f, train acc %.3f, test acc %.3f, '
              'time %.1f sec'
              % (epoch + 1, train_l_sum / n, train_acc_sum / m, test_acc,
                 time.time() - start))
```

现在就可以定义 train_with_data_aug 函数使用图像增广来训练模型了。该函数获取了所有可用的 GPU，并将 Adam 算法作为训练使用的优化算法，然后将图像增广应用于训练数据集之上，最后调用刚才定义的 train 函数训练并评价模型。

```
In [19]: def train_with_data_aug(train_augs, test_augs, lr=0.001):
             batch_size, ctx, net = 256, try_all_gpus(), d2l.resnet18(10)
             net.initialize(ctx=ctx, init=init.Xavier())
             trainer = gluon.Trainer(net.collect_params(), 'adam',
                                     {'learning_rate': lr})
             loss = gloss.SoftmaxCrossEntropyLoss()
             train_iter = load_cifar10(True, train_augs, batch_size)
             test_iter = load_cifar10(False, test_augs, batch_size)
             train(train_iter, test_iter, net, loss, trainer, ctx, num_epochs=10)
```

下面使用随机左右翻转的图像增广来训练模型。

```
In [20]: train_with_data_aug(flip_aug, no_aug)

training on [gpu(0), gpu(1), gpu(2), gpu(3)]
epoch 1, loss 1.3778, train acc 0.511, test acc 0.581, time 16.2 sec
epoch 2, loss 0.8236, train acc 0.709, test acc 0.692, time 13.2 sec
epoch 3, loss 0.6115, train acc 0.787, test acc 0.741, time 13.2 sec
epoch 4, loss 0.4940, train acc 0.829, test acc 0.797, time 13.1 sec
epoch 5, loss 0.4103, train acc 0.858, test acc 0.748, time 13.5 sec
epoch 6, loss 0.3464, train acc 0.880, test acc 0.804, time 13.2 sec
epoch 7, loss 0.2978, train acc 0.897, test acc 0.832, time 13.4 sec
epoch 8, loss 0.2471, train acc 0.913, test acc 0.837, time 13.9 sec
epoch 9, loss 0.2092, train acc 0.928, test acc 0.827, time 13.5 sec
epoch 10, loss 0.1785, train acc 0.938, test acc 0.834, time 13.6 sec
```

小结

- 图像增广基于现有训练数据生成随机图像从而应对过拟合。
- 为了在预测时得到确定的结果，通常只将图像增广应用在训练样本上，而不在预测时使用含随机操作的图像增广。
- 可以从Gluon的`transforms`模块中获取有关图片增广的类。

练习

（1）不使用图像增广训练模型：`train_with_data_aug(no_aug, no_aug)`。比较有无图像增广时的训练准确率和测试准确率。该对比实验能否支持图像增广可以应对过拟合这一论断？为什么？

（2）在基于CIFAR-10数据集的模型训练中增加不同的图像增广方法。观察实验结果。

（3）查阅MXNet文档，Gluon的`transforms`模块还提供了哪些图像增广方法？

9.2 微调

扫码直达讨论区

在前面的一些章节（如5.6节至5.9节）中，我们介绍了如何在只有6万张图像的Fashion-MNIST训练数据集上训练模型。我们还描述了学术界当下使用最广泛的大规模图像数据集ImageNet，它有超过1 000万的图像和1 000类的物体。然而，我们平常接触到的数据集的规模通常在这两者之间。

假设我们想从图像中识别出不同种类的椅子，然后将购买链接推荐给用户。一种可能的方法是先找出100种常见的椅子，为每种椅子拍摄1 000张不同角度的图像，然后在收集到的图像数据集上训练一个分类模型。这个椅子数据集虽然可能比Fashion-MNIST数据集要庞大，但样本数仍然不及ImageNet数据集中样本数的十分之一。这可能会导致适用于ImageNet数据集的复杂模型在这个椅子数据集上过拟合。同时，因为数据量有限，最终训练得到的模型的精度也可能达不到实用的要求。

为了应对上述问题，一个显而易见的解决办法是收集更多的数据。然而，收集和标注数据会花费大量的时间和资金。例如，为了收集ImageNet数据集，研究人员花费了数百万美元的研究经费。虽然目前的数据采集成本已降低了不少，但其成本仍然不可忽略。

另外一种解决办法是应用迁移学习（transfer learning），将从源数据集学到的知识迁移到目标数据集上。例如，虽然ImageNet数据集的图像大多跟椅子无关，但在该数据集上训练的模型可以抽取较通用的图像特征，从而能够帮助识别边缘、纹理、形状和物体组成等。这些类似的特征对于识别椅子也可能同样有效。

本节我们介绍迁移学习中的一种常用技术——微调（fine tuning）。如图 9-1 所示，微调由以下 4 步构成。

（1）在源数据集（如 ImageNet 数据集）上预训练一个神经网络模型，即源模型。

（2）创建一个新的神经网络模型，即目标模型。它复制了源模型上除了输出层外的所有模型设计及其参数。我们假设这些模型参数包含了源数据集上学习到的知识，且这些知识同样适用于目标数据集。我们还假设源模型的输出层与源数据集的标签紧密相关，因此在目标模型中不予采用。

（3）为目标模型添加一个输出大小为目标数据集类别个数的输出层，并随机初始化该层的模型参数。

（4）在目标数据集（如椅子数据集）上训练目标模型。我们将从头训练输出层，而其余层的参数都是基于源模型的参数微调得到的。

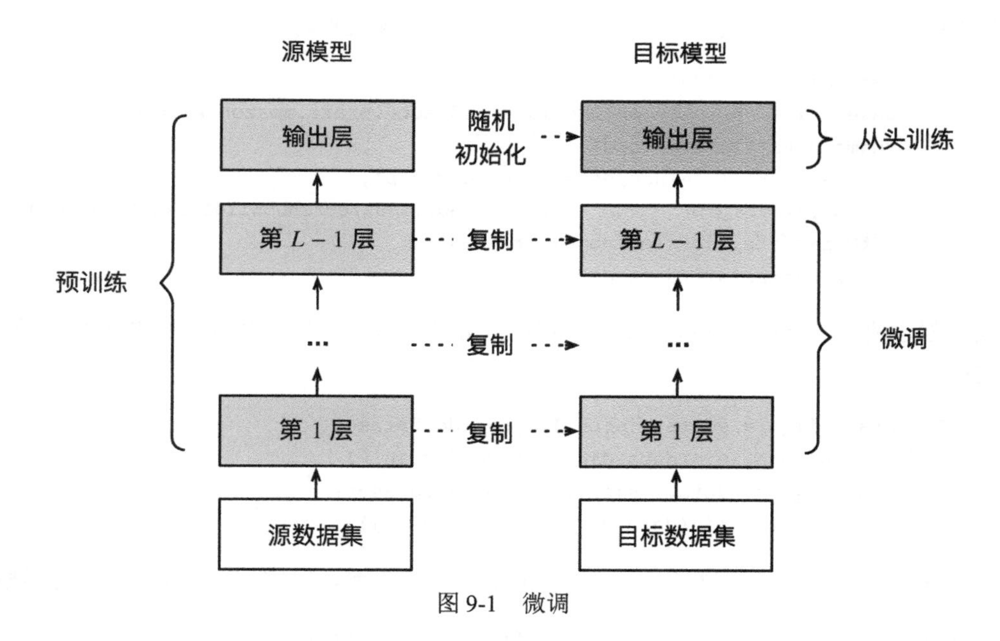

图 9-1 微调

当目标数据集远小于源数据集时，微调有助于提升模型的泛化能力。

热狗识别

接下来我们来实践一个具体的例子——热狗识别。我们将基于一个小数据集对在 ImageNet 数据集上训练好的 ResNet 模型进行微调。该小数据集含有数千张包含热狗和不包含热狗的图像。我们将使用微调得到的模型来识别一张图像中是否包含热狗。

首先，导入实验所需的包或模块。Gluon 的 `model_zoo` 包提供了常用的预训练模型。如果希望获取更多的计算机视觉的预训练模型，可以使用 GluonCV 工具包。[1]

① GluonCV工具包参见https://gluon-cv.mxnet.io/。

```
In [1]: %matplotlib inline
        import d2lzh as d2l
        from mxnet import gluon, init, nd
        from mxnet.gluon import data as gdata, loss as gloss, model_zoo
        from mxnet.gluon import utils as gutils
        import os
        import zipfile
```

1. 获取数据集

我们使用的热狗数据集是从网上抓取的，它含有 1 400 张包含热狗的正类图像，和同样多包含其他食品的负类图像。各类的 1 000 张图像被用于训练，其余则用于测试。

我们首先将压缩后的数据集下载到路径 `../data` 之下，然后在该路径将下载好的数据集解压，得到两个文件夹 `hotdog/train` 和 `hotdog/test`。这两个文件夹下面均有 `hotdog` 和 `not-hotdog` 两个类别文件夹，每个类别文件夹里面是图像文件。

```
In [2]: data_dir = '../data'
        base_url = 'https://apache-mxnet.s3-accelerate.amazonaws.com/'
        fname = gutils.download(
            base_url + 'gluon/dataset/hotdog.zip',
            path=data_dir,  sha1_hash='fba480ffa8aa7e0febbb511d181409f899b9baa5')
        with zipfile.ZipFile(fname, 'r') as z:
            z.extractall(data_dir)
```

我们创建两个 `ImageFolderDataset` 实例来分别读取训练数据集和测试数据集中的所有图像文件。

```
In [3]: train_imgs = gdata.vision.ImageFolderDataset(
            os.path.join(data_dir, 'hotdog/train'))
        test_imgs = gdata.vision.ImageFolderDataset(
            os.path.join(data_dir, 'hotdog/test'))
```

下面画出前 8 张正类图像和最后 8 张负类图像。可以看到，它们的大小和高宽比各不相同。

```
In [4]: hotdogs = [train_imgs[i][0] for i in range(8)]
        not_hotdogs = [train_imgs[-i - 1][0] for i in range(8)]
        d2l.show_images(hotdogs + not_hotdogs, 2, 8, scale=1.4);
```

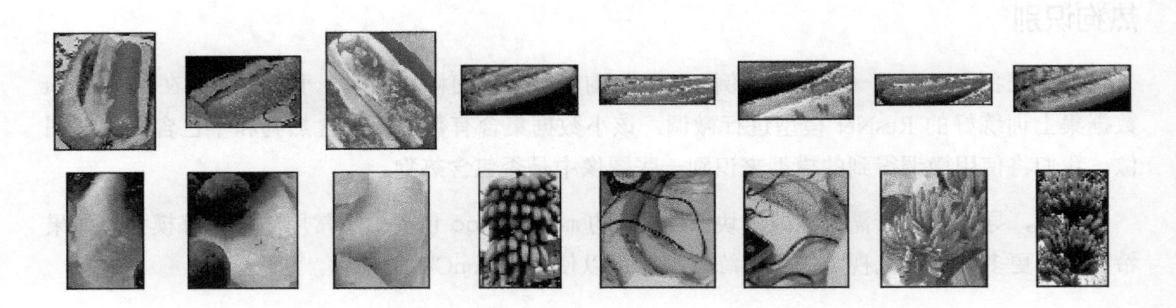

在训练时，我们先从图像中裁剪出随机大小和随机高宽比的一块随机区域，然后将该区域缩放为高和宽均为224像素的输入。测试时，我们将图像的高和宽均缩放为256像素，然后从中裁剪出高和宽均为224像素的中心区域作为输入。此外，我们对RGB（红、绿、蓝）三个颜色通道的数值做标准化：每个数值减去该通道所有数值的平均值，再除以该通道所有数值的标准差作为输出。

```
In [5]: # 指定RGB三个通道的均值和方差来将图像通道归一化
        normalize = gdata.vision.transforms.Normalize(
            [0.485, 0.456, 0.406], [0.229, 0.224, 0.225])

        train_augs = gdata.vision.transforms.Compose([
            gdata.vision.transforms.RandomResizedCrop(224),
            gdata.vision.transforms.RandomFlipLeftRight(),
            gdata.vision.transforms.ToTensor(),
            normalize])

        test_augs = gdata.vision.transforms.Compose([
            gdata.vision.transforms.Resize(256),
            gdata.vision.transforms.CenterCrop(224),
            gdata.vision.transforms.ToTensor(),
            normalize])
```

2. 定义和初始化模型

我们使用在ImageNet数据集上预训练的ResNet-18作为源模型。这里指定pretrained=True来自动下载并加载预训练的模型参数。在第一次使用时需要联网下载模型参数。

```
In [6]: pretrained_net = model_zoo.vision.resnet18_v2(pretrained=True)
```

预训练的源模型实例含有两个成员变量，即features和output。前者包含模型除输出层以外的所有层，后者为模型的输出层。这样划分主要是为了方便微调除输出层以外所有层的模型参数。下面打印源模型的成员变量output。作为一个全连接层，它将ResNet最终的全局平均池化层输出变换成ImageNet数据集上1 000类的输出。

```
In [7]: pretrained_net.output

Out[7]: Dense(512 -> 1000, linear)
```

我们新建一个神经网络作为目标模型。它的定义与预训练的源模型一样，但最后的输出个数等于目标数据集的类别数。在下面的代码中，目标模型实例finetune_net的成员变量features中的模型参数被初始化为源模型相应层的模型参数。由于features中的模型参数是在ImageNet数据集上预训练得到的，已经足够好，因此一般只需使用较小的学习率来微调这些参数。而成员变量output中的模型参数采用了随机初始化，一般需要更大的学习率从头训练。假设Trainer实例中的学习率为η，我们设成员变量output中的模型参数在迭代中使用的学习率为10η。

```
In [8]: finetune_net = model_zoo.vision.resnet18_v2(classes=2)
        finetune_net.features = pretrained_net.features
        finetune_net.output.initialize(init.Xavier())
        # output中的模型参数将在迭代中使用10倍大的学习率
        finetune_net.output.collect_params().setattr('lr_mult', 10)
```

3. 微调模型

我们先定义一个使用微调的训练函数 train_fine_tuning 以便多次调用。

```
In [9]: def train_fine_tuning(net, learning_rate, batch_size=128, num_epochs=5):
            train_iter = gdata.DataLoader(
                train_imgs.transform_first(train_augs), batch_size, shuffle=True)
            test_iter = gdata.DataLoader(
                test_imgs.transform_first(test_augs), batch_size)
            ctx = d2l.try_all_gpus()
            net.collect_params().reset_ctx(ctx)
            net.hybridize()
            loss = gloss.SoftmaxCrossEntropyLoss()
            trainer = gluon.Trainer(net.collect_params(), 'sgd', {
                'learning_rate': learning_rate, 'wd': 0.001})
            d2l.train(train_iter, test_iter, net, loss, trainer, ctx, num_epochs)
```

我们将 Trainer 实例中的学习率设得小一点，如 0.01，以便微调预训练得到的模型参数。根据前面的设置，我们将以 10 倍的学习率从头训练目标模型的输出层参数。

```
In [10]: train_fine_tuning(finetune_net, 0.01)

training on [gpu(0), gpu(1), gpu(2), gpu(3)]
epoch 1, loss 3.7794, train acc 0.662, test acc 0.915, time 10.4 sec
epoch 2, loss 0.3597, train acc 0.911, test acc 0.649, time 8.8 sec
epoch 3, loss 0.9108, train acc 0.847, test acc 0.802, time 8.7 sec
epoch 4, loss 0.3472, train acc 0.905, test acc 0.844, time 8.7 sec
epoch 5, loss 0.3513, train acc 0.895, test acc 0.863, time 8.7 sec
```

作为对比，我们定义一个相同的模型，但将它的所有模型参数都初始化为随机值。由于整个模型都需要从头训练，我们可以使用较大的学习率。

```
In [11]: scratch_net = model_zoo.vision.resnet18_v2(classes=2)
         scratch_net.initialize(init=init.Xavier())
         train_fine_tuning(scratch_net, 0.1)

training on [gpu(0), gpu(1), gpu(2), gpu(3)]
epoch 1, loss 0.7574, train acc 0.668, test acc 0.738, time 9.1 sec
epoch 2, loss 0.4292, train acc 0.812, test acc 0.770, time 8.7 sec
epoch 3, loss 0.3917, train acc 0.828, test acc 0.864, time 8.6 sec
epoch 4, loss 0.4013, train acc 0.824, test acc 0.794, time 8.6 sec
epoch 5, loss 0.3846, train acc 0.829, test acc 0.836, time 8.7 sec
```

可以看到，微调的模型因为参数初始值更好，往往在相同迭代周期下取得更高的精度。

小结

- 迁移学习将从源数据集学到的知识迁移到目标数据集上。微调是迁移学习的一种常用技术。
- 目标模型复制了源模型上除了输出层外的所有模型设计及其参数，并基于目标数据集微调这些参数，而目标模型的输出层需要从头训练。
- 一般来说，微调参数会使用较小的学习率，而从头训练输出层可以使用较大的学习率。

练习

（1）不断增大 finetune_net 的学习率。准确率会有什么变化？

（2）进一步调节对比试验中 finetune_net 和 scratch_net 的超参数。它们的精度是不是依然有区别？

（3）将 finetune_net.features 中的参数固定为源模型的参数而不在训练中迭代，结果会怎样？你可能会用到以下代码。

```
In [12]: finetune_net.features.collect_params().setattr('grad_req', 'null')
```

（4）事实上 ImageNet 数据集里也有“hotdog”（热狗）这个类。它在输出层对应的权重参数可以用以下代码获取。我们可以怎样使用这个权重参数？

```
In [13]: weight = pretrained_net.output.weight
         hotdog_w = nd.split(weight.data(), 1000, axis=0)[713]
         hotdog_w.shape

Out[13]: (1, 512)
```

9.3 目标检测和边界框

扫码直达讨论区

在前面的一些章节（如 5.6 节至 5.9 节）中我们介绍了诸多用于图像分类的模型。在图像分类任务里，我们假设图像里只有一个主体目标，并关注如何识别该目标的类别。然而，很多时候图像里有多个我们感兴趣的目标，我们不仅想知道它们的类别，还想得到它们在图像中的具体位置。在计算机视觉里，我们将这类任务称为目标检测（object detection）或物体检测。

目标检测在多个领域中被广泛使用。例如，在无人驾驶里，我们需要通过识别拍摄到的视频图像里的车辆、行人、道路和障碍的位置来规划行进线路。机器人也常通过该任务来检测感兴趣的目标。安防领域则需要检测异常目标，如歹徒或者炸弹。

在接下来的 9.4 节至 9.8 节里，我们将介绍目标检测里的多个深度学习模型。在此之前，让我们来了解目标位置这个概念。先导入实验所需的包或模块。

```
In [1]: %matplotlib inline
        import d2lzh as d2l
        from mxnet import image
```

下面加载本节将使用的示例图像。可以看到图像左边是一只狗，右边是一只猫。它们是这张图像里的两个主要目标。

```
In [2]: d2l.set_figsize()
        img = image.imread('../img/catdog.jpg').asnumpy()
        d2l.plt.imshow(img);  # 加分号只显示图
```

边界框

在目标检测里，我们通常使用边界框（bounding box）来描述目标位置。边界框是一个矩形框，可以由矩形左上角的 x 和 y 轴坐标与右下角的 x 和 y 轴坐标确定。我们根据上面的图的坐标信息来定义图中狗和猫的边界框。图中的坐标原点在图像的左上角，原点往右和往下分别为 x 轴和 y 轴的正方向。

```
In [3]: # bbox是bounding box的缩写
        dog_bbox, cat_bbox = [60, 45, 378, 516], [400, 112, 655, 493]
```

我们可以在图中将边界框画出来，以检查其是否准确。画之前，我们定义一个辅助函数 bbox_to_rect。它将边界框表示成 matplotlib 的边界框格式。

```
In [4]: def bbox_to_rect(bbox, color):  # 本函数已保存在d2lzh包中方便以后使用
            # 将边界框(左上x, 左上y, 右下x, 右下y)格式转换成matplotlib格式:
            # ((左上x, 左上y), 宽, 高)
            return d2l.plt.Rectangle(
                xy=(bbox[0], bbox[1]), width=bbox[2]-bbox[0], height=bbox[3]-bbox[1],
                fill=False, edgecolor=color, linewidth=2)
```

我们将边界框加载在图像上，可以看到目标的主要轮廓基本在框内（另见彩插图 10）。

```
In [5]: fig = d2l.plt.imshow(img)
        fig.axes.add_patch(bbox_to_rect(dog_bbox, 'blue'))
        fig.axes.add_patch(bbox_to_rect(cat_bbox, 'red'));
```

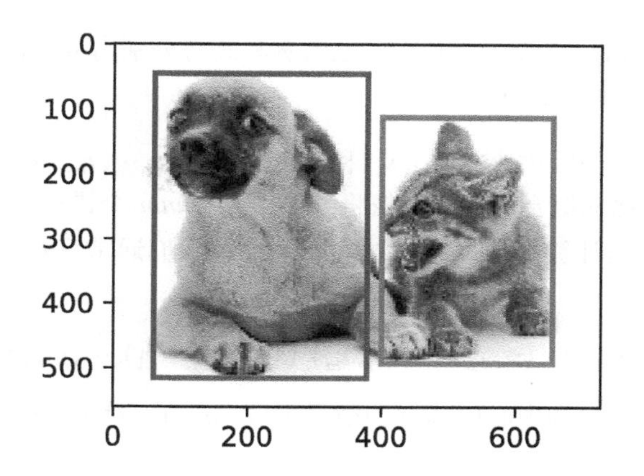

小结

- 在目标检测里不仅需要找出图像里面所有感兴趣的目标，而且要知道它们的位置。位置一般由矩形边界框来表示。

练习

找一些图像，尝试标注其中目标的边界框。比较标注边界框与标注类别所花时间的差异。

9.4 锚框

目标检测算法通常会在输入图像中采样大量的区域，然后判断这些区域中是否包含我们感兴趣的目标，并调整区域边缘从而更准确地预测目标的真实边界框（ground-truth bounding box）。不同的模型使用的区域采样方法可能不同。这里我们介绍其中的一种方法：它以每个像素为中心生成多个大小和宽高比（aspect ratio）不同的边界框。这些边界框被称为锚框（anchor box）。我们将在9.7节基于锚框实践目标检测。

首先，导入本节需要的包或模块。这里我们新引入了 `contrib` 包，并修改了 NumPy 的打印精度。由于 `NDArray` 的打印实际调用 NumPy 的打印函数，本节打印出的 `NDArray` 中的浮点数更简洁一些。

```
In [1]: %matplotlib inline
        import d2lzh as d2l
        from mxnet import contrib, gluon, image, nd
        import numpy as np
        np.set_printoptions(2)
```

9.4.1 生成多个锚框

假设输入图像高为 h，宽为 w。我们分别以图像的每个像素为中心生成不同形状的锚框。

设大小为 $s \in (0,1]$ 且宽高比为 $r > 0$，那么锚框的宽和高将分别为 $ws\sqrt{r}$ 和 $hs/\sqrt{r}$。当中心位置给定时，已知宽和高的锚框是确定的。

下面我们分别设定好一组大小 $s_1, \cdots, s_n$ 和一组宽高比 $r_1, \cdots, r_m$。如果以每个像素为中心时使用所有的大小与宽高比的组合，输入图像将一共得到 $whnm$ 个锚框。虽然这些锚框可能覆盖了所有的真实边界框，但计算复杂度容易过高。因此，我们通常只对包含 s_1 或 r_1 的大小与宽高比的组合感兴趣，即

$$(s_1, r_1), (s_1, r_2), \cdots, (s_1, r_m), (s_2, r_1), (s_3, r_1), \cdots, (s_n, r_1)$$

也就是说，以相同像素为中心的锚框的数量为 $n+m-1$。对于整个输入图像，我们将一共生成 $wh(n+m-1)$ 个锚框。

以上生成锚框的方法已实现在 MultiBoxPrior 函数中。指定输入、一组大小和一组宽高比，该函数将返回输入的所有锚框。

```
In [2]: img = image.imread('../img/catdog.jpg').asnumpy()
        h, w = img.shape[0:2]

        print(h, w)
        X = nd.random.uniform(shape=(1, 3, h, w))  # 构造输入数据
        Y = contrib.nd.MultiBoxPrior(X, sizes=[0.75, 0.5, 0.25], ratios=[1, 2, 0.5])
        Y.shape

561 728

Out[2]: (1, 2042040, 4)
```

我们看到，返回的锚框变量 y 的形状为（批量大小，锚框个数，4）。将锚框变量 y 的形状变为（图像高，图像宽，以相同像素为中心的锚框个数，4）后，我们就可以通过指定像素位置来获取所有以该像素为中心的锚框了。下面的例子里我们访问以 (250, 250) 为中心的第一个锚框。它有 4 个元素，分别是锚框左上角的 x 和 y 轴坐标和右下角的 x 和 y 轴坐标，其中 x 和 y 轴的坐标值分别已除以图像的宽和高，因此值域均为 0 和 1 之间。

```
In [3]: boxes = Y.reshape((h, w, 5, 4))
        boxes[250, 250, 0, :]

Out[3]:
        [0.06 0.07 0.63 0.82]
        <NDArray 4 @cpu(0)>
```

为了描绘图像中以某个像素为中心的所有锚框，我们先定义 show_bboxes 函数以便在图像上画出多个边界框。

```
In [4]: # 本函数已保存在d2lzh包中方便以后使用
        def show_bboxes(axes, bboxes, labels=None, colors=None):
            def _make_list(obj, default_values=None):
                if obj is None:
                    obj = default_values
                elif not isinstance(obj, (list, tuple)):
```

```
            obj = [obj]
        return obj

    labels = _make_list(labels)
    colors = _make_list(colors, ['b', 'g', 'r', 'm', 'c'])
    for i, bbox in enumerate(bboxes):
        color = colors[i % len(colors)]
        rect = d2l.bbox_to_rect(bbox.asnumpy(), color)
        axes.add_patch(rect)
        if labels and len(labels) > i:
            text_color = 'k' if color == 'w' else 'w'
            axes.text(rect.xy[0], rect.xy[1], labels[i],
                      va='center', ha='center', fontsize=9, color=text_color,
                      bbox=dict(facecolor=color, lw=0))
```

刚刚我们看到，变量 boxes 中 x 和 y 轴的坐标值分别已除以图像的宽和高。在绘图时，我们需要恢复锚框的原始坐标值，并因此定义了变量 bbox_scale。现在，我们可以画出图像中以 (250, 250) 为中心的所有锚框了（另见彩插图 11）。可以看到，大小为 0.75 且宽高比为 1 的锚框较好地覆盖了图像中的狗。

```
In [5]: d2l.set_figsize()
        bbox_scale = nd.array((w, h, w, h))
        fig = d2l.plt.imshow(img)
        show_bboxes(fig.axes, boxes[250, 250, :, :] * bbox_scale,
                    ['s=0.75, r=1', 's=0.5, r=1', 's=0.25, r=1', 's=0.75, r=2',
                     's=0.75, r=0.5'])
```

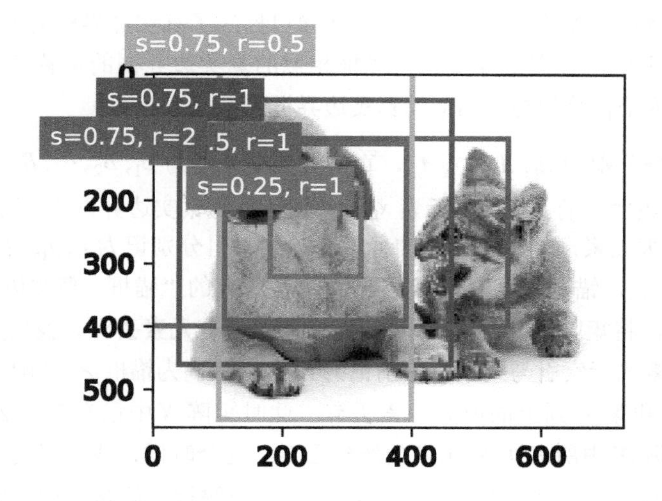

9.4.2 交并比

我们刚刚提到某个锚框较好地覆盖了图像中的狗。如果该目标的真实边界框已知，这里的“较好”该如何量化呢？一种直观的方法是衡量锚框和真实边界框之间的相似度。我们知道，Jaccard 系数（Jaccard index）可以衡量两个集合的相似度。给定集合 $\mathcal{A}$ 和 $\mathcal{B}$，它们的 Jaccard 系数即二者交集大小除以二者并集大小：

$$J(\mathcal{A},\mathcal{B})=\frac{|\mathcal{A}\cap\mathcal{B}|}{|\mathcal{A}\cup\mathcal{B}|}$$

实际上，我们可以把边界框内的像素区域看成是像素的集合。如此一来，我们可以用两个边界框的像素集合的 Jaccard 系数衡量这两个边界框的相似度。当衡量两个边界框的相似度时，我们通常将 Jaccard 系数称为交并比（intersection over union，IoU），即两个边界框相交面积与相并面积之比，如图 9-2 所示。交并比的取值范围在 0 和 1 之间：0 表示两个边界框无重合像素，1 表示两个边界框相等。

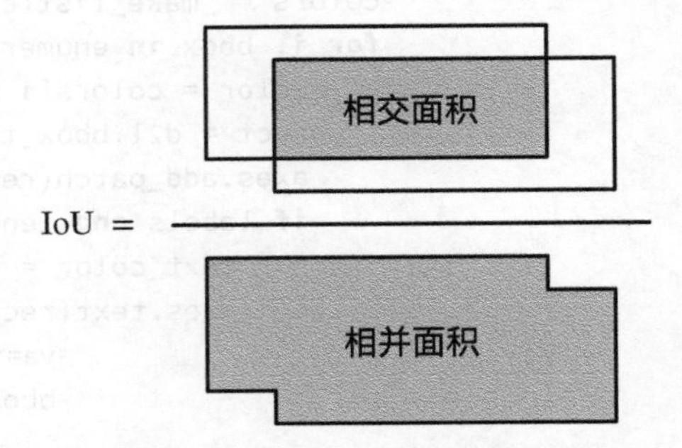

图 9-2　交并比是两个边界框相交面积与相并面积之比

在本节的剩余部分，我们将使用交并比来衡量锚框与真实边界框以及锚框与锚框之间的相似度。

9.4.3　标注训练集的锚框

在训练集中，我们将每个锚框视为一个训练样本。为了训练目标检测模型，我们需要为每个锚框标注两类标签：一是锚框所含目标的类别，简称类别；二是真实边界框相对锚框的偏移量，简称偏移量（offset）。在目标检测时，我们首先生成多个锚框，然后为每个锚框预测类别以及偏移量，接着根据预测的偏移量调整锚框位置从而得到预测边界框，最后筛选需要输出的预测边界框。

我们知道，在目标检测的训练集中，每个图像已标注了真实边界框的位置以及所含目标的类别。在生成锚框之后，我们主要依据与锚框相似的真实边界框的位置和类别信息为锚框标注。那么，该如何为锚框分配与其相似的真实边界框呢？

假设图像中锚框分别为 $A_1, A_2, \cdots, A_{n_a}$，真实边界框分别为 $B_1, B_2, \cdots, B_{n_b}$，且 $n_a \geqslant n_b$。定义矩阵 $\boldsymbol{X} \in \mathbb{R}^{n_a \times n_b}$，其中第 i 行第 j 列的元素 x_{ij} 为锚框 A_i 与真实边界框 B_j 的交并比。首先，我们找出矩阵 $\boldsymbol{X}$ 中最大元素，并将该元素的行索引与列索引分别记为 i_1, j_1。我们为锚框 A_{i_1} 分配真实边界框 B_{j_1}。显然，锚框 A_{i_1} 和真实边界框 B_{j_1} 在所有的“锚框 - 真实边界框”的配对中相似度最高。接下来，将矩阵 $\boldsymbol{X}$ 中第 i_1 行和第 j_1 列上的所有元素丢弃。找出矩阵 $\boldsymbol{X}$ 中剩余的最大元素，并将该元素的行索引与列索引分别记为 i_2, j_2。我们为锚框 A_{i_2} 分配真实边界框 B_{j_2}，再将矩阵 $\boldsymbol{X}$ 中第 i_2 行和第 j_2 列上的所有元素丢弃。此时矩阵 $\boldsymbol{X}$ 中已有 2 行 2 列的元素被丢弃。依此类推，直到矩阵 $\boldsymbol{X}$ 中所有 n_b 列元素全部被丢弃。这个时候，我们已为 n_b 个锚框各分配了一个真实边界框。接下来，我们只遍历剩余的 $n_a - n_b$ 个锚框：给定其中的锚框 A_i，根据矩阵 $\boldsymbol{X}$ 的第 i 行找到与 A_i 交并比最大的真实边界框 B_j，且只有当该交并比大于预先设定的阈值时，才为锚框 A_i 分配真实边界框 B_j。

如图 9-3（左）所示，假设矩阵 $\boldsymbol{X}$ 中最大值为 x_{23}，我们将为锚框 A_2 分配真实边界框 B_3。然后，丢弃矩阵中第 2 行和第 3 列的所有元素，找出剩余阴影部分的最大元素 x_{71}，为锚框 A_7 分配真实边界框 B_1。接着如图 9-3（中）所示，丢弃矩阵中第 7 行和第 1 列的所有元素，找出剩余阴影部分的最大元素 x_{54}，为锚框 A_5 分配真实边界框 B_4。最后如图 9-3（右）所示，丢弃矩阵中第 5 行和第 4 列的所有元素，找出剩余阴影部分的最大元素 x_{92}，为锚框 A_9 分配真实边界框 B_2。之后，我们只需遍历除去 A_2, A_5, A_7, A_9 的剩余锚框，并根据阈值判断是否为剩余锚框分配真实边界框。

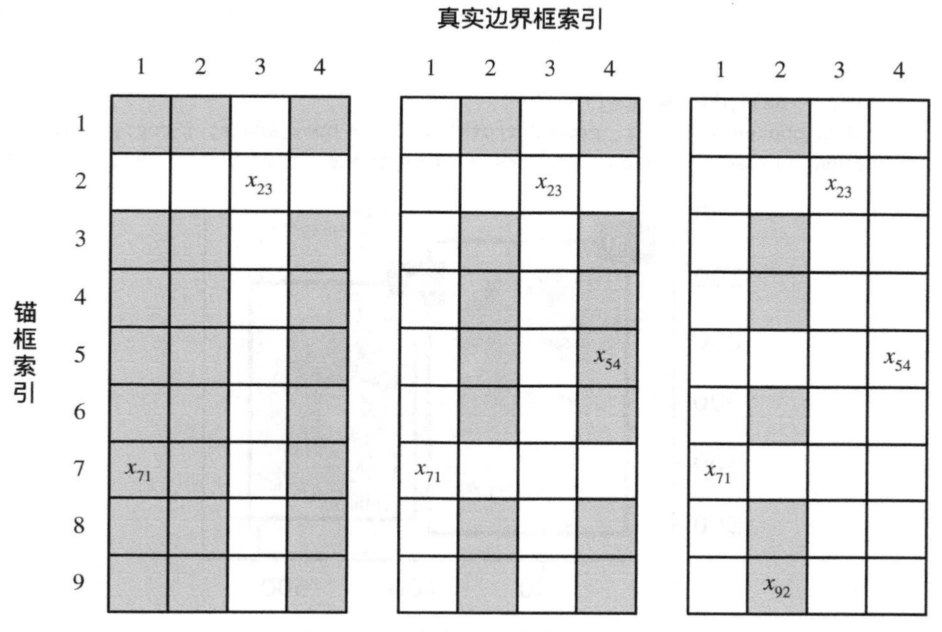

图 9-3 为锚框分配真实边界框

现在我们可以标注锚框的类别和偏移量了。如果一个锚框 A 被分配了真实边界框 B，将锚框 A 的类别设为 B 的类别，并根据 B 和 A 的中心坐标的相对位置以及两个框的相对大小为锚框 A 标注偏移量。由于数据集中各个框的位置和大小各异，因此这些相对位置和相对大小通常需要一些特殊变换，才能使偏移量的分布更均匀从而更容易拟合。设锚框 A 及其被分配的真实边界框 B 的中心坐标分别为 (x_a, y_a) 和 (x_b, y_b)，A 和 B 的宽分别为 w_a 和 w_b，高分别为 h_a 和 h_b，一个常用的技巧是将 A 的偏移量标注为

$$\left(\frac{\frac{x_b - x_a}{w_a} - \mu_x}{\sigma_x}, \frac{\frac{y_b - y_a}{h_a} - \mu_y}{\sigma_y}, \frac{\log \frac{w_b}{w_a} - \mu_w}{\sigma_w}, \frac{\log \frac{h_b}{h_a} - \mu_h}{\sigma_h} \right)$$

其中常数的默认值为 $\mu_x = \mu_y = \mu_w = \mu_h = 0, \sigma_x = \sigma_y = 0.1, \sigma_w = \sigma_h = 0.2$。如果一个锚框没有被分配真实边界框，我们只需将该锚框的类别设为背景。类别为背景的锚框通常被称为负类锚框，其余则被称为正类锚框。

下面演示一个具体的例子。我们为读取的图像中的猫和狗定义真实边界框，其中第一个元素为类别（0 为狗，1 为猫），剩余 4 个元素分别为左上角的 x 和 y 轴坐标以及右下角的 x 和 y 轴坐标（值域在 0 到 1 之间）。这里通过左上角和右下角的坐标构造了 5 个需要标注的锚框，

分别记为 $A_0,\cdots,A_4$（程序中索引从 0 开始）。先画出这些锚框与真实边界框在图像中的位置（另见彩插图 12）。

```
In [6]: ground_truth = nd.array([[0, 0.1, 0.08, 0.52, 0.92],
                                 [1, 0.55, 0.2, 0.9, 0.88]])
        anchors = nd.array([[0, 0.1, 0.2, 0.3], [0.15, 0.2, 0.4, 0.4],
                            [0.63, 0.05, 0.88, 0.98], [0.66, 0.45, 0.8, 0.8],
                            [0.57, 0.3, 0.92, 0.9]])

        fig = d2l.plt.imshow(img)
        show_bboxes(fig.axes, ground_truth[:, 1:] * bbox_scale, ['dog', 'cat'], 'k')
        show_bboxes(fig.axes, anchors * bbox_scale, ['0', '1', '2', '3', '4']);
```

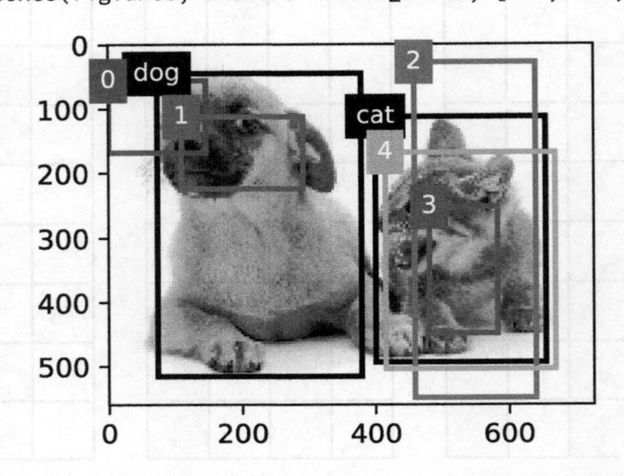

我们可以通过 contrib.nd 模块中的 MultiBoxTarget 函数来为锚框标注类别和偏移量。该函数将背景类别设为 0，并令从 0 开始的目标类别的整数索引自加 1（1 为狗，2 为猫）。我们通过 expand_dims 函数为锚框和真实边界框添加样本维，并构造形状为 (批量大小, 包括背景的类别个数, 锚框数) 的任意预测结果。

```
In [7]: labels = contrib.nd.MultiBoxTarget(anchors.expand_dims(axis=0),
                                           ground_truth.expand_dims(axis=0),
                                           nd.zeros((1, 3, 5)))
```

返回的结果里有 3 项，均为 NDArray。第三项表示为锚框标注的类别。

```
In [8]: labels[2]

Out[8]:
        [[0. 1. 2. 0. 2.]]
        <NDArray 1x5 @cpu(0)>
```

我们根据锚框与真实边界框在图像中的位置来分析这些标注的类别。首先，在所有的“锚框 - 真实边界框”的配对中，锚框 A_4 与猫的真实边界框的交并比最大，因此锚框 A_4 的类别标注为猫。不考虑锚框 A_4 或猫的真实边界框，在剩余的“锚框 - 真实边界框”的配对中，最大交并比的配对为锚框 A_1 和狗的真实边界框，因此锚框 A_1 的类别标注为狗。接下来遍历未标注的剩余 3 个锚框：与锚框 A_0 交并比最大的真实边界框的类别为狗，但交并比小于阈值（默认为 0.5），因此类别标注为背景；与锚框 A_2 交并比最大的真实边界框的类别为猫，且交并比大于阈值，因此类别标注为猫；与锚框 A_3 交并比最大的真实边界框的类别为猫，但交并比小于阈值，因此类别标注为背景。

返回值的第二项为掩码（mask）变量，形状为 (批量大小 , 锚框个数的 4 倍)。掩码变量中的元素与每个锚框的 4 个偏移量一一对应。由于我们不关心对背景的检测，有关负类的偏移量不应影响目标函数。通过按元素乘法，掩码变量中的 0 可以在计算目标函数之前过滤掉负类的偏移量。

```
In [9]: labels[1]

Out[9]:
        [[0. 0. 0. 0. 1. 1. 1. 1. 1. 1. 1. 1. 0. 0. 0. 0. 1. 1. 1. 1.]]
        <NDArray 1x20 @cpu(0)>
```

返回的第一项是为每个锚框标注的 4 个偏移量，其中负类锚框的偏移量标注为 0。

```
In [10]: labels[0]

Out[10]:
        [[ 0.00e+00  0.00e+00  0.00e+00  0.00e+00  1.40e+00 1.00e+01 2.59e+00
           7.18e+00 -1.20e+00  2.69e-01  1.68e+00 -1.57e+00 0.00e+00 0.00e+00
           0.00e+00  0.00e+00 -5.71e-01 -1.00e+00 -8.94e-07 6.26e-01]]
        <NDArray 1x20 @cpu(0)>
```

9.4.4 输出预测边界框

在模型预测阶段，我们先为图像生成多个锚框，并为这些锚框一一预测类别和偏移量。随后，我们根据锚框及其预测偏移量得到预测边界框。当锚框数量较多时，同一个目标上可能会输出较多相似的预测边界框。为了使结果更加简洁，我们可以移除相似的预测边界框。常用的方法叫作非极大值抑制（non-maximum suppression，NMS）。

我们来描述一下非极大值抑制的工作原理。对于一个预测边界框 B，模型会计算各个类别的预测概率。设其中最大的预测概率为 p，该概率所对应的类别即 B 的预测类别。我们也将 p 称为预测边界框 B 的置信度。在同一图像上，我们将预测类别非背景的预测边界框按置信度从高到低排序，得到列表 L。从 L 中选取置信度最高的预测边界框 B_1 作为基准，将所有与 B_1 的交并比大于某阈值的非基准预测边界框从 L 中移除。这里的阈值是预先设定的超参数。此时，L 保留了置信度最高的预测边界框并移除了与其相似的其他预测边界框。接下来，从 L 中选取置信度第二高的预测边界框 B_2 作为基准，将所有与 B_2 的交并比大于某阈值的非基准预测边界框从 L 中移除。重复这一过程，直到 L 中所有的预测边界框都曾作为基准。此时 L 中任意一对预测边界框的交并比都小于阈值。最终，输出列表 L 中的所有预测边界框。

下面来看一个具体的例子。先构造 4 个锚框。简单起见，我们假设预测偏移量全是 0：预测边界框即锚框。最后，我们构造每个类别的预测概率。

```
In [11]: anchors = nd.array([[0.1, 0.08, 0.52, 0.92], [0.08, 0.2, 0.56, 0.95],
                             [0.15, 0.3, 0.62, 0.91], [0.55, 0.2, 0.9, 0.88]])
         offset_preds = nd.array([0] * anchors.size)
         cls_probs = nd.array([[0] * 4,  # 背景的预测概率
                               [0.9, 0.8, 0.7, 0.1],  # 狗的预测概率
                               [0.1, 0.2, 0.3, 0.9]])  # 猫的预测概率
```

在图像上打印预测边界框和它们的置信度（另见彩插图 13）。

```
In [12]: fig = d2l.plt.imshow(img)
         show_bboxes(fig.axes, anchors * bbox_scale,
                     ['dog=0.9', 'dog=0.8', 'dog=0.7', 'cat=0.9'])
```

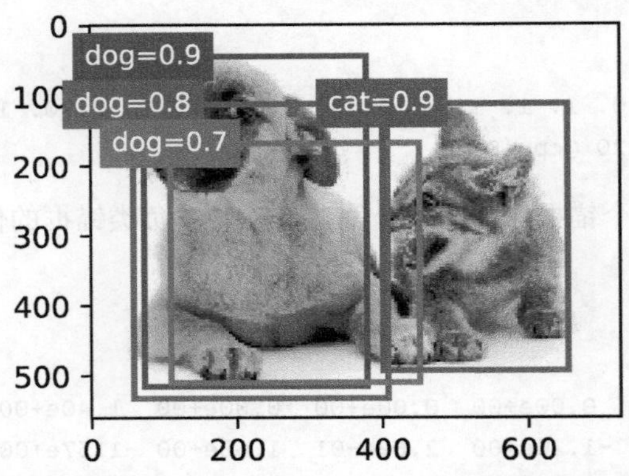

我们使用 contrib.nd 模块的 MultiBoxDetection 函数来执行非极大值抑制并设阈值为 0.5。这里为 NDArray 输入都增加了样本维。我们看到，返回的结果的形状为 (批量大小, 锚框个数, 6)。其中每一行的 6 个元素代表同一个预测边界框的输出信息。第一个元素是索引从 0 开始计数的预测类别（0 为狗，1 为猫），其中 -1 表示背景或在非极大值抑制中被移除。第二个元素是预测边界框的置信度。剩余的 4 个元素分别是预测边界框左上角的 x 和 y 轴坐标以及右下角的 x 和 y 轴坐标（值域在 0 到 1 之间）。

```
In [13]: output = contrib.ndarray.MultiBoxDetection(
             cls_probs.expand_dims(axis=0), offset_preds.expand_dims(axis=0),
             anchors.expand_dims(axis=0), nms_threshold=0.5)
         output

Out[13]:
         [[[ 0.    0.9   0.1   0.08  0.52  0.92]
           [ 1.    0.9   0.55  0.2   0.9   0.88]
           [-1.    0.8   0.08  0.2   0.56  0.95]
           [-1.    0.7   0.15  0.3   0.62  0.91]]]
         <NDArray 1x4x6 @cpu(0)>
```

我们移除掉类别为 -1 的预测边界框，并可视化非极大值抑制保留的结果（另见彩插图 14）。

```
In [14]: fig = d2l.plt.imshow(img)
         for i in output[0].asnumpy():
             if i[0] == -1:
                 continue
             label = ('dog=', 'cat=')[int(i[0])] + str(i[1])
             show_bboxes(fig.axes, [nd.array(i[2:]) * bbox_scale], label)
```

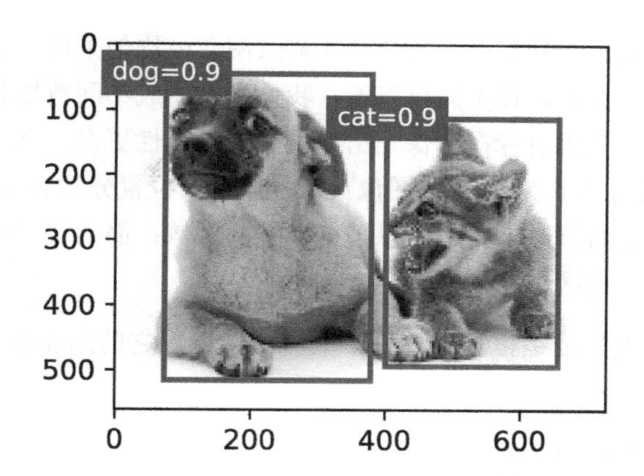

实践中，我们可以在执行非极大值抑制前将置信度较低的预测边界框移除，从而减小非极大值抑制的计算量。我们还可以筛选非极大值抑制的输出，例如，只保留其中置信度较高的结果作为最终输出。

小结

- 以每个像素为中心，生成多个大小和宽高比不同的锚框。
- 交并比是两个边界框相交面积与相并面积之比。
- 在训练集中，为每个锚框标注两类标签：一是锚框所含目标的类别；二是真实边界框相对锚框的偏移量。
- 预测时，可以使用非极大值抑制来移除相似的预测边界框，从而令结果简洁。

练习

（1）改变 `MultiBoxPrior` 函数中 `sizes` 和 `ratios` 的取值，观察生成的锚框的变化。

（2）构造交并比为 0.5 的两个边界框，观察它们的重合度。

（3）按本节定义的为锚框标注偏移量的方法（常数采用默认值），验证偏移量 `labels[0]` 的输出结果。

（4）修改 9.4.3 节与 9.4.4 节中的变量 `anchors`，结果有什么变化？

9.5 多尺度目标检测

扫码直达讨论区

在 9.4 节中，我们在实验中以输入图像的每个像素为中心生成多个锚框。这些锚框是对输入图像不同区域的采样。然而，如果以图像每个像素为中心都生成锚框，很容易生成过多锚框而造成计算量过大。举个例子，假设输入图像的高和宽分别为 561 像素和 728 像素，如果以每个像素为中心生成 5 个不同形状的锚框，那么一张图像上则需要标注并预测 200 多万个锚框（561×728×5）。

减少锚框个数并不难。一种简单的方法是在输入图像中均匀采样一小部分像素，并以采样的像素为中心生成锚框。此外，在不同尺度下，我们可以生成不同数量和不同大小的锚框。值得注意的是，较小目标比较大目标在图像上出现位置的可能性更多。举个简单的例子：形状为 1×1、1×2 和 2×2 的目标在形状为 2×2 的图像上可能出现的位置分别有 4、2 和 1 种。因此，当使用较小锚框来检测较小目标时，我们可以采样较多的区域；而当使用较大锚框来检测较大目标时，我们可以采样较少的区域。

为了演示如何多尺度生成锚框，我们先读取一张图像。它的高和宽分别为 561 像素和 728 像素。

```
In [1]: %matplotlib inline
        import d2lzh as d2l
        from mxnet import contrib, image, nd

        img = image.imread('../img/catdog.jpg')
        h, w = img.shape[0:2]
        h, w

Out[1]: (561, 728)
```

我们在 5.1 节中将卷积神经网络的二维数组输出称为特征图。我们可以通过定义特征图的形状来确定任一图像上均匀采样的锚框中心。

下面定义 display_anchors 函数。我们在特征图 fmap 上以每个单元（像素）为中心生成锚框 anchors。由于锚框 anchors 中 x 和 y 轴的坐标值分别已除以特征图 fmap 的宽和高，这些值域在 0 和 1 之间的值表达了锚框在特征图中的相对位置。由于锚框 anchors 的中心遍布特征图 fmap 上的所有单元，anchors 的中心在任一图像的空间相对位置一定是均匀分布的。具体来说，当特征图的宽和高分别设为 fmap_w 和 fmap_h 时，该函数将在任一图像上均匀采样 fmap_h 行 fmap_w 列个像素，并分别以它们为中心生成大小为 s（假设列表 s 长度为 1）的不同宽高比（ratios）的锚框。

```
In [2]: d2l.set_figsize()

        def display_anchors(fmap_w, fmap_h, s):
            fmap = nd.zeros((1, 10, fmap_w, fmap_h))  # 前两维的取值不影响输出结果
            anchors = contrib.nd.MultiBoxPrior(fmap, sizes=s, ratios=[1, 2, 0.5])
            bbox_scale = nd.array((w, h, w, h))
            d2l.show_bboxes(d2l.plt.imshow(img.asnumpy()).axes,
                            anchors[0] * bbox_scale)
```

我们先关注小目标的检测。为了在显示时更容易分辨，这里令不同中心的锚框不重合：设锚框大小为 0.15，特征图的高和宽分别为 4。可以看出，图像上 4 行 4 列的锚框中心分布均匀（另见彩插图 15）。

```
In [3]: display_anchors(fmap_w=4, fmap_h=4, s=[0.15])
```

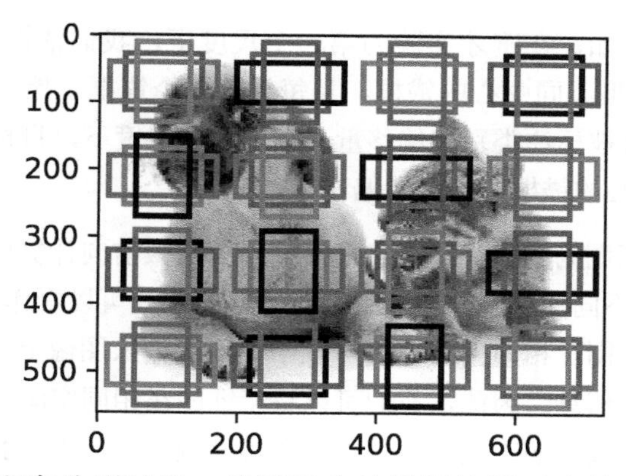

我们将特征图的高和宽分别减半，并用更大的锚框检测更大的目标。当锚框大小设 0.4 时，有些锚框的区域有重合（另见彩插图 16）。

```
In [4]: display_anchors(fmap_w=2, fmap_h=2, s=[0.4])
```

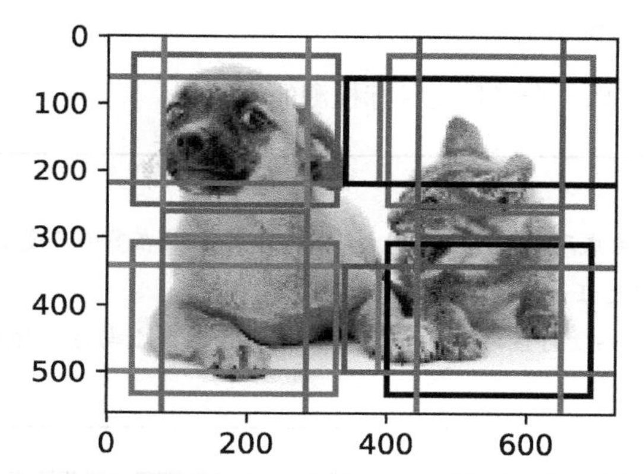

最后，我们将特征图的高和宽进一步减半至 1，并将锚框大小增至 0.8。此时锚框中心即图像中心（另见彩插图 17）。

```
In [5]: display_anchors(fmap_w=1, fmap_h=1, s=[0.8])
```

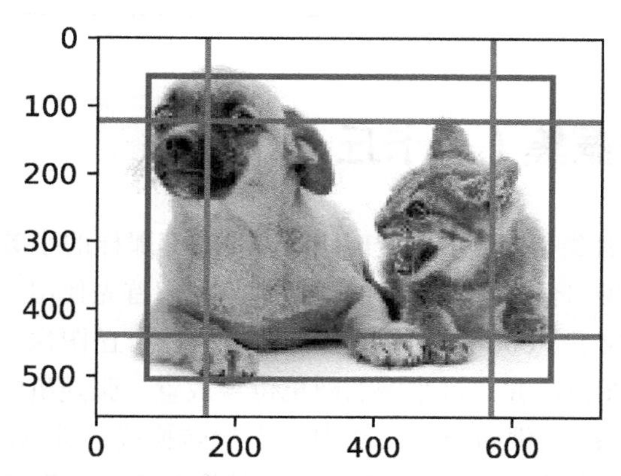

既然我们已在多个尺度上生成了不同大小的锚框，相应地，我们需要在不同尺度下检测不同大小的目标。下面我们来介绍一种基于卷积神经网络的方法。

在某个尺度下，假设我们依据 c_i 张形状为 $h \times w$ 的特征图生成 $h \times w$ 组不同中心的锚框，且

每组的锚框个数为 a。例如，在刚才实验的第一个尺度下，我们依据 10（通道数）张形状为 4×4 的特征图生成了 16 组不同中心的锚框，且每组含 3 个锚框。接下来，依据真实边界框的类别和位置，每个锚框将被标注类别和偏移量。在当前的尺度下，目标检测模型需要根据输入图像预测 $h\times w$ 组不同中心的锚框的类别和偏移量。

假设这里的 c_i 张特征图为卷积神经网络根据输入图像做前向计算所得的中间输出。既然每张特征图上都有 $h\times w$ 个不同的空间位置，那么相同空间位置可以看作含有 c_i 个单元。根据 5.1 节中感受野的定义，特征图在相同空间位置的 c_i 个单元在输入图像上的感受野相同，并表征了同一感受野内的输入图像信息。因此，我们可以将特征图在相同空间位置的 c_i 个单元变换为以该位置为中心生成的 a 个锚框的类别和偏移量。不难发现，本质上，我们用输入图像在某个感受野区域内的信息来预测输入图像上与该区域位置相近的锚框的类别和偏移量。

当不同层的特征图在输入图像上分别拥有不同大小的感受野时，它们将分别用来检测不同大小的目标。例如，我们可以通过设计网络，令较接近输出层的特征图中每个单元拥有更广阔的感受野，从而检测输入图像中更大尺寸的目标。

我们将在 9.7 节具体实现一个多尺度目标检测的模型。

小结

- 可以在多个尺度下生成不同数量和不同大小的锚框，从而在多个尺度下检测不同大小的目标。
- 特征图的形状能确定任一图像上均匀采样的锚框中心。
- 用输入图像在某个感受野区域内的信息来预测输入图像上与该区域相近的锚框的类别和偏移量。

练习

给定一张输入图像，设特征图变量的形状为 $1\times c_i\times h\times w$，其中 c_i、h 和 w 分别为特征图的个数、高和宽。你能想到哪些将该变量变换为锚框的类别和偏移量的方法？输出的形状分别是什么？

9.6　目标检测数据集（皮卡丘）

扫码直达讨论区

在目标检测领域并没有类似 MNIST 或 Fashion-MNIST 那样的小数据集。为了快速测试模型，我们合成了一个小的数据集。我们首先使用一个开源的皮卡丘 3D 模型生成了 1 000 张不同角度和大小的皮卡丘图像。然后我们收集了一系列背景图像，并在每张图的随机位置放置一张随机的皮卡丘图像。我们使用 MXNet 提供的 im2rec 工具将图像转换成二进制的 RecordIO 格式。该格式既可以降低数据集在磁盘上的存储开销，又能提高读取效率。如果想了解更多的图像读取方法，可以查阅 GluonCV 工具包的文档。[①]

① GluonCV工具包参见https://gluon-cv.mxnet.io/。

9.6.1 获取数据集

RecordIO 格式的皮卡丘数据集可以直接在网上下载。获取数据集的操作定义在 _download_pikachu 函数中。

```
In [1]: %matplotlib inline
        import d2lzh as d2l
        from mxnet import gluon, image
        from mxnet.gluon import utils as gutils
        import os

        def _download_pikachu(data_dir):
            root_url = ('https://apache-mxnet.s3-accelerate.amazonaws.com/'
                        'gluon/dataset/pikachu/')
            dataset = {'train.rec': 'e6bcb6ffba1ac04ff8a9b1115e650af56ee969c8',
                       'train.idx': 'dcf7318b2602c06428b9988470c731621716c393',
                       'val.rec': 'd6c33f799b4d058e82f2cb5bd9a976f69d72d520'}
            for k, v in dataset.items():
                gutils.download(root_url + k, os.path.join(data_dir, k), sha1_hash=v)
```

9.6.2 读取数据集

我们通过创建 ImageDetIter 实例来读取目标检测数据集。其中名称里的“Det”指的是 Detection（检测）。我们将以随机顺序读取训练数据集。由于数据集的格式为 RecordIO，我们需要提供图像索引文件 train.idx 以随机读取小批量。此外，对于训练集中的每张图像，我们将采用随机裁剪，并要求裁剪出的图像至少覆盖每个目标 95% 的区域。由于裁剪是随机的，这个要求不一定总被满足。我们设定最多尝试 200 次随机裁剪：如果都不符合要求则不裁剪图像。为保证输出结果的确定性，我们不随机裁剪测试数据集中的图像。我们也无须按随机顺序读取测试数据集。

```
In [2]: # 本函数已保存在d2lzh包中方便以后使用
        def load_data_pikachu(batch_size, edge_size=256):  # edge_size：输出图像的宽和高
            data_dir = '../data/pikachu'
            _download_pikachu(data_dir)
            train_iter = image.ImageDetIter(
                path_imgrec=os.path.join(data_dir, 'train.rec'),
                path_imgidx=os.path.join(data_dir, 'train.idx'),
                batch_size=batch_size,
                data_shape=(3, edge_size, edge_size),  # 输出图像的形状
                shuffle=True,  # 以随机顺序读取数据集
                rand_crop=1,  # 随机裁剪的概率为1
                min_object_covered=0.95, max_attempts=200)
            val_iter = image.ImageDetIter(
                path_imgrec=os.path.join(data_dir, 'val.rec'), batch_size=batch_size,
                data_shape=(3, edge_size, edge_size), shuffle=False)
            return train_iter, val_iter
```

下面我们读取一个小批量并打印图像和标签的形状。图像的形状和之前实验中的一样，依

然是(批量大小, 通道数, 高, 宽)。而标签的形状则是(批量大小, m, 5)，其中 m 等于数据集中单个图像最多含有的边界框个数。小批量计算虽然高效，但它要求每张图像含有相同数量的边界框，以便放在同一个批量中。由于每张图像含有的边界框个数可能不同，我们为边界框个数小于 m 的图像填充非法边界框，直到每张图像均含有 m 个边界框。这样，我们就可以每次读取小批量的图像了。图像中每个边界框的标签由长度为 5 的数组表示。数组中第一个元素是边界框所含目标的类别。当值为 -1 时，该边界框为填充用的非法边界框。数组的剩余 4 个元素分别表示边界框左上角的 x 和 y 轴坐标以及右下角的 x 和 y 轴坐标（值域在 0 到 1 之间）。这里的皮卡丘数据集中每个图像只有一个边界框，因此 $m=1$。

```
In [3]: batch_size, edge_size = 32, 256
        train_iter, _ = load_data_pikachu(batch_size, edge_size)
        batch = train_iter.next()
        batch.data[0].shape, batch.label[0].shape

Out[3]: ((32, 3, 256, 256), (32, 1, 5))
```

9.6.3 图示数据

我们画出 10 张图像和它们中的边界框。可以看到，皮卡丘的角度、大小和位置在每张图像中都不一样。当然，这是一个简单的人工数据集。实际中的数据通常会复杂得多。

```
In [4]: imgs = (batch.data[0][0:10].transpose((0, 2, 3, 1))) / 255
        axes = d2l.show_images(imgs, 2, 5).flatten()
        for ax, label in zip(axes, batch.label[0][0:10]):
            d2l.show_bboxes(ax, [label[0][1:5] * edge_size], colors=['w'])
```

小结

- 合成的皮卡丘数据集可用于测试目标检测模型。
- 目标检测的数据读取与图像分类的类似。然而，在引入边界框后，标签形状和图像增广（如随机裁剪）发生了变化。

练习

查阅 MXNet 文档，`image.ImageDetIter` 和 `image.CreateDetAugmenter` 这两个类的构造函数有哪些参数？它们的意义是什么？

9.7 单发多框检测（SSD）

我们在 9.3 节至 9.6 节分别介绍了边界框、锚框、多尺度目标检测和数据集，下面我们基于这些背景知识来构造一个目标检测模型——单发多框检测（single shot multibox detection，SSD）[35]。它简单、快速，并得到了广泛应用。该模型的一些设计思想和实现细节常适用于其他目标检测模型。

9.7.1 定义模型

图 9-4 描述了单发多框检测模型的设计。它主要由一个基础网络块和若干个多尺度特征块串联而成。其中基础网络块用来从原始图像中抽取特征，因此一般会选择常用的深度卷积神经网络。单发多框检测论文中选用了在分类层之前截断的 VGG[35]，现在也常用 ResNet 替代。我们可以设计基础网络，使它输出的高和宽较大。这样一来，基于该特征图生成的锚框数量较多，可以用来检测尺寸较小的目标。接下来的每个多尺度特征块将上一层提供的特征图的高和宽缩小（如减半），并使特征图中每个单元在输入图像上的感受野变得更广阔。如此一来，图 9-4 中越靠近顶部的多尺度特征块输出的特征图越小，故而基于特征图生成的锚框也越少，加之特征图中每个单元感受野越大，因此更适合检测尺寸较大的目标。由于单发多框检测基于基础网络块和各个多尺度特征块生成不同数量和不同大小的锚框，并通过预测锚框的类别和偏移量（即预测边界框）检测不同大小的目标，因此单发多框检测是一个多尺度的目标检测模型。

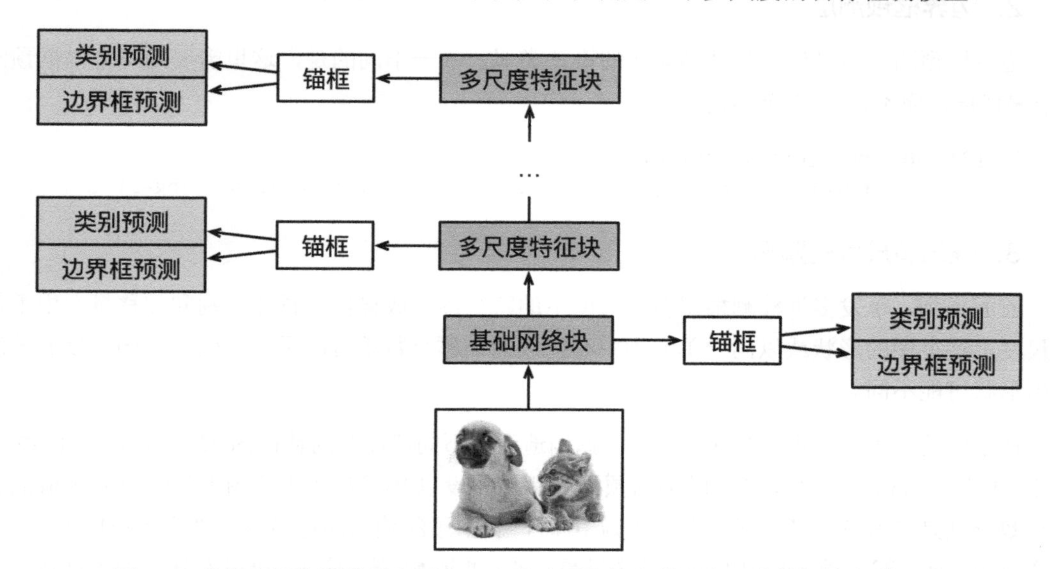

图 9-4 单发多框检测模型主要由一个基础网络块和若干多尺度特征块串联而成

接下来我们介绍如何实现图中的各个模块。我们先介绍如何实现类别预测和边界框预测。

1. 类别预测层

设目标的类别个数为 q。每个锚框的类别个数将是 $q+1$，其中类别 0 表示锚框只包含背景。在某个尺度下，设特征图的高和宽分别为 h 和 w，如果以其中每个单元为中心生成 a 个锚框，那么我们需要对 hwa 个锚框进行分类。如果使用全连接层作为输出，很容易导致模型参数过多。回忆 5.8 节介绍的使用卷积层的通道来输出类别预测的方法。单发多框检测采用同样的方法来降低模型复杂度。

具体来说，类别预测层使用一个保持输入高和宽的卷积层。这样一来，输出和输入在特征图宽和高上的空间坐标一一对应。考虑输出和输入同一空间坐标 (x, y)：输出特征图上 (x, y) 坐标的通道里包含了以输入特征图 (x, y) 坐标为中心生成的所有锚框的类别预测。因此输出通道数为 $a(q+1)$，其中索引为 $i(q+1)+j$（$0 \leqslant j \leqslant q$）的通道代表了索引为 i 的锚框有关类别索引为 j 的预测。

下面我们定义一个这样的类别预测层：指定参数 a 和 q 后，它使用一个填充为 1 的 3×3 卷积层。该卷积层的输入和输出的高和宽保持不变。

```
In [1]: %matplotlib inline
        import d2lzh as d2l
        from mxnet import autograd, contrib, gluon, image, init, nd
        from mxnet.gluon import loss as gloss, nn
        import time

        def cls_predictor(num_anchors, num_classes):
            return nn.Conv2D(num_anchors * (num_classes + 1), kernel_size=3,
                             padding=1)
```

2. 边界框预测层

边界框预测层的设计与类别预测层的设计类似。唯一不同的是，这里需要为每个锚框预测 4 个偏移量，而不是 $q+1$ 个类别。

```
In [2]: def bbox_predictor(num_anchors):
            return nn.Conv2D(num_anchors * 4, kernel_size=3, padding=1)
```

3. 连结多尺度的预测

前面提到，单发多框检测根据多个尺度下的特征图生成锚框并预测类别和偏移量。由于每个尺度上特征图的形状或以同一单元为中心生成的锚框个数都可能不同，因此不同尺度的预测输出形状可能不同。

在下面的例子中，我们对同一批量数据构造两个不同尺度下的特征图 Y1 和 Y2，其中 Y2 相对于 Y1 来说高和宽分别减半。以类别预测为例，假设以 Y1 和 Y2 特征图中每个单元生成的锚框个数分别是 5 和 3，当目标类别个数为 10 时，类别预测输出的通道数分别为 $5\times(10+1)=55$ 和 $3\times(10+1)=33$。预测输出的格式为（批量大小，通道数，高，宽）。可以看到，除了批量大小外，其他维度大小均不一样。我们需要将它们变形成统一的格式并将多尺度的预测连结，从而让后续计算更简单。

```
In [3]: def forward(x, block):
            block.initialize()
            return block(x)

        Y1 = forward(nd.zeros((2, 8, 20, 20)), cls_predictor(5, 10))
        Y2 = forward(nd.zeros((2, 16, 10, 10)), cls_predictor(3, 10))
        (Y1.shape, Y2.shape)

Out[3]: ((2, 55, 20, 20), (2, 33, 10, 10))
```

通道维包含中心相同的锚框的预测结果。我们首先将通道维移到最后一维。因为不同尺度下批量大小仍保持不变，我们可以将预测结果转成二维的 (批量大小, 高 × 宽 × 通道数) 的格式，以方便之后在维度 1 上的连结。

```
In [4]: def flatten_pred(pred):
            return pred.transpose((0, 2, 3, 1)).flatten()

        def concat_preds(preds):
            return nd.concat(*[flatten_pred(p) for p in preds], dim=1)
```

这样一来，尽管 Y1 和 Y2 形状不同，我们仍然可以将这两个同一批量不同尺度的预测结果连结在一起。

```
In [5]: concat_preds([Y1, Y2]).shape

Out[5]: (2, 25300)
```

4. 高和宽减半块

为了在多尺度检测目标，下面定义高和宽减半块 down_sample_blk。它串联了两个填充为 1 的 3×3 卷积层和步幅为 2 的 2×2 最大池化层。我们知道，填充为 1 的 3×3 卷积层不改变特征图的形状，而后面的池化层则直接将特征图的高和宽减半。由于 $1\times2+(3-1)+(3-1)=6$，输出特征图中每个单元在输入特征图上的感受野形状为 6×6。可以看出，高和宽减半块使输出特征图中每个单元的感受野变得更广阔。

```
In [6]: def down_sample_blk(num_channels):
            blk = nn.Sequential()
            for _ in range(2):
                blk.add(nn.Conv2D(num_channels, kernel_size=3, padding=1),
                        nn.BatchNorm(in_channels=num_channels),
                        nn.Activation('relu'))
            blk.add(nn.MaxPool2D(2))
            return blk
```

测试高和宽减半块的前向计算。可以看到，它改变了输入的通道数，并将高和宽减半。

```
In [7]: forward(nd.zeros((2, 3, 20, 20)), down_sample_blk(10)).shape

Out[7]: (2, 10, 10, 10)
```

5. 基础网络块

基础网络块用来从原始图像中抽取特征。为了计算简洁，我们在这里构造一个小的基础网络。该网络串联 3 个高和宽减半块，并逐步将通道数翻倍。当输入的原始图像的形状为 256×256 时，基础网络块输出的特征图的形状为 32×32。

```
In [8]: def base_net():
            blk = nn.Sequential()
            for num_filters in [16, 32, 64]:
                blk.add(down_sample_blk(num_filters))
            return blk

        forward(nd.zeros((2, 3, 256, 256)), base_net()).shape

Out[8]: (2, 64, 32, 32)
```

6. 完整的模型

单发多框检测模型一共包含 5 个模块，每个模块输出的特征图既用来生成锚框，又用来预测这些锚框的类别和偏移量。第一模块为基础网络块，第二模块至第四模块为高和宽减半块，第五模块使用全局最大池化层将高和宽降到 1。因此第二模块至第五模块均为图 9-4 中的多尺度特征块。

```
In [9]: def get_blk(i):
            if i == 0:
                blk = base_net()
            elif i == 4:
                blk = nn.GlobalMaxPool2D()
            else:
                blk = down_sample_blk(128)
            return blk
```

接下来，我们定义每个模块如何进行前向计算。与之前介绍的卷积神经网络不同，这里不仅返回卷积计算输出的特征图 `Y`，还返回根据 `Y` 生成的当前尺度的锚框，以及基于 `Y` 预测的锚框类别和偏移量。

```
In [10]: def blk_forward(X, blk, size, ratio, cls_predictor, bbox_predictor):
             Y = blk(X)
             anchors = contrib.ndarray.MultiBoxPrior(Y, sizes=size, ratios=ratio)
             cls_preds = cls_predictor(Y)
             bbox_preds = bbox_predictor(Y)
             return (Y, anchors, cls_preds, bbox_preds)
```

我们提到，图 9-4 中较靠近顶部的多尺度特征块用来检测尺寸较大的目标，因此需要生成较大的锚框。我们在这里先将 0.2 到 1.05 之间均分 5 份，以确定不同尺度下锚框大小的较小值 0.2、0.37、0.54 等，再按 $\sqrt{0.2\times0.37}=0.272$、$\sqrt{0.37\times0.54}=0.447$ 等来确定不同尺度下锚框大小的较大值。

```
In [11]: sizes = [[0.2, 0.272], [0.37, 0.447], [0.54, 0.619], [0.71, 0.79],
                  [0.88, 0.961]]
         ratios = [[1, 2, 0.5]] * 5
         num_anchors = len(sizes[0]) + len(ratios[0]) - 1
```

现在，我们就可以定义出完整的模型 TinySSD 了。

```
In [12]: class TinySSD(nn.Block):
             def __init__(self, num_classes, **kwargs):
                 super(TinySSD, self).__init__(**kwargs)
                 self.num_classes = num_classes
                 for i in range(5):
                     # 即赋值语句self.blk_i = get_blk(i)
                     setattr(self, 'blk_%d' % i, get_blk(i))
                     setattr(self, 'cls_%d' % i, cls_predictor(num_anchors,
                                                               num_classes))
                     setattr(self, 'bbox_%d' % i, bbox_predictor(num_anchors))

             def forward(self, X):
                 anchors, cls_preds, bbox_preds = [None] * 5, [None] * 5, [None] * 5
                 for i in range(5):
                     # getattr(self, 'blk_%d' % i)即访问self.blk_i
                     X, anchors[i], cls_preds[i], bbox_preds[i] = blk_forward(
                         X, getattr(self, 'blk_%d' % i), sizes[i], ratios[i],
                         getattr(self, 'cls_%d' % i), getattr(self, 'bbox_%d' % i))
                 # reshape函数中的0表示保持批量大小不变
                 return (nd.concat(*anchors, dim=1),
                         concat_preds(cls_preds).reshape(
                             (0, -1, self.num_classes + 1)), concat_preds(bbox_preds))
```

我们创建单发多框检测模型实例并对一个高和宽均为 256 像素的小批量图像 X 做前向计算。我们在之前验证过，第一模块输出的特征图的形状为 32×32。由于第二至第四模块为高和宽减半块、第五模块为全局池化层，并且以特征图每个单元为中心生成 4 个锚框，每个图像在 5 个尺度下生成的锚框总数为 $(32^2+16^2+8^2+4^2+1)\times 4=5444$。

```
In [13]: net = TinySSD(num_classes=1)
         net.initialize()
         X = nd.zeros((32, 3, 256, 256))
         anchors, cls_preds, bbox_preds = net(X)

         print('output anchors:', anchors.shape)
         print('output class preds:', cls_preds.shape)
         print('output bbox preds:', bbox_preds.shape)

output anchors: (1, 5444, 4)
output class preds: (32, 5444, 2)
output bbox preds: (32, 21776)
```

9.7.2 训练模型

下面我们描述如何一步步训练单发多框检测模型来进行目标检测。

1. 读取数据集和初始化

我们读取 9.6 节构造的皮卡丘数据集。

```
In [14]: batch_size = 32
         train_iter, _ = d2l.load_data_pikachu(batch_size)
```

在皮卡丘数据集中，目标的类别数为 1。定义好模型以后，我们需要初始化模型参数并定义优化算法。

```
In [15]: ctx, net = d2l.try_gpu(), TinySSD(num_classes=1)
         net.initialize(init=init.Xavier(), ctx=ctx)
         trainer = gluon.Trainer(net.collect_params(), 'sgd',
                                 {'learning_rate': 0.2, 'wd': 5e-4})
```

2. 定义损失函数和评价函数

目标检测有两个损失：一是有关锚框类别的损失，我们可以重用之前图像分类问题里一直使用的交叉熵损失函数；二是有关正类锚框偏移量的损失。预测偏移量是一个回归问题，但这里不使用 3.1 节介绍过的平方损失，而使用 L_1 范数损失，即预测值与真实值之间差的绝对值。掩码变量 bbox_masks 令负类锚框和填充锚框不参与损失的计算。最后，我们将有关锚框类别和偏移量的损失相加得到模型的最终损失函数。

```
In [16]: cls_loss = gloss.SoftmaxCrossEntropyLoss()
         bbox_loss = gloss.L1Loss()

         def calc_loss(cls_preds, cls_labels, bbox_preds, bbox_labels, bbox_masks):
             cls = cls_loss(cls_preds, cls_labels)
             bbox = bbox_loss(bbox_preds * bbox_masks, bbox_labels * bbox_masks)
             return cls + bbox
```

我们可以沿用准确率评价分类结果。因为使用了 L_1 范数损失，我们用平均绝对误差评价边界框的预测结果。

```
In [17]: def cls_eval(cls_preds, cls_labels):
             # 由于类别预测结果放在最后一维，argmax需要指定最后一维
             return (cls_preds.argmax(axis=-1) == cls_labels).sum().asscalar()
         def bbox_eval(bbox_preds, bbox_labels, bbox_masks):
             return ((bbox_labels - bbox_preds) * bbox_masks).abs().sum().asscalar()
```

3. 训练模型

在训练模型时，我们需要在模型的前向计算过程中生成多尺度的锚框 anchors，并为每个锚框预测类别 cls_preds 和偏移量 bbox_preds。之后，我们根据标签信息 Y 为生成的每个锚框标注类别 cls_labels 和偏移量 bbox_labels。最后，我们根据类别和偏移量的预测和标注值计算损失函数。为了代码简洁，这里没有评价测试数据集。

```
In [18]: for epoch in range(20):
             acc_sum, mae_sum, n, m = 0.0, 0.0, 0, 0
             train_iter.reset()  # 从头读取数据
             start = time.time()
```

```
        for batch in train_iter:
            X = batch.data[0].as_in_context(ctx)
            Y = batch.label[0].as_in_context(ctx)
            with autograd.record():
                # 生成多尺度的锚框，为每个锚框预测类别和偏移量
                anchors, cls_preds, bbox_preds = net(X)
                # 为每个锚框标注类别和偏移量
                bbox_labels, bbox_masks, cls_labels = contrib.nd.MultiBoxTarget(
                    anchors, Y, cls_preds.transpose((0, 2, 1)))
                # 根据类别和偏移量的预测和标注值计算损失函数
                l = calc_loss(cls_preds, cls_labels, bbox_preds, bbox_labels,
                              bbox_masks)
            l.backward()
            trainer.step(batch_size)
            acc_sum += cls_eval(cls_preds, cls_labels)
            n += cls_labels.size
            mae_sum += bbox_eval(bbox_preds, bbox_labels, bbox_masks)
            m += bbox_labels.size

        if (epoch + 1) % 5 == 0:
            print('epoch %2d, class err %.2e, bbox mae %.2e, time %.1f sec' % (
                epoch + 1, 1 - acc_sum / n, mae_sum / m, time.time() - start))
```

```
epoch  5, class err 3.02e-03, bbox mae 3.27e-03, time 9.1 sec
epoch 10, class err 2.63e-03, bbox mae 2.92e-03, time 9.1 sec
epoch 15, class err 2.61e-03, bbox mae 2.70e-03, time 9.2 sec
epoch 20, class err 2.37e-03, bbox mae 2.59e-03, time 9.0 sec
```

9.7.3 预测目标

在预测阶段，我们希望能把图像里面所有我们感兴趣的目标检测出来。下面读取测试图像，将其变换尺寸，然后转成卷积层需要的四维格式。

```
In [19]: img = image.imread('../img/pikachu.jpg')
         feature = image.imresize(img, 256, 256).astype('float32')
         X = feature.transpose((2, 0, 1)).expand_dims(axis=0)
```

我们通过 `MultiBoxDetection` 函数根据锚框及其预测偏移量得到预测边界框，并通过非极大值抑制移除相似的预测边界框。

```
In [20]: def predict(X):
             anchors, cls_preds, bbox_preds = net(X.as_in_context(ctx))
             cls_probs = cls_preds.softmax().transpose((0, 2, 1))
             output = contrib.nd.MultiBoxDetection(cls_probs, bbox_preds, anchors)
             idx = [i for i, row in enumerate(output[0]) if row[0].asscalar() != -1]
             return output[0, idx]

         output = predict(X)
```

最后，我们将置信度不低于 0.3 的边界框筛选为最终输出用以展示。

```
In [21]: d2l.set_figsize((5, 5))

         def display(img, output, threshold):
             fig = d2l.plt.imshow(img.asnumpy())
             for row in output:
                 score = row[1].asscalar()
                 if score < threshold:
                     continue
                 h, w = img.shape[0:2]
                 bbox = [row[2:6] * nd.array((w, h, w, h), ctx=row.context)]
                 d2l.show_bboxes(fig.axes, bbox, '%.2f' % score, 'w')

         display(img, output, threshold=0.3)
```

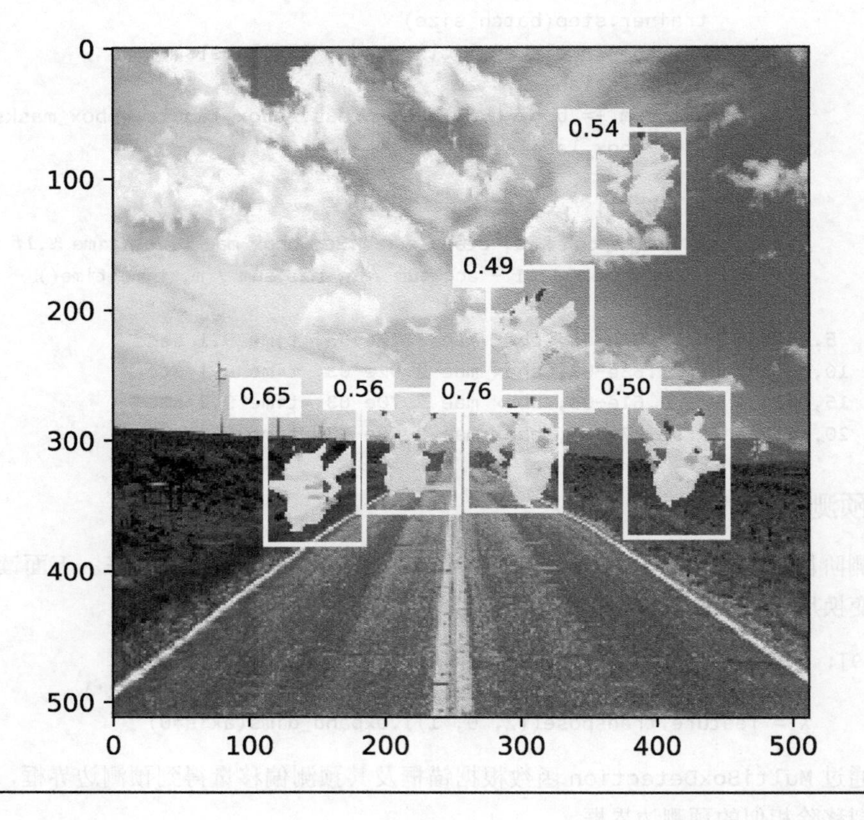

小结

- 单发多框检测是一个多尺度的目标检测模型。该模型基于基础网络块和各个多尺度特征块生成不同数量和不同大小的锚框，并通过预测锚框的类别和偏移量检测不同大小的目标。
- 单发多框检测在训练中根据类别和偏移量的预测和标注值计算损失函数。

练习

- 限于篇幅，实验中忽略了单发多框检测的一些实现细节。你能从以下几个方面进一步改进模型吗？

1. 损失函数

将预测偏移量用到的 L_1 范数损失替换为平滑 L_1 范数损失。它在零点附近使用平方函数从而更加平滑，这是通过一个超参数 σ 来控制平滑区域的：

$$f(x)=\begin{cases}(\sigma x)^2/2, & \text{如果 } |x|<1/\sigma^2\\ |x|-0.5/\sigma^2, & \text{否则}\end{cases}$$

当 σ 很大时该损失类似于 L_1 范数损失。当它较小时，损失函数较平滑。

```
In [22]: sigmas = [10, 1, 0.5]
         lines = ['-', '--', '-.']
         x = nd.arange(-2, 2, 0.1)
         d2l.set_figsize()

         for l, s in zip(lines, sigmas):
             y = nd.smooth_l1(x, scalar=s)
             d2l.plt.plot(x.asnumpy(), y.asnumpy(), l, label='sigma=%.1f' % s)
         d2l.plt.legend();
```

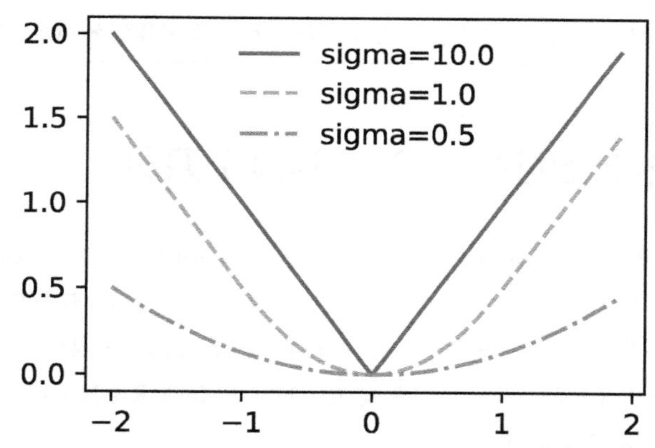

在类别预测时，实验中使用了交叉熵损失：设真实类别 j 的预测概率是 p_j，交叉熵损失为 $-\log p_j$。我们还可以使用焦点损失（focal loss）[34]：给定正的超参数 γ 和 α，该损失的定义为

$$-\alpha(1-p_j)^\gamma \log p_j$$

可以看到，增大 γ 可以有效减小正类预测概率较大时的损失。

```
In [23]: def focal_loss(gamma, x):
             return -(1 - x) ** gamma * x.log()

         x = nd.arange(0.01, 1, 0.01)
         for l, gamma in zip(lines, [0, 1, 5]):
             y = d2l.plt.plot(x.asnumpy(), focal_loss(gamma, x).asnumpy(), l,
                              label='gamma=%.1f' % gamma)
         d2l.plt.legend();
```

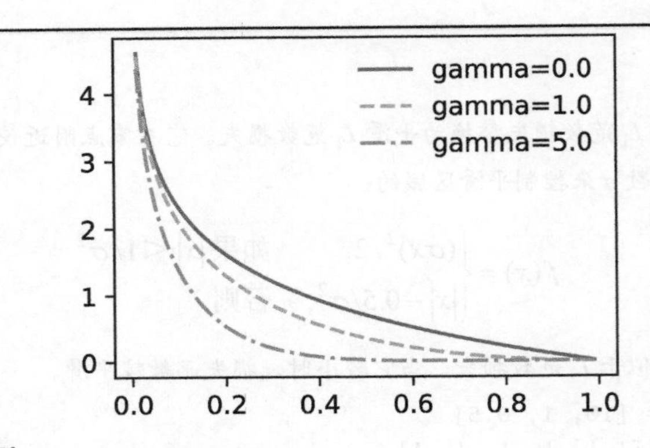

2. 训练和预测

- 当目标在图像中占比较小时，模型通常会采用比较大的输入图像尺寸。
- 为锚框标注类别时，通常会产生大量的负类锚框。可以对负类锚框进行采样，从而使数据类别更加平衡。这个可以通过设置 `MultiBoxTarget` 函数的 `negative_mining_ratio` 参数来完成。
- 在损失函数中为有关锚框类别和有关正类锚框偏移量的损失分别赋予不同的权重超参数。
- 参考单发多框检测论文，还有哪些方法可以评价目标检测模型的精度 [35]？

9.8 区域卷积神经网络（R-CNN）系列

扫码直达讨论区

区域卷积神经网络（region-based CNN 或 regions with CNN features，R-CNN）是将深度模型应用于目标检测的开创性工作之一 [14]。在本节中，我们将介绍 R-CNN 和它的一系列改进方法：快速的 R-CNN（Fast R-CNN）[15]、更快的 R-CNN（Faster R-CNN）[45] 以及掩码 R-CNN（Mask R-CNN）[18]。限于篇幅，这里只介绍这些模型的设计思路。

9.8.1 R-CNN

R-CNN 首先对图像选取若干提议区域（如锚框也是一种选取方法）并标注它们的类别和边界框（如偏移量）。然后，用卷积神经网络对每个提议区域做前向计算抽取特征。之后，我们用每个提议区域的特征预测类别和边界框。图 9-5 描述了 R-CNN 模型。

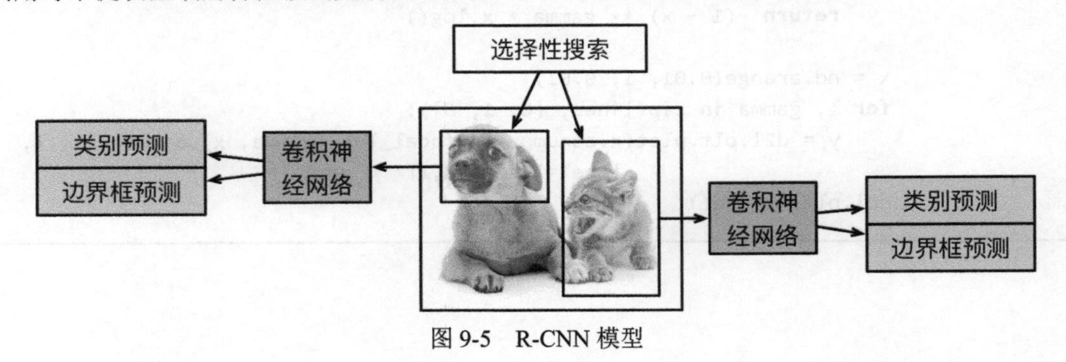

图 9-5　R-CNN 模型

具体来说，R-CNN 主要由以下 4 步构成。

（1）对输入图像使用选择性搜索（selective search）来选取多个高质量的提议区域[57]。这些提议区域通常是在多个尺度下选取的，并具有不同的形状和大小。每个提议区域将被标注类别和真实边界框。

（2）选取一个预训练的卷积神经网络，并将其在输出层之前截断。将每个提议区域变形为网络需要的输入尺寸，并通过前向计算输出抽取的提议区域特征。

（3）将每个提议区域的特征连同其标注的类别作为一个样本，训练多个支持向量机对目标分类。其中每个支持向量机用来判断样本是否属于某一个类别。

（4）将每个提议区域的特征连同其标注的边界框作为一个样本，训练线性回归模型来预测真实边界框。

R-CNN 虽然通过预训练的卷积神经网络有效抽取了图像特征，但它的主要缺点是速度慢。想象一下，我们可能从一张图像中选出上千个提议区域，对该图像做目标检测将导致上千次的卷积神经网络的前向计算。这个巨大的计算量令 R-CNN 难以在实际应用中被广泛采用。

9.8.2 Fast R-CNN

R-CNN 的主要性能瓶颈在于需要对每个提议区域独立抽取特征。由于这些区域通常有大量重叠，独立的特征抽取会导致大量的重复计算。Fast R-CNN 对 R-CNN 的一个主要改进在于只对整个图像做卷积神经网络的前向计算。

图 9-6 描述了 Fast R-CNN 模型。

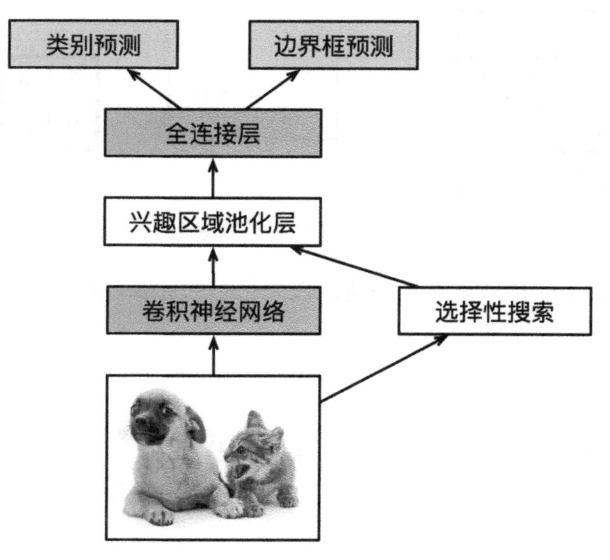

图 9-6 Fast R-CNN 模型

它的主要计算步骤如下。

（1）与 R-CNN 相比，Fast R-CNN 用来提取特征的卷积神经网络的输入是整个图像，而不是各个提议区域。而且，这个网络通常会参与训练，即更新模型参数。设输入为一张图像，将卷积神经网络的输出的形状记为$1 \times c \times h_1 \times w_1$。

（2）假设选择性搜索生成n个提议区域。这些形状各异的提议区域在卷积神经网络的输出上分别标出形状各异的兴趣区域。这些兴趣区域需要抽取出形状相同的特征（假设高和宽均分别指定为h_2和w_2）以便于连结后输出。Fast R-CNN 引入兴趣区域池化（region of interest pooling，RoI 池化）层，将卷积神经网络的输出和提议区域作为输入，输出连结后的各个提议区域标出的兴趣区域所抽取的特征，形状为$n \times c \times h_2 \times w_2$。

（3）通过全连接层将输出形状变换为$n \times d$，其中超参数d取决于模型设计。

（4）预测类别时，将全连接层的输出的形状再变换为$n \times q$并使用 softmax 回归（q为类别个数）。预测边界框时，将全连接层的输出的形状变换为$n \times 4$。也就是说，我们为每个提议区域预测类别和边界框。

Fast R-CNN 中提出的兴趣区域池化层与我们在 5.4 节介绍过的池化层有所不同。在池化层中，我们通过设置池化窗口、填充和步幅来控制输出形状。而兴趣区域池化层对每个区域的输出形状是可以直接指定的，例如，指定每个区域输出的高和宽分别为h_2和w_2。假设某一兴趣区域窗口的高和宽分别为h和w，该窗口将被划分为形状为$h_2 \times w_2$的子窗口网格，且每个子窗口的大小大约为$(h/h_2) \times (w/w_2)$。任一子窗口的高和宽要取整，其中的最大元素作为该子窗口的输出。因此，兴趣区域池化层可从形状各异的兴趣区域中均抽取出形状相同的特征。

图 9-7 中，我们在4×4的输入上选取了左上角的3×3区域作为兴趣区域。对于该兴趣区域，我们通过2×2兴趣区域池化层得到一个2×2的输出。4 个划分后的子窗口分别含有元素 0、1、4、5（5 最大），2、6（6 最大），8、9（9 最大），10。

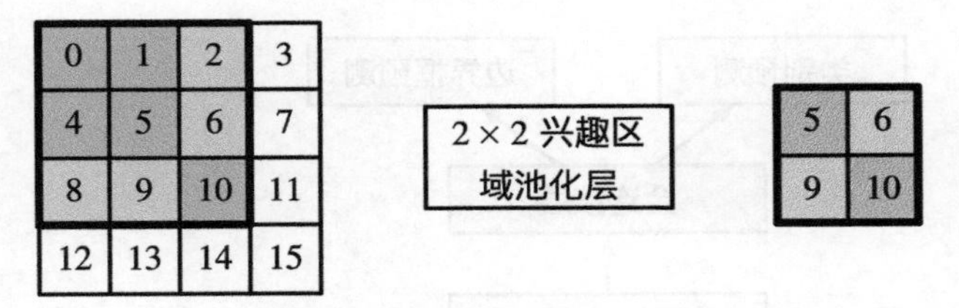

图 9-7　2 × 2 兴趣区域池化层

我们使用 ROIPooling 函数来演示兴趣区域池化层的计算。假设卷积神经网络抽取的特征 X 的高和宽均为 4 且只有单通道。

```
In [1]: from mxnet import nd

        X = nd.arange(16).reshape((1, 1, 4, 4))
        X

Out[1]:
        [[[[ 0.  1.  2.  3.]
           [ 4.  5.  6.  7.]
           [ 8.  9. 10. 11.]
           [12. 13. 14. 15.]]]]
        <NDArray 1x1x4x4 @cpu(0)>
```

假设图像的高和宽均为 40 像素。再假设选择性搜索在图像上生成了两个提议区域：每个区域由 5 个元素表示，分别为区域目标类别、左上角的 x 和 y 轴坐标以及右下角的 x 和 y 轴坐标。

```
In [2]: rois = nd.array([[0, 0, 0, 20, 20], [0, 0, 10, 30, 30]])
```

由于 `X` 的高和宽是图像的高和宽的 1/10，以上两个提议区域中的坐标先按 `spatial_scale` 自乘 0.1，然后在 `X` 上分别标出兴趣区域 `X[:,:,0:3,0:3]` 和 `X[:,:,1:4,0:4]`。最后对这两个兴趣区域分别划分子窗口网格并抽取高和宽为 2 的特征。

```
In [3]: nd.ROIPooling(X, rois, pooled_size=(2, 2), spatial_scale=0.1)

Out[3]:
         [[[[ 5.  6.]
            [ 9. 10.]]]


          [[[ 9. 11.]
            [13. 15.]]]]
         <NDArray 2x1x2x2 @cpu(0)>
```

9.8.3 Faster R-CNN

Fast R-CNN 通常需要在选择性搜索中生成较多的提议区域，以获得较精确的目标检测结果。Faster R-CNN 提出将选择性搜索替换成区域提议网络（region proposal network），从而减少提议区域的生成数量，并保证目标检测的精度。

图 9-8 描述了 Faster R-CNN 模型。与 Fast R-CNN 相比，只有生成提议区域的方法从选择性搜索变成了区域提议网络，而其他部分均保持不变。具体来说，区域提议网络的计算步骤如下。

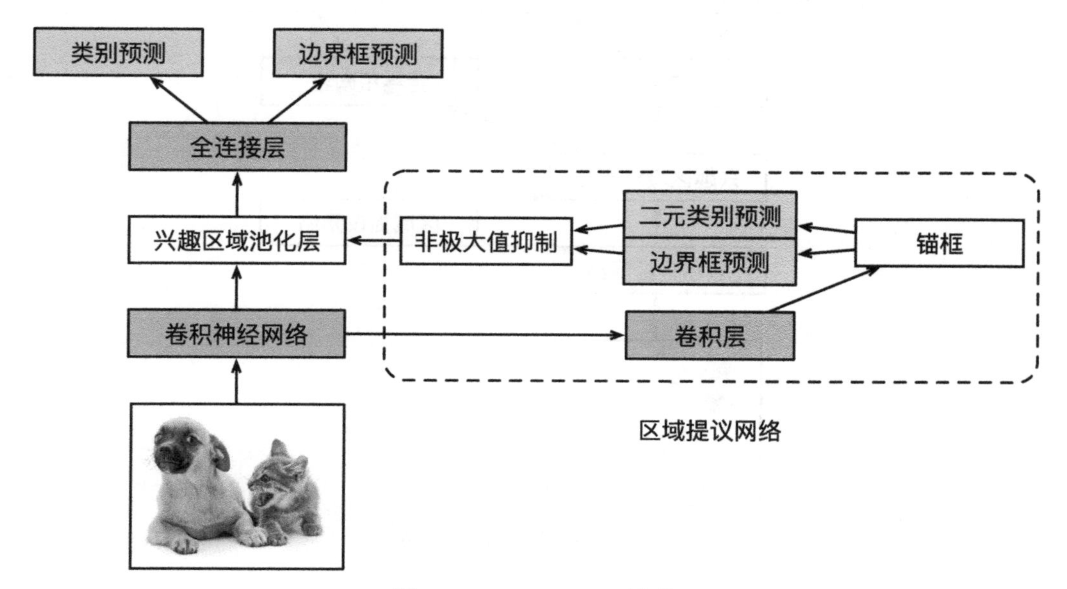

图 9-8 Faster R-CNN 模型

（1）使用填充为 1 的 3×3 卷积层变换卷积神经网络的输出，并将输出通道数记为 c。这样，卷积神经网络为图像抽取的特征图中的每个单元均得到一个长度为 c 的新特征。

（2）以特征图每个单元为中心，生成多个不同大小和宽高比的锚框并标注它们。

（3）用锚框中心单元长度为 c 的特征分别预测该锚框的二元类别（含目标还是背景）和边界框。

（4）使用非极大值抑制，从预测类别为目标的预测边界框中移除相似的结果。最终输出的预测边界框即兴趣区域池化层所需要的提议区域。

值得一提的是，区域提议网络作为 Faster R-CNN 的一部分，是和整个模型一起训练得到的。也就是说，Faster R-CNN 的目标函数既包括目标检测中的类别和边界框预测，又包括区域提议网络中锚框的二元类别和边界框预测。最终，区域提议网络能够学习到如何生成高质量的提议区域，从而在减少提议区域数量的情况下也能保证目标检测的精度。

9.8.4　Mask R-CNN

如果训练数据还标注了每个目标在图像上的像素级位置，那么 Mask R-CNN 能有效利用这些详尽的标注信息进一步提升目标检测的精度。

如图 9-9 所示，Mask R-CNN 在 Faster R-CNN 的基础上做了修改。Mask R-CNN 将兴趣区域池化层替换成了兴趣区域对齐层，即通过双线性插值（bilinear interpolation）来保留特征图上的空间信息，从而更适于像素级预测。兴趣区域对齐层的输出包含了所有兴趣区域的形状相同的特征图。它们既用来预测兴趣区域的类别和边界框，又通过额外的全卷积网络预测目标的像素级位置。我们将在 9.10 节介绍如何使用全卷积网络预测图像中像素级的语义。

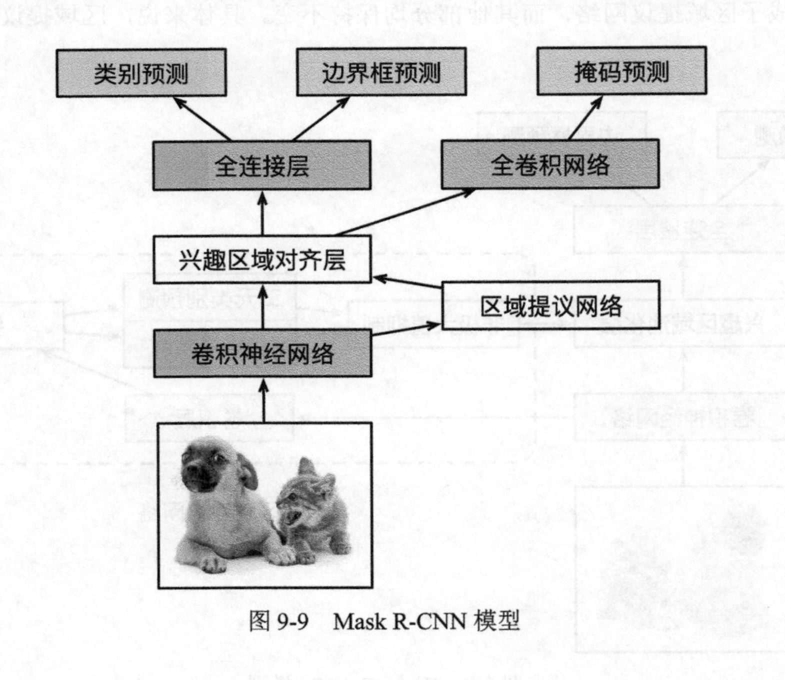

图 9-9　Mask R-CNN 模型

小结

- R-CNN 对图像选取若干提议区域，然后用卷积神经网络对每个提议区域做前向计算抽取特征，再用这些特征预测提议区域的类别和边界框。
- Fast R-CNN 对 R-CNN 的一个主要改进在于只对整个图像做卷积神经网络的前向计算。它引入了兴趣区域池化层，从而令兴趣区域能够抽取出形状相同的特征。
- Faster R-CNN 将 Fast R-CNN 中的选择性搜索替换成区域提议网络，从而减少提议区域的生成数量，并保证目标检测的精度。
- Mask R-CNN 在 Faster R-CNN 基础上引入一个全卷积网络，从而借助目标的像素级位置进一步提升目标检测的精度。

练习

了解 GluonCV 工具包中有关本节中各个模型的实现。[①]

9.9 语义分割和数据集

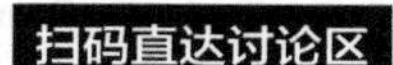

在前几节讨论的目标检测问题中，我们一直使用方形边界框来标注和预测图像中的目标。本节将探讨语义分割（semantic segmentation）问题，它关注如何将图像分割成属于不同语义类别的区域。值得一提的是，这些语义区域的标注和预测都是像素级的。图 9-10 展示了语义分割中图像有关狗、猫和背景的标签。可以看到，与目标检测相比，语义分割标注的像素级的边框显然更加精细。

图 9-10 语义分割中图像有关狗、猫和背景的标签

9.9.1 图像分割和实例分割

计算机视觉领域还有 2 个与语义分割相似的重要问题，即图像分割（image segmentation）和实例分割（instance segmentation）。我们在这里将它们与语义分割简单区分一下。

① GluonCV工具包参见https://gluon-cv.mxnet.io/。

- 图像分割将图像分割成若干组成区域。这类问题的方法通常利用图像中像素之间的相关性。它在训练时不需要有关图像像素的标签信息，在预测时也无法保证分割出的区域具有我们希望得到的语义。以图 9-10 的图像为输入，图像分割可能将狗分割成两个区域：一个覆盖以黑色为主的嘴巴和眼睛，而另一个覆盖以黄色为主的其余部分身体。
- 实例分割又叫同时检测并分割（simultaneous detection and segmentation）。它研究如何识别图像中各个目标实例的像素级区域。与语义分割有所不同，实例分割不仅需要区分语义，还要区分不同的目标实例。如果图像中有两只狗，实例分割需要区分像素属于这两只狗中的哪一只。

9.9.2 Pascal VOC2012语义分割数据集

语义分割的一个重要数据集叫作 Pascal VOC2012 数据集。为了更好地了解这个数据集，我们先导入实验所需的包或模块。

```
In [1]: %matplotlib inline
        import d2lzh as d2l
        from mxnet import gluon, image, nd
        from mxnet.gluon import data as gdata, utils as gutils
        import os
        import sys
        import tarfile
```

我们下载这个数据集的压缩包到 `../data` 路径下。压缩包大小是 2 GB 左右，下载需要一定时间。解压之后的数据集将会放置在 `../data/VOCdevkit/VOC2012` 路径下。

```
In [2]: # 本函数已保存在d2lzh包中方便以后使用
        def download_voc_pascal(data_dir='../data'):
            voc_dir = os.path.join(data_dir, 'VOCdevkit/VOC2012')
            url = ('http://host.robots.ox.ac.uk/pascal/VOC/voc2012'
                   '/VOCtrainval_11-May-2012.tar')
            sha1 = '4e443f8a2eca6b1dac8a6c57641b67dd40621a49'
            fname = gutils.download(url, data_dir, sha1_hash=sha1)
            with tarfile.open(fname, 'r') as f:
                f.extractall(data_dir)
            return voc_dir

        voc_dir = download_voc_pascal()
```

进入 `../data/VOCdevkit/VOC2012` 路径后，我们可以获取数据集的不同组成部分。其中 `ImageSets/Segmentation` 路径包含了指定训练和测试样本的文本文件，而 `JPEGImages` 和 `SegmentationClass` 路径下分别包含了样本的输入图像和标签。这里的标签也是图像格式，其尺寸和它所标注的输入图像的尺寸相同。标签中颜色相同的像素属于同一个语义类别。下面定义 `read_voc_images` 函数将输入图像和标签全部读进内存。

```
In [3]: # 本函数已保存在d2lzh包中方便以后使用
        def read_voc_images(root=voc_dir, is_train=True):
            txt_fname = '%s/ImageSets/Segmentation/%s' % (
                root, 'train.txt' if is_train else 'val.txt')
            with open(txt_fname, 'r') as f:
                images = f.read().split()
            features, labels = [None] * len(images), [None] * len(images)
            for i, fname in enumerate(images):
                features[i] = image.imread('%s/JPEGImages/%s.jpg' % (root, fname))
                labels[i] = image.imread(
                    '%s/SegmentationClass/%s.png' % (root, fname))
            return features, labels

        train_features, train_labels = read_voc_images()
```

我们画出前 5 张输入图像和它们的标签。在标签图像中，白色和黑色分别代表边框和背景，而其他不同的颜色则对应不同的类别（另见彩插图 18）。

```
In [4]: n = 5
        imgs = train_features[0:n] + train_labels[0:n]
        d2l.show_images(imgs, 2, n);
```

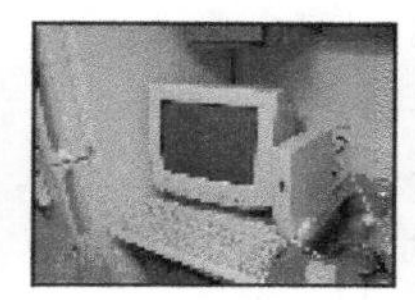
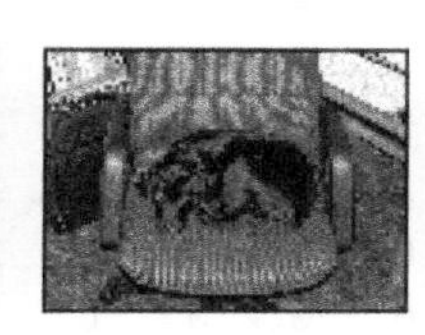

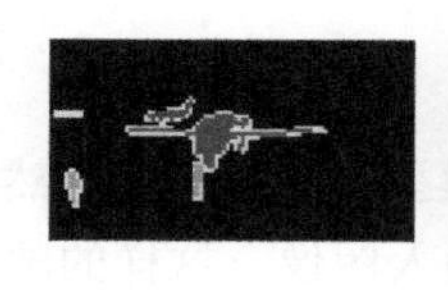
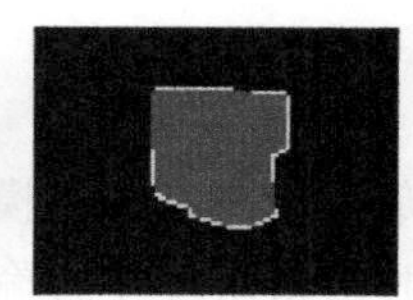
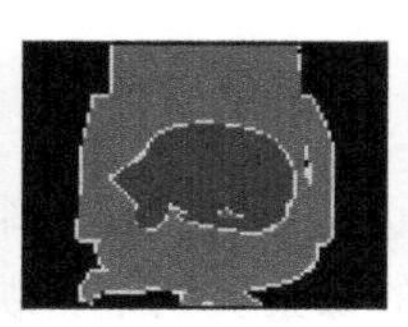
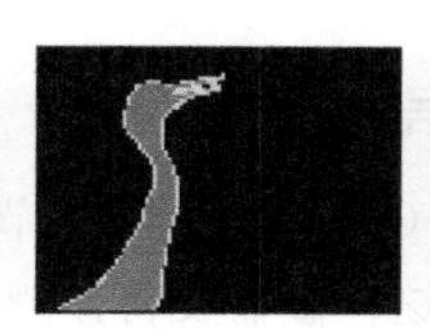
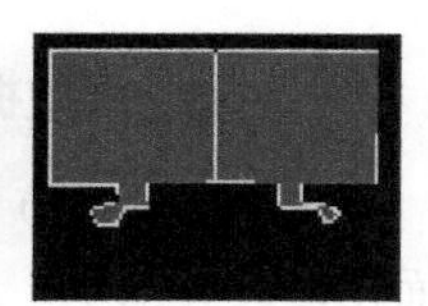

接下来，我们列出标签中每个 RGB 颜色的值及其标注的类别。

```
In [5]: # 该常量已保存在d2lzh包中方便以后使用
        VOC_COLORMAP = [[0, 0, 0], [128, 0, 0], [0, 128, 0], [128, 128, 0],
                        [0, 0, 128], [128, 0, 128], [0, 128, 128], [128, 128, 128],
                        [64, 0, 0], [192, 0, 0], [64, 128, 0], [192, 128, 0],
                        [64, 0, 128], [192, 0, 128], [64, 128, 128], [192, 128, 128],
                        [0, 64, 0], [128, 64, 0], [0, 192, 0], [128, 192, 0],
                        [0, 64, 128]]
        # 该常量已保存在d2lzh包中方便以后使用
        VOC_CLASSES = ['background', 'aeroplane', 'bicycle', 'bird', 'boat',
                       'bottle', 'bus', 'car', 'cat', 'chair', 'cow',
                       'diningtable', 'dog', 'horse', 'motorbike', 'person',
                       'potted plant', 'sheep', 'sofa', 'train', 'tv/monitor']
```

有了上面定义的两个常量以后，我们可以很容易地查找标签中每个像素的类别索引。

```
In [6]: colormap2label = nd.zeros(256 ** 3)
        for i, colormap in enumerate(VOC_COLORMAP):
            colormap2label[(colormap[0] * 256 + colormap[1]) * 256 + colormap[2]] = i

        # 本函数已保存在d2lzh包中方便以后使用
        def voc_label_indices(colormap, colormap2label):
            colormap = colormap.astype('int32')
            idx = ((colormap[:, :, 0] * 256 + colormap[:, :, 1]) * 256
                   + colormap[:, :, 2])
            return colormap2label[idx]
```

例如，第一张样本图像中飞机头部区域的类别索引为1，而背景全是0。

```
In [7]: y = voc_label_indices(train_labels[0], colormap2label)
        y[105:115, 130:140], VOC_CLASSES[1]

Out[7]: (
         [[0.  0.  0.  0.  0.  0.  0.  0.  0.  1.]
          [0.  0.  0.  0.  0.  0.  0.  1.  1.  1.]
          [0.  0.  0.  0.  0.  0.  1.  1.  1.  1.]
          [0.  0.  0.  0.  0.  1.  1.  1.  1.  1.]
          [0.  0.  0.  0.  0.  1.  1.  1.  1.  1.]
          [0.  0.  0.  0.  1.  1.  1.  1.  1.  1.]
          [0.  0.  0.  0.  1.  1.  1.  1.  1.  1.]
          [0.  0.  0.  0.  1.  1.  1.  1.  1.  1.]
          [0.  0.  0.  0.  0.  1.  1.  1.  1.  1.]
          [0.  0.  0.  0.  0.  0.  0.  0.  1.  1.]]
         <NDArray 10x10 @cpu(0)>, 'aeroplane')
```

1. 预处理数据

在之前的章节（如 5.6 节至 5.9 节）中，我们通过缩放图像使其符合模型的输入形状。然而在语义分割里，这样做需要将预测的像素类别重新映射回原始尺寸的输入图像。这样的映射难以做到精确，尤其在不同语义的分割区域。为了避免这个问题，我们将图像裁剪成固定尺寸而不是缩放。具体来说，我们使用图像增广里的随机裁剪，并对输入图像和标签裁剪相同区域（另见彩插图 19）。

```
In [8]: # 本函数已保存在d2lzh包中方便以后使用
        def voc_rand_crop(feature, label, height, width):
            feature, rect = image.random_crop(feature, (width, height))
            label = image.fixed_crop(label, *rect)
            return feature, label

        imgs = []
        for _ in range(n):
            imgs += voc_rand_crop(train_features[0], train_labels[0], 200, 300)
        d2l.show_images(imgs[::2] + imgs[1::2], 2, n);
```

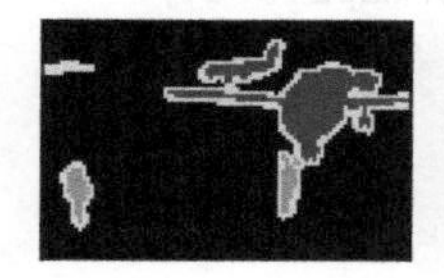
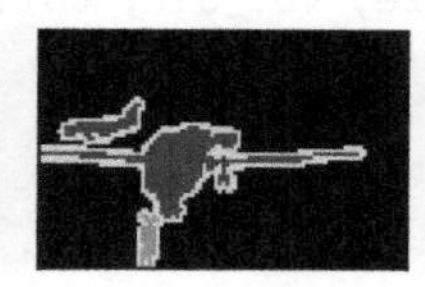
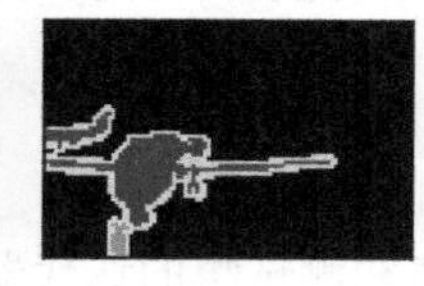
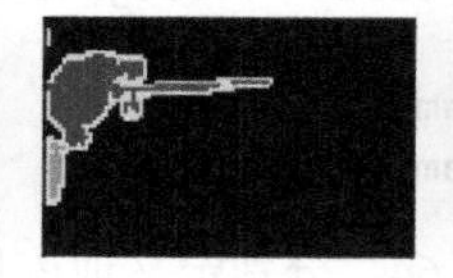

2. 自定义语义分割数据集类

我们通过继承 Gluon 提供的 `Dataset` 类自定义了一个语义分割数据集类 `VOCSegDataset`。通过实现 `__getitem__` 函数，我们可以任意访问数据集中索引为 `idx` 的输入图像及其每个像素的类别索引。由于数据集中有些图像的尺寸可能小于随机裁剪所指定的输出尺寸，这些样本需要通过自定义的 `filter` 函数所移除。此外，我们还定义了 `normalize_image` 函数，从而对输入图像的 RGB 三个通道的值分别做标准化。

```
In [9]: # 本类已保存在d2lzh包中方便以后使用
        class VOCSegDataset(gdata.Dataset):
            def __init__(self, is_train, crop_size, voc_dir, colormap2label):
                self.rgb_mean = nd.array([0.485, 0.456, 0.406])
                self.rgb_std = nd.array([0.229, 0.224, 0.225])
                self.crop_size = crop_size
                features, labels = read_voc_images(root=voc_dir, is_train=is_train)
                self.features = [self.normalize_image(feature)
                                 for feature in self.filter(features)]
                self.labels = self.filter(labels)
                self.colormap2label = colormap2label
                print('read ' + str(len(self.features)) + ' examples')

            def normalize_image(self, img):
                return (img.astype('float32') / 255 - self.rgb_mean) / self.rgb_std

            def filter(self, imgs):
                return [img for img in imgs if (
                    img.shape[0] >= self.crop_size[0] and
                    img.shape[1] >= self.crop_size[1])]

            def __getitem__(self, idx):
                feature, label = voc_rand_crop(self.features[idx], self.labels[idx],
                                               *self.crop_size)
                return (feature.transpose((2, 0, 1)),
                        voc_label_indices(label, self.colormap2label))

            def __len__(self):
                return len(self.features)
```

3. 读取数据集

我们通过自定义的 VOCSegDataset 类来分别创建训练集和测试集的实例。假设我们指定随机裁剪的输出图像的形状为 320 × 480。下面我们可以查看训练集和测试集所保留的样本个数。

```
In [10]: crop_size = (320, 480)
         voc_train = VOCSegDataset(True, crop_size, voc_dir, colormap2label)
         voc_test = VOCSegDataset(False, crop_size, voc_dir, colormap2label)

read 1114 examples
read 1078 examples
```

设批量大小为 64，分别定义训练集和测试集的迭代器。

```
In [11]: batch_size = 64
         num_workers = 0 if sys.platform.startswith('win32') else 4
         train_iter = gdata.DataLoader(voc_train, batch_size, shuffle=True,
                                       last_batch='discard', num_workers=num_workers)
         test_iter = gdata.DataLoader(voc_test, batch_size, last_batch='discard',
                                      num_workers=num_workers)
```

打印第一个小批量的形状。不同于图像分类和目标识别，这里的标签是一个三维数组。

```
In [12]: for X, Y in train_iter:
             print(X.shape)
             print(Y.shape)
             break

(64, 3, 320, 480)
(64, 320, 480)
```

小结

- 语义分割关注如何将图像分割成属于不同语义类别的区域。
- 语义分割的一个重要数据集叫作 Pascal VOC2012。
- 由于语义分割的输入图像和标签在像素上一一对应，所以将图像随机裁剪成固定尺寸而不是缩放。

练习

回忆 9.1 节中的内容。哪些在图像分类中使用的图像增广方法难以用于语义分割？

9.10 全卷积网络（FCN）

9.9 节介绍了，我们可以基于语义分割对图像中的每个像素进行类别预测。全卷积网络（fully convolutional network，FCN）采用卷积神经网络实现了从图像像素到像素类别的变换 [36]。与之前介绍的卷积神经网络有所不同，全卷积网络通过转置卷积（transposed convolution）层将中间层特征图的高和宽变换回输入图像的尺寸，从而令预测结果与输入图像在空间维（高和宽）上一一对应：给定空间维上的位置，通道维的输出即该位置对应像素的类别预测。

我们先导入实验所需的包或模块，然后解释什么是转置卷积层。

```
In [1]: %matplotlib inline
        import d2lzh as d2l
        from mxnet import gluon, image, init, nd
        from mxnet.gluon import data as gdata, loss as gloss, model_zoo, nn
        import numpy as np
        import sys
```

9.10.1 转置卷积层

顾名思义，转置卷积层得名于矩阵的转置操作。事实上，卷积运算还可以通过矩阵乘法来实现。在下面的例子中，我们定义高和宽分别为 4 的输入 X，以及高和宽分别为 3 的卷积核 K。打印二维卷积运算的输出以及卷积核。可以看到，输出的高和宽分别为 2。

```
In [2]: X = nd.arange(1, 17).reshape((1, 1, 4, 4))
        K = nd.arange(1, 10).reshape((1, 1, 3, 3))
        conv = nn.Conv2D(channels=1, kernel_size=3)
        conv.initialize(init.Constant(K))
        conv(X), K

Out[2]: (
         [[[[348. 393.]
            [528. 573.]]]]
         <NDArray 1x1x2x2 @cpu(0)>,
         [[[[1. 2. 3.]
            [4. 5. 6.]
            [7. 8. 9.]]]]
         <NDArray 1x1x3x3 @cpu(0)>)
```

下面我们将卷积核 K 改写成含有大量零元素的稀疏矩阵 W，即权重矩阵。权重矩阵的形状为 (4, 16)，其中的非零元素来自卷积核 K 中的元素。将输入 X 逐行连结，得到长度为 16 的向量。然后将 W 与向量化的 X 做矩阵乘法，得到长度为 4 的向量。对其变形后，我们可以得到和上面卷积运算相同的结果。可见，我们在这个例子中使用矩阵乘法实现了卷积运算。

```
In [3]: W, k = nd.zeros((4, 16)), nd.zeros(11)
        k[:3], k[4:7], k[8:] = K[0, 0, 0, :], K[0, 0, 1, :], K[0, 0, 2, :]
        W[0, 0:11], W[1, 1:12], W[2, 4:15], W[3, 5:16] = k, k, k, k
        nd.dot(W, X.reshape(16)).reshape((1, 1, 2, 2)), W

Out[3]: (
         [[[[348. 393.]
            [528. 573.]]]]
         <NDArray 1x1x2x2 @cpu(0)>,
         [[1. 2. 3. 0. 4. 5. 6. 0. 7. 8. 9. 0. 0. 0. 0. 0.]
          [0. 1. 2. 3. 0. 4. 5. 6. 0. 7. 8. 9. 0. 0. 0. 0.]
```

```
 [0. 0. 0. 0. 1. 2. 3. 0. 4. 5. 6. 0. 7. 8. 9. 0.]
 [0. 0. 0. 0. 0. 1. 2. 3. 0. 4. 5. 6. 0. 7. 8. 9.]]
<NDArray 4x16 @cpu(0)>)
```

现在我们从矩阵乘法的角度来描述卷积运算。设输入向量为 $\boldsymbol{x}$，权重矩阵为 $\boldsymbol{W}$，卷积的前向计算函数的实现可以看作将函数输入乘以权重矩阵，并输出向量 $\boldsymbol{y}=\boldsymbol{W}\boldsymbol{x}$。我们知道，反向传播需要依据链式法则。由于 $\nabla_{\boldsymbol{x}}\boldsymbol{y}=\boldsymbol{W}^\top$，卷积的反向传播函数的实现可以看作将函数输入乘以转置后的权重矩阵 $\boldsymbol{W}^\top$。而转置卷积层正好交换了卷积层的前向计算函数与反向传播函数：这两个函数可以看作将函数输入向量分别乘以 $\boldsymbol{W}^\top$ 和 $\boldsymbol{W}$。

不难想象，转置卷积层可以用来交换卷积层输入和输出的形状。让我们继续用矩阵乘法描述卷积。设权重矩阵是形状为 4×16 的矩阵，对于长度为 16 的输入向量，卷积前向计算输出长度为 4 的向量。假如输入向量的长度为 4，转置权重矩阵的形状为 16×4，那么转置卷积层将输出长度为 16 的向量。在模型设计中，转置卷积层常用于将较小的特征图变换为更大的特征图。在全卷积网络中，当输入是高和宽较小的特征图时，转置卷积层可以用来将高和宽放大到输入图像的尺寸。

我们来看一个例子。构造一个卷积层 conv，并设输入 X 的形状为 (1, 3, 64, 64)。卷积输出 Y 的通道数增加到 10，但高和宽分别缩小了一半。

```
In [4]: conv = nn.Conv2D(10, kernel_size=4, padding=1, strides=2)
        conv.initialize()

        X = nd.random.uniform(shape=(1, 3, 64, 64))
        Y = conv(X)
        Y.shape

Out[4]: (1, 10, 32, 32)
```

下面我们通过创建 Conv2DTranspose 实例来构造转置卷积层 conv_trans。这里我们设 conv_trans 的卷积核形状、填充以及步幅与 conv 中的相同，并设输出通道数为 3。当输入为卷积层 conv 的输出 Y 时，转置卷积层输出与卷积层输入的高和宽相同：转置卷积层将特征图的高和宽分别放大了 2 倍。

```
In [5]: conv_trans = nn.Conv2DTranspose(3, kernel_size=4, padding=1, strides=2)
        conv_trans.initialize()
        conv_trans(Y).shape

Out[5]: (1, 3, 64, 64)
```

在有些文献中，转置卷积也被称为分数步长卷积（fractionally-strided convolution）[12]。

9.10.2　构造模型

我们在这里给出全卷积网络模型最基本的设计。如图 9-11 所示，全卷积网络先使用卷积神经网络抽取图像特征，然后通过 1×1 卷积层将通道数变换为类别个数，最后通过转置卷积层将特征图的高和宽变换为输入图像的尺寸。模型输出与输入图像的高和宽相同，并在空间位置上一一对应：最终输出的通道包含了该空间位置像素的类别预测。

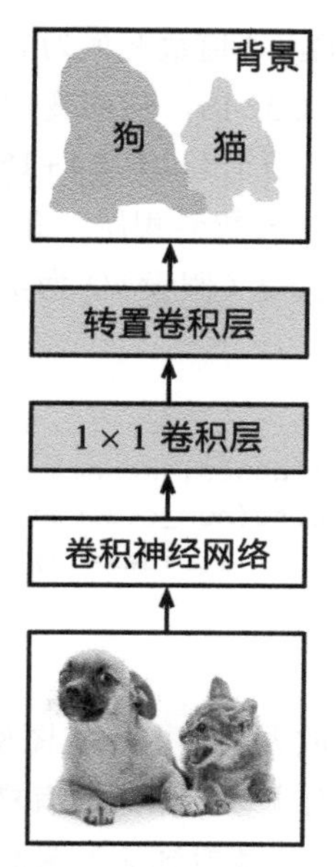

图 9-11 全卷积网络

下面我们使用一个基于 ImageNet 数据集预训练的 ResNet-18 模型来抽取图像特征，并将该网络实例记为 pretrained_net。可以看到，该模型成员变量 features 的最后两层分别是全局最大池化层 GlobalAvgPool2D 和样本变平层 Flatten，而 output 模块包含了输出用的全连接层。全卷积网络不需要使用这些层。

```
In [6]: pretrained_net = model_zoo.vision.resnet18_v2(pretrained=True)
        pretrained_net.features[-4:], pretrained_net.output

Out[6]: (HybridSequential(
           (0): BatchNorm(axis=1, eps=1e-05, momentum=0.9, fix_gamma=False,
  ↪  use_global_stats=False, in_channels=512)
           (1): Activation(relu)
           (2): GlobalAvgPool2D(size=(1, 1), stride=(1, 1), padding=(0, 0),
  ↪  ceil_mode=True)
           (3): Flatten
         ), Dense(512 -> 1000, linear))
```

下面我们创建全卷积网络实例 net。它复制了 pretrained_net 实例的成员变量 features 里除去最后两层的所有层以及预训练得到的模型参数。

```
In [7]: net = nn.HybridSequential()
        for layer in pretrained_net.features[:-2]:
            net.add(layer)
```

给定高和宽分别为 320 和 480 的输入，net 的前向计算将输入的高和宽减小至原来的 1/32，即 10 和 15。

```
In [8]: X = nd.random.uniform(shape=(1, 3, 320, 480))
        net(X).shape

Out[8]: (1, 512, 10, 15)
```

接下来，我们通过 1×1 卷积层将输出通道数变换为 Pascal VOC2012 数据集的类别个数 21。最后，我们需要将特征图的高和宽放大 32 倍，从而变回输入图像的高和宽。回忆一下 5.2 节中描述的卷积层输出形状的计算方法。由于 $(320-64+16\times2+32)/32=10$ 且 $(480-64+16\times2+32)/32=15$，我们构造一个步幅为 32 的转置卷积层，并将卷积核的高和宽设为 64、填充设为 16。不难发现，如果步幅为 s、填充为 $s/2$（假设 $s/2$ 为整数）、卷积核的高和宽为 $2s$，转置卷积核将输入的高和宽分别放大 s 倍。

```
In [9]: num_classes = 21
        net.add(nn.Conv2D(num_classes, kernel_size=1),
                nn.Conv2DTranspose(num_classes, kernel_size=64, padding=16,
                                   strides=32))
```

9.10.3　初始化转置卷积层

我们已经知道，转置卷积层可以放大特征图。在图像处理中，我们有时需要将图像放大，即上采样（upsample）。上采样的方法有很多，常用的有双线性插值。简单来说，为了得到输出图像在坐标 (x, y) 上的像素，先将该坐标映射到输入图像的坐标 (x', y')，例如，根据输入与输出的尺寸之比来映射。映射后的 x' 和 y' 通常是实数。然后，在输入图像上找到与坐标 (x', y') 最近的 4 像素。最后，输出图像在坐标 (x, y) 上的像素依据输入图像上这 4 像素及其与 (x', y') 的相对距离来计算。双线性插值的上采样可以通过由以下 `bilinear_kernel` 函数构造的卷积核的转置卷积层来实现。限于篇幅，我们只给出 `bilinear_kernel` 函数的实现，不再讨论算法的原理。

```
In [10]: def bilinear_kernel(in_channels, out_channels, kernel_size):
             factor = (kernel_size + 1) // 2
             if kernel_size % 2 == 1:
                 center = factor - 1
             else:
                 center = factor - 0.5
             og = np.ogrid[:kernel_size, :kernel_size]
             filt = (1 - abs(og[0] - center) / factor) * \
                    (1 - abs(og[1] - center) / factor)
             weight = np.zeros((in_channels, out_channels, kernel_size, kernel_size),
                               dtype='float32')
             weight[range(in_channels), range(out_channels), :, :] = filt
             return nd.array(weight)
```

我们来实验一下用转置卷积层实现的双线性插值的上采样。构造一个将输入的高和宽放大 2 倍的转置卷积层，并将其卷积核用 `bilinear_kernel` 函数初始化。

```
In [11]: conv_trans = nn.Conv2DTranspose(3, kernel_size=4, padding=1, strides=2)
         conv_trans.initialize(init.Constant(bilinear_kernel(3, 3, 4)))
```

读取图像 `X`，将上采样的结果记作 `Y`。为了打印图像，我们需要调整通道维的位置。

```
In [12]: img = image.imread('../img/catdog.jpg')
         X = img.astype('float32').transpose((2, 0, 1)).expand_dims(axis=0) / 255
         Y = conv_trans(X)
         out_img = Y[0].transpose((1, 2, 0))
```

可以看到，转置卷积层将图像的高和宽分别放大 2 倍。值得一提的是，除了坐标刻度不同，双线性插值放大的图像和 9.3 节中打印出的原图看上去没什么两样。

```
In [13]: d2l.set_figsize()
         print('input image shape:', img.shape)
         d2l.plt.imshow(img.asnumpy());
         print('output image shape:', out_img.shape)
         d2l.plt.imshow(out_img.asnumpy());
```

```
input image shape: (561, 728, 3)
output image shape: (1122, 1456, 3)
```

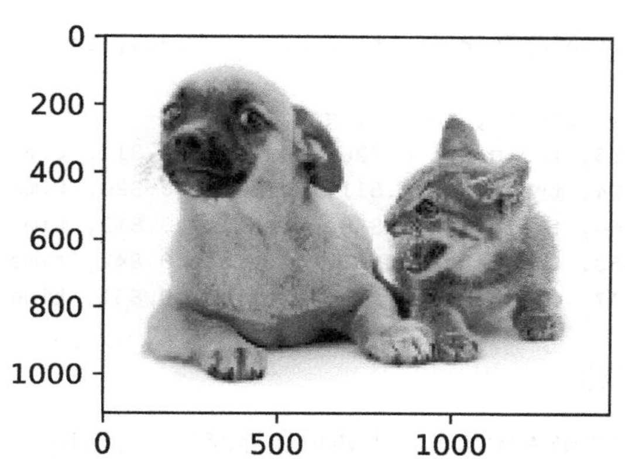

在全卷积网络中，我们将转置卷积层初始化为双线性插值的上采样。对于 1 × 1 卷积层，我们采用 Xavier 随机初始化。

```
In [14]: net[-1].initialize(init.Constant(bilinear_kernel(num_classes, num_classes,
                                                          64)))
         net[-2].initialize(init=init.Xavier())
```

9.10.4 读取数据集

我们用 9.9 节介绍的方法读取数据集。这里指定随机裁剪的输出图像的形状为 320 × 480：高和宽都可以被 32 整除。

```
In [15]: crop_size, batch_size, colormap2label = (320, 480), 32, nd.zeros(256**3)
         for i, cm in enumerate(d2l.VOC_COLORMAP):
             colormap2label[(cm[0] * 256 + cm[1]) * 256 + cm[2]] = i
         voc_dir = d2l.download_voc_pascal(data_dir='../data')

         num_workers = 0 if sys.platform.startswith('win32') else 4
         train_iter = gdata.DataLoader(
             d2l.VOCSegDataset(True, crop_size, voc_dir, colormap2label), batch_size,
             shuffle=True, last_batch='discard', num_workers=num_workers)
         test_iter = gdata.DataLoader(
             d2l.VOCSegDataset(False, crop_size, voc_dir, colormap2label), batch_size,
             last_batch='discard', num_workers=num_workers)
```

```
read 1114 examples
read 1078 examples
```

9.10.5　训练模型

现在可以开始训练模型了。这里的损失函数和准确率计算与图像分类中的并没有本质上的不同。因为我们使用转置卷积层的通道来预测像素的类别，所以在 SoftmaxCrossEntropyLoss 里指定了 axis=1（通道维）选项。此外，模型基于每个像素的预测类别是否正确来计算准确率。

```
In [16]: ctx = d2l.try_all_gpus()
         loss = gloss.SoftmaxCrossEntropyLoss(axis=1)
         net.collect_params().reset_ctx(ctx)
         trainer = gluon.Trainer(net.collect_params(), 'sgd', {'learning_rate': 0.1,
                                                               'wd': 1e-3})

         d2l.train(train_iter, test_iter, net, loss, trainer, ctx, num_epochs=5)

training on [gpu(0), gpu(1), gpu(2), gpu(3)]
epoch 1, loss 1.3306, train acc 0.726, test acc 0.811, time 17.5 sec
epoch 2, loss 0.6524, train acc 0.811, test acc 0.820, time 16.6 sec
epoch 3, loss 0.5364, train acc 0.838, test acc 0.812, time 16.3 sec
epoch 4, loss 0.4650, train acc 0.856, test acc 0.842, time 16.5 sec
epoch 5, loss 0.4017, train acc 0.872, test acc 0.851, time 16.3 sec
```

9.10.6　预测像素类别

在预测时，我们需要将输入图像在各个通道做标准化，并转成卷积神经网络所需要的四维输入格式。

```
In [17]: def predict(img):
             X = test_iter._dataset.normalize_image(img)
             X = X.transpose((2, 0, 1)).expand_dims(axis=0)
             pred = nd.argmax(net(X.as_in_context(ctx[0])), axis=1)
             return pred.reshape((pred.shape[1], pred.shape[2]))
```

为了可视化每个像素的预测类别，我们将预测类别映射回它们在数据集中的标注颜色。

```
In [18]: def label2image(pred):
             colormap = nd.array(d2l.VOC_COLORMAP, ctx=ctx[0], dtype='uint8')
             X = pred.astype('int32')
             return colormap[X, :]
```

测试数据集中的图像大小和形状各异。由于模型使用了步幅为 32 的转置卷积层，当输入图像的高或宽无法被 32 整除时，转置卷积层输出的高或宽会与输入图像的尺寸有偏差。为了解决这个问题，我们可以在图像中截取多块高和宽为 32 的整数倍的矩形区域，并分别对这些区域中的像素做前向计算。这些区域的并集需要完整覆盖输入图像。当一个像素被多个区域所覆盖时，它在不同区域前向计算中转置卷积层输出的平均值可以作为 softmax 运算的输入，从而预测类别。

简单起见，我们只读取几张较大的测试图像，并从图像的左上角开始截取形状为 320×480 的区域：只有该区域用于预测。对于输入图像，我们先打印截取的区域，再打印预测结果，最后打印标注的类别（另见彩插图 20）。

```
In [19]: test_images, test_labels = d2l.read_voc_images(is_train=False)
         n, imgs = 4, []
         for i in range(n):
             crop_rect = (0, 0, 480, 320)
             X = image.fixed_crop(test_images[i], *crop_rect)
             pred = label2image(predict(X))
             imgs += [X, pred, image.fixed_crop(test_labels[i], *crop_rect)]
         d2l.show_images(imgs[::3] + imgs[1::3] + imgs[2::3], 3, n);
```

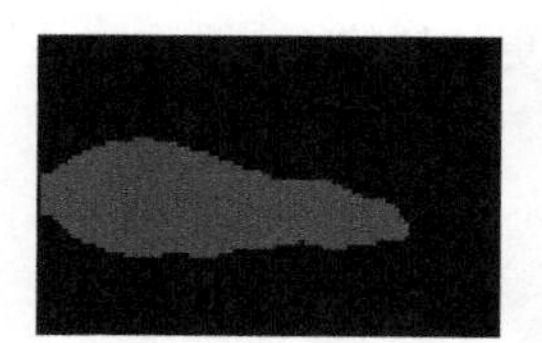 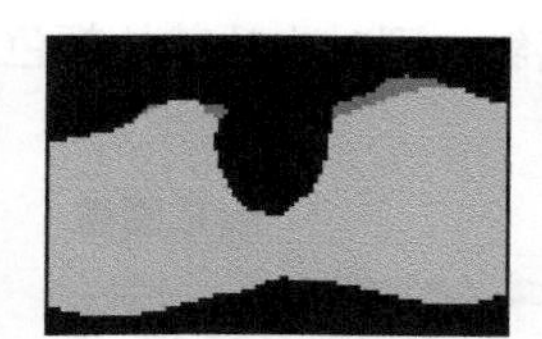 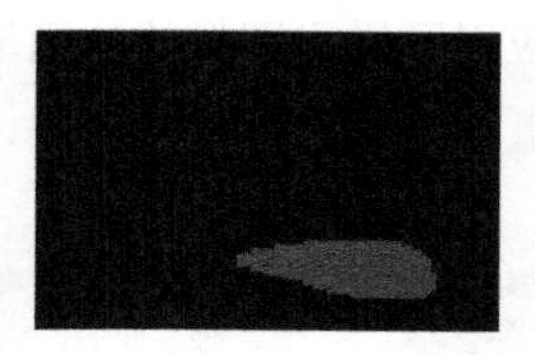 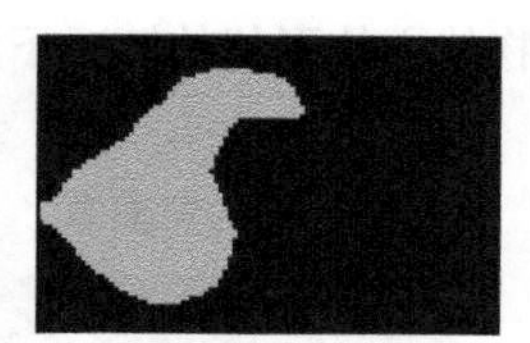

  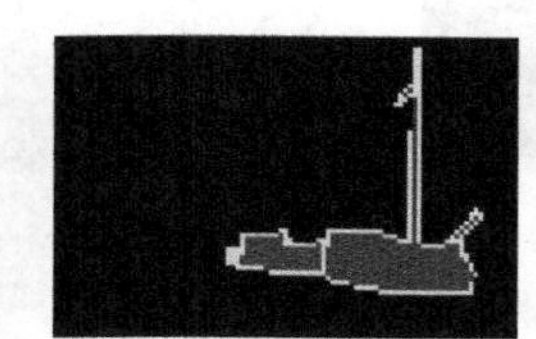 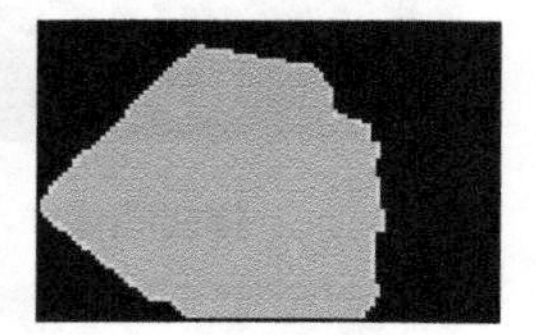

小结

- 可以通过矩阵乘法来实现卷积运算。
- 全卷积网络先使用卷积神经网络抽取图像特征，然后通过 1×1 卷积层将通道数变换为类别个数，最后通过转置卷积层将特征图的高和宽变换为输入图像的尺寸，从而输出每个像素的类别。
- 在全卷积网络中，可以将转置卷积层初始化为双线性插值的上采样。

练习

（1）用矩阵乘法来实现卷积运算是否高效？为什么？

（2）如果将转置卷积层改用 Xavier 随机初始化，结果有什么变化？

（3）调节超参数，能进一步提升模型的精度吗？

（4）预测测试图像中所有像素的类别。

（5）全卷积网络的论文中还使用了卷积神经网络的某些中间层的输出 [36]。试着实现这个想法。

9.11　样式迁移

扫码直达讨论区

如果你是一位摄影爱好者，也许接触过滤镜。它能改变照片的颜色样式，从而使风景照更加锐利或者令人像更加美白。但一个滤镜通常只能改变照片的某个方面。如果要照片达到理想中的样式，经常需要尝试大量不同的组合，其复杂程度不亚于模型调参。

在本节中，我们将介绍如何使用卷积神经网络自动将某图像中的样式应用在另一图像之上，即样式迁移（style transfer）[13]。这里我们需要两张输入图像，一张是内容图像，另一张是样式图像，我们将使用神经网络修改内容图像使其在样式上接近样式图像。图 9-12 中的内容图像为本书作者在西雅图郊区的雷尼尔山国家公园（Mount Rainier National Park）拍摄的风景照，而样式图像则是一幅主题为秋天橡树的油画。最终输出的合成图像在保留了内容图像中物体主体形状的情况下应用了样式图像的油画笔触，同时也让整体颜色更加鲜艳。

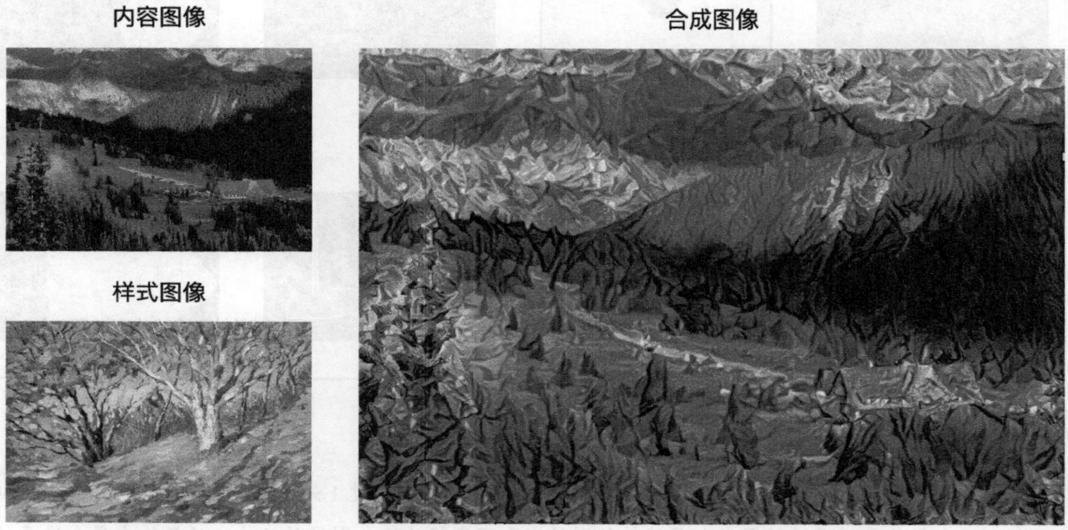

内容图像

合成图像

样式图像

图 9-12　输入内容图像和样式图像，输出样式迁移后的合成图像（另见彩插图 21）

9.11.1　方法

图 9-13 用一个例子来阐述基于卷积神经网络的样式迁移方法。首先，我们初始化合成图像，例如将其初始化成内容图像。该合成图像是样式迁移过程中唯一需要更新的变量，即样式迁移所需迭代的模型参数。然后，我们选择一个预训练的卷积神经网络来抽取图像的特征，其中的模型参数在训练中无须更新。深度卷积神经网络凭借多个层逐级抽取图像的特征。我们可以选择其中某些层的输出作为内容特征或样式特征。以图 9-13 为例，这里选取的预训练的神经网络含有 3 个卷积层，其中第二层输出图像的内容特征，而第一层和第三层的输出被作为图像的样式特征。接下来，我们通过正向传播（实线箭头方向）计算样式迁移的损失函数，并通

过反向传播（虚线箭头方向）迭代模型参数，即不断更新合成图像。样式迁移常用的损失函数由 3 部分组成：**内容损失**（content loss）使合成图像与内容图像在内容特征上接近，**样式损失**（style loss）令合成图像与样式图像在样式特征上接近，而**总变差损失**（total variation loss）则有助于减少合成图像中的噪点。最后，当模型训练结束时，我们输出样式迁移的模型参数，即得到最终的合成图像。

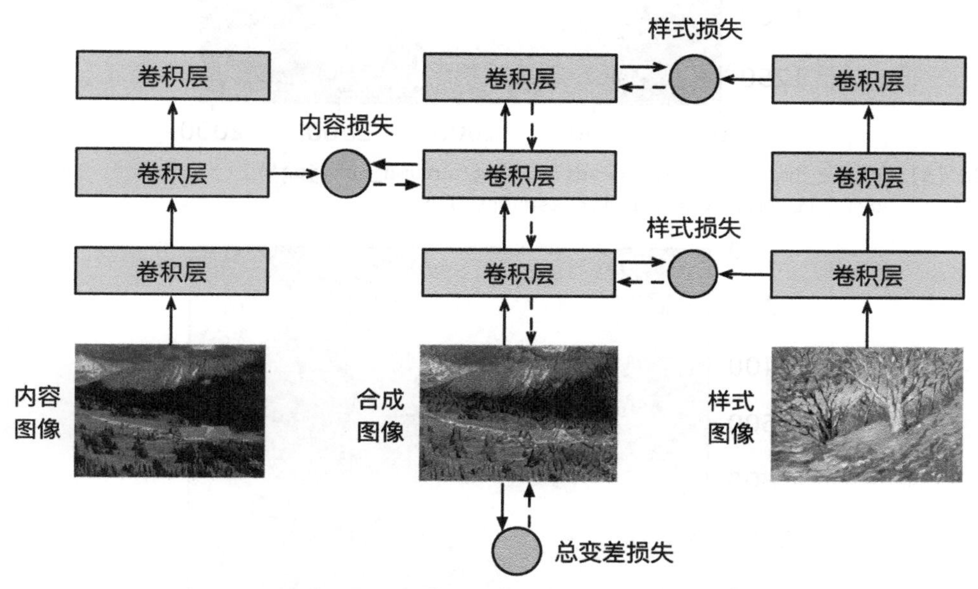

图 9-13　基于卷积神经网络的样式迁移。实线箭头和虚线箭头分别表示正向传播和反向传播（另见彩插图 22）

下面，我们通过实验来进一步了解样式迁移的技术细节。实验需要用到一些导入的包或模块。

```
In [1]: %matplotlib inline
        import d2lzh as d2l
        from mxnet import autograd, gluon, image, init, nd
        from mxnet.gluon import model_zoo, nn
        import time
```

9.11.2 读取内容图像和样式图像

首先，我们分别读取内容图像和样式图像。从打印出的图像坐标轴可以看出，它们的尺寸并不一样（另见彩插图 23 和图 24）。

```
In [2]: d2l.set_figsize()
        content_img = image.imread('../img/rainier.jpg')
        d2l.plt.imshow(content_img.asnumpy());
```

```
In [3]: style_img = image.imread('../img/autumn_oak.jpg')
        d2l.plt.imshow(style_img.asnumpy());
```

9.11.3　预处理和后处理图像

下面定义图像的预处理函数和后处理函数。预处理函数 preprocess 对输入图像在 RGB 三个通道分别做标准化，并将结果变换成卷积神经网络接受的输入格式。后处理函数 postprocess 则将输出图像中的像素值还原回标准化之前的值。由于图像打印函数要求每个像素的浮点数值在 0 到 1 之间，我们使用 clip 函数对小于 0 和大于 1 的值分别取 0 和 1。

```
In [4]: rgb_mean = nd.array([0.485, 0.456, 0.406])
        rgb_std = nd.array([0.229, 0.224, 0.225])

        def preprocess(img, image_shape):
            img = image.imresize(img, *image_shape)
            img = (img.astype('float32') / 255 - rgb_mean) / rgb_std
            return img.transpose((2, 0, 1)).expand_dims(axis=0)

        def postprocess(img):
            img = img[0].as_in_context(rgb_std.context)
            return (img.transpose((1, 2, 0)) * rgb_std + rgb_mean).clip(0, 1)
```

9.11.4 抽取特征

我们使用基于 ImageNet 数据集预训练的 VGG-19 模型来抽取图像特征。

```
In [5]: pretrained_net = model_zoo.vision.vgg19(pretrained=True)
```

为了抽取图像的内容特征和样式特征，我们可以选择 VGG 网络中某些层的输出。一般来说，越靠近输入层的输出越容易抽取图像的细节信息，反之则越容易抽取图像的全局信息。为了避免合成图像过多保留内容图像的细节，我们选择 VGG 较靠近输出的层，也称*内容层*，来输出图像的内容特征。我们还从 VGG 中选择不同层的输出来匹配局部和全局的样式，这些层也叫*样式层*。在 5.7 节中我们曾介绍过，VGG 网络使用了 5 个卷积块。实验中，我们选择第四卷积块的最后一个卷积层作为内容层，以及每个卷积块的第一个卷积层作为样式层。这些层的索引可以通过打印 `pretrained_net` 实例来获取。

```
In [6]: style_layers, content_layers = [0, 5, 10, 19, 28], [25]
```

在抽取特征时，我们只需要用到 VGG 从输入层到最靠近输出层的内容层或样式层之间的所有层。下面构建一个新的网络 `net`，它只保留需要用到的 VGG 的所有层。我们将使用 `net` 来抽取特征。

```
In [7]: net = nn.Sequential()
        for i in range(max(content_layers + style_layers) + 1):
            net.add(pretrained_net.features[i])
```

给定输入 `X`，如果简单调用前向计算 `net(X)`，只能获得最后一层的输出。由于我们还需要中间层的输出，因此这里我们逐层计算，并保留内容层和样式层的输出。

```
In [8]: def extract_features(X, content_layers, style_layers):
            contents = []
            styles = []
            for i in range(len(net)):
                X = net[i](X)
                if i in style_layers:
                    styles.append(X)
                if i in content_layers:
                    contents.append(X)
            return contents, styles
```

下面定义两个函数，其中 `get_contents` 函数对内容图像抽取内容特征，而 `get_styles` 函数则对样式图像抽取样式特征。因为在训练时无须改变预训练的 VGG 的模型参数，所以我们可以在训练开始之前就提取出内容图像的内容特征，以及样式图像的样式特征。由于合成图像是样式迁移所需迭代的模型参数，我们只能在训练过程中通过调用 `extract_features` 函数来抽取合成图像的内容特征和样式特征。

```
In [9]: def get_contents(image_shape, ctx):
            content_X = preprocess(content_img, image_shape).copyto(ctx)
            contents_Y, _ = extract_features(content_X, content_layers, style_layers)
            return content_X, contents_Y
```

```
def get_styles(image_shape, ctx):
    style_X = preprocess(style_img, image_shape).copyto(ctx)
    _, styles_Y = extract_features(style_X, content_layers, style_layers)
    return style_X, styles_Y
```

9.11.5 定义损失函数

下面我们来描述样式迁移的损失函数。它由内容损失、样式损失和总变差损失 3 部分组成。

1. 内容损失

与线性回归中的损失函数类似，内容损失通过平方误差函数衡量合成图像与内容图像在内容特征上的差异。平方误差函数的两个输入均为 extract_features 函数计算所得到的内容层的输出。

```
In [10]: def content_loss(Y_hat, Y):
             return (Y_hat - Y).square().mean()
```

2. 样式损失

样式损失也一样通过平方误差函数衡量合成图像与样式图像在样式上的差异。为了表达样式层输出的样式，我们先通过 extract_features 函数计算样式层的输出。假设该输出的样本数为 1，通道数为 c，高和宽分别为 h 和 w，我们可以把输出变换成 c 行 hw 列的矩阵 $\boldsymbol{X}$。矩阵 $\boldsymbol{X}$ 可以看作由 c 个长度为 hw 的向量 $\boldsymbol{x}_1, \cdots, \boldsymbol{x}_c$ 组成，其中向量 $\boldsymbol{x}_i$ 代表了通道 i 上的样式特征。这些向量的*格拉姆矩阵*（Gram matrix）$\boldsymbol{X}\boldsymbol{X}^\top \in \mathbb{R}^{c \times c}$ 中 i 行 j 列的元素 x_{ij} 即向量 $\boldsymbol{x}_i$ 与 $\boldsymbol{x}_j$ 的内积，它表达了通道 i 和通道 j 上样式特征的相关性。我们用这样的格拉姆矩阵表达样式层输出的样式。需要注意的是，当 hw 的值较大时，格拉姆矩阵中的元素容易出现较大的值。此外，格拉姆矩阵的高和宽皆为通道数 c。为了让样式损失不受这些值的大小影响，下面定义的 gram 函数将格拉姆矩阵除以了矩阵中元素的个数，即 chw。

```
In [11]: def gram(X):
             num_channels, n = X.shape[1], X.size // X.shape[1]
             X = X.reshape((num_channels, n))
             return nd.dot(X, X.T) / (num_channels * n)
```

自然地，样式损失的平方误差函数的两个格拉姆矩阵输入分别基于合成图像与样式图像的样式层输出。这里假设基于样式图像的格拉姆矩阵 gram_Y 已经预先计算好了。

```
In [12]: def style_loss(Y_hat, gram_Y):
             return (gram(Y_hat) - gram_Y).square().mean()
```

3. 总变差损失

有时候，我们学到的合成图像里面有大量高频噪点，即有特别亮或者特别暗的颗粒像素。一种常用的降噪方法是*总变差降噪*（total variation denoising）。假设 $x_{i,j}$ 表示坐标为 (i, j) 的像素值，降低总变差损失

$$\sum_{i,j}\left|x_{i,j}-x_{i+1,j}\right|+\left|x_{i,j}-x_{i,j+1}\right|$$

能够尽可能使邻近的像素值相似。

```
In [13]: def tv_loss(Y_hat):
             return 0.5 * ((Y_hat[:, :, 1:, :] - Y_hat[:, :, :-1, :]).abs().mean() +
                           (Y_hat[:, :, :, 1:] - Y_hat[:, :, :, :-1]).abs().mean())
```

4. 损失函数

样式迁移的损失函数即内容损失、样式损失和总变差损失的加权和。通过调节这些权值超参数，我们可以权衡合成图像在保留内容、迁移样式以及降噪三方面的相对重要性。

```
In [14]: content_weight, style_weight, tv_weight = 1, 1e3, 10

         def compute_loss(X, contents_Y_hat, styles_Y_hat, contents_Y, styles_Y_gram):
             # 分别计算内容损失、样式损失和总变差损失
             contents_l = [content_loss(Y_hat, Y) * content_weight for Y_hat, Y in zip(
                 contents_Y_hat, contents_Y)]
             styles_l = [style_loss(Y_hat, Y) * style_weight for Y_hat, Y in zip(
                 styles_Y_hat, styles_Y_gram)]
             tv_l = tv_loss(X) * tv_weight
             # 对所有损失求和
             l = nd.add_n(*styles_l) + nd.add_n(*contents_l) + tv_l
             return contents_l, styles_l, tv_l, l
```

9.11.6 创建和初始化合成图像

在样式迁移中，合成图像是唯一需要更新的变量。因此，我们可以定义一个简单的模型GeneratedImage，并将合成图像视为模型参数。模型的前向计算只需返回模型参数即可。

```
In [15]: class GeneratedImage(nn.Block):
             def __init__(self, img_shape, **kwargs):
                 super(GeneratedImage, self).__init__(**kwargs)
                 self.weight = self.params.get('weight', shape=img_shape)

             def forward(self):
                 return self.weight.data()
```

下面，我们定义get_inits函数。该函数创建了合成图像的模型实例，并将其初始化为图像X。样式图像在各个样式层的格拉姆矩阵styles_Y_gram将在训练前预先计算好。

```
In [16]: def get_inits(X, ctx, lr, styles_Y):
             gen_img = GeneratedImage(X.shape)
             gen_img.initialize(init.Constant(X), ctx=ctx, force_reinit=True)
             trainer = gluon.Trainer(gen_img.collect_params(), 'adam',
                                     {'learning_rate': lr})
             styles_Y_gram = [gram(Y) for Y in styles_Y]
             return gen_img(), styles_Y_gram, trainer
```

9.11.7　训练模型

在训练模型时，我们不断抽取合成图像的内容特征和样式特征，并计算损失函数。回忆 8.2 节中有关用同步函数让前端等待计算结果的讨论。由于我们每隔 50 个迭代周期才调用同步函数 asscalar，很容易造成内存占用过高，因此我们在每个迭代周期都调用一次同步函数 waitall。

```
In [17]: def train(X, contents_Y, styles_Y, ctx, lr, max_epochs, lr_decay_epoch):
             X, styles_Y_gram, trainer = get_inits(X, ctx, lr, styles_Y)
             for i in range(max_epochs):
                 start = time.time()
                 with autograd.record():
                     contents_Y_hat, styles_Y_hat = extract_features(
                         X, content_layers, style_layers)
                     contents_l, styles_l, tv_l, l = compute_loss(
                         X, contents_Y_hat, styles_Y_hat, contents_Y, styles_Y_gram)
                 l.backward()
                 trainer.step(1)
                 nd.waitall()
                 if i % 50 == 0 and i != 0:
                     print('epoch %3d, content loss %.2f, style loss %.2f, '
                           'TV loss %.2f, %.2f sec'
                           % (i, nd.add_n(*contents_l).asscalar(),
                              nd.add_n(*styles_l).asscalar(), tv_l.asscalar(),
                              time.time() - start))
                 if i % lr_decay_epoch == 0 and i != 0:
                     trainer.set_learning_rate(trainer.learning_rate * 0.1)
                     print('change lr to %.1e' % trainer.learning_rate)
             return X
```

下面我们开始训练模型。首先将内容图像和样式图像的高和宽分别调整为 150 和 225 像素。合成图像将由内容图像来初始化。

```
In [18]: ctx, image_shape = d2l.try_gpu(), (225, 150)
         net.collect_params().reset_ctx(ctx)
         content_X, contents_Y = get_contents(image_shape, ctx)
         _, styles_Y = get_styles(image_shape, ctx)
         output = train(content_X, contents_Y, styles_Y, ctx, 0.01, 500, 200)

epoch  50, content loss 10.10, style loss 29.40, TV loss 3.46, 0.02 sec
epoch 100, content loss 7.49, style loss 15.45, TV loss 3.89, 0.02 sec
epoch 150, content loss 6.30, style loss 10.37, TV loss 4.15, 0.02 sec
epoch 200, content loss 5.62, style loss 8.11, TV loss 4.29, 0.02 sec
change lr to 1.0e-03
epoch 250, content loss 5.55, style loss 7.93, TV loss 4.30, 0.02 sec
epoch 300, content loss 5.50, style loss 7.79, TV loss 4.31, 0.02 sec
epoch 350, content loss 5.44, style loss 7.64, TV loss 4.31, 0.01 sec
```

```
epoch 400, content loss 5.39, style loss 7.49, TV loss 4.32, 0.01 sec
change lr to 1.0e-04
epoch 450, content loss 5.38, style loss 7.47, TV loss 4.32, 0.01 sec
```

下面我们将训练好的合成图像保存起来。可以看到图 9-14 中的合成图像保留了内容图像的风景和物体，并同时迁移了样式图像的色彩。因为图像尺寸较小，所以细节上依然比较模糊。

```
In [19]: d2l.plt.imsave('../img/neural-style-1.png', postprocess(output).asnumpy())
```

图 9-14 150 × 225 尺寸的合成图像（另见彩插图 25）

为了得到更加清晰的合成图像，下面我们在更大的 300 × 450 尺寸上训练。我们将图 9-14 的高和宽放大 2 倍，以初始化更大尺寸的合成图像。

```
In [20]: image_shape = (450, 300)
         _, content_Y = get_contents(image_shape, ctx)
         _, style_Y = get_styles(image_shape, ctx)
         X = preprocess(postprocess(output) * 255, image_shape)
         output = train(X, content_Y, style_Y, ctx, 0.01, 300, 100)
         d2l.plt.imsave('../img/neural-style-2.png', postprocess(output).asnumpy())

epoch  50, content loss 13.86, style loss 13.70, TV loss 2.37, 0.03 sec
epoch 100, content loss 9.52, style loss 8.77, TV loss 2.65, 0.03 sec
change lr to 1.0e-03
epoch 150, content loss 9.22, style loss 8.44, TV loss 2.67, 0.03 sec
epoch 200, content loss 8.95, style loss 8.16, TV loss 2.69, 0.03 sec
change lr to 1.0e-04
epoch 250, content loss 8.92, style loss 8.12, TV loss 2.69, 0.03 sec
```

可以看到，由于图像尺寸更大，每一次迭代需要花费更多的时间。从训练得到的图 9-15 中可以看到，此时的合成图像因为尺寸更大，所以保留了更多的细节。合成图像里面不仅有大块的类似样式图像的油画色彩块，色彩块中甚至出现了细微的纹理。

图 9-15　300 × 450 尺寸的合成图像（另见彩插图 26）

小结

- 样式迁移常用的损失函数由 3 部分组成：内容损失使合成图像与内容图像在内容特征上接近，样式损失令合成图像与样式图像在样式特征上接近，而总变差损失则有助于减少合成图像中的噪点。
- 可以通过预训练的卷积神经网络来抽取图像的特征，并通过最小化损失函数来不断更新合成图像。
- 用格拉姆矩阵表达样式层输出的样式。

练习

（1）选择不同的内容和样式层，输出有什么变化？

（2）调整损失函数中的权值超参数，输出是否保留更多内容或减少更多噪点？

（3）替换实验中的内容图像和样式图像，你能创作出更有趣的合成图像吗？

9.12　实战Kaggle比赛：图像分类（CIFAR-10）

到目前为止，我们一直在用 Gluon 的 data 包直接获取 NDArray 格式的图像数据集。然而，实际中的图像数据集往往是以图像文件的形式存在的。在本节中，我们将从原始的图像文件开始，一步步整理、读取并将其变换为 NDArray 格式。

我们曾在 9.1 节中实验过 CIFAR-10 数据集。它是计算机视觉领域的一个重要数据集。现在我们将应用前面所学的知识，动手实战 CIFAR-10 图

像分类问题的 Kaggle 比赛。该比赛的网页地址是 https://www.kaggle.com/c/cifar-10。

图 9-16 展示了该比赛的网页信息。为了便于提交结果，请先在 Kaggle 网站上注册账号。

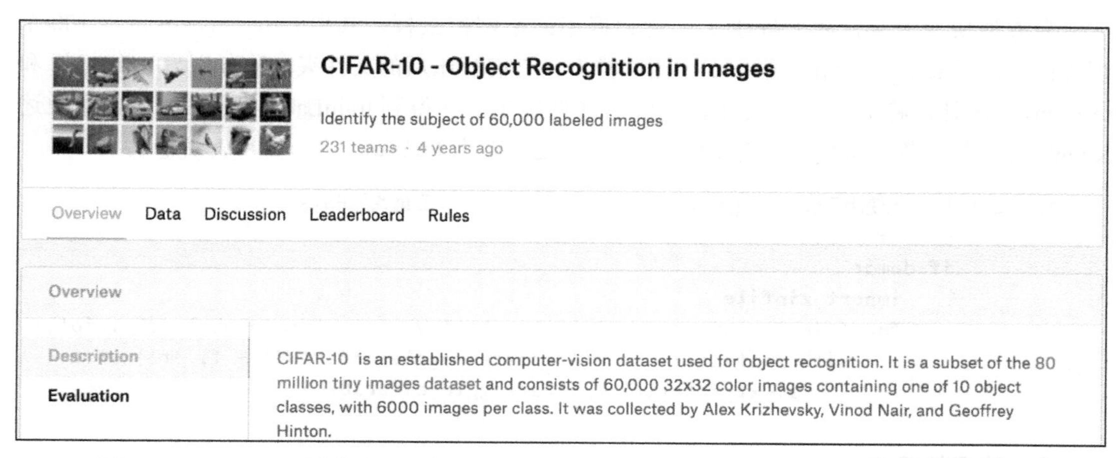

图 9-16　CIFAR-10 图像分类比赛的网页信息。比赛数据集可通过单击“Data”标签获取

首先，导入比赛所需的包或模块。

```
In [1]: import d2lzh as d2l
        from mxnet import autograd, gluon, init
        from mxnet.gluon import data as gdata, loss as gloss, nn
        import os
        import pandas as pd
        import shutil
        import time
```

9.12.1 获取和整理数据集

比赛数据分为训练集和测试集。训练集包含 5 万张图像。测试集包含 30 万张图像，其中有 1 万张图像用来计分，其他 29 万张不计分的图像是为了防止人工标注测试集并提交标注结果。两个数据集中的图像格式都是 png，高和宽均为 32 像素，并含有 RGB 三个通道（彩色）。图像一共涵盖 10 个类别，分别为飞机、汽车、鸟、猫、鹿、狗、青蛙、马、船和卡车。图 9.16 的左上角展示了数据集中部分飞机、汽车和鸟的图像。

1. 下载数据集

登录 Kaggle 后，可以点击图 9-16 所示的 CIFAR-10 图像分类比赛网页上的“Data”标签，并分别下载训练数据集 train.7z、测试数据集 test.7z 和训练数据集标签 trainLabels.csv。

2. 解压数据集

下载完训练数据集 train.7z 和测试数据集 test.7z 后需要解压缩。解压缩后，将训练数据集、测试数据集以及训练数据集标签分别存放在以下 3 个路径：

- ../data/kaggle_cifar10/train/[1-50000].png；
- ../data/kaggle_cifar10/test/[1-300000].png；
- ../data/kaggle_cifar10/trainLabels.csv。

为方便快速上手，我们提供了上述数据集的小规模采样，其中 train_tiny.zip 包含 100 个训练样本，而 test_tiny.zip 仅包含 1 个测试样本。它们解压后的文件夹名称分别为 train_tiny 和 test_tiny。此外，将训练数据集标签的压缩文件解压，并得到 trainLabels.csv。如果使用上述 Kaggle 比赛的完整数据集，还需要把下面 demo 变量改为 False。

```
In [2]: # 如果使用下载的Kaggle比赛的完整数据集，把demo变量改为False
        demo = True
        if demo:
            import zipfile
            for f in ['train_tiny.zip', 'test_tiny.zip', 'trainLabels.csv.zip']:
                with zipfile.ZipFile('../data/kaggle_cifar10/' + f, 'r') as z:
                    z.extractall('../data/kaggle_cifar10/')
```

3. 整理数据集

我们需要整理数据集，以方便训练和测试模型。以下的 read_label_file 函数将用来读取训练数据集的标签文件。该函数中的参数 valid_ratio 是验证集样本数与原始训练集样本数之比。

```
In [3]: def read_label_file(data_dir, label_file, train_dir, valid_ratio):
            with open(os.path.join(data_dir, label_file), 'r') as f:
                # 跳过文件头行（栏名称）
                lines = f.readlines()[1:]
                tokens = [l.rstrip().split(',') for l in lines]
                idx_label = dict(((int(idx), label) for idx, label in tokens))
            labels = set(idx_label.values())
            n_train_valid = len(os.listdir(os.path.join(data_dir, train_dir)))
            n_train = int(n_train_valid * (1 - valid_ratio))
            assert 0 < n_train < n_train_valid
            return n_train // len(labels), idx_label
```

下面定义一个辅助函数，从而仅在路径不存在的情况下创建路径。

```
In [4]: def mkdir_if_not_exist(path):  # 本函数已保存在d2lzh包中方便以后使用
            if not os.path.exists(os.path.join(*path)):
                os.makedirs(os.path.join(*path))
```

我们接下来定义 reorg_train_valid 函数来从原始训练集中切分出验证集。以 valid_ratio=0.1 为例，由于原始训练集有 50 000 张图像，调参时将有 45 000 张图像用于训练并存放在路径 input_dir/train 下，而另外 5 000 张图像将作为验证集并存放在路径 input_dir/valid 下。经过整理后，同一类图像将被放在同一个文件夹下，便于稍后读取。

```
In [5]: def reorg_train_valid(data_dir, train_dir, input_dir, n_train_per_label,
                              idx_label):
            label_count = {}
            for train_file in os.listdir(os.path.join(data_dir, train_dir)):
```

```
            idx = int(train_file.split('.')[0])
            label = idx_label[idx]
            mkdir_if_not_exist([data_dir, input_dir, 'train_valid', label])
            shutil.copy(os.path.join(data_dir, train_dir, train_file),
                        os.path.join(data_dir, input_dir, 'train_valid', label))
            if label not in label_count or label_count[label] < n_train_per_label:
                mkdir_if_not_exist([data_dir, input_dir, 'train', label])
                shutil.copy(os.path.join(data_dir, train_dir, train_file),
                            os.path.join(data_dir, input_dir, 'train', label))
                label_count[label] = label_count.get(label, 0) + 1
            else:
                mkdir_if_not_exist([data_dir, input_dir, 'valid', label])
                shutil.copy(os.path.join(data_dir, train_dir, train_file),
                            os.path.join(data_dir, input_dir, 'valid', label))
```

下面的 reorg_test 函数用来整理测试集，从而方便预测时的读取。

```
In [6]: def reorg_test(data_dir, test_dir, input_dir):
            mkdir_if_not_exist([data_ dir, input_dir, 'test', 'unknown'])
            for test_file in os.listdir(os.path.join(data_dir, test_dir)):
                shutil.copy(os.path.join(data_dir, test_dir, test_file),
                            os.path.join(data_dir, input_dir, 'test', 'unknown'))
```

最后，我们用一个函数分别调用前面定义的 read_label_file 函数、reorg_train_valid 函数以及 reorg_test 函数。

```
In [7]: def reorg_cifar10_data(data_dir, label_file, train_dir, test_dir, input_dir,
                               valid_ratio):
            n_train_per_label, idx_label = read_label_file(data_dir, label_file,
                                                           train_dir, valid_ratio)
            reorg_train_valid(data_dir, train_dir, input_dir, n_train_per_label,
                              idx_label)
            reorg_test(data_dir, test_dir, input_dir)
```

我们在这里只使用 100 个训练样本和 1 个测试样本。训练数据集和测试数据集的文件夹名称分别为 train_tiny 和 test_tiny。相应地，我们仅将批量大小设为 1。实际训练和测试时应使用 Kaggle 比赛的完整数据集，并将批量大小 batch_size 设为一个较大的整数，如 128。我们将 10% 的训练样本作为调参使用的验证集。

```
In [8]: if demo:
            # 注意，此处使用小训练集和小测试集并将批量大小相应设小。使用Kaggle比赛的完整数据集时可
            # 设批量大小为较大整数
            train_dir, test_dir, batch_size = 'train_tiny', 'test_tiny', 1
        else:
            train_dir, test_dir, batch_size = 'train', 'test', 128
        data_dir, label_file = '../data/kaggle_cifar10', 'trainLabels.csv'
        input_dir, valid_ratio = 'train_valid_test', 0.1
        reorg_cifar10_data(data_dir, label_file, train_dir, test_dir, input_dir,
                           valid_ratio)
```

9.12.2　图像增广

为应对过拟合，我们使用图像增广。例如，加入 transforms.RandomFlipLeftRight() 即可随机对图像做镜面翻转，也可以通过 transforms.Normalize() 对彩色图像 RGB 三个通道分别做标准化。下面列举了其中的部分操作，你可以根据需求来决定是否使用或修改这些操作。

```
In [9]: transform_train = gdata.vision.transforms.Compose([
            # 将图像放大成高和宽各为40像素的正方形
            gdata.vision.transforms.Resize(40),
            # 随机对高和宽各为40像素的正方形图像裁剪出面积为原图像面积0.64~1倍的小正方形，再放缩为
            # 高和宽各为32像素的正方形
            gdata.vision.transforms.RandomResizedCrop(32, scale=(0.64, 1.0),
                                                      ratio=(1.0, 1.0)),
            gdata.vision.transforms.RandomFlipLeftRight(),
            gdata.vision.transforms.ToTensor(),
            # 对图像的每个通道做标准化
            gdata.vision.transforms.Normalize([0.4914, 0.4822, 0.4465],
                                              [0.2023, 0.1994, 0.2010])])
```

测试时，为保证输出的确定性，我们仅对图像做标准化。

```
In [10]: transform_test = gdata.vision.transforms.Compose([
             gdata.vision.transforms.ToTensor(),
             gdata.vision.transforms.Normalize([0.4914, 0.4822, 0.4465],
                                               [0.2023, 0.1994, 0.2010])])
```

9.12.3　读取数据集

接下来，可以通过创建 ImageFolderDataset 实例来读取整理后的含原始图像文件的数据集，其中每个数据样本包括图像和标签。

```
In [11]: # 读取原始图像文件。flag=1说明输入图像有3个通道（彩色）
         train_ds = gdata.vision.ImageFolderDataset(
             os.path.join(data_dir, input_dir, 'train'), flag=1)
         valid_ds = gdata.vision.ImageFolderDataset(
             os.path.join(data_dir, input_dir, 'valid'), flag=1)
         train_valid_ds = gdata.vision.ImageFolderDataset(
             os.path.join(data_dir, input_dir, 'train_valid'), flag=1)
         test_ds = gdata.vision.ImageFolderDataset(
             os.path.join(data_dir, input_dir, 'test'), flag=1)
```

我们在 DataLoader 中指明定义好的图像增广操作。在训练时，我们仅用验证集评价模型，因此需要保证输出的确定性。在预测时，我们将在训练集和验证集的并集上训练模型，以充分利用所有标注的数据。

```
In [12]: train_iter = gdata.DataLoader(train_ds.transform_first(transform_train),
                                       batch_size, shuffle=True, last_batch='keep')
         valid_iter = gdata.DataLoader(valid_ds.transform_first(transform_test),
                                       batch_size, shuffle=True, last_batch='keep')
         train_valid_iter = gdata.DataLoader(train_valid_ds.transform_first(
```

```
            transform_train), batch_size, shuffle=True, last_batch='keep')
    test_iter = gdata.DataLoader(test_ds.transform_first(transform_test),
                                 batch_size, shuffle=False, last_batch='keep')
```

9.12.4　定义模型

与 5.11 节中的实现稍有不同，这里基于 `HybridBlock` 类构建残差块。这是为了提升执行效率。

```
In [13]: class Residual(nn.HybridBlock):
             def __init__(self, num_channels, use_1x1conv=False, strides=1, **kwargs):
                 super(Residual, self).__init__(**kwargs)
                 self.conv1 = nn.Conv2D(num_channels, kernel_size=3, padding=1,
                                        strides=strides)
                 self.conv2 = nn.Conv2D(num_channels, kernel_size=3, padding=1)
                 if use_1x1conv:
                     self.conv3 = nn.Conv2D(num_channels, kernel_size=1,
                                            strides=strides)
                 else:
                     self.conv3 = None
                 self.bn1 = nn.BatchNorm()
                 self.bn2 = nn.BatchNorm()

             def hybrid_forward(self, F, X):
                 Y = F.relu(self.bn1(self.conv1(X)))
                 Y = self.bn2(self.conv2(Y))
                 if self.conv3:
                     X = self.conv3(X)
                 return F.relu(Y + X)
```

下面定义 ResNet-18 模型。

```
In [14]: def resnet18(num_classes):
             net = nn.HybridSequential()
             net.add(nn.Conv2D(64, kernel_size=3, strides=1, padding=1),
                     nn.BatchNorm(), nn.Activation('relu'))

             def resnet_block(num_channels, num_residuals, first_block=False):
                 blk = nn.HybridSequential()
                 for i in range(num_residuals):
                     if i == 0 and not first_block:
                         blk.add(Residual(num_channels, use_1x1conv=True, strides=2))
                     else:
                         blk.add(Residual(num_channels))
                 return blk

             net.add(resnet_block(64, 2, first_block=True),
                     resnet_block(128, 2),
                     resnet_block(256, 2),
                     resnet_block(512, 2))
             net.add(nn.GlobalAvgPool2D(), nn.Dense(num_classes))
             return net
```

CIFAR-10 图像分类问题的类别个数为 10。我们将在训练开始前对模型进行 Xavier 随机初始化。

```
In [15]: def get_net(ctx):
             num_classes = 10
             net = resnet18(num_classes)
             net.initialize(ctx=ctx, init=init.Xavier())
             return net

         loss = gloss.SoftmaxCrossEntropyLoss()
```

9.12.5 定义训练函数

我们将根据模型在验证集上的表现来选择模型并调节超参数。下面定义了模型的训练函数 train。我们记录了每个迭代周期的训练时间，这有助于比较不同模型的时间开销。

```
In [16]: def train(net, train_iter, valid_iter, num_epochs, lr, wd, ctx, lr_period,
               lr_decay):
             trainer = gluon.Trainer(net.collect_params(), 'sgd',
                                     {'learning_rate': lr, 'momentum': 0.9, 'wd': wd})
             for epoch in range(num_epochs):
                 train_l_sum, train_acc_sum, n, start = 0.0, 0.0, 0, time.time()
                 if epoch > 0 and epoch % lr_period == 0:
                     trainer.set_learning_rate(trainer.learning_rate * lr_decay)
                 for X, y in train_iter:
                     y = y.astype('float32').as_in_context(ctx)
                     with autograd.record():
                         y_hat = net(X.as_in_context(ctx))
                         l = loss(y_hat, y).sum()
                     l.backward()
                     trainer.step(batch_size)
                     train_l_sum += l.asscalar()
                     train_acc_sum += (y_hat.argmax(axis=1) == y).sum().asscalar()
                     n += y.size
                 time_s = "time %.2f sec" % (time.time() - start)
                 if valid_iter is not None:
                     valid_acc = d2l.evaluate_accuracy(valid_iter, net, ctx)
                     epoch_s = ("epoch %d, loss %f, train acc %f, valid acc %f, "
                                % (epoch + 1, train_l_sum / n, train_acc_sum / n,
                                   valid_acc))
                 else:
                     epoch_s = ("epoch %d, loss %f, train acc %f, " %
                                (epoch + 1, train_l_sum / n, train_acc_sum / n))
                 print(epoch_s + time_s + ', lr ' + str(trainer.learning_rate))
```

9.12.6 训练模型

现在，我们可以训练并验证模型了。下面的超参数都是可以调节的，如增加迭代周期等。由于 lr_period 和 lr_decay 分别设为 80 和 0.1，优化算法的学习率将在每 80 个迭代周期后自乘 0.1。简单起见，这里仅训练 1 个迭代周期。

```
In [17]: ctx, num_epochs, lr, wd = d2l.try_gpu(), 1, 0.1, 5e-4
         lr_period, lr_decay, net = 80, 0.1, get_net(ctx)
         net.hybridize()
         train(net, train_iter, valid_iter, num_epochs, lr, wd, ctx, lr_period,
               lr_decay)

epoch 1, loss 5.842191, train acc 0.077778, valid acc 0.100000, time 1.50 sec, lr 0.1
```

9.12.7 对测试集分类并在Kaggle提交结果

得到一组满意的模型设计和超参数后，我们使用所有训练数据集（含验证集）重新训练模型，并对测试集进行分类。

```
In [18]: net, preds = get_net(ctx), []
         net.hybridize()
         train(net, train_valid_iter, None, num_epochs, lr, wd, ctx, lr_period,
               lr_decay)

         for X, _ in test_iter:
             y_hat = net(X.as_in_context(ctx))
             preds.extend(y_hat.argmax(axis=1).astype(int).asnumpy())
         sorted_ids = list(range(1, len(test_ds) + 1))
         sorted_ids.sort(key=lambda x: str(x))
         df = pd.DataFrame({'id': sorted_ids, 'label': preds})
         df['label'] = df['label'].apply(lambda x: train_valid_ds.synsets[x])
         df.to_csv('submission.csv', index=False)

epoch 1, loss 6.475995, train acc 0.050000, time 1.27 sec, lr 0.1
```

执行完上述代码后，我们会得到一个 submission.csv 文件。这个文件符合 Kaggle 比赛要求的提交格式。提交结果的方法与 3.16 节中的类似。

小结

- 可以通过创建 ImageFolderDataset 实例来读取含原始图像文件的数据集。
- 可以应用卷积神经网络、图像增广和混合式编程来实战图像分类比赛。

练习

（1）使用 Kaggle 比赛的完整 CIFAR-10 数据集。把批量大小 batch_size 和迭代周期数 num_epochs 分别改为 128 和 300。可以在这个比赛中得到什么样的准确率和名次？

（2）如果不使用图像增广的方法能得到什么样的准确率？

（3）扫码直达讨论区，在社区交流方法和结果。你能发掘出其他更好的技巧吗？

9.13 实战Kaggle比赛：狗的品种识别（ImageNet Dogs）

我们将在本节动手实战 Kaggle 比赛中的狗的品种识别问题。该比赛的网页地址是 https://www.kaggle.com/c/dog-breed-identification。

在这个比赛中，将识别 120 类不同品种的狗。这个比赛的数据集实际上是著名的 ImageNet 的子集数据集。和 9.12 节的 CIFAR-10 数据集中的图像不同，ImageNet 数据集中的图像更高更宽，且尺寸不一。

图 9-17 展示了该比赛的网页信息。为了便于提交结果，请先在 Kaggle 网站上注册账号。

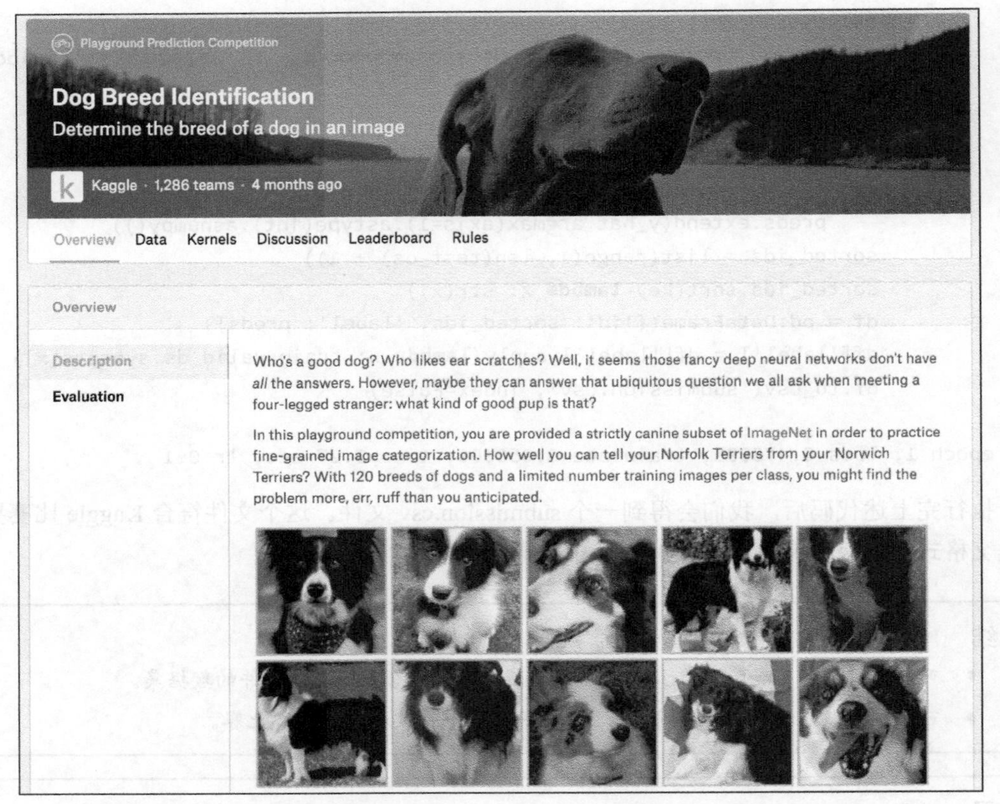

图 9-17 狗的品种识别比赛的网页信息。比赛数据集可通过点击“Data”标签获取

首先，导入比赛所需的包或模块。

```
In [1]: import collections
        import d2lzh as d2l
        import math
        from mxnet import autograd, gluon, init, nd
        from mxnet.gluon import data as gdata, loss as gloss, model_zoo, nn
        import os
```

```
import shutil
import time
import zipfile
```

9.13.1 获取和整理数据集

比赛数据分为训练集和测试集。训练集里包含了 10 222 张图像，测试集里包含了 10 357 张图像。两个数据集中的图像格式都是 JPEG。这些图像都含有 RGB 三个通道（彩色），高和宽的大小不一。训练集中狗的类别共有 120 种，如拉布拉多、贵宾、腊肠、萨摩耶、哈士奇、吉娃娃和约克夏等。

1. 下载数据集

登录 Kaggle 后，我们可以点击图 9-17 所示的狗的品种识别比赛网页上的“Data”标签，并分别下载训练数据集 train.zip、测试数据集 test.zip 和训练数据集标签 label.csv.zip。下载完成后，将它们分别存放在以下 3 个路径：

- `../data/kaggle_dog/train.zip`；
- `../data/kaggle_dog/test.zip`；
- `../data/kaggle_dog/labels.csv.zip`。

为方便快速上手，我们提供了上述数据集的小规模采样 train_valid_test_tiny.zip。如果要使用上述 Kaggle 比赛的完整数据集，还需要把下面 `demo` 变量改为 `False`。

```
In [2]: # 如果使用下载的Kaggle比赛的完整数据集，把demo变量改为False
        demo = True
        data_dir = '../data/kaggle_dog'
        if demo:
            zipfiles = ['train_valid_test_tiny.zip']
        else:
            zipfiles = ['train.zip', 'test.zip', 'labels.csv.zip']
        for f in zipfiles:
            with zipfile.ZipFile(data_dir + '/' + f, 'r') as z:
                z.extractall(data_dir)
```

2. 整理数据集

我们定义下面的 `reorg_train_valid` 函数来从 Kaggle 比赛的完整原始训练集中切分出验证集。该函数中的参数 `valid_ratio` 指验证集中每类狗的样本数与原始训练集中数量最少一类的狗的样本数（66）之比。经过整理后，同一类狗的图像将被放在同一个文件夹下，便于稍后读取。

```
In [3]: def reorg_train_valid(data_dir, train_dir, input_dir, valid_ratio, idx_label):
            # 训练集中数量最少一类的狗的样本数
            min_n_train_per_label = (
                collections.Counter(idx_label.values()).most_common()[:-2:-1][0][1])
            # 验证集中每类狗的样本数
            n_valid_per_label = math.floor(min_n_train_per_label * valid_ratio)
```

```
    label_count = {}
    for train_file in os.listdir(os.path.join(data_dir, train_dir)):
        idx = train_file.split('.')[0]
        label = idx_label[idx]
        d2l.mkdir_if_not_exist([data_dir, input_dir, 'train_valid', label])
        shutil.copy(os.path.join(data_dir, train_dir, train_file),
                    os.path.join(data_dir, input_dir, 'train_valid', label))
        if label not in label_count or label_count[label] < n_valid_per_label:
            d2l.mkdir_if_not_exist([data_dir, input_dir, 'valid', label])
            shutil.copy(os.path.join(data_dir, train_dir, train_file),
                        os.path.join(data_dir, input_dir, 'valid', label))
            label_count[label] = label_count.get(label, 0) + 1
        else:
            d2l.mkdir_if_not_exist([data_dir, input_dir, 'train', label])
            shutil.copy(os.path.join(data_dir, train_dir, train_file),
                        os.path.join(data_dir, input_dir, 'train', label))
```

下面的 reorg_dog_data 函数用来读取训练数据标签、切分验证集并整理测试集。

```
In [4]: def reorg_dog_data(data_dir, label_file, train_dir, test_dir, input_dir,
                           valid_ratio):
            # 读取训练数据标签
            with open(os.path.join(data_dir, label_file), 'r') as f:
                # 跳过文件头行（栏名称）
                lines = f.readlines()[1:]
                tokens = [l.rstrip().split(',') for l in lines]
                idx_label = dict(((idx, label) for idx, label in tokens))
            reorg_train_valid(data_dir, train_dir, input_dir, valid_ratio, idx_label)
            # 整理测试集
            d2l.mkdir_if_not_exist([data_dir, input_dir, 'test', 'unknown'])
            for test_file in os.listdir(os.path.join(data_dir, test_dir)):
                shutil.copy(os.path.join(data_dir, test_dir, test_file),
                            os.path.join(data_dir, input_dir, 'test', 'unknown'))
```

因为我们在这里使用了小数据集，所以将批量大小设为 1。在实际训练和测试时，我们应使用 Kaggle 比赛的完整数据集并调用 reorg_dog_data 函数来整理数据集。相应地，我们也需要将批量大小 batch_size 设为一个较大的整数，如 128。

```
In [5]: if demo:
            # 注意，此处使用小数据集并将批量大小相应设小。使用Kaggle比赛的完整数据集时可设批量大小
            # 为较大整数
            input_dir, batch_size = 'train_valid_test_tiny', 1
        else:
            label_file, train_dir, test_dir = 'labels.csv', 'train', 'test'
            input_dir, batch_size, valid_ratio = 'train_valid_test', 128, 0.1
            reorg_dog_data(data_dir, label_file, train_dir, test_dir, input_dir,
                           valid_ratio)
```

9.13.2　图像增广

本节比赛的图像尺寸比 9.12 节中的更大。这里列举了更多可能有用的图像增广操作。

```
In [6]: transform_train = gdata.vision.transforms.Compose([
            # 随机对图像裁剪出面积为原图像面积0.08~1倍、且高和宽之比在3/4~4/3的图像，再放缩为高和
            # 宽均为224像素的新图像
            gdata.vision.transforms.RandomResizedCrop(224, scale=(0.08, 1.0),
                                                      ratio=(3.0/4.0, 4.0/3.0)),
            gdata.vision.transforms.RandomFlipLeftRight(),
            # 随机变化亮度、对比度和饱和度
            gdata.vision.transforms.RandomColorJitter(brightness=0.4, contrast=0.4,
                                                      saturation=0.4),
            # 随机加噪声
            gdata.vision.transforms.RandomLighting(0.1),
            gdata.vision.transforms.ToTensor(),
            # 对图像的每个通道做标准化
            gdata.vision.transforms.Normalize([0.485, 0.456, 0.406],
                                              [0.229, 0.224, 0.225])])
```

测试时，我们只使用确定性的图像预处理操作。

```
In [7]: transform_test = gdata.vision.transforms.Compose([
            gdata.vision.transforms.Resize(256),
            # 将图像中央的高和宽均为224的正方形区域裁剪出来
            gdata.vision.transforms.CenterCrop(224),
            gdata.vision.transforms.ToTensor(),
            gdata.vision.transforms.Normalize([0.485, 0.456, 0.406],
                                              [0.229, 0.224, 0.225])])
```

9.13.3 读取数据集

和 9.12 节一样，我们创建 ImageFolderDataset 实例来读取整理后的含原始图像文件的数据集。

```
In [8]: train_ds = gdata.vision.ImageFolderDataset(
            os.path.join(data_dir, input_dir, 'train'), flag=1)
        valid_ds = gdata.vision.ImageFolderDataset(
            os.path.join(data_dir, input_dir, 'valid'), flag=1)
        train_valid_ds = gdata.vision.ImageFolderDataset(
            os.path.join(data_dir, input_dir, 'train_valid'), flag=1)
        test_ds = gdata.vision.ImageFolderDataset(
            os.path.join(data_dir, input_dir, 'test'), flag=1)
```

这里创建 DataLoader 实例的方法也与 9.12 节中的相同。

```
In [9]: train_iter = gdata.DataLoader(train_ds.transform_first(transform_train),
                                      batch_size, shuffle=True, last_batch='keep')
        valid_iter = gdata.DataLoader(valid_ds.transform_first(transform_test),
                                      batch_size, shuffle=True, last_batch='keep')
        train_valid_iter = gdata.DataLoader(train_valid_ds.transform_first(
            transform_train), batch_size, shuffle=True, last_batch='keep')
        test_iter = gdata.DataLoader(test_ds.transform_first(transform_test),
                                     batch_size, shuffle=False, last_batch='keep')
```

9.13.4 定义模型

这个比赛的数据集属于 ImageNet 数据集的子集，因此我们可以使用 9.2 节中介绍的思路，选用在 ImageNet 完整数据集上预训练的模型来抽取图像特征，以作为自定义小规模输出网络的输入。Gluon 提供了丰富的预训练模型，这里以预训练的 ResNet-34 模型为例。由于比赛数据集属于预训练数据集的子集，因此我们直接复用预训练模型在输出层的输入，即抽取的特征。然后，我们可以将原输出层替换成自定义的可训练的小规模输出网络，如两个串联的全连接层。与 9.2 节中的实验不同，这里不再训练用于抽取特征的预训练模型：这样既节省了训练时间，又省去了存储其模型参数的梯度的空间。

需要注意的是，我们在图像增广中使用了 ImageNet 数据集上 RGB 三个通道的均值和标准差做标准化，这和预训练模型所做的标准化是一致的。

```
In [10]: def get_net(ctx):
             finetune_net = model_zoo.vision.resnet34_v2(pretrained=True)
             # 定义新的输出网络
             finetune_net.output_new = nn.HybridSequential(prefix='')
             finetune_net.output_new.add(nn.Dense(256, activation='relu'))
             # 120是输出的类别个数
             finetune_net.output_new.add(nn.Dense(120))
             # 初始化输出网络
             finetune_net.output_new.initialize(init.Xavier(), ctx=ctx)
             # 把模型参数分配到内存或显存上
             finetune_net.collect_params().reset_ctx(ctx)
             return finetune_net
```

在计算损失时，我们先通过成员变量 `features` 来获取预训练模型输出层的输入，即抽取的特征。然后，将该特征作为自定义的小规模输出网络的输入，并计算输出。

```
In [11]: loss = gloss.SoftmaxCrossEntropyLoss()

         def evaluate_loss(data_iter, net, ctx):
             l_sum, n = 0.0, 0
             for X, y in data_iter:
                 y = y.as_in_context(ctx)
                 output_features = net.features(X.as_in_context(ctx))
                 outputs = net.output_new(output_features)
                 l_sum += loss(outputs, y).sum().asscalar()
                 n += y.size
             return l_sum / n
```

9.13.5 定义训练函数

我们将依赖模型在验证集上的表现来选择模型并调节超参数。模型的训练函数 `train` 只训练自定义的小规模输出网络。

```
In [12]: def train(net, train_iter, valid_iter, num_epochs, lr, wd, ctx, lr_period,
                   lr_decay):
             # 只训练自定义的小规模输出网络
             trainer = gluon.Trainer(net.output_new.collect_params(), 'sgd',
                                     {'learning_rate': lr, 'momentum': 0.9, 'wd': wd})
             for epoch in range(num_epochs):
                 train_l_sum, n, start = 0.0, 0, time.time()
                 if epoch > 0 and epoch % lr_period == 0:
                     trainer.set_learning_rate(trainer.learning_rate * lr_decay)
                 for X, y in train_iter:
                     y = y.as_in_context(ctx)
                     output_features = net.features(X.as_in_context(ctx))
                     with autograd.record():
                         outputs = net.output_new(output_features)
                         l = loss(outputs, y).sum()
                     l.backward()
                     trainer.step(batch_size)
                     train_l_sum += l.asscalar()
                     n += y.size
                 time_s = "time %.2f sec" % (time.time() - start)
                 if valid_iter is not None:
                     valid_loss = evaluate_loss(valid_iter, net, ctx)
                     epoch_s = ("epoch %d, train loss %f, valid loss %f, "
                                % (epoch + 1, train_l_sum / n, valid_loss))
                 else:
                     epoch_s = ("epoch %d, train loss %f, "
                                % (epoch + 1, train_l_sum / n))
                 print(epoch_s + time_s + ', lr ' + str(trainer.learning_rate))
```

9.13.6 训练模型

现在，我们可以训练并验证模型了。以下超参数都是可以调节的，如增加迭代周期等。由于 lr_period 和 lr_decay 分别设为 10 和 0.1，优化算法的学习率将在每 10 个迭代周期后自乘 0.1。

```
In [13]: ctx, num_epochs, lr, wd = d2l.try_gpu(), 1, 0.01, 1e-4
         lr_period, lr_decay, net = 10, 0.1, get_net(ctx)
         net.hybridize()
         train(net, train_iter, valid_iter, num_epochs, lr, wd, ctx, lr_period,
               lr_decay)

epoch 1, train loss 5.236342, valid loss 4.777502, time 1.83 sec, lr 0.01
```

9.13.7 对测试集分类并在Kaggle提交结果

得到一组满意的模型设计和超参数后，我们使用全部训练数据集（含验证集）重新训练模型，并对测试集分类。注意，我们要用刚训练好的输出网络做预测。

```
In [14]: net = get_net(ctx)
         net.hybridize()
         train(net, train_valid_iter, None, num_epochs, lr, wd, ctx, lr_period,
               lr_decay)

         preds = []
         for data, label in test_iter:
             output_features = net.features(data.as_in_context(ctx))
             output = nd.softmax(net.output_new(output_features))
             preds.extend(output.asnumpy())
         ids = sorted(os.listdir(os.path.join(data_dir, input_dir, 'test/unknown')))
         with open('submission.csv', 'w') as f:
             f.write('id,' + ','.join(train_valid_ds.synsets) + '\n')
             for i, output in zip(ids, preds):
                 f.write(i.split('.')[0] + ',' + ','.join(
                     [str(num) for num in output]) + '\n')

epoch 1, train loss 5.051570, time 3.22 sec, lr 0.01
```

执行完上述代码后，会生成一个 submission.csv 文件。这个文件符合 Kaggle 比赛要求的提交格式。提交结果的方法与 3.16 节中的类似。

小结

- 我们可以使用在 ImageNet 数据集上预训练的模型抽取特征，并仅训练自定义的小规模输出网络，从而以较小的计算和存储开销对 ImageNet 的子集数据集做分类。

练习

（1）使用 Kaggle 完整数据集，把批量大小 batch_size 和迭代周期数 num_epochs 分别调大些，可以在 Kaggle 上拿到什么样的结果？

（2）使用更深的预训练模型，你能获得更好的结果吗？

（3）扫码直达讨论区，在社区交流方法和结果。你能发掘出其他更好的技巧吗？

第10章 自然语言处理

自然语言处理关注计算机与人类之间的自然语言交互。在实际中，我们常常使用自然语言处理技术，如第6章中介绍的语言模型，来处理和分析大量的自然语言数据。本章中，根据输入与输出的不同形式，我们按“定长到定长”“不定长到定长”“不定长到不定长”的顺序，逐步展示在自然语言处理中如何表征并变换定长的词或类别以及不定长的句子或段落序列。

我们先介绍如何用向量表示词，并在语料库上训练词向量。之后，我们把在更大语料库上预训练的词向量应用于求近义词和类比词，即“定长到定长”。接着，在文本分类这种“不定长到定长”的任务中，我们进一步应用词向量来分析文本情感，并分别基于循环神经网络和卷积神经网络为表征时序数据提供两种思路。此外，自然语言处理任务中很多输出是不定长的，如任意长度的句子和段落。我们将描述应对这类问题的编码器-解码器模型、束搜索和注意力机制，并将它们应用于“不定长到不定长”的机器翻译任务中。

10.1 词嵌入（word2vec）

自然语言是一套用来表达含义的复杂系统。在这套系统中，词是表义的基本单元。顾名思义，**词向量**是用来表示词的向量或表征，也可被认为是词的特征向量。把词映射为实数域向量的技术也叫**词嵌入**（word embedding）。近年来，词嵌入已逐渐成为自然语言处理的基础知识。

10.1.1 为何不采用one-hot向量

我们在6.4节中使用one-hot向量表示词（字符为词）。回忆一下，假设词典中不同词的数量（词典大小）为N，每个词可以和从0到$N-1$的连续整数一一对应。这些与词对应的整数叫作词的索引。假设一个词的索引为i，为了得到该词的one-hot向量表示，我们创建一个全0的长为N的向量，并将其第i位设成1。这样一来，每个词就表示成了一个长度为N的向量，可以直接被神经网络使用。

虽然one-hot词向量构造起来很容易，但通常并不是一个好选择。一个主要的原因是，

one-hot 词向量无法准确表达不同词之间的相似度，如我们常常使用的余弦相似度。对于向量 $\boldsymbol{x}, \boldsymbol{y} \in \mathbb{R}^d$，它们的余弦相似度是它们之间夹角的余弦值

$$\frac{\boldsymbol{x}^\top \boldsymbol{y}}{\|\boldsymbol{x}\| \|\boldsymbol{y}\|} \in [-1, 1]$$

由于任何两个不同词的 one-hot 向量的余弦相似度都为 0，多个不同词之间的相似度难以通过 one-hot 向量准确地体现出来。

word2vec 工具的提出正是为了解决上面这个问题。它将每个词表示成一个定长的向量，并使得这些向量能较好地表达不同词之间的相似和类比关系。word2vec 工具包含了两个模型，即跳字模型（skip-gram）[40] 和连续词袋模型（continuous bag of words，CBOW）[39]。接下来让我们分别介绍这两个模型以及它们的训练方法。

10.1.2 跳字模型

跳字模型假设基于某个词来生成它在文本序列周围的词。举个例子，假设文本序列是“the”“man”“loves”“his”“son”。以“loves”作为中心词，设背景窗口大小为 2。如图 10-1 所示，跳字模型所关心的是，给定中心词“loves”，生成与它距离不超过 2 个词的背景词“the”“man”“his”“son”的条件概率，即

$$P(\text{"the"}, \text{"man"}, \text{"his"}, \text{"son"} \mid \text{"loves"})$$

假设给定中心词的情况下，背景词的生成是相互独立的，那么上式可以改写成

$$P(\text{"the"} \mid \text{"loves"}) \cdot P(\text{"man"} \mid \text{"loves"}) \cdot P(\text{"his"} \mid \text{"loves"}) \cdot P(\text{"son"} \mid \text{"loves"})$$

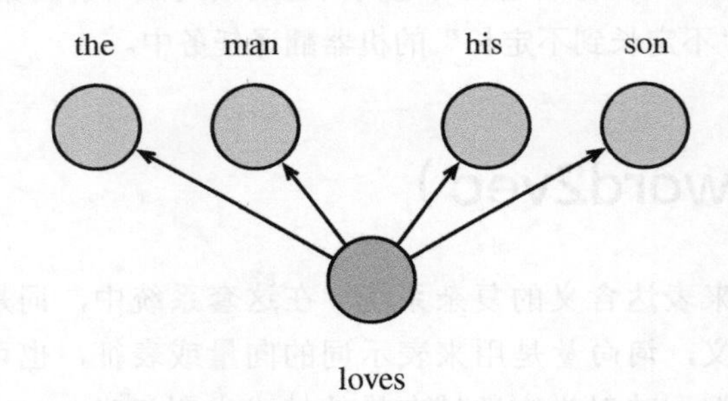

图 10-1　跳字模型关心给定中心词生成背景词的条件概率

在跳字模型中，每个词被表示成两个 d 维向量，用来计算条件概率。假设这个词在词典中索引为 i，当它为中心词时向量表示为 $\boldsymbol{v}_i \in \mathbb{R}^d$，而为背景词时向量表示为 $\boldsymbol{u}_i \in \mathbb{R}^d$。设中心词 w_c 在词典中索引为 c，背景词 w_o 在词典中索引为 o，给定中心词生成背景词的条件概率可以通过对向量内积做 softmax 运算而得到：

$$P(w_o \mid w_c) = \frac{\exp(\boldsymbol{u}_o^\top \boldsymbol{v}_c)}{\sum_{i \in \mathcal{V}} \exp(\boldsymbol{u}_i^\top \boldsymbol{v}_c)}$$

其中词典索引集 $\mathcal{V} = \{0, 1, \cdots, |\mathcal{V}| - 1\}$。假设给定一个长度为 T 的文本序列，设时间步 t 的词为 $w^{(t)}$。假设给定中心词的情况下背景词的生成相互独立，当背景窗口大小为 m 时，跳字模型的

似然函数即给定任一中心词生成所有背景词的概率

$$\prod_{t=1}^{T} \prod_{-m \leqslant j \leqslant m,\ j \neq 0} P(w^{(t+j)} \mid w^{(t)})$$

这里小于 1 或大于 T 的时间步可以被忽略。

训练跳字模型

跳字模型的参数是每个词所对应的中心词向量和背景词向量。训练中我们通过最大化似然函数来学习模型参数，即最大似然估计。这等价于最小化以下损失函数：

$$-\sum_{t=1}^{T} \sum_{-m \leqslant j \leqslant m,\ j \neq 0} \log P(w^{(t+j)} \mid w^{(t)})$$

如果使用随机梯度下降，那么在每一次迭代里我们随机采样一个较短的子序列来计算有关该子序列的损失，然后计算梯度来更新模型参数。梯度计算的关键是条件概率的对数有关中心词向量和背景词向量的梯度。根据定义，首先看到

$$\log P(w_o \mid w_c) = \boldsymbol{u}_o^\top \boldsymbol{v}_c - \log\left(\sum_{i \in \mathcal{V}} \exp(\boldsymbol{u}_i^\top \boldsymbol{v}_c)\right)$$

通过微分，我们可以得到上式中 $\boldsymbol{v}_c$ 的梯度

$$\begin{aligned}
\frac{\partial \log P(w_o \mid w_c)}{\partial \boldsymbol{v}_c} &= \boldsymbol{u}_o - \frac{\sum_{j \in \mathcal{V}} \exp(\boldsymbol{u}_j^\top \boldsymbol{v}_c) \boldsymbol{u}_j}{\sum_{i \in \mathcal{V}} \exp(\boldsymbol{u}_i^\top \boldsymbol{v}_c)} \\
&= \boldsymbol{u}_o - \sum_{j \in \mathcal{V}} \left(\frac{\exp(\boldsymbol{u}_j^\top \boldsymbol{v}_c)}{\sum_{i \in \mathcal{V}} \exp(\boldsymbol{u}_i^\top \boldsymbol{v}_c)}\right) \boldsymbol{u}_j \\
&= \boldsymbol{u}_o - \sum_{j \in \mathcal{V}} P(w_j \mid w_c) \boldsymbol{u}_j
\end{aligned}$$

它的计算需要词典中所有词以 w_c 为中心词的条件概率。有关其他词向量的梯度同理可得。

训练结束后，对于词典中的任一索引为 i 的词，我们均得到该词作为中心词和背景词的两组词向量 $\boldsymbol{v}_i$ 和 $\boldsymbol{u}_i$。在自然语言处理应用中，一般使用跳字模型的中心词向量作为词的表征向量。

10.1.3 连续词袋模型

连续词袋模型与跳字模型类似。与跳字模型最大的不同在于，连续词袋模型假设基于某中心词在文本序列前后的背景词来生成该中心词。在同样的文本序列“the”“man”“loves”“his”“son”里，以“loves”作为中心词，且背景窗口大小为 2 时，连续词袋模型关心的是，给定背景词“the”“man”“his”“son”生成中心词“loves”的条件概率（如图 10-2 所示），

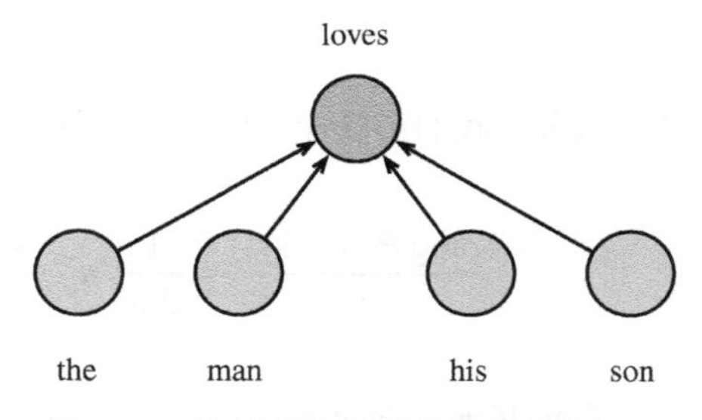

图 10-2 连续词袋模型关心给定背景词生成中心词的条件概率

也就是

$$P(\text{“loves”} \mid \text{“the”}, \text{“man”}, \text{“his”}, \text{“son”})$$

因为连续词袋模型的背景词有多个，我们将这些背景词向量取平均，然后使用和跳字模型一样的方法来计算条件概率。设 $\boldsymbol{v}_i \in \mathbb{R}^d$ 和 $\boldsymbol{u}_i \in \mathbb{R}^d$ 分别表示词典中索引为 i 的词作为背景词和中心词的向量（注意符号的含义与跳字模型中的相反）。设中心词 w_c 在词典中索引为 c，背景词 $w_{o_1},\cdots,w_{o_{2m}}$ 在词典中索引为 $o_1,\cdots,o_{2m}$，那么给定背景词生成中心词的条件概率

$$P(w_c \mid w_{o_1}, \cdots, w_{o_{2m}}) = \frac{\exp\left(\frac{1}{2m}\boldsymbol{u}_c^\top (\boldsymbol{v}_{o_1} + \cdots + \boldsymbol{v}_{o_{2m}})\right)}{\sum_{i \in \mathcal{V}} \exp\left(\frac{1}{2m}\boldsymbol{u}_i^\top (\boldsymbol{v}_{o_1} + \cdots + \boldsymbol{v}_{o_{2m}})\right)}$$

为了让符号更加简单，我们记 $\mathcal{W}_o = \{w_{o_1}, \cdots, w_{o_{2m}}\}$，且 $\bar{\boldsymbol{v}}_o = (\boldsymbol{v}_{o_1} + \cdots + \boldsymbol{v}_{o_{2m}})/(2m)$，那么上式可以简写成

$$P(w_c \mid \mathcal{W}_o) = \frac{\exp(\boldsymbol{u}_c^\top \bar{\boldsymbol{v}}_o)}{\sum_{i \in \mathcal{V}} \exp(\boldsymbol{u}_i^\top \bar{\boldsymbol{v}}_o)}$$

给定一个长度为 T 的文本序列，设时间步 t 的词为 $w^{(t)}$，背景窗口大小为 m。连续词袋模型的似然函数是由背景词生成任一中心词的概率

$$\prod_{t=1}^{T} P(w^{(t)} \mid w^{(t-m)}, \cdots, w^{(t-1)}, w^{(t+1)}, \cdots, w^{(t+m)})$$

训练连续词袋模型

训练连续词袋模型同训练跳字模型基本一致。连续词袋模型的最大似然估计等价于最小化损失函数

$$-\sum_{t=1}^{T} \log P(w^{(t)} \mid w^{(t-m)}, \cdots, w^{(t-1)}, w^{(t+1)}, \cdots, w^{(t+m)})$$

注意到

$$\log P(w_c \mid \mathcal{W}_o) = \boldsymbol{u}_c^\top \bar{\boldsymbol{v}}_o - \log\left(\sum_{i \in \mathcal{V}} \exp(\boldsymbol{u}_i^\top \bar{\boldsymbol{v}}_o)\right)$$

通过微分，我们可以计算出上式中条件概率的对数有关任一背景词向量 $\boldsymbol{v}_{o_i}$（$i = 1, \cdots, 2m$）的梯度

$$\frac{\partial \log P(w_c \mid \mathcal{W}_o)}{\partial \boldsymbol{v}_{o_i}} = \frac{1}{2m}\left(\boldsymbol{u}_c - \sum_{j \in \mathcal{V}} \frac{\exp(\boldsymbol{u}_j^\top \bar{\boldsymbol{v}}_o)\boldsymbol{u}_j}{\sum_{i \in \mathcal{V}} \exp(\boldsymbol{u}_i^\top \bar{\boldsymbol{v}}_o)}\right) = \frac{1}{2m}\left(\boldsymbol{u}_c - \sum_{j \in \mathcal{V}} P(w_j \mid \mathcal{W}_o)\boldsymbol{u}_j\right)$$

有关其他词向量的梯度同理可得。同跳字模型不一样的一点在于，我们一般使用连续词袋模型的背景词向量作为词的表征向量。

小结

- 词向量是用来表示词的向量。把词映射为实数域向量的技术也叫词嵌入。
- word2vec 包含跳字模型和连续词袋模型。跳字模型假设基于中心词来生成背景词。连续词袋模型假设基于背景词来生成中心词。

练习

（1）每次梯度的计算复杂度是多少？当词典很大时，会有什么问题？

（2）英语中有些固定短语由多个词组成，如“new york”。如何训练它们的词向量？提示：可参考 word2vec 论文第 4 节 [40]。

（3）让我们以跳字模型为例思考 word2vec 模型的设计。跳字模型中两个词向量的内积与余弦相似度有什么关系？对语义相近的一对词来说，为什么它们的词向量的余弦相似度可能会高？

10.2 近似训练

扫码直达讨论区

回忆 10.1 节的内容。跳字模型的核心在于使用 softmax 运算得到给定中心词 w_c 来生成背景词 w_o 的条件概率

$$P(w_o \mid w_c) = \frac{\exp(\boldsymbol{u}_o^\top \boldsymbol{v}_c)}{\sum_{i\in\mathcal{V}} \exp(\boldsymbol{u}_i^\top \boldsymbol{v}_c)}$$

该条件概率相应的对数损失

$$-\log P(w_o \mid w_c) = -\boldsymbol{u}_o^\top \boldsymbol{v}_c + \log \sum_{i\in\mathcal{V}} \exp(\boldsymbol{u}_i^\top \boldsymbol{v}_c)$$

由于 softmax 运算考虑了背景词可能是词典 $\mathcal{V}$ 中的任一词，以上损失包含了词典大小数目的项的累加。在 10.1 节中我们看到，不论是跳字模型还是连续词袋模型，由于条件概率使用了 softmax 运算，每一步的梯度计算都包含词典大小数目的项的累加。对含几十万或上百万词的较大词典来说，每次的梯度计算开销可能过大。为了降低该计算复杂度，本节将介绍两种近似训练方法，即负采样（negative sampling）或层序 softmax（hierarchical softmax）。由于跳字模型和连续词袋模型类似，本节仅以跳字模型为例介绍这两种方法。

10.2.1 负采样

负采样修改了原来的目标函数。给定中心词 w_c 的一个背景窗口，我们把背景词 w_o 出现在该背景窗口看作一个事件，并将该事件的概率计算为

$$P(D=1 \mid w_c, w_o) = \sigma(\boldsymbol{u}_o^\top \boldsymbol{v}_c)$$

其中的 σ 函数与 sigmoid 激活函数的定义相同：

$$\sigma(x) = \frac{1}{1+\exp(-x)}$$

我们先考虑最大化文本序列中所有该事件的联合概率来训练词向量。具体来说，给定一个长度为 T 的文本序列，设时间步 t 的词为 $w^{(t)}$ 且背景窗口大小为 m，考虑最大化联合概率

$$\prod_{t=1}^{T} \prod_{-m \leqslant j \leqslant m,\ j \neq 0} P(D=1 \mid w^{(t)}, w^{(t+j)})$$

然而，以上模型中包含的事件仅考虑了正类样本。这导致当所有词向量相等且值为无穷大时，以上的联合概率才被最大化为 1。很明显，这样的词向量毫无意义。负采样通过采样并添加负类样本使目标函数更有意义。设背景词 w_o 出现在中心词 w_c 的一个背景窗口为事件 P，我们根据分布 $P(w)$ 采样 K 个未出现在该背景窗口中的词，即噪声词。设噪声词 w_k（$k=1, \cdots, K$）不出现在中心词 w_c 的该背景窗口为事件 N_k。假设同时含有正类样本和负类样本的事件 $P, N_1, \cdots, N_K$ 相互独立，负采样将以上需要最大化的仅考虑正类样本的联合概率改写为

$$\prod_{t=1}^{T} \prod_{-m \leqslant j \leqslant m,\ j \neq 0} P(w^{(t+j)} \mid w^{(t)})$$

其中条件概率被近似表示为

$$P(w^{(t+j)} \mid w^{(t)}) = P(D=1 \mid w^{(t)}, w^{(t+j)}) \prod_{k=1,\ w_k \sim P(w)}^{K} P(D=0 \mid w^{(t)}, w_k)$$

设文本序列中时间步 t 的词 $w^{(t)}$ 在词典中的索引为 i_t，噪声词 w_k 在词典中的索引为 h_k。有关以上条件概率的对数损失为

$$\begin{aligned}
-\log P(w^{(t+j)} \mid w^{(t)}) &= -\log P(D=1 \mid w^{(t)}, w^{(t+j)}) - \sum_{k=1,\ w_k \sim P(w)}^{K} \log P(D=0 \mid w^{(t)}, w_k) \\
&= -\log \sigma(\boldsymbol{u}_{i_{t+j}}^{\top} \boldsymbol{v}_{i_t}) - \sum_{k=1,\ w_k \sim P(w)}^{K} \log(1-\sigma(\boldsymbol{u}_{h_k}^{\top} \boldsymbol{v}_{i_t})) \\
&= -\log \sigma(\boldsymbol{u}_{i_{t+j}}^{\top} \boldsymbol{v}_{i_t}) - \sum_{k=1,\ w_k \sim P(w)}^{K} \log \sigma(-\boldsymbol{u}_{h_k}^{\top} \boldsymbol{v}_{i_t})
\end{aligned}$$

现在，训练中每一步的梯度计算开销不再与词典大小相关，而与 K 线性相关。当 K 取较小的常数时，负采样在每一步的梯度计算开销较小。

10.2.2 层序softmax

层序 softmax 是另一种近似训练法。它使用了二叉树这一数据结构，树的每个叶结点代表词典 $\mathcal{V}$ 中的每个词。

假设 $L(w)$ 为从二叉树的根结点到词 w 的叶结点的路径（包括根结点和叶结点）上的结点数。设 $n(w, j)$ 为该路径上第 j 个结点，并设该结点的背景词向量为 $\boldsymbol{u}_{n(w,j)}$。以图 10-3 为例，

$L(w_3)=4$。层序 softmax 将跳字模型中的条件概率近似表示为

$$P(w_o \mid w_c) = \prod_{j=1}^{L(w_o)-1} \sigma\left([\![n(w_o, j+1) = \text{leftChild}(n(w_o, j))]\!] \cdot \boldsymbol{u}_{n(w_o, j)}^\top \boldsymbol{v}_c \right)$$

其中 σ 函数与 3.8 节中的 sigmoid 激活函数的定义相同，leftChild(n) 是结点 n 的左子结点：如果判断 x 为真，$[\![x]\!]=1$；反之 $[\![x]\!]=-1$。让我们计算图 10-3 中给定词 w_c 生成词 w_3 的条件概率。我们需要将 w_c 的词向量 $\boldsymbol{v}_c$ 和根结点到 w_3 路径上的非叶结点向量一一求内积。由于在二叉树中由根结点到叶结点 w_3 的路径上需要向左、向右再向左地遍历（图 10-3 中加粗的路径），我们得到

$$P(w_3 \mid w_c) = \sigma(\boldsymbol{u}_{n(w_3,1)}^\top \boldsymbol{v}_c) \cdot \sigma(-\boldsymbol{u}_{n(w_3,2)}^\top \boldsymbol{v}_c) \cdot \sigma(\boldsymbol{u}_{n(w_3,3)}^\top \boldsymbol{v}_c)$$

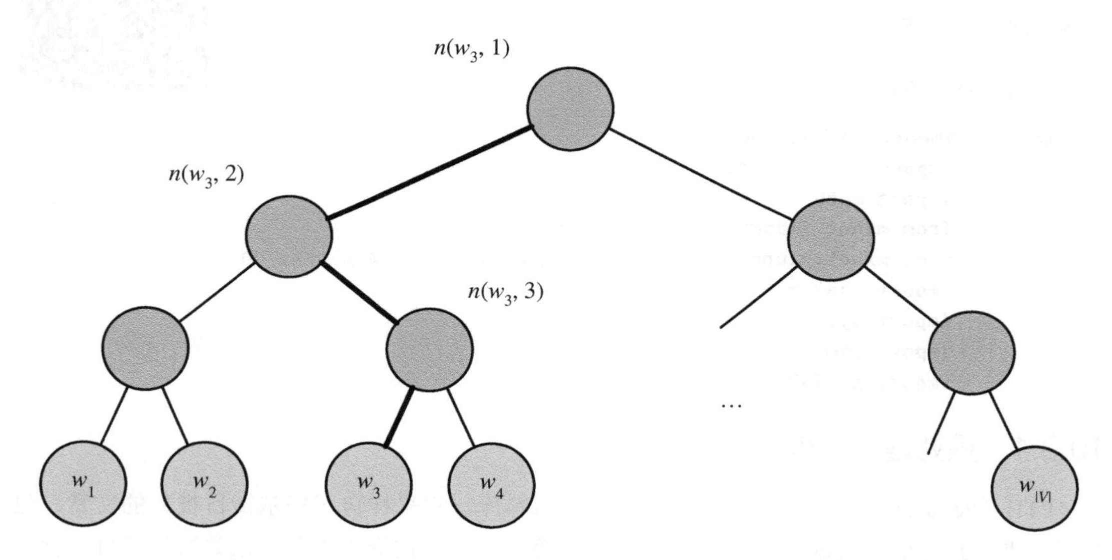

图 10-3　层序 softmax。二叉树的每个叶结点代表着词典的每个词

由于 $\sigma(x)+\sigma(-x)=1$，给定中心词 w_c 生成词典 $\mathcal{V}$ 中任一词的条件概率之和为 1 这一条件也将满足：

$$\sum_{w \in \mathcal{V}} P(w \mid w_c) = 1$$

此外，由于 $L(w_o)-1$ 的数量级为 $\mathcal{O}(\log_2|\mathcal{V}|)$，当词典 $\mathcal{V}$ 很大时，层序 softmax 训练中每一步的梯度计算开销相较未使用近似训练时大幅降低。

小结

- 负采样通过考虑同时含有正类样本和负类样本的相互独立事件来构造损失函数。其训练中每一步的梯度计算开销与采样的噪声词的个数线性相关。
- 层序 softmax 使用了二叉树，并根据根结点到叶结点的路径来构造损失函数。其训练中每一步的梯度计算开销与词典大小的对数相关。

练习

（1）在阅读 10.3 节之前，你觉得在负采样中应如何采样噪声词？

（2）本节中最后一个公式为什么成立？

（3）如何将负采样或层序 softmax 用于训练连续词袋模型？

10.3 word2vec的实现

扫码直达讨论区

本节是对前两节内容的实践。我们以 10.1 节中的跳字模型和 10.2 节中的负采样为例，介绍在语料库上训练词嵌入模型的实现。我们还会介绍一些实现中的技巧，如二次采样。

首先导入实验所需的包或模块。

```
In [1]: import collections
        import d2lzh as d2l
        import math
        from mxnet import autograd, gluon, nd
        from mxnet.gluon import data as gdata, loss as gloss, nn
        import random
        import sys
        import time
        import zipfile
```

10.3.1 预处理数据集

PTB（Penn Tree Bank）是一个常用的小型语料库。它采样自《华尔街日报》的文章，包括训练集、验证集和测试集。我们将在 PTB 训练集上训练词嵌入模型。该数据集的每一行作为一个句子。句子中的每个词由空格隔开。

```
In [2]: with zipfile.ZipFile('../data/ptb.zip', 'r') as zin:
            zin.extractall('../data/')

        with open('../data/ptb/ptb.train.txt', 'r') as f:
            lines = f.readlines()
            # st是sentence的缩写
            raw_dataset = [st.split() for st in lines]

        '# sentences: %d' % len(raw_dataset)

Out[2]: '# sentences: 42068'
```

对于数据集的前 3 个句子，打印每个句子的词数和前 5 个词。这个数据集中句尾符为“<eos>”，生僻词全用“<unk>”表示，数字则被替换成了“N”。

```
In [3]: for st in raw_dataset[:3]:
            print('# tokens:', len(st), st[:5])
```

```
# tokens: 24 ['aer', 'banknote', 'berlitz', 'calloway', 'centrust']
# tokens: 15 ['pierre', '<unk>', 'N', 'years', 'old']
# tokens: 11 ['mr.', '<unk>', 'is', 'chairman', 'of']
```

1. 建立词语索引

为了计算简单，我们只保留在数据集中至少出现 5 次的词。

```
In [4]: # tk是token的缩写
        counter = collections.Counter([tk for st in raw_dataset for tk in st])
        counter = dict(filter(lambda x: x[1] >= 5, counter.items()))
```

然后将词映射到整数索引。

```
In [5]: idx_to_token = [tk for tk, _ in counter.items()]
        token_to_idx = {tk: idx for idx, tk in enumerate(idx_to_token)}
        dataset = [[token_to_idx[tk] for tk in st if tk in token_to_idx]
                   for st in raw_dataset]
        num_tokens = sum([len(st) for st in dataset])
        '# tokens: %d' % num_tokens

Out[5]: '# tokens: 887100'
```

2. 二次采样

文本数据中一般会出现一些高频词，如英文中的“the”“a”和“in”。通常来说，在一个背景窗口中，一个词（如“chip”）和较低频词（如“microprocessor”）同时出现比和较高频词（如“the”）同时出现对训练词嵌入模型更有益。因此，训练词嵌入模型时可以对词进行二次采样（subsampling）[40]。具体来说，数据集中每个被索引词 w_i 将有一定概率被丢弃，该丢弃概率为

$$P(w_i) = \max\left(1 - \sqrt{\frac{t}{f(w_i)}}, 0\right)$$

其中 $f(w_i)$ 是数据集中词 w_i 的个数与总词数之比，常数 t 是一个超参数（实验中设为 10^{-4}）。可见，只有当 $f(w_i) > t$ 时，我们才有可能在二次采样中丢弃词 w_i，并且越高频的词被丢弃的概率越大。

```
In [6]: def discard(idx):
            return random.uniform(0, 1) < 1 - math.sqrt(
                1e-4 / counter[idx_to_token[idx]] * num_tokens)

        subsampled_dataset = [[tk for tk in st if not discard(tk)] for st in dataset]
        '# tokens: %d' % sum([len(st) for st in subsampled_dataset])

Out[6]: '# tokens: 375744'
```

可以看到，二次采样后我们去掉了一半左右的词。下面比较一个词在二次采样前后出现在数据集中的次数。可见高频词“the”的采样率不足 1/20。

```
In [7]: def compare_counts(token):
            return '# %s: before=%d, after=%d' % (token, sum(
                [st.count(token_to_idx[token]) for st in dataset]), sum(
                [st.count(token_to_idx[token]) for st in subsampled_dataset]))

        compare_counts('the')

Out[7]: '# the: before=50770, after=2170'
```

但低频词“join”则完整地保留了下来。

```
In [8]: compare_counts('join')

Out[8]: '# join: before=45, after=45'
```

3. 提取中心词和背景词

我们将与中心词距离不超过背景窗口大小的词作为它的背景词。下面定义函数提取出所有中心词和它们的背景词。它每次在整数 1 和 max_window_size（最大背景窗口）之间随机均匀采样一个整数作为背景窗口大小。

```
In [9]: def get_centers_and_contexts(dataset, max_window_size):
            centers, contexts = [], []
            for st in dataset:
                if len(st) < 2:  # 每个句子至少要有2个词才可能组成一对“中心词-背景词”
                    continue
                centers += st
                for center_i in range(len(st)):
                    window_size = random.randint(1, max_window_size)
                    indices = list(range(max(0, center_i - window_size),
                                         min(len(st), center_i + 1 + window_size)))
                    indices.remove(center_i)  # 将中心词排除在背景词之外
                    contexts.append([st[idx] for idx in indices])
            return centers, contexts
```

下面我们创建一个人工数据集，其中含有词数分别为 7 和 3 的两个句子。设最大背景窗口为 2，打印所有中心词和它们的背景词。

```
In [10]: tiny_dataset = [list(range(7)), list(range(7, 10))]
         print('dataset', tiny_dataset)
         for center, context in zip(*get_centers_and_contexts(tiny_dataset, 2)):
             print('center', center, 'has contexts', context)

dataset [[0, 1, 2, 3, 4, 5, 6], [7, 8, 9]]
center 0 has contexts [1]
center 1 has contexts [0, 2]
center 2 has contexts [1, 3]
center 3 has contexts [1, 2, 4, 5]
center 4 has contexts [3, 5]
center 5 has contexts [3, 4, 6]
center 6 has contexts [4, 5]
center 7 has contexts [8, 9]
center 8 has contexts [7, 9]
center 9 has contexts [7, 8]
```

实验中，我们设最大背景窗口大小为 5。下面提取数据集中所有的中心词及其背景词。

```
In [11]: all_centers, all_contexts = get_centers_and_contexts(subsampled_dataset, 5)
```

10.3.2 负采样

我们使用负采样来进行近似训练。对于一对中心词和背景词，我们随机采样 K 个噪声词（实验中设 $K=5$）。根据 word2vec 论文的建议，噪声词采样概率 $P(w)$ 设为 w 词频与总词频之比的 0.75 次方 [40]。

```
In [12]: def get_negatives(all_contexts, sampling_weights, K):
             all_negatives, neg_candidates, i = [], [], 0
             population = list(range(len(sampling_weights)))
             for contexts in all_contexts:
                 negatives = []
                 while len(negatives) < len(contexts) * K:
                     if i == len(neg_candidates):
                         # 根据每个词的权重（sampling_weights）随机生成k个词的索引作为噪声词。
                         # 为了高效计算，可以将k设得稍大一点
                         i, neg_candidates = 0, random.choices(
                             population, sampling_weights, k=int(1e5))
                     neg, i = neg_candidates[i], i + 1
                     # 噪声词不能是背景词
                     if neg not in set(contexts):
                         negatives.append(neg)
                 all_negatives.append(negatives)
             return all_negatives

         sampling_weights = [counter[w]**0.75 for w in idx_to_token]
         all_negatives = get_negatives(all_contexts, sampling_weights, 5)
```

10.3.3 读取数据集

我们从数据集中提取所有中心词 all_centers，以及每个中心词对应的背景词 all_contexts 和噪声词 all_negatives。我们将通过随机小批量来读取它们。

在一个小批量数据中，第 i 个样本包括一个中心词以及它所对应的 n_i 个背景词和 m_i 个噪声词。由于每个样本的背景窗口大小可能不一样，其中背景词与噪声词个数之和 n_i+m_i 也会不同。在构造小批量时，我们将每个样本的背景词和噪声词连结在一起，并添加填充项 0 直至连结后的长度相同，即长度均为 $\max_i n_i+m_i$（max_len 变量）。为了避免填充项对损失函数计算的影响，我们构造了掩码变量 masks，其每一个元素分别与连结后的背景词和噪声词 contexts_negatives 中的元素一一对应。当 contexts_negatives 变量中的某个元素为填充项时，相同位置的掩码变量 masks 中的元素取 0，否则取 1。为了区分正类和负类，我们还需要将 contexts_negatives 变量中的背景词和噪声词区分开来。依据掩码变量的构造思路，我们只需创建与 contexts_negatives 变量形状相同的标签变量 labels，并将与背景词（正类）对应的元素设 1，其余清 0。

下面我们实现这个小批量读取函数 batchify。它的小批量输入 data 是一个长度为批量大小的列表，其中每个元素分别包含中心词 center、背景词 context 和噪声词 negative。该函数返回的小批量数据符合我们需要的格式，例如，包含了掩码变量。

```
In [13]: def batchify(data):
             max_len = max(len(c) + len(n) for _, c, n in data)
             centers, contexts_negatives, masks, labels = [], [], [], []
             for center, context, negative in data:
                 cur_len = len(context) + len(negative)
                 centers += [center]
                 contexts_negatives += [context + negative + [0] * (max_len - cur_len)]
                 masks += [[1] * cur_len + [0] * (max_len - cur_len)]
                 labels += [[1] * len(context) + [0] * (max_len - len(context))]
             return (nd.array(centers).reshape((-1, 1)), nd.array(contexts_negatives),
                     nd.array(masks), nd.array(labels))
```

我们用刚刚定义的 batchify 函数指定 DataLoader 实例中小批量的读取方式，然后打印读取的第一个批量中各个变量的形状。

```
In [14]: batch_size = 512
         num_workers = 0 if sys.platform.startswith('win32') else 4
         dataset = gdata.ArrayDataset(all_centers, all_contexts, all_negatives)
         data_iter = gdata.DataLoader(dataset, batch_size, shuffle=True,
                                      batchify_fn=batchify, num_workers=num_workers)
         for batch in data_iter:
             for name, data in zip(['centers', 'contexts_negatives', 'masks',
                                    'labels'], batch):
                 print(name, 'shape:', data.shape)
             break

centers shape: (512, 1)
contexts_negatives shape: (512, 60)
masks shape: (512, 60)
labels shape: (512, 60)
```

10.3.4　跳字模型

我们将通过使用嵌入层和小批量乘法来实现跳字模型。它们也常常用于实现其他自然语言处理的应用。

1. 嵌入层

获取词嵌入的层称为*嵌入层*，在 Gluon 中可以通过创建 nn.Embedding 实例得到。嵌入层的权重是一个矩阵，其行数为词典大小（input_dim），列数为每个词向量的维度（output_dim）。我们设词典大小为 20，词向量的维度为 4。

```
In [15]: embed = nn.Embedding(input_dim=20, output_dim=4)
         embed.initialize()
         embed.weight

Out[15]: Parameter embedding0_weight (shape=(20, 4), dtype=float32)
```

嵌入层的输入为词的索引。输入一个词的索引 i，嵌入层返回权重矩阵的第 i 行作为它的词向量。下面我们将形状为 (2, 3) 的索引输入进嵌入层，由于词向量的维度为 4，我们得到形状为 (2, 3, 4) 的词向量。

```
In [16]: x = nd.array([[1, 2, 3], [4, 5, 6]])
         embed(x)

Out[16]:
         [[[ 0.01438687  0.05011239  0.00628365  0.04861524]
           [-0.01068833  0.01729892  0.02042518 -0.01618656]
           [-0.00873779 -0.02834515  0.05484822 -0.06206018]]

          [[ 0.06491279 -0.03182812 -0.01631819 -0.00312688]
           [ 0.0408415   0.04370362  0.00404529 -0.0028032 ]
           [ 0.00952624 -0.01501013  0.05958354  0.04705103]]]
         <NDArray 2x3x4 @cpu(0)>
```

2. 小批量乘法

我们可以使用小批量乘法运算 batch_dot 对两个小批量中的矩阵一一做乘法。假设第一个小批量包含 n 个形状为 $a\times b$ 的矩阵 $\boldsymbol{X}_1, \cdots, \boldsymbol{X}_n$，第二个小批量包含 n 个形状为 $b\times c$ 的矩阵 $\boldsymbol{Y}_1, \cdots, \boldsymbol{Y}_n$。这两个小批量的矩阵乘法输出为 n 个形状为 $a\times c$ 的矩阵 $\boldsymbol{X}_1\boldsymbol{Y}_1, \cdots, \boldsymbol{X}_n\boldsymbol{Y}_n$。因此，给定两个形状分别为 (n, a, b) 和 (n, b, c) 的 NDArray，小批量乘法输出的形状为 (n, a, c)。

```
In [17]: X = nd.ones((2, 1, 4))
         Y = nd.ones((2, 4, 6))
         nd.batch_dot(X, Y).shape

Out[17]: (2, 1, 6)
```

3. 跳字模型前向计算

在前向计算中，跳字模型的输入包含中心词索引 center 以及连结的背景词与噪声词索引 contexts_and_negatives。其中 center 变量的形状为 (批量大小, 1)，而 contexts_and_negatives 变量的形状为 (批量大小, max_len)。这两个变量先通过词嵌入层分别由词索引变换为词向量，再通过小批量乘法得到形状为 (批量大小, 1, max_len) 的输出。输出中的每个元素是中心词向量与背景词向量或噪声词向量的内积。

```
In [18]: def skip_gram(center, contexts_and_negatives, embed_v, embed_u):
             v = embed_v(center)
             u = embed_u(contexts_and_negatives)
             pred = nd.batch_dot(v, u.swapaxes(1, 2))
             return pred
```

10.3.5 训练模型

在训练词嵌入模型之前，我们需要定义模型的损失函数。

1. 二元交叉熵损失函数

根据负采样中损失函数的定义，我们可以直接使用 Gluon 的二元交叉熵损失函数 SigmoidBinaryCrossEntropyLoss。

```
In [19]: loss = gloss.SigmoidBinaryCrossEntropyLoss()
```

值得一提的是，我们可以通过掩码变量指定小批量中参与损失函数计算的部分预测值和标签：当掩码为 1 时，相应位置的预测值和标签将参与损失函数的计算；当掩码为 0 时，相应位置的预测值和标签则不参与损失函数的计算。我们之前提到，掩码变量可用于避免填充项对损失函数计算的影响。

```
In [20]: pred = nd.array([[1.5, 0.3, -1, 2], [1.1, -0.6, 2.2, 0.4]])
         # 标签变量label中的1和0分别代表背景词和噪声词
         label = nd.array([[1, 0, 0, 0], [1, 1, 0, 0]])
         mask = nd.array([[1, 1, 1, 1], [1, 1, 1, 0]])  # 掩码变量
         loss(pred, label, mask) * mask.shape[1] / mask.sum(axis=1)

Out[20]:
         [0.8739896 1.2099689]
         <NDArray 2 @cpu(0)>
```

作为比较，下面将从零开始实现二元交叉熵损失函数的计算，并根据掩码变量 mask 计算掩码为 1 的预测值和标签的损失。

```
In [21]: def sigmd(x):
             return -math.log(1 / (1 + math.exp(-x)))

         print('%.7f' % ((sigmd(1.5) + sigmd(-0.3) + sigmd(1) + sigmd(-2)) / 4))
         print('%.7f' % ((sigmd(1.1) + sigmd(-0.6) + sigmd(-2.2)) / 3))

0.8739896
1.2099689
```

2. 初始化模型参数

我们分别构造中心词和背景词的嵌入层，并将超参数词向量维度 embed_size 设置成 100。

```
In [22]: embed_size = 100
         net = nn.Sequential()
         net.add(nn.Embedding(input_dim=len(idx_to_token), output_dim=embed_size),
                 nn.Embedding(input_dim=len(idx_to_token), output_dim=embed_size))
```

3. 定义训练函数

下面定义训练函数。由于填充项的存在，与之前的训练函数相比，损失函数的计算稍有不同。

```
In [23]: def train(net, lr, num_epochs):
             ctx = d2l.try_gpu()
             net.initialize(ctx=ctx, force_reinit=True)
```

```
        trainer = gluon.Trainer(net.collect_params(), 'adam',
                                {'learning_rate': lr})
        for epoch in range(num_epochs):
            start, l_sum, n = time.time(), 0.0, 0
            for batch in data_iter:
                center, context_negative, mask, label = [
                    data.as_in_context(ctx) for data in batch]
                with autograd.record():
                    pred = skip_gram(center, context_negative, net[0], net[1])
                    # 使用掩码变量mask来避免填充项对损失函数计算的影响
                    l = (loss(pred.reshape(label.shape), label, mask) *
                         mask.shape[1] / mask.sum(axis=1))
                l.backward()
                trainer.step(batch_size)
                l_sum += l.sum().asscalar()
                n += l.size
            print('epoch %d, loss %.2f, time %.2fs'
                  % (epoch + 1, l_sum / n, time.time() - start))
```

现在我们就可以使用负采样训练跳字模型了。

```
In [24]: train(net, 0.005, 5)

epoch 1, loss 0.46, time 23.86s
epoch 2, loss 0.39, time 23.58s
epoch 3, loss 0.35, time 25.03s
epoch 4, loss 0.32, time 23.62s
epoch 5, loss 0.31, time 23.59s
```

10.3.6 应用词嵌入模型

训练好词嵌入模型之后，我们可以根据两个词向量的余弦相似度表示词与词之间在语义上的相似度。可以看到，使用训练得到的词嵌入模型时，与词“chip”语义最接近的词大多与芯片有关。

```
In [25]: def get_similar_tokens(query_token, k, embed):
             W = embed.weight.data()
             x = W[token_to_idx[query_token]]
             # 添加的1e-9是为了数值稳定性
             cos = nd.dot(W, x) / (nd.sum(W * W, axis=1) * nd.sum(x * x) + 1e-9).sqrt()
             topk = nd.topk(cos, k=k+1, ret_typ='indices').asnumpy().astype('int32')
             for i in topk[1:]:  # 除去输入词
                 print('cosine sim=%.3f: %s' % (cos[i].asscalar(), (idx_to_token[i])))

         get_similar_tokens('chip', 3, net[0])

cosine sim=0.551: microprocessor
cosine sim=0.533: intel
cosine sim=0.499: mips
```

小结

- 可以使用 Gluon 通过负采样训练跳字模型。
- 二次采样试图尽可能减轻高频词对训练词嵌入模型的影响。
- 可以将长度不同的样本填充至长度相同的小批量，并通过掩码变量区分非填充和填充，然后只令非填充参与损失函数的计算。

练习

（1）在创建 `nn.Embedding` 实例时设参数 `sparse_grad=True`，训练是否可以加速？查阅 MXNet 文档，了解该参数的意义。

（2）我们用 `batchify` 函数指定 `DataLoader` 实例中小批量的读取方式，并打印了读取的第一个批量中各个变量的形状。这些形状该如何计算得到？

（3）试着找出其他词的近义词。

（4）调一调超参数，观察并分析实验结果。

（5）当数据集较大时，我们通常在迭代模型参数时才对当前小批量里的中心词采样背景词和噪声词。也就是说，同一个中心词在不同的迭代周期可能会有不同的背景词或噪声词。这样训练有哪些好处？尝试实现该训练方法。

10.4　子词嵌入（fastText）

扫码直达讨论区

英语单词通常有其内部结构和形成方式。例如，我们可以从“dog”“dogs”和“dogcatcher”的字面上推测它们的关系。这些词都有同一个词根“dog”，但使用不同的后缀来改变词的含义。而且，这个关联可以推广至其他词汇。例如，“dog”和“dogs”的关系如同“cat”和“cats”的关系，“boy”和“boyfriend”的关系如同“girl”和“girlfriend”的关系。这一特点并非为英语所独有。在法语和西班牙语中，很多动词根据场景不同有 40 多种不同的形态，而在芬兰语中，一个名词可能有 15 种以上的形态。事实上，构词学（morphology）作为语言学的一个重要分支，研究的正是词的内部结构和形成方式。

在 word2vec 中，我们并没有直接利用构词学中的信息。无论是在跳字模型还是连续词袋模型中，我们都将形态不同的单词用不同的向量来表示。例如，“dog”和“dogs”分别用两个不同的向量表示，而模型中并未直接表达这两个向量之间的关系。鉴于此，fastText 提出了子词嵌入（subword embedding）的方法，从而试图将构词信息引入 word2vec 中的跳字模型 [3]。

在 fastText 中，每个中心词被表示成子词的集合。下面我们用单词“where”作为例子来了解子词是如何产生的。首先，我们在单词的首尾分别添加特殊字符“<”和“>”以区分作为前后缀的子词。然后，将单词当成一个由字符构成的序列来提取 n 元语法。例如，当 $n=3$ 时，我们得到所有长度为 3 的子词“<wh”“whe”“her”“ere”“re>”，以及特殊子词“<where>”。

在 fastText 中，对于一个词 w，我们将它所有长度在 3 ～ 6 的子词和特殊子词的并集记为 $\mathcal{G}_w$。那么词典则是所有词的子词集合的并集。假设词典中子词 g 的向量为 $\boldsymbol{z}_g$，那么跳字模型中词 w 作为中心词的向量 $\boldsymbol{v}_w$ 则表示成

$$\boldsymbol{v}_w = \sum_{g \in \mathcal{G}_w} \boldsymbol{z}_g$$

fastText 的其余部分同跳字模型一致，不在此重复。可以看到，与跳字模型相比，fastText 中词典规模更大，造成模型参数更多，同时一个词的向量需要对所有子词向量求和，继而导致计算复杂度更高。但与此同时，较生僻的复杂单词，甚至是词典中没有的单词，可能会从同它结构类似的其他词那里获取更好的词向量表示。

小结

- fastText 提出了子词嵌入方法。它在 word2vec 中的跳字模型的基础上，将中心词向量表示成单词的子词向量之和。
- 子词嵌入利用构词上的规律，通常可以提升生僻词表征的质量。

练习

（1）子词过多（例如，6 字英文组合数约为 3×10^8）会有什么问题？你有什么办法来解决它吗？提示：可参考 fastText 论文 3.2 节末尾[3]。

（2）如何基于连续词袋模型设计子词嵌入模型？

10.5 全局向量的词嵌入（GloVe）

让我们先回顾一下 word2vec 中的跳字模型。将跳字模型中使用 softmax 运算表达的条件概率 $P(w_j \mid w_i)$ 记作 q_{ij}，即

$$q_{ij} = \frac{\exp(\boldsymbol{u}_j^\top \boldsymbol{v}_i)}{\sum_{k \in \mathcal{V}} \exp(\boldsymbol{u}_k^\top \boldsymbol{v}_i)}$$

其中 $\boldsymbol{v}_i$ 和 $\boldsymbol{u}_i$ 分别是索引为 i 的词 w_i 作为中心词和背景词时的向量表示，$\mathcal{V} = \{0, 1, \cdots, |\mathcal{V}|-1\}$ 为词典索引集。

对于词 w_i，它在数据集中可能多次出现。我们将每一次以它作为中心词的所有背景词全部汇总并保留重复元素，记作**多重集**（multiset）$\mathcal{C}_i$。一个元素在多重集中的个数称为该元素的**重数**（multiplicity）。举例来说，假设词 w_i 在数据集中出现 2 次：文本序列中以这 2 个 w_i 作为中心词的背景窗口分别包含背景词索引 $2, 1, 5, 2$ 和 $2, 3, 2, 1$。那么多重集 $\mathcal{C}_i = \{1, 1, 2, 2, 2, 2, 3, 5\}$，其中元素 1 的重数为 2，元素 2 的重数为 4，元素 3 和 5 的重数均为 1。将多重集 $\mathcal{C}_i$ 中元素 j 的重数记作 x_{ij}：它表示了整个数据集中所有以 w_i 为中心词的背景窗口中词 w_j 的个数。那么，跳

字模型的损失函数还可以用另一种方式表达：

$$-\sum_{i\in\mathcal{V}}\sum_{j\in\mathcal{V}} x_{ij}\log q_{ij}$$

我们将数据集中所有以词 w_i 为中心词的背景词的数量之和 $|C_i|$ 记为 x_i，并将以 w_i 为中心词生成背景词 w_j 的条件概率 x_{ij}/x_i 记作 p_{ij}。我们可以进一步将跳字模型的损失函数改写为

$$-\sum_{i\in\mathcal{V}} x_i \sum_{j\in\mathcal{V}} p_{ij}\log q_{ij}$$

上式中，$-\sum_{j\in\mathcal{V}} p_{ij}\log q_{ij}$ 计算的是以 w_i 为中心词的背景词条件概率分布 p_{ij} 和模型预测的条件概率分布 q_{ij} 的交叉熵，且损失函数使用所有以词 w_i 为中心词的背景词的数量之和来加权。最小化上式中的损失函数会令预测的条件概率分布尽可能接近真实的条件概率分布。

然而，作为常用损失函数的一种，交叉熵损失函数有时并不是好的选择。一方面，正如我们在 10.2 节中所提到的，令模型预测 q_{ij} 成为合法概率分布的代价是它在分母中基于整个词典的累加项。这很容易带来过大的计算开销。另一方面，词典中往往有大量生僻词，它们在数据集中出现的次数极少。而有关大量生僻词的条件概率分布在交叉熵损失函数中的最终预测往往并不准确。

10.5.1　GloVe模型

鉴于此，作为在 word2vec 之后提出的词嵌入模型，GloVe 模型采用了平方损失，并基于该损失对跳字模型做了 3 点改动 [42]。

（1）使用非概率分布的变量 $p'_{ij}=x_{ij}$ 和 $q'_{ij}=\exp(\boldsymbol{u}_j^\top \boldsymbol{v}_i)$，并对它们取对数。因此，平方损失项是 $(\log p'_{ij}-\log q'_{ij})^2=(\boldsymbol{u}_j^\top \boldsymbol{v}_i-\log x_{ij})^2$。

（2）为每个词　w_i 增加两个为标量的模型参数：中心词偏差项 b_i 和背景词偏差项 c_i。

（3）将每个损失项的权重替换成函数 $h(x_{ij})$。权重函数 $h(x)$ 是值域在 [0, 1] 的单调递增函数。

如此一来，GloVe 模型的目标是最小化损失函数

$$\sum_{i\in\mathcal{V}}\sum_{j\in\mathcal{V}} h(x_{ij})(\boldsymbol{u}_j^\top \boldsymbol{v}_i+b_i+c_j-\log x_{ij})^2$$

其中权重函数 $h(x)$ 的一个建议选择是：当 $x<c$ 时（如 $c=100$），令 $h(x)=(x/c)^\alpha$（如 $\alpha=0.75$），反之令 $h(x)=1$。因为 $h(0)=0$，所以对于 $x_{ij}=0$ 的平方损失项可以直接忽略。当使用小批量随机梯度下降来训练时，每个时间步我们随机采样小批量非零 x_{ij}，然后计算梯度来迭代模型参数。这些非零 x_{ij} 是预先基于整个数据集计算得到的，包含了数据集的全局统计信息。因此，GloVe 模型的命名取“全局向量”（Global Vectors）之意。

需要强调的是，如果词 w_i 出现在词 w_j 的背景窗口里，那么词 w_j 也会出现在词 w_i 的背景窗口里。也就是说，$x_{ij}=x_{ji}$。不同于 word2vec 中拟合的是非对称的条件概率 p_{ij}，GloVe 模型拟合的是对称的 $\log x_{ij}$。因此，任意词的中心词向量和背景词向量在 GloVe 模型中是等价的。但由于初始化值的不同，同一个词最终学习到的两组词向量可能不同。当学习得到所有词向量以后，GloVe 模型使用中心词向量与背景词向量之和作为该词的最终词向量。

10.5.2 从条件概率比值理解GloVe模型

我们还可以从另外一个角度来理解 GloVe 模型。沿用本节前面的符号，$P(w_j \mid w_i)$ 表示数据集中以 w_i 为中心词生成背景词 w_j 的条件概率，并记作 p_{ij}。作为源于某大型语料库的真实例子，表 10-1 中列举了两组分别以“ice”（冰）和“steam”（蒸汽）为中心词的条件概率以及它们之间的比值 [42]。

表 10-1　以“ice”和“steam”为中心词的条件概率以及它们的比值

w_k	$p_1 = P(w_k \mid \text{"ice"})$	$p_2 = P(w_k \mid \text{"steam"})$	p_1/p_2
“solid”	0.00019	0.000022	8.9
“gas”	0.000066	0.00078	0.085
“water”	0.003	0.0022	1.36
fashion	0.000017	0.000018	0.96

我们可以观察到以下现象。

- 对于与“ice”相关而与“steam”不相关的词 w_k，如 $w_k =$“solid”（固体），我们期望条件概率比值较大，如表 10-1 最后一列中的值 8.9；
- 对于与“ice”不相关而与“steam”相关的词 w_k，如 $w_k =$“gas”（气体），我们期望条件概率比值较小，如表 10-1 最后一列中的值 0.085；
- 对于与“ice”和“steam”都相关的词 w_k，如 $w_k =$“water”（水），我们期望条件概率比值接近 1，如表 10-1 最后一列中的值 1.36；
- 对于与“ice”和“steam”都不相关的词 w_k，如 $w_k =$“fashion”（时尚），我们期望条件概率比值接近 1，如表 10-1 最后一列中的值 0.96。

由此可见，条件概率比值能比较直观地表达词与词之间的关系。我们可以构造一个词向量函数使它能有效拟合条件概率比值。我们知道，任意一个这样的比值需要 3 个词 w_i、w_j 和 w_k。以 w_i 作为中心词的条件概率比值为 p_{ij}/p_{ik}。我们可以找一个函数，它使用词向量来拟合这个条件概率比值

$$f(\boldsymbol{u}_j, \boldsymbol{u}_k, \boldsymbol{v}_i) \approx \frac{p_{ij}}{p_{ik}}$$

这里函数 f 可能的设计并不唯一，我们只需考虑一种较为合理的可能性。注意到条件概率比值是一个标量，我们可以将 f 限制为一个标量函数：$f(\boldsymbol{u}_j, \boldsymbol{u}_k, \boldsymbol{v}_i) = f((\boldsymbol{u}_j - \boldsymbol{u}_k)^\top \boldsymbol{v}_i)$。交换索引 j 和 k 后可以看到函数 f 应该满足 $f(x)f(-x)=1$，因此一种可能是 $f(x)=\exp(x)$，于是

$$f(\boldsymbol{u}_j, \boldsymbol{u}_k, \boldsymbol{v}_i) = \frac{\exp(\boldsymbol{u}_j^\top \boldsymbol{v}_i)}{\exp(\boldsymbol{u}_k^\top \boldsymbol{v}_i)} \approx \frac{p_{ij}}{p_{ik}}$$

满足最右边约等号的一种可能是 $\exp(\boldsymbol{u}_j^\top \boldsymbol{v}_i) \approx \alpha p_{ij}$，这里 α 是一个常数。考虑到 $p_{ij} = x_{ij}/x_i$，取对数后 $\boldsymbol{u}_j^\top \boldsymbol{v}_i \approx \log\alpha + \log x_{ij} - \log x_i$。我们使用额外的偏差项来拟合 $-\log\alpha + \log x_i$，例如，中心词偏差项 b_i 和背景词偏差项 c_j：

$$u_j^\top v_i + b_i + c_j \approx \log x_{ij}$$

对上式左右两边取平方误差并加权，我们可以得到 GloVe 模型的损失函数。

小结

- 在有些情况下，交叉熵损失函数有劣势。GloVe 模型采用了平方损失，并通过词向量拟合预先基于整个数据集计算得到的全局统计信息。
- 任意词的中心词向量和背景词向量在 GloVe 模型中是等价的。

练习

（1）如果一个词出现在另一个词的背景窗口中，如何利用它们之间在文本序列的距离重新设计条件概率 p_{ij} 的计算方式？（提示：可参考 GloVe 论文 4.2 节 [42]。）

（2）对于任意词，它在 GloVe 模型的中心词偏差项和背景词偏差项是否等价？为什么？

10.6　求近义词和类比词

在 10.3 节中，我们在小规模数据集上训练了一个 word2vec 词嵌入模型，并通过词向量的余弦相似度搜索近义词。实际中，在大规模语料上预训练的词向量常常可以应用到下游自然语言处理任务中。本节将演示如何用这些预训练的词向量来求近义词和类比词。我们还将在 10.7 节和 10.8 节中继续应用预训练的词向量。

10.6.1　使用预训练的词向量

MXNet 的 contrib.text 包提供了与自然语言处理相关的函数和类（更多参见 GluonNLP 工具包①）。下面查看它目前提供的预训练词嵌入的名称。

```
In [1]: from mxnet import nd
        from mxnet.contrib import text

        text.embedding.get_pretrained_file_names().keys()

Out[1]: dict_keys(['glove', 'fasttext'])
```

给定词嵌入名称，可以查看该词嵌入提供了哪些预训练的模型。每个模型的词向量维度可能不同，或是在不同数据集上预训练得到的。

```
In [2]: print(text.embedding.get_pretrained_file_names('glove'))

['glove.42B.300d.txt', 'glove.6B.50d.txt', 'glove.6B.100d.txt', 'glove.6B.200d.txt',
 ↪  'glove.6B.300d.txt', 'glove.840B.300d.txt', 'glove.twitter.27B.25d.txt',
 ↪  'glove.twitter.27B.50d.txt', 'glove.twitter.27B.100d.txt',
 ↪  'glove.twitter.27B.200d.txt']
```

① GluonNLP 工具包参见https://gluon-nlp.mxnet.io/。

预训练的 GloVe 模型的命名规范大致是“模型 .（数据集 .）数据集词数 . 词向量维度 .txt”。更多信息可以参考 GloVe 和 fastText 的项目网站。下面我们使用基于维基百科子集预训练的 50 维 GloVe 词向量。第一次创建预训练词向量实例时会自动下载相应的词向量，因此需要联网。

```
In [3]: glove_6b50d = text.embedding.create(
            'glove', pretrained_file_name='glove.6B.50d.txt')
```

打印词典大小。其中含有 40 万个词和 1 个特殊的未知词符号。

```
In [4]: len(glove_6b50d)

Out[4]: 400001
```

我们可以通过词来获取它在词典中的索引，也可以通过索引获取词。

```
In [5]: glove_6b50d.token_to_idx['beautiful'], glove_6b50d.idx_to_token[3367]

Out[5]: (3367, 'beautiful')
```

10.6.2 应用预训练词向量

下面我们以 GloVe 模型为例，展示预训练词向量的应用。

1. 求近义词

这里重新实现 10.3 节中介绍过的使用余弦相似度来搜索近义词的算法。为了在求类比词时重用其中的求 *k* 近邻（*k*-nearest neighbor）的逻辑，我们将这部分逻辑单独封装在 knn 函数中。

```
In [6]: def knn(W, x, k):
            # 添加的1e-9是为了数值稳定性
            cos = nd.dot(W, x.reshape((-1,))) / (
                (nd.sum(W * W, axis=1) + 1e-9).sqrt() * nd.sum(x * x).sqrt())
            topk = nd.topk(cos, k=k, ret_typ='indices').asnumpy().astype('int32')
            return topk, [cos[i].asscalar() for i in topk]
```

然后，我们通过预训练词向量实例 embed 来搜索近义词。

```
In [7]: def get_similar_tokens(query_token, k, embed):
            topk, cos = knn(embed.idx_to_vec,
                            embed.get_vecs_by_tokens([query_token]), k+1)
            for i, c in zip(topk[1:], cos[1:]):  # 除去输入词
                print('cosine sim=%.3f: %s' % (c, (embed.idx_to_token[i])))
```

已创建的预训练词向量实例 glove_6b50d 的词典中含 40 万个词和 1 个特殊的未知词。除去输入词和未知词，我们从中搜索与“chip”语义最相近的 3 个词。

```
In [8]: get_similar_tokens('chip', 3, glove_6b50d)

cosine sim=0.856: chips
cosine sim=0.749: intel
cosine sim=0.749: electronics
```

接下来查找“baby”和“beautiful”的近义词。

```
In [9]: get_similar_tokens('baby', 3, glove_6b50d)

cosine sim=0.839: babies
cosine sim=0.800: boy
cosine sim=0.792: girl
```

```
In [10]: get_similar_tokens('beautiful', 3, glove_6b50d)

cosine sim=0.921: lovely
cosine sim=0.893: gorgeous
cosine sim=0.830: wonderful
```

2. 求类比词

除了求近义词以外，我们还可以使用预训练词向量求词与词之间的类比关系。例如，“man”（男人）:“woman”（女人）::“son”（儿子）:“daughter”（女儿）是一个类比例子：“man”之于“woman”相当于“son”之于“daughter”。求类比词问题可以定义为：对于类比关系中的 4 个词 $a : b :: c : d$，给定前 3 个词 a、b 和 c，求 d。设词 w 的词向量为 $\text{vec}(w)$。求类比词的思路是，搜索与 $\text{vec}(c) + \text{vec}(b) - \text{vec}(a)$ 的结果向量最相似的词向量。

```
In [11]: def get_analogy(token_a, token_b, token_c, embed):
             vecs = embed.get_vecs_by_tokens([token_a, token_b, token_c])
             x = vecs[1] - vecs[0] + vecs[2]
             topk, cos = knn(embed.idx_to_vec, x, 1)
             return embed.idx_to_token[topk[0]]
```

验证一下“男 - 女”类比。

```
In [12]: get_analogy('man', 'woman', 'son', glove_6b50d)

Out[12]: 'daughter'
```

“首都 - 国家”类比：“beijing”（北京）之于“china”（中国）相当于“tokyo”（东京）之于什么？答案应该是“japan”（日本）。

```
In [13]: get_analogy('beijing', 'china', 'tokyo', glove_6b50d)

Out[13]: 'japan'
```

“形容词 - 形容词最高级”类比：“bad”（坏的）之于“worst”（最坏的）相当于“big”（大的）之于什么？答案应该是“biggest”（最大的）。

```
In [14]: get_analogy('bad', 'worst', 'big', glove_6b50d)

Out[14]: 'biggest'
```

“动词一般时 - 动词过去时”类比：“do”（做）之于“did”（做过）相当于“go”（去）之于什么？答案应该是“went”（去过）。

```
In [15]: get_analogy('do', 'did', 'go', glove_6b50d)

Out[15]: 'went'
```

小结

- 在大规模语料上预训练的词向量常常可以应用于下游自然语言处理任务中。
- 可以应用预训练的词向量求近义词和类比词。

练习

（1）测试一下 fastText 的结果。值得一提的是，fastText 有预训练的中文词向量（`pretrained_file_name='wiki.zh.vec'`）。

（2）如果词典特别大，如何提升近义词或类比词的搜索速度？

10.7 文本情感分类：使用循环神经网络

文本分类是自然语言处理的一个常见任务，它把一段不定长的文本序列变换为文本的类别。本节关注它的一个子问题：使用文本情感分类来分析文本作者的情绪。这个问题也叫情感分析（sentiment analysis），并有着广泛的应用。例如，我们可以分析用户对产品的评论并统计用户的满意度，或者分析用户对市场行情的情绪并用以预测接下来的行情。

同求近义词和类比词一样，文本分类也属于词嵌入的下游应用。在本节中，我们将应用预训练的词向量和含多个隐藏层的双向循环神经网络，来判断一段不定长的文本序列中包含的是正面还是负面的情绪。

在实验开始前，导入所需的包或模块。

```
In [1]: import collections
        import d2lzh as d2l
        from mxnet import gluon, init, nd
        from mxnet.contrib import text
        from mxnet.gluon import data as gdata, loss as gloss, nn, rnn, utils as gutils
        import os
        import random
        import tarfile
```

10.7.1 文本情感分类数据集

我们使用斯坦福的 IMDb 数据集（Large Movie Review Dataset）作为文本情感分类的数据集 [38]。这个数据集分为训练和测试用的两个数据集，分别包含 25 000 条从 IMDb 网站下载的关于电影的评论。在每个数据集中，标签为“正面”和“负面”的评论数量相等。

1. 读取数据集

首先下载这个数据集到 ../data 路径下，然后解压至 ../data/aclImdb 路径下。

```
In [2]: # 本函数已保存在d2lzh包中方便以后使用
        def download_imdb(data_dir='../data'):
            url = ('http://ai.stanford.edu/~amaas/data/sentiment/aclImdb_v1.tar.gz')
            sha1 = '01ada507287d82875905620988597833ad4e0903'
            fname = gutils.download(url, data_dir, sha1_hash=sha1)
            with tarfile.open(fname, 'r') as f:
                f.extractall(data_dir)

        download_imdb()
```

接下来，读取训练数据集和测试数据集。每个样本是一条评论及其对应的标签：1 表示“正面”，0 表示“负面”。

```
In [3]: def read_imdb(folder='train'):  # 本函数已保存在d2lzh包中方便以后使用
            data = []
            for label in ['pos', 'neg']:
                folder_name = os.path.join('../data/aclImdb/', folder, label)
                for file in os.listdir(folder_name):
                    with open(os.path.join(folder_name, file), 'rb') as f:
                        review = f.read().decode('utf-8').replace('\n', '').lower()
                        data.append([review, 1 if label == 'pos' else 0])
            random.shuffle(data)
            return data

        train_data, test_data = read_imdb('train'), read_imdb('test')
```

2. 预处理数据集

我们需要对每条评论做分词，从而得到分好词的评论。这里定义的 get_tokenized_imdb 函数使用最简单的方法——基于空格进行分词。

```
In [4]: def get_tokenized_imdb(data):  # 本函数已保存在d2lzh包中方便以后使用
            def tokenizer(text):
                return [tok.lower() for tok in text.split(' ')]
            return [tokenizer(review) for review, _ in data]
```

现在，我们可以根据分好词的训练数据集来创建词典了。我们在这里过滤掉了出现次数少于 5 的词。

```
In [5]: def get_vocab_imdb(data):  # 本函数已保存在d2lzh包中方便以后使用
            tokenized_data = get_tokenized_imdb(data)
            counter = collections.Counter([tk for st in tokenized_data for tk in st])
            return text.vocab.Vocabulary(counter, min_freq=5, reserved_tokens=['<pad>'])

        vocab = get_vocab_imdb(train_data)
        '# words in vocab:', len(vocab)

Out[5]: ('# words in vocab:', 46151)
```

因为每条评论长度不一致，所以不能直接组合成小批量，我们定义 preprocess_imdb 函数对每条评论进行分词，并通过词典转换成词索引，然后通过截断或者补“<pad>”（padding）符号来将每条评论长度固定成 500。

```
In [6]: def preprocess_imdb(data, vocab):  # 本函数已保存在d2lzh包中方便以后使用
            max_l = 500  # 将每条评论通过截断或者补'<pad>'，使得长度变成500

            def pad(x):
                return x[:max_l] if len(x) > max_l else x +
                    [vocab.token_to_idx['<pad>']] * (max_l - len(x))

            tokenized_data = get_tokenized_imdb(data)
            features = nd.array([pad(vocab.to_indices(x)) for x in tokenized_data])
            labels = nd.array([score for _, score in data])
            return features, labels
```

3. 创建数据迭代器

现在，我们创建数据迭代器。每次迭代将返回一个小批量的数据。

```
In [7]: batch_size = 64
        train_set = gdata.ArrayDataset(*preprocess_imdb(train_data, vocab))
        test_set = gdata.ArrayDataset(*preprocess_imdb(test_data, vocab))
        train_iter = gdata.DataLoader(train_set, batch_size, shuffle=True)
        test_iter = gdata.DataLoader(test_set, batch_size)
```

打印第一个小批量数据的形状以及训练集中小批量的个数。

```
In [8]: for X, y in train_iter:
            print('X', X.shape, 'y', y.shape)
            break
        '#batches:', len(train_iter)

X (64, 500) y (64,)

Out[8]: ('#batches:', 391)
```

10.7.2 使用循环神经网络的模型

在这个模型中，每个词先通过嵌入层得到特征向量。然后，我们使用双向循环神经网络对特征序列进一步编码得到序列信息。最后，我们将编码的序列信息通过全连接层变换为输出。具体来说，我们可以将双向长短期记忆在最初时间步和最终时间步的隐藏状态连结，作为特征序列的表征传递给输出层分类。在下面实现的 BiRNN 类中，Embedding 实例即嵌入层，LSTM 实例即为序列编码的隐藏层，Dense 实例即生成分类结果的输出层。

```
In [9]: class BiRNN(nn.Block):
            def __init__(self, vocab, embed_size, num_hiddens, num_layers, **kwargs):
                super(BiRNN, self).__init__(**kwargs)
                self.embedding = nn.Embedding(len(vocab), embed_size)
                # bidirectional设为True即得到双向循环神经网络
                self.encoder = rnn.LSTM(num_hiddens, num_layers=num_layers,
```

```
                                bidirectional=True, input_size=embed_size)
        self.decoder = nn.Dense(2)

    def forward(self, inputs):
        # inputs的形状是(批量大小, 词数), 因为LSTM需要将序列作为第一维, 所以将输入转置后
        # 再提取词特征, 输出形状为(词数, 批量大小, 词向量维度)
        embeddings = self.embedding(inputs.T)
        # rnn.LSTM只传入输入embeddings, 因此只返回最后一层的隐藏层在各时间步的隐藏状
        # 态。outputs形状是(词数, 批量大小, 2 * 隐藏单元个数)
        outputs = self.encoder(embeddings)
        # 连结初始时间步和最终时间步的隐藏状态作为全连接层输入。它的形状为
        # (批量大小, 4 * 隐藏单元个数)
        encoding = nd.concat(outputs[0], outputs[-1])
        outs = self.decoder(encoding)
        return outs
```

创建一个含 2 个隐藏层的双向循环神经网络。

```
In [10]: embed_size, num_hiddens, num_layers, ctx = 100, 100, 2, d2l.try_all_gpus()
         net = BiRNN(vocab, embed_size, num_hiddens, num_layers)
         net.initialize(init.Xavier(), ctx=ctx)
```

1. 加载预训练的词向量

由于情感分类的训练数据集并不是很大，为应对过拟合，我们将直接使用在更大规模语料上预训练的词向量作为每个词的特征向量。这里，我们为词典 vocab 中的每个词加载 100 维的 GloVe 词向量。

```
In [11]: glove_embedding = text.embedding.create(
             'glove', pretrained_file_name='glove.6B.100d.txt', vocabulary=vocab)
```

然后，我们将用这些词向量作为评论中每个词的特征向量。注意，预训练词向量的维度需要与创建的模型中的嵌入层输出大小 embed_size 一致。此外，在训练中我们不再更新这些词向量。

```
In [12]: net.embedding.weight.set_data(glove_embedding.idx_to_vec)
         net.embedding.collect_params().setattr('grad_req', 'null')
```

2. 训练模型

这时候就可以开始训练模型了。

```
In [13]: lr, num_epochs = 0.01, 5
         trainer = gluon.Trainer(net.collect_params(), 'adam', {'learning_rate': lr})
         loss = gloss.SoftmaxCrossEntropyLoss()
         d2l.train(train_iter, test_iter, net, loss, trainer, ctx, num_epochs)
```

```
training on [gpu(0), gpu(1), gpu(2), gpu(3)]
epoch 1, loss 0.5618, train acc 0.701, test acc 0.816, time 52.4 sec
epoch 2, loss 0.4011, train acc 0.822, test acc 0.829, time 51.2 sec
epoch 3, loss 0.3627, train acc 0.840, test acc 0.843, time 52.1 sec
epoch 4, loss 0.3265, train acc 0.860, test acc 0.843, time 51.3 sec
epoch 5, loss 0.2867, train acc 0.880, test acc 0.847, time 53.3 sec
```

最后，定义预测函数。

```
In [14]: # 本函数已保存在d2lzh包中方便以后使用
         def predict_sentiment(net, vocab, sentence):
             sentence = nd.array(vocab.to_indices(sentence), ctx=d2l.try_gpu())
             label = nd.argmax(net(sentence.reshape((1, -1))), axis=1)
             return 'positive' if label.asscalar() == 1 else 'negative'
```

下面使用训练好的模型对两个简单句子的情感进行分类。

```
In [15]: predict_sentiment(net, vocab, ['this', 'movie', 'is', 'so', 'great'])

Out[15]: 'positive'

In [16]: predict_sentiment(net, vocab, ['this', 'movie', 'is', 'so', 'bad'])

Out[16]: 'negative'
```

小结

- 文本分类把一段不定长的文本序列变换为文本的类别。它属于词嵌入的下游应用。
- 可以应用预训练的词向量和循环神经网络对文本的情感进行分类。

练习

（1）增加迭代周期。训练后的模型能在训练和测试数据集上得到怎样的准确率？再调节其他超参数试试？

（2）使用更大的预训练词向量，如300维的GloVe词向量，能否提升分类准确率？

（3）使用spaCy分词工具，能否提升分类准确率？你需要安装spaCy（`pip install spacy`），并且安装英文包（`python -m spacy download en`）。在代码中，先导入spaCy（`import spacy`），然后加载spaCy英文包（`spacy_en = spacy.load('en')`）。最后定义函数`def tokenizer(text): return [tok.text for tok in spacy_en.tokenizer(text)]`并替换原来的基于空格分词的`tokenizer`函数。需要注意的是，GloVe词向量对于名词词组的存储方式是用“-”连接各个单词，例如，词组“new york”在GloVe词向量中的表示为“new-york”，而使用spaCy分词之后“new york”的存储可能是“new york”。

10.8 文本情感分类：使用卷积神经网络（textCNN）

在第5章中我们探究了如何使用二维卷积神经网络来处理二维图像数据。在之前的语言模型和文本分类任务中，我们将文本数据看作只有一个维度的时间序列，并很自然地使用循环神经网络来表征这样的数据。其实，我们也可以将文本当作一维图像，从而可以用一维卷积神经网络来捕捉临近词之间的关联。本节将介绍将卷积神经网络应用到文本分析的开创性工作之一——textCNN [28]。

首先导入实验所需的包和模块。

```
In [1]: import d2lzh as d2l
        from mxnet import gluon, init, nd
        from mxnet.contrib import text
        from mxnet.gluon import data as gdata, loss as gloss, nn
```

10.8.1　一维卷积层

在介绍模型前我们先来解释一维卷积层的工作原理。与二维卷积层一样，一维卷积层使用一维的互相关运算。在一维互相关运算中，卷积窗口从输入数组的最左方开始，按从左往右的顺序，依次在输入数组上滑动。当卷积窗口滑动到某一位置时，窗口中的输入子数组与核数组按元素相乘并求和，得到输出数组中相应位置的元素。如图 10-4 所示，输入是一个宽为 7 的一维数组，核数组的宽为 2。可以看到输出的宽度为 $7-2+1=6$，且第一个元素是由输入的最左边的宽为 2 的子数组与核数组按元素相乘后再相加得到的：$0\times1+1\times2=2$。

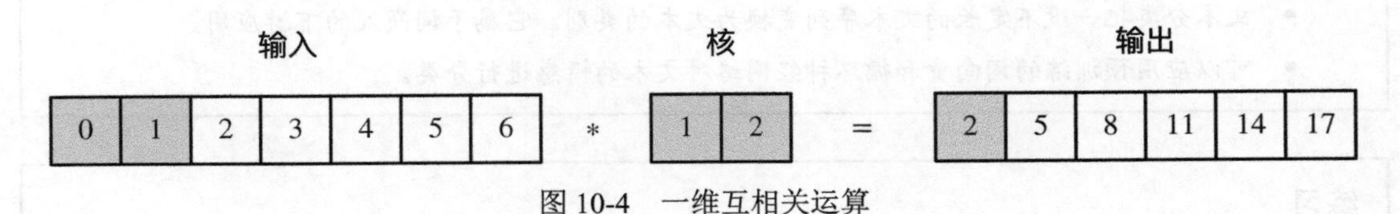

图 10-4　一维互相关运算

下面我们将一维互相关运算实现在 `corr1d` 函数里。它接受输入数组 `X` 和核数组 `K`，并输出数组 `Y`。

```
In [2]: def corr1d(X, K):
            w = K.shape[0]
            Y = nd.zeros((X.shape[0] - w + 1))
            for i in range(Y.shape[0]):
                Y[i] = (X[i: i + w] * K).sum()
            return Y
```

让我们复现图 10-4 中一维互相关运算的结果。

```
In [3]: X, K = nd.array([0, 1, 2, 3, 4, 5, 6]), nd.array([1, 2])
        corr1d(X, K)

Out[3]:
        [ 2.  5.  8. 11. 14. 17.]
        <NDArray 6 @cpu(0)>
```

多输入通道的一维互相关运算也与多输入通道的二维互相关运算类似：在每个通道上，将核与相应的输入做一维互相关运算，并将通道之间的结果相加得到输出结果。图 10-5 展示了含 3 个输入通道的一维互相关运算，其中阴影部分为第一个输出元素及其计算所使用的输入和核数组元素：$0\times1+1\times2+1\times3+2\times4+2\times(-1)+3\times(-3)=2$。

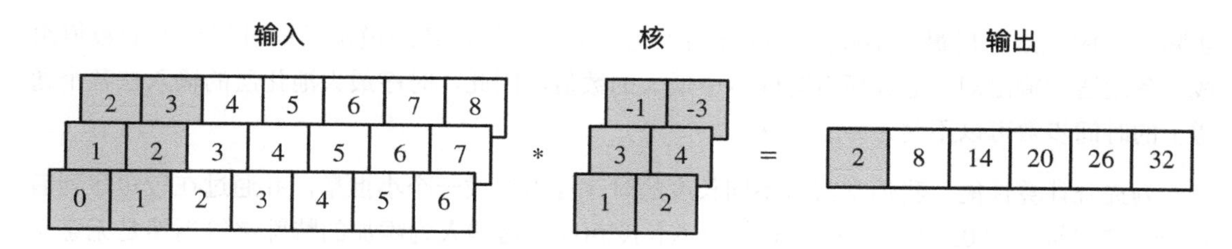

图 10-5 含 3 个输入通道的一维互相关运算

让我们复现图 10-5 中多输入通道的一维互相关运算的结果。

```
In [4]: def corr1d_multi_in(X, K):
            # 首先沿着X和K的第0维（通道维）遍历。然后使用*将结果列表变成add_n函数的位置参数
            #（positional argument）来进行相加
            return nd.add_n(*[corr1d(x, k) for x, k in zip(X, K)])

        X = nd.array([[0, 1, 2, 3, 4, 5, 6],
                      [1, 2, 3, 4, 5, 6, 7],
                      [2, 3, 4, 5, 6, 7, 8]])
        K = nd.array([[1, 2], [3, 4], [-1, -3]])
        corr1d_multi_in(X, K)

Out[4]:
        [ 2.  8. 14. 20. 26. 32.]
        <NDArray 6 @cpu(0)>
```

由二维互相关运算的定义可知，多输入通道的一维互相关运算可以看作单输入通道的二维互相关运算。如图 10-6 所示，我们也可以将图 10-5 中多输入通道的一维互相关运算以等价的单输入通道的二维互相关运算呈现。这里核的高等于输入的高。图 10-6 中的阴影部分为第一个输出元素及其计算所使用的输入和核数组元素：$2\times(-1)+3\times(-3)+1\times3+2\times4+0\times1+1\times2=2$。

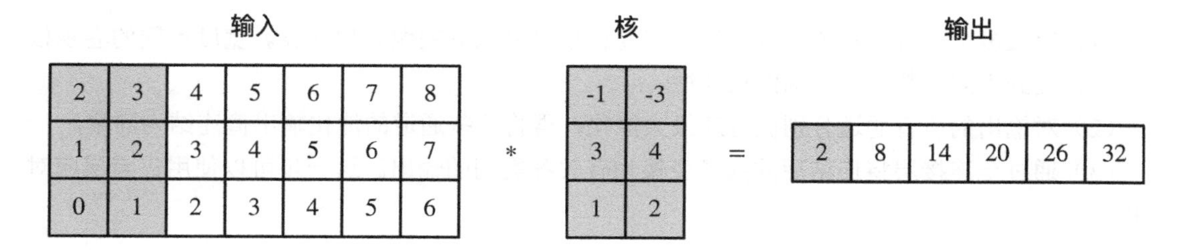

图 10-6 单输入通道的二维互相关运算

图 10-4 和图 10-5 中的输出都只有一个通道。我们在 5.3 节中介绍了如何在二维卷积层中指定多个输出通道。类似地，我们也可以在一维卷积层指定多个输出通道，从而拓展卷积层中的模型参数。

10.8.2 时序最大池化层

类似地，我们有一维池化层。textCNN 中使用的时序最大池化（max-over-time pooling）层

实际上对应一维全局最大池化层：假设输入包含多个通道，各通道由不同时间步上的数值组成，各通道的输出即该通道所有时间步中最大的数值。因此，时序最大池化层的输入在各个通道上的时间步数可以不同。

为提升计算性能，我们常常将不同长度的时序样本组成一个小批量，并通过在较短序列后附加特殊字符（如 0）令批量中各时序样本长度相同。这些人为添加的特殊字符当然是无意义的。由于时序最大池化的主要目的是抓取时序中最重要的特征，它通常能使模型不受人为添加字符的影响。

10.8.3　读取和预处理IMDb数据集

我们依然使用和 10.7 节中相同的 IMDb 数据集做情感分析。以下读取和预处理数据集的步骤与 10.7 节中的相同。

```
In [5]: batch_size = 64
        d2l.download_imdb()
        train_data, test_data = d2l.read_imdb('train'), d2l.read_imdb('test')
        vocab = d2l.get_vocab_imdb(train_data)
        train_iter = gdata.DataLoader(gdata.ArrayDataset(
            *d2l.preprocess_imdb(train_data, vocab)), batch_size, shuffle=True)
        test_iter = gdata.DataLoader(gdata.ArrayDataset(
            *d2l.preprocess_imdb(test_data, vocab)), batch_size)
```

10.8.4　textCNN模型

textCNN 模型主要使用了一维卷积层和时序最大池化层。假设输入的文本序列由 n 个词组成，每个词用 d 维的词向量表示。那么输入样本的宽为 n，高为 1，输入通道数为 d。textCNN 的计算主要分为以下几步。

（1）定义多个一维卷积核，并使用这些卷积核对输入分别做卷积计算。宽度不同的卷积核可能会捕捉到不同个数的相邻词的相关性。

（2）对输出的所有通道分别做时序最大池化，再将这些通道的池化输出值连结为向量。

（3）通过全连接层将连结后的向量变换为有关各类别的输出。这一步可以使用丢弃层应对过拟合。

图 10-7 用一个例子解释了 textCNN 的设计。这里的输入是一个有 11 个词的句子，每个词用 6 维词向量表示。因此输入序列的宽为 11，输入通道数为 6。给定 2 个一维卷积核，核宽分别为 2 和 4，输出通道数分别设为 4 和 5。因此，一维卷积计算后，4 个输出通道的宽为 11 − 2 + 1 = 10，而其他 5 个通道的宽为 11 − 4 + 1 = 8。尽管每个通道的宽不同，我们依然可以对各个通道做时序最大池化，并将 9 个通道的池化输出连结成一个 9 维向量。最终，使用全连接将 9 维向量变换为 2 维输出，即正面情感和负面情感的预测。

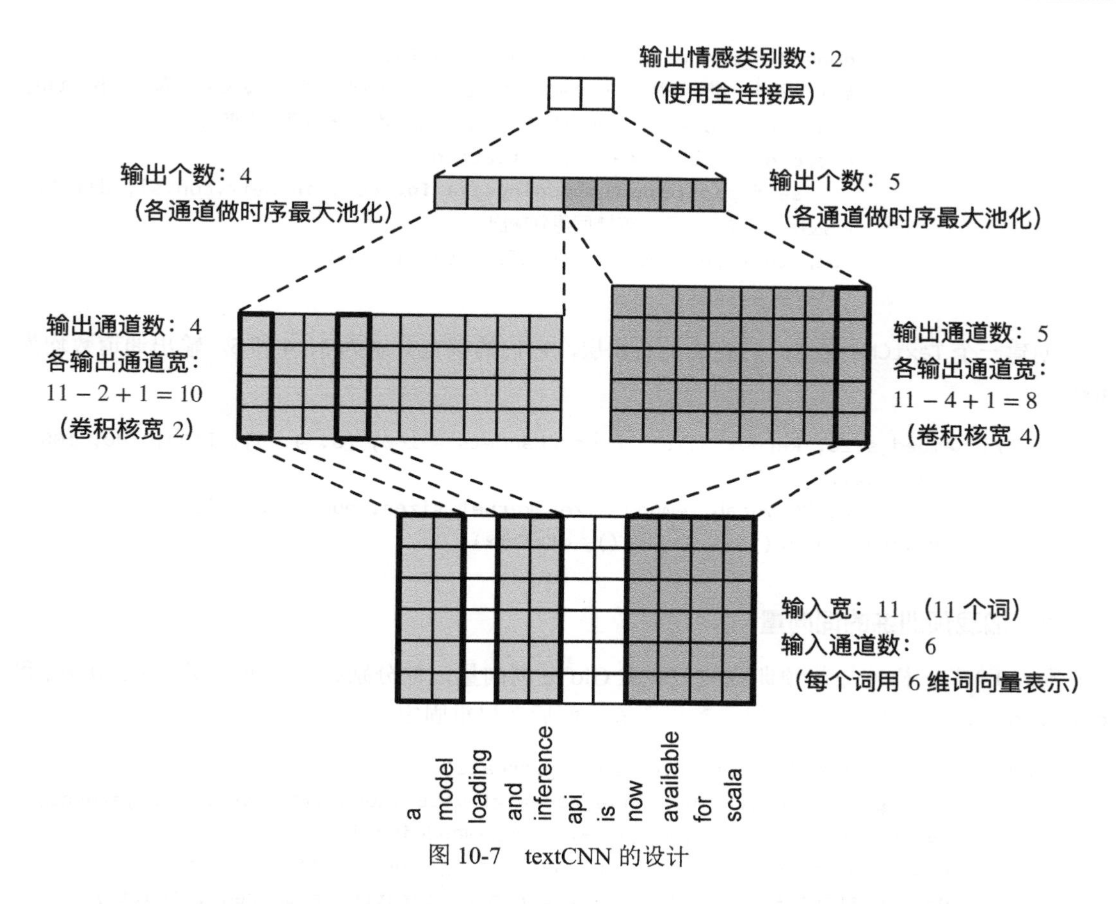

图 10-7 textCNN 的设计

下面我们来实现 textCNN 模型。与 10.7 节相比，除了用一维卷积层替换循环神经网络外，这里我们还使用了两个嵌入层，一个的权重固定，另一个的权重则参与训练。

```
In [6]: class TextCNN(nn.Block):
            def __init__(self, vocab, embed_size, kernel_sizes, num_channels,
                         **kwargs):
                super(TextCNN, self).__init__(**kwargs)
                self.embedding = nn.Embedding(len(vocab), embed_size)
                # 不参与训练的嵌入层
                self.constant_embedding = nn.Embedding(len(vocab), embed_size)
                self.dropout = nn.Dropout(0.5)
                self.decoder = nn.Dense(2)
                # 时序最大池化层没有权重，所以可以共用一个实例
                self.pool = nn.GlobalMaxPool1D()
                self.convs = nn.Sequential()  # 创建多个一维卷积层
                for c, k in zip(num_channels, kernel_sizes):
                    self.convs.add(nn.Conv1D(c, k, activation='relu'))

            def forward(self, inputs):
                # 将两个形状是(批量大小, 词数, 词向量维度)的嵌入层的输出按词向量连结
                embeddings = nd.concat(
                    self.embedding(inputs), self.constant_embedding(inputs), dim=2)
                # 根据Conv1D要求的输入格式，将词向量维，即一维卷积层的通道维，变换到前一维
```

```
        embeddings = embeddings.transpose((0, 2, 1))
        # 对于每个一维卷积层，在时序最大池化后会得到一个形状为(批量大小, 通道大小, 1)的
        # NDArray。使用flatten函数去掉最后一维，然后在通道维上连结
        encoding = nd.concat(*[nd.flatten(
            self.pool(conv(embeddings))) for conv in self.convs], dim=1)
        # 应用丢弃法后使用全连接层得到输出
        outputs = self.decoder(self.dropout(encoding))
        return outputs
```

创建一个 TextCNN 实例。它有 3 个卷积层，它们的核宽分别为 3、4 和 5，输出通道数均为 100。

```
In [7]: embed_size, kernel_sizes, nums_channels = 100, [3, 4, 5], [100, 100, 100]
        ctx = d2l.try_all_gpus()
        net = TextCNN(vocab, embed_size, kernel_sizes, nums_channels)
        net.initialize(init.Xavier(), ctx=ctx)
```

1. 加载预训练的词向量

同 10.7 节一样，加载预训练的 100 维 GloVe 词向量，并分别初始化嵌入层 embedding 和 constant_embedding，前者权重参与训练，而后者权重固定。

```
In [8]: glove_embedding = text.embedding.create(
            'glove', pretrained_file_name='glove.6B.100d.txt', vocabulary=vocab)
        net.embedding.weight.set_data(glove_embedding.idx_to_vec)
        net.constant_embedding.weight.set_data(glove_embedding.idx_to_vec)
        net.constant_embedding.collect_params().setattr('grad_req', 'null')
```

2. 训练模型

现在就可以训练模型了。

```
In [9]: lr, num_epochs = 0.001, 5
        trainer = gluon.Trainer(net.collect_params(), 'adam', {'learning_rate': lr})
        loss = gloss.SoftmaxCrossEntropyLoss()
        d2l.train(train_iter, test_iter, net, loss, trainer, ctx, num_epochs)

training on [gpu(0), gpu(1), gpu(2), gpu(3)]
epoch 1, loss 0.5842, train acc 0.721, test acc 0.808, time 12.8 sec
epoch 2, loss 0.3608, train acc 0.842, test acc 0.850, time 12.8 sec
epoch 3, loss 0.2646, train acc 0.891, test acc 0.864, time 12.9 sec
epoch 4, loss 0.1720, train acc 0.935, test acc 0.860, time 12.6 sec
epoch 5, loss 0.1027, train acc 0.964, test acc 0.865, time 12.7 sec
```

下面，我们使用训练好的模型对两个简单句子的情感进行分类。

```
In [10]: d2l.predict_sentiment(net, vocab, ['this', 'movie', 'is', 'so', 'great'])

Out[10]: 'positive'
```

```
In [11]: d2l.predict_sentiment(net, vocab, ['this', 'movie', 'is', 'so', 'bad'])

Out[11]: 'negative'
```

小结

- 可以使用一维卷积来表征时序数据。
- 多输入通道的一维互相关运算可以看作单输入通道的二维互相关运算。
- 时序最大池化层的输入在各个通道上的时间步数可以不同。
- textCNN 主要使用了一维卷积层和时序最大池化层。

练习

（1）动手调参，从准确率和运行效率比较情感分析的两类方法：使用循环神经网络和使用卷积神经网络。

（2）使用上一节练习中介绍的 3 种方法（调节超参数、使用更大的预训练词向量和使用 spaCy 分词工具），能使模型在测试集上的准确率进一步提高吗？

（3）还能将 textCNN 应用于自然语言处理的哪些任务中？

10.9 编码器-解码器（seq2seq）

扫码直达讨论区

我们已经在 10.7 节和 10.8 节中表征并变换了不定长的输入序列。但在自然语言处理的很多应用中，输入和输出都可以是不定长序列。以机器翻译为例，输入可以是一段不定长的英语文本序列，输出可以是一段不定长的法语文本序列，例如

英语输入："They" "are" "watching"、"."

法语输出："Ils" "regardent" "."

当输入和输出都是不定长序列时，我们可以使用**编码器 - 解码器**（encoder-decoder）[8] 或者 seq2seq 模型 [52]。这两个模型本质上都用到了两个循环神经网络，分别叫做编码器和解码器。编码器用来分析输入序列，解码器用来生成输出序列。

图 10-8 描述了使用编码器 - 解码器将上述英语句子翻译成法语句子的一种方法。在训练数据集中，我们可以在每个句子后附上特殊符号"<eos>"（end of sequence）以表示序列的终止。编码器每个时间步的输入依次为英语句子中的单词、标点和特殊符号"<eos>"。图 10-8 中使用了编码器在最终时间步的隐藏状态作为输入句子的表征或编码信息。解码器在各个时间步中使用输入句子的编码信息和上个时间步的输出以及隐藏状态作为输入。我们希望解码器在各个时间步能正确依次输出翻译后的法语单词、标点和特殊符号"<eos>"。需要注意的是，解码器在最初时间步的输入用到了一个表示序列开始的特殊符号"<bos>"（beginning of sequence）。

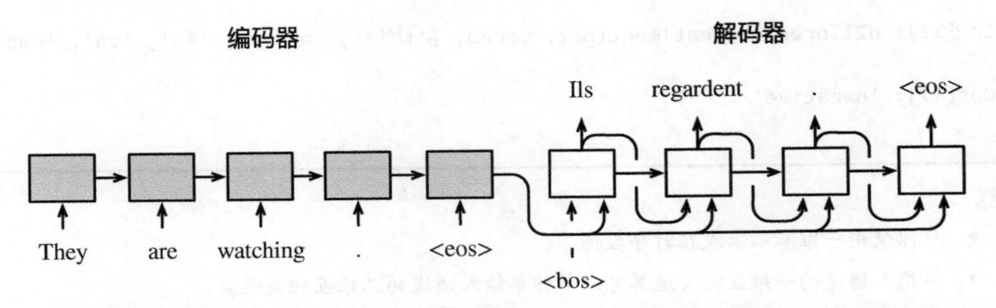

图 10-8 使用编码器 - 解码器将句子由英语翻译成法语。编码器和解码器分别为循环神经网络

接下来，我们分别介绍编码器和解码器的定义。

10.9.1 编码器

编码器的作用是把一个不定长的输入序列变换成一个定长的背景变量 $\boldsymbol{c}$，并在该背景变量中编码输入序列信息。编码器可以使用循环神经网络。

让我们考虑批量大小为 1 的时序数据样本。假设输入序列是 $x_1, \cdots, x_T$，例如 x_i 是输入句子中的第 i 个词。在时间步 t，循环神经网络将输入 x_t 的特征向量 $\boldsymbol{x}_t$ 和上个时间步的隐藏状态 $\boldsymbol{h}_{t-1}$ 变换为当前时间步的隐藏状态 $\boldsymbol{h}_t$。我们可以用函数 f 表达循环神经网络隐藏层的变换：

$$\boldsymbol{h}_t = f(\boldsymbol{x}_t, \boldsymbol{h}_{t-1})$$

接下来，编码器通过自定义函数 q 将各个时间步的隐藏状态变换为背景变量

$$\boldsymbol{c} = q(\boldsymbol{h}_1, \cdots, \boldsymbol{h}_T)$$

例如，当选择 $q(\boldsymbol{h}_1, \cdots, \boldsymbol{h}_T) = \boldsymbol{h}_T$ 时，背景变量是输入序列最终时间步的隐藏状态 $\boldsymbol{h}_T$。

以上描述的编码器是一个单向的循环神经网络，每个时间步的隐藏状态只取决于该时间步及之前的输入子序列。我们也可以使用双向循环神经网络构造编码器。在这种情况下，编码器每个时间步的隐藏状态同时取决于该时间步之前和之后的子序列（包括当前时间步的输入），并编码了整个序列的信息。

10.9.2 解码器

刚刚已经介绍，编码器输出的背景变量 $\boldsymbol{c}$ 编码了整个输入序列 $x_1, \cdots, x_T$ 的信息。给定训练样本中的输出序列 $y_1, y_2, \cdots, y_{T'}$，对每个时间步 t'（符号与输入序列或编码器的时间步 t 有区别），解码器输出 $y_{t'}$ 的条件概率将基于之前的输出序列 $y_1, \cdots, y_{t'-1}$ 和背景变量 $\boldsymbol{c}$，即 $P(y_{t'} \mid y_1, \cdots, y_{t'-1}, \boldsymbol{c})$。

为此，我们可以使用另一个循环神经网络作为解码器。在输出序列的时间步 t'，解码器将上一时间步的输出 $y_{t'-1}$ 以及背景变量 $\boldsymbol{c}$ 作为输入，并将它们与上一时间步的隐藏状态 $\boldsymbol{s}_{t'-1}$ 变换为当前时间步的隐藏状态 $\boldsymbol{s}_{t'}$。因此，我们可以用函数 g 表达解码器隐藏层的变换：

$$\boldsymbol{s}_{t'} = g(y_{t'-1}, \boldsymbol{c}, \boldsymbol{s}_{t'-1})$$

有了解码器的隐藏状态后，我们可以使用自定义的输出层和 softmax 运算来计算 $P(y_{t'} \mid y_1, \cdots, y_{t'-1}, \boldsymbol{c})$，例如，基于当前时间步的解码器隐藏状态 $\boldsymbol{s}_{t'}$、上一时间步的输出 $y_{t'-1}$ 以及背景变量 $\boldsymbol{c}$ 来计算当前时间步输出 $y_{t'}$ 的概率分布。

10.9.3 训练模型

根据最大似然估计，我们可以最大化输出序列基于输入序列的条件概率

$$\begin{aligned} P(y_1, \cdots, y_{T'} \mid x_1, \cdots, x_T) &= \prod_{t'=1}^{T'} P(y_{t'} \mid y_1, \cdots, y_{t'-1}, x_1, \cdots, x_T) \\ &= \prod_{t'=1}^{T'} P(y_{t'} \mid y_1, \cdots, y_{t'-1}, \boldsymbol{c}) \end{aligned}$$

并得到该输出序列的损失

$$-\log P(y_1, \cdots, y_{T'} \mid x_1, \cdots, x_T) = -\sum_{t'=1}^{T'} \log P(y_{t'} \mid y_1, \cdots, y_{t'-1}, \boldsymbol{c})$$

在模型训练中，所有输出序列损失的均值通常作为需要最小化的损失函数。在图 10-8 所描述的模型预测中，我们需要将解码器在上一个时间步的输出作为当前时间步的输入。与此不同，在训练中我们也可以将标签序列（训练集的真实输出序列）在上一个时间步的标签作为解码器在当前时间步的输入。这叫作强制教学（teacher forcing）。

小结

- 编码器 - 解码器（seq2seq）可以输入并输出不定长的序列。
- 编码器 - 解码器使用了两个循环神经网络。
- 在编码器 - 解码器的训练中，可以采用强制教学。

练习

（1）除了机器翻译，你还能想到编码器 - 解码器的哪些应用？

（2）有哪些方法可以设计解码器的输出层？

10.10 束搜索

扫码直达讨论区

10.9 节介绍了如何训练输入和输出均为不定长序列的编码器 - 解码器。本节我们介绍如何使用编码器 - 解码器来预测不定长的序列。

10.9 节里已经提到，在准备训练数据集时，我们通常会在样本的输入序列和输出序列后面分别附上一个特殊符号“<eos>”表示序列的终止。我们在接下来的讨论中也将沿用 10.9 节的全部数学符号。为了便于讨论，假设解码器的输出是

一段文本序列。设输出文本词典 $\mathcal{Y}$（包含特殊符号“<eos>”）的大小为 $|\mathcal{Y}|$，输出序列的最大长度为 T'。所有可能的输出序列一共有 $\mathcal{O}(|\mathcal{Y}|^{T'})$ 种。这些输出序列中所有特殊符号“<eos>”后面的子序列将被舍弃。

10.10.1　贪婪搜索

让我们先来看一个简单的解决方案——贪婪搜索（greedy search）。对于输出序列任一时间步 t'，我们从 $|\mathcal{Y}|$ 个词中搜索出条件概率最大的词

$$y_{t'} = \underset{y \in \mathcal{Y}}{\operatorname{argmax}} P(y \mid y_1, \cdots, y_{t'-1}, \boldsymbol{c})$$

作为输出。一旦搜索出“<eos>”符号，或者输出序列长度已经达到了最大长度 T'，便完成输出。

我们在描述解码器时提到，基于输入序列生成输出序列的条件概率是 $\prod_{t'=1}^{T'} P(y_{t'} \mid y_1, \cdots, y_{t'-1}, \boldsymbol{c})$。我们将该条件概率最大的输出序列称为最优输出序列，而贪婪搜索的主要问题是不能保证得到最优输出序列。

下面来看一个例子。假设输出词典里面有“A”“B”“C”和“<eos>”这 4 个词。图 10-9 中每个时间步下的 4 个数字分别代表了该时间步生成“A”“B”“C”和“<eos>”这 4 个词的条件概率。在每个时间步，贪婪搜索选取条件概率最大的词。因此，图 10-9 中将生成输出序列“A”“B”“C”“<eos>”。该输出序列的条件概率是 $0.5 \times 0.4 \times 0.4 \times 0.6 = 0.048$。

时间步	1	2	3	4
A	0.5	0.1	0.2	0.0
B	0.2	0.4	0.2	0.2
C	0.2	0.3	0.4	0.2
<eos>	0.1	0.2	0.2	0.6

图 10-9　在每个时间步，贪婪搜索选取条件概率最大的词

接下来，观察图 10-10 演示的例子。与图 10-9 中不同，图 10-10 在时间步 2 中选取了条件概率第二大的词“C”。由于时间步 3 所基于的时间步 1 和 2 的输出子序列由图 10-9 中的“A”“B”变为了图 10-10 中的“A”“C”，图 10-10 中时间步 3 生成各个词的条件概率发生了变化。我们选取条件概率最大的词“B”。此时时间步 4 所基于的前 3 个时间步的输出子序列为“A”“C”“B”，与图 10-9 中的“A”“B”“C”不同。因此，图 10-10 中时间步 4 生成各个词的条件概率也与图 10-9 中的不同。我们发现，此时的输出序列“A”“C”“B”“<eos>”的条件概率是 $0.5 \times 0.3 \times 0.6 \times 0.6 = 0.054$，大于贪婪搜索得到的输出序列的条件概率。因此，贪婪搜索得到的输出序列“A”“B”“C”“<eos>”并非最优输出序列。

时间步	1	2	3	4
A	0.5	0.1	0.1	0.1
B	0.2	0.4	0.6	0.2
C	0.2	0.3	0.2	0.1
<eos>	0.1	0.2	0.1	0.6

图 10-10 在时间步 2 选取条件概率第二大的词“C”

10.10.2 穷举搜索

如果目标是得到最优输出序列，我们可以考虑*穷举搜索*（exhaustive search）：穷举所有可能的输出序列，输出条件概率最大的序列。

虽然穷举搜索可以得到最优输出序列，但它的计算开销 $\mathcal{O}(|\mathcal{Y}|^{T'})$ 很容易过大。例如，当 $|\mathcal{Y}|=10000$ 且 $T'=10$ 时，我们将评估 $10000^{10}=10^{40}$ 个序列：这几乎不可能完成。而贪婪搜索的计算开销是 $\mathcal{O}(|\mathcal{Y}|T')$，通常显著小于穷举搜索的计算开销。例如，当 $|\mathcal{Y}|=10000$ 且 $T'=10$ 时，我们只需评估 $10000\times10=10^5$ 个序列。

10.10.3 束搜索

束搜索（beam search）是对贪婪搜索的一个改进算法。它有一个束宽（beam size）超参数。我们将它设为 k。在时间步 1 时，选取当前时间步条件概率最大的 k 个词，分别组成 k 个候选输出序列的首词。在之后的每个时间步，基于上个时间步的 k 个候选输出序列，从 $k|\mathcal{Y}|$ 个可能的输出序列中选取条件概率最大的 k 个，作为该时间步的候选输出序列。最终，我们从各个时间步的候选输出序列中筛选出包含特殊符号“<eos>”的序列，并将它们中所有特殊符号“<eos>”后面的子序列舍弃，得到最终候选输出序列的集合。

图 10-11 通过一个例子演示了束搜索的过程。假设输出序列的词典中只包含 5 个元素，即 $\mathcal{Y}=\{A,B,C,D,E\}$，且其中一个为特殊符号“<eos>”。设束搜索的束宽等于 2，输出序列最大长度为 3。在输出序列的时间步 1 时，假设条件概率 $P(y_1\mid \boldsymbol{c})$ 最大的 2 个词为 A 和 C。我们在时间步 2 时将对所有的 $y_2\in\mathcal{Y}$ 都分别计算 $P(A,y_2\mid\boldsymbol{c})=P(A\mid\boldsymbol{c})P(y_2\mid A,\boldsymbol{c})$ 和 $P(C,y_2\mid\boldsymbol{c})=P(C\mid\boldsymbol{c})P(y_2\mid C,\boldsymbol{c})$，并从计算出的 10 个条件概率中取最大的 2 个，假设为 $P(A,B\mid\boldsymbol{c})$ 和 $P(C,E\mid\boldsymbol{c})$。那么，我们在时间步 3 时将对所有的 $y_3\in\mathcal{Y}$ 都分别计算 $P(A,B,y_3\mid\boldsymbol{c})=P(A,B\mid\boldsymbol{c})P(y_3\mid A,B,\boldsymbol{c})$ 和 $P(C,E,y_3\mid\boldsymbol{c})=P(C,E\mid\boldsymbol{c})P(y_3\mid C,E,\boldsymbol{c})$，并从计算出的 10 个条件概率中取最大的 2 个，假设为 $P(A,B,D\mid\boldsymbol{c})$ 和 $P(C,E,D\mid\boldsymbol{c})$。如此一来，我们得到 6 个候选输出序列：（1）$A$；（2）$C$；（3）$A$、$B$；（4）$C$、$E$；（5）$A$、$B$、$D$ 和（6）C、E、D。接下来，我们将根据这 6 个序列得出最终候选输出序列的集合。

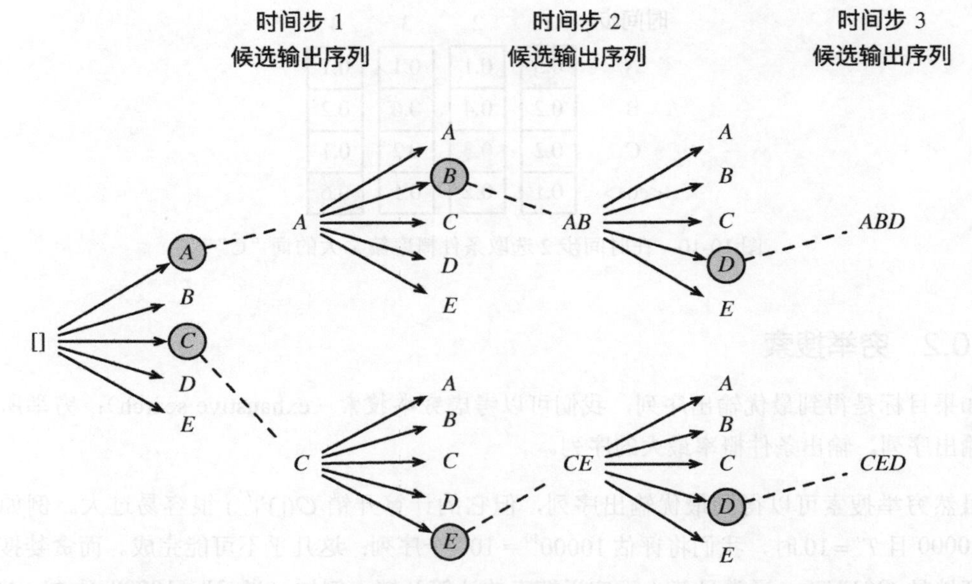

图 10-11　束搜索的过程。束宽为 2，输出序列最大长度为 3。候选输出序列有 A、C、AB、CE、ABD 和 CED

在最终候选输出序列的集合中，我们取以下分数最高的序列作为输出序列：

$$\frac{1}{L^\alpha}\log P(y_1,\cdots,y_L)=\frac{1}{L^\alpha}\sum_{t'=1}^{L}\log P(y_{t'}\mid y_1,\cdots,y_{t'-1},\boldsymbol{c})$$

其中 L 为最终候选序列长度，α 一般可选为 0.75。分母上的 L^α 是为了惩罚较长序列在以上分数中较多的对数相加项。分析可知，束搜索的计算开销为 $\mathcal{O}(k|\mathcal{Y}|T')$。这介于贪婪搜索和穷举搜索的计算开销之间。此外，贪婪搜索可看作是束宽为 1 的束搜索。束搜索通过灵活的束宽 k 来权衡计算开销和搜索质量。

小结

- 预测不定长序列的方法包括贪婪搜索、穷举搜索和束搜索。
- 束搜索通过灵活的束宽来权衡计算开销和搜索质量。

练习

（1）穷举搜索可否看作特殊束宽的束搜索？为什么？

（2）在 6.4 节中，我们使用语言模型创作歌词。它的输出属于哪种搜索？你能改进它吗？

扫码直达讨论区

10.11　注意力机制

在 10.9 节里，解码器在各个时间步依赖相同的背景变量来获取输入序列信息。当编码器为循环神经网络时，背景变量来自它最终时间步的隐藏状态。

现在，让我们再次思考 10.9 节提到的翻译例子：输入为英语序列“They”“are”“watching”“.”，输出为法语序列“Ils”“regardent”“.”。不难想到，解码器在生成输出序列中的每一个词时可能只需利用输入序列某一部分的信息。例如，在输出序列的时间步 1，解码器可以主要依赖“They”“are”的信息来生成“Ils”，在时间步 2 则主要使用来自“watching”的编码信息生成“regardent”，最后在时间步 3 则直接映射句号“.”。这看上去就像是在解码器的每一时间步对输入序列中不同时间步的表征或编码信息分配不同的注意力一样。这也是注意力机制的由来[1]。

仍然以循环神经网络为例，注意力机制通过对编码器所有时间步的隐藏状态做加权平均来得到背景变量。解码器在每一时间步调整这些权重，即注意力权重，从而能够在不同时间步分别关注输入序列中的不同部分并编码进相应时间步的背景变量。本节我们将讨论注意力机制是怎么工作的。

在 10.9 节里我们区分了输入序列或编码器的索引 t 与输出序列或解码器的索引 t'。该节中，解码器在时间步 t' 的隐藏状态 $\boldsymbol{s}_{t'} = g(\boldsymbol{y}_{t'-1}, \boldsymbol{c}, \boldsymbol{s}_{t'-1})$，其中 $\boldsymbol{y}_{t'-1}$ 是上一时间步 $t'-1$ 的输出 $y_{t'-1}$ 的表征，且任一时间步 t' 使用相同的背景变量 $\boldsymbol{c}$。但在注意力机制中，解码器的每一时间步将使用可变的背景变量。记 $\boldsymbol{c}_{t'}$ 是解码器在时间步 t' 的背景变量，那么解码器在该时间步的隐藏状态可以改写为

$$\boldsymbol{s}_{t'} = g(\boldsymbol{y}_{t'-1}, \boldsymbol{c}_{t'}, \boldsymbol{s}_{t'-1})$$

这里的关键是如何计算背景变量 $\boldsymbol{c}_{t'}$ 和如何利用它来更新隐藏状态 $\boldsymbol{s}_{t'}$。下面将分别描述这两个关键点。

10.11.1 计算背景变量

我们先描述第一个关键点，即计算背景变量。图 10-12 描绘了注意力机制如何为解码器在时间步 2 计算背景变量。首先，函数 a 根据解码器在时间步 1 的隐藏状态和编码器在各个时间步的隐藏状态计算 softmax 运算的输入。softmax 运算输出概率分布并对编码器各个时间步的隐藏状态做加权平均，从而得到背景变量。

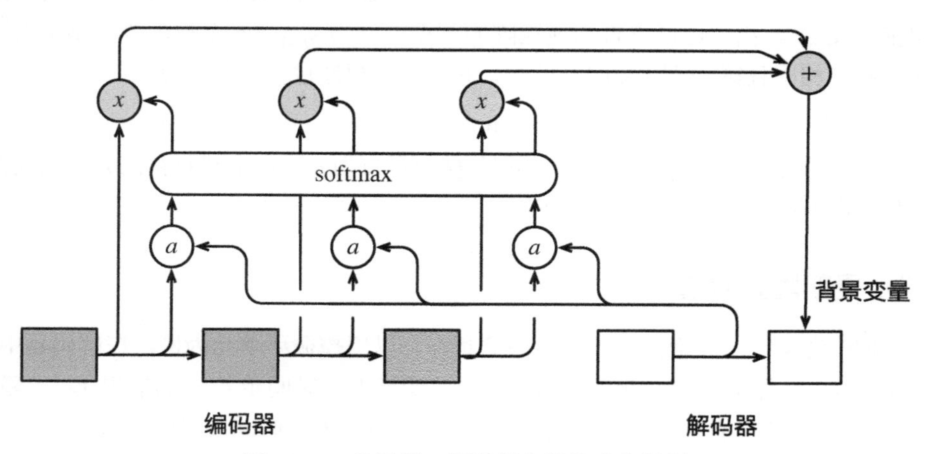

图 10-12 编码器 - 解码器上的注意力机制

具体来说，令编码器在时间步 t 的隐藏状态为 $\boldsymbol{h}_t$，且总时间步数为 T。那么解码器在时间步 t' 的背景变量为所有编码器隐藏状态的加权平均：

$$\boldsymbol{c}_{t'} = \sum_{t=1}^{T} \alpha_{t't} \boldsymbol{h}_t$$

其中给定 t' 时，权重 $\alpha_{t't}$ 在 $t=1,\cdots,T$ 的值是一个概率分布。为了得到概率分布，我们可以使用 softmax 运算：

$$\alpha_{t't} = \frac{\exp(e_{t't})}{\sum_{k=1}^{T} \exp(e_{t'k})}, \quad t=1,\cdots,T$$

现在，我们需要定义如何计算上式中 softmax 运算的输入 $e_{t't}$。由于 $e_{t't}$ 同时取决于解码器的时间步 t' 和编码器的时间步 t，我们不妨以解码器在时间步 $t'-1$ 的隐藏状态 $\boldsymbol{s}_{t'-1}$ 与编码器在时间步 t 的隐藏状态 $\boldsymbol{h}_t$ 为输入，并通过函数 a 计算 $e_{t't}$：

$$e_{t't} = a(\boldsymbol{s}_{t'-1}, \boldsymbol{h}_t)$$

这里函数 a 有多种选择，如果两个输入向量长度相同，一个简单的选择是计算它们的内积 $a(\boldsymbol{s}, \boldsymbol{h}) = \boldsymbol{s}^\top \boldsymbol{h}$。而最早提出注意力机制的论文则将输入连结后通过含单隐藏层的多层感知机变换 [1]：

$$a(\boldsymbol{s}, \boldsymbol{h}) = \boldsymbol{v}^\top \tanh(\boldsymbol{W}_s \boldsymbol{s} + \boldsymbol{W}_h \boldsymbol{h})$$

其中 $\boldsymbol{v}$、$\boldsymbol{W}_s$、$\boldsymbol{W}_h$ 都是可以学习的模型参数。

矢量化计算

我们还可以对注意力机制采用更高效的矢量化计算。广义上，注意力机制的输入包括查询项以及一一对应的键项和值项，其中值项是需要加权平均的一组项。在加权平均中，值项的权重来自查询项以及与该值项对应的键项的计算。

在上面的例子中，查询项为解码器的隐藏状态，键项和值项均为编码器的隐藏状态。让我们考虑一个常见的简单情形，即编码器和解码器的隐藏单元个数均为 h，且函数 $a(\boldsymbol{s}, \boldsymbol{h}) = \boldsymbol{s}^\top \boldsymbol{h}$。假设我们希望根据解码器单个隐藏状态 $\boldsymbol{s}_{t'-1} \in \mathbb{R}^h$ 和编码器所有隐藏状态 $\boldsymbol{h}_t \in \mathbb{R}^h, t=1,\cdots,T$ 来计算背景向量 $\boldsymbol{c}_{t'} \in \mathbb{R}^h$。我们可以将查询项矩阵 $\boldsymbol{Q} \in \mathbb{R}^{1\times h}$ 设为 $\boldsymbol{s}_{t'-1}^\top$，并令键项矩阵 $\boldsymbol{K} \in \mathbb{R}^{T\times h}$ 和值项矩阵 $\boldsymbol{V} \in \mathbb{R}^{T\times h}$ 相同且第 t 行均为 $\boldsymbol{h}_t^\top$。此时，我们只需要通过矢量化计算

$$\text{softmax}(\boldsymbol{Q}\boldsymbol{K}^\top)\boldsymbol{V}$$

即可算出转置后的背景向量 $\boldsymbol{c}_{t'}^\top$。当查询项矩阵 $\boldsymbol{Q}$ 的行数为 n 时，上式将得到 n 行的输出矩阵。输出矩阵与查询项矩阵在相同行上一一对应。

10.11.2　更新隐藏状态

现在我们描述第二个关键点，即更新隐藏状态。以门控循环单元为例，在解码器中我们可以对 6.7 节中门控循环单元的设计稍作修改，从而变换上一时间步 $t'-1$ 的输出 $\boldsymbol{y}_{t'-1}$、隐藏状态 $\boldsymbol{s}_{t'-1}$ 和当前时间步 t' 的含注意力机制的背景变量 $\boldsymbol{c}_{t'}$[1]。解码器在时间步 t' 的隐藏状态为

$$\boldsymbol{s}_{t'} = \boldsymbol{z}_{t'} \odot \boldsymbol{s}_{t'-1} + (1-\boldsymbol{z}_{t'}) \odot \tilde{\boldsymbol{s}}_{t'}$$

其中的重置门、更新门和候选隐藏状态分别为

$$\boldsymbol{r}_{t'} = \sigma(\boldsymbol{W}_{yr}\boldsymbol{y}_{t'-1} + \boldsymbol{W}_{sr}\boldsymbol{s}_{t'-1} + \boldsymbol{W}_{cr}\boldsymbol{c}_{t'} + \boldsymbol{b}_r)$$
$$\boldsymbol{z}_{t'} = \sigma(\boldsymbol{W}_{yz}\boldsymbol{y}_{t'-1} + \boldsymbol{W}_{sz}\boldsymbol{s}_{t'-1} + \boldsymbol{W}_{cz}\boldsymbol{c}_{t'} + \boldsymbol{b}_z)$$
$$\tilde{\boldsymbol{s}}_{t'} = \tanh(\boldsymbol{W}_{ys}\boldsymbol{y}_{t'-1} + \boldsymbol{W}_{ss}(\boldsymbol{s}_{t'-1} \odot \boldsymbol{r}_{t'}) + \boldsymbol{W}_{cs}\boldsymbol{c}_{t'} + \boldsymbol{b}_s)$$

其中含下标的 $\boldsymbol{W}$ 和 $\boldsymbol{b}$ 分别为门控循环单元的权重参数和偏差参数。

10.11.3 发展

本质上，注意力机制能够为表征中较有价值的部分分配较多的计算资源。这个有趣的想法自提出后得到了快速发展，特别是启发了依靠注意力机制来编码输入序列并解码出输出序列的变换器（Transformer）模型的设计[58]。变换器抛弃了卷积神经网络和循环神经网络的架构。它在计算效率上比基于循环神经网络的编码器－解码器模型通常更具明显优势。含注意力机制的变换器的编码结构在后来的 BERT 预训练模型中得以应用并令后者大放异彩：微调后的模型在多达 11 项自然语言处理任务中取得了当时最先进的结果[10]。不久后，同样是基于变换器设计的 GPT-2 模型于新收集的语料数据集预训练后，在 7 个未参与训练的语言模型数据集上均取得了当时最先进的结果[43]。除了自然语言处理领域，注意力机制还被广泛用于图像分类、自动图像描述、唇语解读以及语音识别。

小结

- 可以在解码器的每个时间步使用不同的背景变量，并对输入序列中不同时间步编码的信息分配不同的注意力。
- 广义上，注意力机制的输入包括查询项以及一一对应的键项和值项。
- 注意力机制可以采用更为高效的矢量化计算。

练习

（1）基于本节的模型设计，为什么不可以将解码器在不同时间步的隐藏状态 $\boldsymbol{s}_{t'-1}^\top \in \mathbb{R}^{1\times h}, t' \in 1, \cdots, T'$ 连结成查询项矩阵 $\boldsymbol{Q} \in \mathbb{R}^{T'\times h}$，从而同时计算不同时间步的含注意力机制的背景变量 $\boldsymbol{c}_{t'}^\top, t' \in 1, \cdots, T'$？

（2）不修改 6.7 节中的 gru 函数，应如何用它实现本节介绍的解码器？

10.12 机器翻译

机器翻译是指将一段文本从一种语言自动翻译到另一种语言。因为一段文本序列在不同语言中的长度不一定相同，所以我们使用机器翻译为例来介绍编码器－解码器和注意力机制的应用。

10.12.1 读取和预处理数据集

我们先定义一些特殊符号。其中“<pad>”（padding）符号用来添加在较短序列后，直到每个序列等长，而“<bos>”和“<eos>”符号分别表示序列的开始和结束。

```
In [1]: import collections
        import io
        import math
        from mxnet import autograd, gluon, init, nd
        from mxnet.contrib import text
        from mxnet.gluon import data as gdata, loss as gloss, nn, rnn

        PAD, BOS, EOS = '<pad>', '<bos>', '<eos>'
```

接着定义两个辅助函数对后面读取的数据进行预处理。

```
In [2]: # 将一个序列中所有的词记录在all_tokens中以便之后构造词典，然后在该序列后面添加PAD直到序列
        # 长度变为max_seq_len，然后将序列保存在all_seqs中
        def process_one_seq(seq_tokens, all_tokens, all_seqs, max_seq_len):
            all_tokens.extend(seq_tokens)
            seq_tokens += [EOS] + [PAD] * (max_seq_len - len(seq_tokens) - 1)
            all_seqs.append(seq_tokens)

        # 使用所有的词来构造词典。并将所有序列中的词变换为词索引后构造NDArray实例
        def build_data(all_tokens, all_seqs):
            vocab = text.vocab.Vocabulary(collections.Counter(all_tokens),
                                          reserved_tokens=[PAD, BOS, EOS])
            indices = [vocab.to_indices(seq) for seq in all_seqs]
            return vocab, nd.array(indices)
```

为了演示方便，我们在这里使用一个很小的法语－英语数据集。在这个数据集里，每一行是一对法语句子和它对应的英语句子，中间使用 `'\t'` 隔开。在读取数据时，我们在句末附上“<eos>”符号，并可能通过添加“<pad>”符号使每个序列的长度均为 `max_seq_len`。我们为法语词和英语词分别创建词典。法语词的索引和英语词的索引相互独立。

```
In [3]: def read_data(max_seq_len):
            # in和out分别是input和output的缩写
            in_tokens, out_tokens, in_seqs, out_seqs = [], [], [], []
            with io.open('../data/fr-en-small.txt') as f:
                lines = f.readlines()
            for line in lines:
                in_seq, out_seq = line.rstrip().split('\t')
                in_seq_tokens, out_seq_tokens = in_seq.split(' '), out_seq.split(' ')
                if max(len(in_seq_tokens), len(out_seq_tokens)) > max_seq_len - 1:
                    continue  # 如果加上EOS后长于max_seq_len，则忽略掉此样本
                process_one_seq(in_seq_tokens, in_tokens, in_seqs, max_seq_len)
                process_one_seq(out_seq_tokens, out_tokens, out_seqs, max_seq_len)
            in_vocab, in_data = build_data(in_tokens, in_seqs)
            out_vocab, out_data = build_data(out_tokens, out_seqs)
            return in_vocab, out_vocab, gdata.ArrayDataset(in_data, out_data)
```

将序列的最大长度设成 7，然后查看读取到的第一个样本。该样本分别包含法语词索引序列和英语词索引序列。

```
In [4]: max_seq_len = 7
        in_vocab, out_vocab, dataset = read_data(max_seq_len)
        dataset[0]

Out[4]: (
         [ 6.  5. 46.  4.  3.  1.  1.]
         <NDArray 7 @cpu(0)>,
         [ 9.  5. 28.  4.  3.  1.  1.]
         <NDArray 7 @cpu(0)>)
```

10.12.2 含注意力机制的编码器-解码器

我们将使用含注意力机制的编码器-解码器来将一段简短的法语翻译成英语。下面我们来介绍模型的实现。

1. 编码器

在编码器中，我们将输入语言的词索引通过词嵌入层得到词的表征，然后输入到一个多层门控循环单元中。正如我们在6.5节提到的，Gluon的rnn.GRU实例在前向计算后也会分别返回输出和最终时间步的多层隐藏状态。其中的输出指的是最后一层的隐藏层在各个时间步的隐藏状态，并不涉及输出层计算。注意力机制将这些输出作为键项和值项。

```
In [5]: class Encoder(nn.Block):
            def __init__(self, vocab_size, embed_size, num_hiddens, num_layers,
                         drop_prob=0, **kwargs):
                super(Encoder, self).__init__(**kwargs)
                self.embedding = nn.Embedding(vocab_size, embed_size)
                self.rnn = rnn.GRU(num_hiddens, num_layers, dropout=drop_prob)

            def forward(self, inputs, state):
                # 输入形状是(批量大小, 时间步数)。将输出互换样本维和时间步维
                embedding = self.embedding(inputs).swapaxes(0, 1)
                return self.rnn(embedding, state)

            def begin_state(self, *args, **kwargs):
                return self.rnn.begin_state(*args, **kwargs)
```

下面我们来创建一个批量大小为4、时间步数为7的小批量序列输入。设门控循环单元的隐藏层个数为2，隐藏单元个数为16。编码器对该输入执行前向计算后返回的输出形状为(时间步数, 批量大小, 隐藏单元个数)。门控循环单元在最终时间步的多层隐藏状态的形状为(隐藏层个数, 批量大小, 隐藏单元个数)。对于门控循环单元来说，state列表中只含一个元素，即隐藏状态；如果使用长短期记忆，state列表中还将包含另一个元素，即记忆细胞。

```
In [6]: encoder = Encoder(vocab_size=10, embed_size=8, num_hiddens=16, num_layers=2)
        encoder.initialize()
        output, state = encoder(nd.zeros((4, 7)), encoder.begin_state(batch_size=4))
        output.shape, state[0].shape

Out[6]: ((7, 4, 16), (2, 4, 16))
```

2. 注意力机制

在介绍如何实现注意力机制的矢量化计算之前，我们先了解一下 Dense 实例的 flatten 选项。当输入的维度大于 2 时，默认情况下，Dense 实例会将除了第一维（样本维）以外的维度均视作需要仿射变换的特征维，并将输入自动转成行为样本、列为特征的二维矩阵。计算后，输出矩阵的形状为 (样本数, 输出个数)。如果我们希望全连接层只对输入的最后一维做仿射变换，而保持其他维度上的形状不变，便需要将 Dense 实例的 flatten 选项设为 False。在下面例子中，全连接层只对输入的最后一维做仿射变换，因此输出形状中只有最后一维变为全连接层的输出个数 2。

```
In [7]: dense = nn.Dense(2, flatten=False)
        dense.initialize()
        dense(nd.zeros((3, 5, 7))).shape

Out[7]: (3, 5, 2)
```

我们将实现 10.11 节中定义的函数 a：将输入连结后通过含单隐藏层的多层感知机变换。其中隐藏层的输入是解码器的隐藏状态与编码器在所有时间步上隐藏状态的一一连结，且使用 tanh 函数作为激活函数。输出层的输出个数为 1。两个 Dense 实例均不使用偏差，且设 flatten=False。其中函数 a 定义里向量 $\boldsymbol{v}$ 的长度是一个超参数，即 attention_size。

```
In [8]: def attention_model(attention_size):
            model = nn.Sequential()
            model.add(nn.Dense(attention_size, activation='tanh', use_bias=False,
                               flatten=False),
                      nn.Dense(1, use_bias=False, flatten=False))
            return model
```

注意力机制的输入包括查询项、键项和值项。设编码器和解码器的隐藏单元个数相同。这里的查询项为解码器在上一时间步的隐藏状态，形状为 (批量大小, 隐藏单元个数)；键项和值项均为编码器在所有时间步的隐藏状态，形状为 (时间步数, 批量大小, 隐藏单元个数)。注意力机制返回当前时间步的背景变量，形状为 (批量大小, 隐藏单元个数)。

```
In [9]: def attention_forward(model, enc_states, dec_state):
            # 将解码器隐藏状态广播到和编码器隐藏状态形状相同后进行连结
            dec_states = nd.broadcast_axis(
                dec_state.expand_dims(0), axis=0, size=enc_states.shape[0])
            enc_and_dec_states = nd.concat(enc_states, dec_states, dim=2)
            e = model(enc_and_dec_states)  # 形状为(时间步数, 批量大小, 1)
            alpha = nd.softmax(e, axis=0)  # 在时间步维度做softmax运算
            return (alpha * enc_states).sum(axis=0)  # 返回背景变量
```

在下面的例子中，编码器的时间步数为 10，批量大小为 4，编码器和解码器的隐藏单元个数均为 8。注意力机制返回一个小批量的背景向量，每个背景向量的长度等于编码器的隐藏单元个数。因此输出的形状为 (4, 8)。

```
In [10]: seq_len, batch_size, num_hiddens = 10, 4, 8
         model = attention_model(10)
         model.initialize()
         enc_states = nd.zeros((seq_len, batch_size, num_hiddens))
         dec_state = nd.zeros((batch_size, num_hiddens))
         attention_forward(model, enc_states, dec_state).shape

Out[10]: (4, 8)
```

3. 含注意力机制的解码器

我们直接将编码器在最终时间步的隐藏状态作为解码器的初始隐藏状态。这要求编码器和解码器的循环神经网络使用相同的隐藏层个数和隐藏单元个数。

在解码器的前向计算中，我们先通过刚刚介绍的注意力机制计算得到当前时间步的背景向量。由于解码器的输入来自输出语言的词索引，我们将输入通过词嵌入层得到表征，然后和背景向量在特征维连结。我们将连结后的结果与上一时间步的隐藏状态通过门控循环单元计算出当前时间步的输出与隐藏状态。最后，我们将输出通过全连接层变换为有关各个输出词的预测，形状为(批量大小, 输出词典大小)。

```
In [11]: class Decoder(nn.Block):
             def __init__(self, vocab_size, embed_size, num_hiddens, num_layers,
                          attention_size, drop_prob=0, **kwargs):
                 super(Decoder, self).__init__(**kwargs)
                 self.embedding = nn.Embedding(vocab_size, embed_size)
                 self.attention = attention_model(attention_size)
                 self.rnn = rnn.GRU(num_hiddens, num_layers, dropout=drop_prob)
                 self.out = nn.Dense(vocab_size, flatten=False)

             def forward(self, cur_input, state, enc_states):
                 # 使用注意力机制计算背景向量
                 c = attention_forward(self.attention, enc_states, state[0][-1])
                 # 将嵌入后的输入和背景向量在特征维连结
                 input_and_c = nd.concat(self.embedding(cur_input), c, dim=1)
                 # 为输入和背景向量的连结增加时间步维，时间步个数为1
                 output, state = self.rnn(input_and_c.expand_dims(0), state)
                 # 移除时间步维，输出形状为(批量大小，输出词典大小)
                 output = self.out(output).squeeze(axis=0)
                 return output, state

             def begin_state(self, enc_state):
                 # 直接将编码器最终时间步的隐藏状态作为解码器的初始隐藏状态
                 return enc_state
```

10.12.3 训练模型

我们先实现 batch_loss 函数计算一个小批量的损失。解码器在最初时间步的输入是特殊字符 BOS。之后，解码器在某时间步的输入为样本输出序列在上一时间步的词，即强制教学。此外，同 10.3 节中的实现一样，我们在这里也使用掩码变量避免填充项对损失函数计算的影响。

```
In [12]: def batch_loss(encoder, decoder, X, Y, loss):
             batch_size = X.shape[0]
             enc_state = encoder.begin_state(batch_size=batch_size)
             enc_outputs, enc_state = encoder(X, enc_state)
             # 初始化解码器的隐藏状态
             dec_state = decoder.begin_state(enc_state)
             # 解码器在最初时间步的输入是BOS
             dec_input = nd.array([out_vocab.token_to_idx[BOS]] * batch_size)
             # 我们将使用掩码变量mask来忽略掉标签为填充项PAD的损失
             mask, num_not_pad_tokens = nd.ones(shape=(batch_size,)), 0
             l = nd.array([0])
             for y in Y.T:
                 dec_output, dec_state = decoder(dec_input, dec_state, enc_outputs)
                 l = l + (mask * loss(dec_output, y)).sum()
                 dec_input = y  # 使用强制教学
                 num_not_pad_tokens += mask.sum().asscalar()
                 # 当遇到EOS时，序列后面的词将均为PAD，相应位置的掩码设成0
                 mask = mask * (y != out_vocab.token_to_idx[EOS])
             return l / num_not_pad_tokens
```

在训练函数中，我们需要同时迭代编码器和解码器的模型参数。

```
In [13]: def train(encoder, decoder, dataset, lr, batch_size, num_epochs):
             encoder.initialize(init.Xavier(), force_reinit=True)
             decoder.initialize(init.Xavier(), force_reinit=True)
             enc_trainer = gluon.Trainer(encoder.collect_params(), 'adam',
                                         {'learning_rate': lr})
             dec_trainer = gluon.Trainer(decoder.collect_params(), 'adam',
                                         {'learning_rate': lr})
             loss = gloss.SoftmaxCrossEntropyLoss()
             data_iter = gdata.DataLoader(dataset, batch_size, shuffle=True)
             for epoch in range(num_epochs):
                 l_sum = 0.0
                 for X, Y in data_iter:
                     with autograd.record():
                         l = batch_loss(encoder, decoder, X, Y, loss)
                     l.backward()
                     enc_trainer.step(1)
                     dec_trainer.step(1)
                     l_sum += l.asscalar()
                 if (epoch + 1) % 10 == 0:
                     print("epoch %d, loss %.3f" % (epoch + 1, l_sum / len(data_iter)))
```

接下来，创建模型实例并设置超参数。然后，我们就可以训练模型了。

```
In [14]: embed_size, num_hiddens, num_layers = 64, 64, 2
         attention_size, drop_prob, lr, batch_size, num_epochs = 10, 0.5, 0.01, 2, 50
         encoder = Encoder(len(in_vocab), embed_size, num_hiddens, num_layers,
                           drop_prob)
         decoder = Decoder(len(out_vocab), embed_size, num_hiddens, num_layers,
```

```
                          attention_size, drop_prob)
        train(encoder, decoder, dataset, lr, batch_size, num_epochs)

epoch 10, loss 0.603
epoch 20, loss 0.260
epoch 30, loss 0.218
epoch 40, loss 0.172
epoch 50, loss 0.071
```

10.12.4 预测不定长的序列

在 10.10 节中我们介绍了 3 种方法来生成解码器在每个时间步的输出。这里我们实现最简单的贪婪搜索。

```
In [15]: def translate(encoder, decoder, input_seq, max_seq_len):
             in_tokens = input_seq.split(' ')
             in_tokens += [EOS] + [PAD] * (max_seq_len - len(in_tokens) - 1)
             enc_input = nd.array([in_vocab.to_indices(in_tokens)])
             enc_state = encoder.begin_state(batch_size=1)
             enc_output, enc_state = encoder(enc_input, enc_state)
             dec_input = nd.array([out_vocab.token_to_idx[BOS]])
             dec_state = decoder.begin_state(enc_state)
             output_tokens = []
             for _ in range(max_seq_len):
                 dec_output, dec_state = decoder(dec_input, dec_state, enc_output)
                 pred = dec_output.argmax(axis=1)
                 pred_token = out_vocab.idx_to_token[int(pred.asscalar())]
                 if pred_token == EOS:  # 当任一时间步搜索出EOS时，输出序列即完成
                     break
                 else:
                     output_tokens.append(pred_token)
                     dec_input = pred
             return output_tokens
```

简单测试一下模型。输入法语句子“ils regardent.”，翻译后的英语句子应该是“they are watching.”。

```
In [16]: input_seq = 'ils regardent .'
         translate(encoder, decoder, input_seq, max_seq_len)

Out[16]: ['they', 'are', 'watching', '.']
```

10.12.5 评价翻译结果

评价机器翻译结果通常使用 BLEU（Bilingual Evaluation Understudy）[41]。对于模型预测序列中任意的子序列，BLEU 考察这个子序列是否出现在标签序列中。

具体来说，设词数为 n 的子序列的精度为 p_n。它是预测序列与标签序列匹配词数为 n 的子序列的数量与预测序列中词数为 n 的子序列的数量之比。举个例子，假设标签序列为 A、

B、C、D、E、F，预测序列为 A、B、B、C、D，那么 $p_1 = 4/5$，$p_2 = 3/4$，$p_3 = 1/3$，$p_4 = 0$。设 len_{label} 和 len_{pred} 分别为标签序列和预测序列的词数，那么，BLEU 的定义为

$$\exp\left(\min\left(0, 1-\frac{len_{\text{label}}}{len_{\text{pred}}}\right)\right)\prod_{n=1}^{k} p_n^{1/2^n}$$

其中 k 是我们希望匹配的子序列的最大词数。可以看到当预测序列和标签序列完全一致时，BLEU 为 1。

因为匹配较长子序列比匹配较短子序列更难，BLEU 对匹配较长子序列的精度赋予了更大权重。例如，当 p_n 固定在 0.5 时，随着 n 的增大，$0.5^{1/2} \approx 0.7$，$0.5^{1/4} \approx 0.84$，$0.5^{1/8} \approx 0.92$，$0.5^{1/16} \approx 0.96$。另外，模型预测较短序列往往会得到较高 p_n 值。因此，上式中连乘项前面的系数是为了惩罚较短的输出而设的。举个例子，当 $k = 2$ 时，假设标签序列为 A、B、C、D、E、F，而预测序列为 A、B。虽然 $p_1 = p_2 = 1$，但惩罚系数 $\exp(1 - 6/2) \approx 0.14$，因此 BLEU 也接近 0.14。

下面来实现 BLEU 的计算。

```
In [17]: def bleu(pred_tokens, label_tokens, k):
             len_pred, len_label = len(pred_tokens), len(label_tokens)
             score = math.exp(min(0, 1 - len_label / len_pred))
             for n in range(1, k + 1):
                 num_matches, label_subs = 0, collections.defaultdict(int)
                 for i in range(len_label - n + 1):
                     label_subs[''.join(label_tokens[i: i + n])] += 1
                 for i in range(len_pred - n + 1):
                     if label_subs[''.join(pred_tokens[i: i + n])] > 0:
                         num_matches += 1
                         label_subs[''.join(pred_tokens[i: i + n])] -= 1
                 score *= math.pow(num_matches / (len_pred - n + 1), math.pow(0.5, n))
             return score
```

接下来，定义一个辅助打印函数。

```
In [18]: def score(input_seq, label_seq, k):
             pred_tokens = translate(encoder, decoder, input_seq, max_seq_len)
             label_tokens = label_seq.split(' ')
             print('bleu %.3f, predict: %s' % (bleu(pred_tokens, label_tokens, k),
                                               ' '.join(pred_tokens)))
```

预测正确则分数为 1。

```
In [19]: score('ils regardent .', 'they are watching .', k=2)

bleu 1.000, predict: they are watching .
```

测试一个不在训练集中的样本。

```
In [20]: score('ils sont canadiens .', 'they are canadian .', k=2)

bleu 0.658, predict: they are actors .
```

小结

- 可以将编码器－解码器和注意力机制应用于机器翻译中。
- BLEU 可以用来评价翻译结果。

练习

（1）如果编码器和解码器的隐藏单元个数不同或隐藏层个数不同，该如何改进解码器的隐藏状态的初始化方法？

（2）在训练中，将强制教学替换为使用解码器在上一时间步的输出作为解码器在当前时间步的输入，结果有什么变化吗？

（3）试着使用更大的翻译数据集来训练模型，如 WMT 和 Tatoeba Project。

附录A

数学基础

本附录总结了本书中涉及的有关线性代数、微分和概率的基础知识。为避免赘述本书未涉及的数学背景知识，本节中的少数定义稍有简化。

A.1 线性代数

下面分别概括了向量、矩阵、运算、范数、特征向量和特征值的概念。

A.1.1 向量

本书中的向量指的是列向量。一个 n 维向量 $\boldsymbol{x}$ 的表达式可写成

$$\boldsymbol{x}=\begin{bmatrix} x_1 \\ x_2 \\ \vdots \\ x_n \end{bmatrix}$$

其中 $x_1, \cdots, x_n$ 是向量的元素。我们将各元素均为实数的 n 维向量 $\boldsymbol{x}$ 记作 $\boldsymbol{x} \in \mathbb{R}^n$ 或 $\boldsymbol{x} \in \mathbb{R}^{n \times 1}$。

A.1.2 矩阵

一个 m 行 n 列矩阵的表达式可写成

$$\boldsymbol{X}=\begin{bmatrix} x_{11} & x_{12} & \dots & x_{1n} \\ x_{21} & x_{22} & \dots & x_{2n} \\ \vdots & \vdots & & \vdots \\ x_{m1} & x_{m2} & \dots & x_{mn} \end{bmatrix}$$

其中 x_{ij} 是矩阵 $\boldsymbol{X}$ 中第 i 行第 j 列的元素（$1 \leqslant i \leqslant m, 1 \leqslant j \leqslant n$）。我们将各元素均为实数的 m 行 n 列矩阵 $\boldsymbol{X}$ 记作 $\boldsymbol{X} \in \mathbb{R}^{m \times n}$。不难发现，向量是特殊的矩阵。

A.1.3 运算

设 n 维向量 $\boldsymbol{a}$ 中的元素为 $a_1,\cdots,a_n$，n 维向量 $\boldsymbol{b}$ 中的元素为 $b_1,\cdots,b_n$。向量 $\boldsymbol{a}$ 与 $\boldsymbol{b}$ 的点乘（内积）是一个标量：

$$\boldsymbol{a}\cdot\boldsymbol{b}=a_1b_1+\cdots+a_nb_n$$

设两个 m 行 n 列矩阵

$$\boldsymbol{A}=\begin{bmatrix} a_{11} & a_{12} & \cdots & a_{1n} \\ a_{21} & a_{22} & \cdots & a_{2n} \\ \vdots & \vdots & & \vdots \\ a_{m1} & a_{m2} & \cdots & a_{mn} \end{bmatrix},\quad \boldsymbol{B}=\begin{bmatrix} b_{11} & b_{12} & \cdots & b_{1n} \\ b_{21} & b_{22} & \cdots & b_{2n} \\ \vdots & \vdots & & \vdots \\ b_{m1} & b_{m2} & \cdots & b_{mn} \end{bmatrix}$$

矩阵 $\boldsymbol{A}$ 的转置是一个 n 行 m 列矩阵，它的每一行其实是原矩阵的每一列：

$$\boldsymbol{A}^\top=\begin{bmatrix} a_{11} & a_{21} & \cdots & a_{m1} \\ a_{12} & a_{22} & \cdots & a_{m2} \\ \vdots & \vdots & & \vdots \\ a_{1n} & a_{2n} & \cdots & a_{mn} \end{bmatrix}$$

两个相同形状的矩阵的加法是将两个矩阵按元素做加法：

$$\boldsymbol{A}+\boldsymbol{B}=\begin{bmatrix} a_{11}+b_{11} & a_{12}+b_{12} & \cdots & a_{1n}+b_{1n} \\ a_{21}+b_{21} & a_{22}+b_{22} & \cdots & a_{2n}+b_{2n} \\ \vdots & \vdots & & \vdots \\ a_{m1}+b_{m1} & a_{m2}+b_{m2} & \cdots & a_{mn}+b_{mn} \end{bmatrix}$$

我们使用符号 $\odot$ 表示两个矩阵按元素乘法的运算，即阿达马积（Hadamard product）：

$$\boldsymbol{A}\odot\boldsymbol{B}=\begin{bmatrix} a_{11}b_{11} & a_{12}b_{12} & \cdots & a_{1n}b_{1n} \\ a_{21}b_{21} & a_{22}b_{22} & \cdots & a_{2n}b_{2n} \\ \vdots & \vdots & & \vdots \\ a_{m1}b_{m1} & a_{m2}b_{m2} & \cdots & a_{mn}b_{mn} \end{bmatrix}$$

定义一个标量 k。标量与矩阵的乘法也是按元素做乘法的运算：

$$k\boldsymbol{A}=\begin{bmatrix} ka_{11} & ka_{12} & \cdots & ka_{1n} \\ ka_{21} & ka_{22} & \cdots & ka_{2n} \\ \vdots & \vdots & & \vdots \\ ka_{m1} & ka_{m2} & \cdots & ka_{mn} \end{bmatrix}$$

其他诸如标量与矩阵按元素相加、相除等运算与上式中的相乘运算类似。矩阵按元素开根号、取对数等运算也就是对矩阵每个元素开根号、取对数等，并得到和原矩阵形状相同的矩阵。

矩阵乘法和按元素的乘法不同。设 $\boldsymbol{A}$ 为 m 行 p 列的矩阵，$\boldsymbol{B}$ 为 p 行 n 列的矩阵。两个矩阵相乘的结果

$$
\boldsymbol{AB} = \begin{bmatrix} a_{11} & a_{12} & \cdots & a_{1p} \\ a_{21} & a_{22} & \cdots & a_{2p} \\ \vdots & \vdots & & \vdots \\ a_{i1} & a_{i2} & \cdots & a_{ip} \\ \vdots & \vdots & & \vdots \\ a_{m1} & a_{m2} & \cdots & a_{mp} \end{bmatrix} \begin{bmatrix} b_{11} & b_{12} & \cdots & b_{1j} & \cdots & b_{1n} \\ b_{21} & b_{22} & \cdots & b_{2j} & \cdots & b_{2n} \\ \vdots & \vdots & & \vdots & & \vdots \\ b_{p1} & b_{p2} & \cdots & b_{pj} & \cdots & b_{pn} \end{bmatrix}
$$

是一个 m 行 n 列的矩阵，其中第 i 行第 j 列（$1 \leqslant i \leqslant m, 1 \leqslant j \leqslant n$）的元素为

$$
a_{i1}b_{1j} + a_{i2}b_{2j} + \cdots + a_{ip}b_{pj} = \sum_{k=1}^{p} a_{ik}b_{kj}
$$

A.1.4　范数

设 n 维向量 $\boldsymbol{x}$ 中的元素为 $x_1, \cdots, x_n$。向量 $\boldsymbol{x}$ 的 L_p 范数为

$$
\|\boldsymbol{x}\|_p = \left(\sum_{i=1}^{n} |x_i|^p \right)^{1/p}
$$

例如，$\boldsymbol{x}$ 的 L_1 范数是该向量元素绝对值之和：

$$
\|\boldsymbol{x}\|_1 = \sum_{i=1}^{n} |x_i|
$$

而 $\boldsymbol{x}$ 的 L_2 范数是该向量元素平方和的平方根：

$$
\|\boldsymbol{x}\|_2 = \sqrt{\sum_{i=1}^{n} x_i^2}
$$

我们通常用 $\|\boldsymbol{x}\|$ 指代 $\|\boldsymbol{x}\|_2$。

设 $\boldsymbol{X}$ 是一个 m 行 n 列矩阵。矩阵 $\boldsymbol{X}$ 的 Frobenius 范数为该矩阵元素平方和的平方根：

$$
\|\boldsymbol{X}\|_F = \sqrt{\sum_{i=1}^{m} \sum_{j=1}^{n} x_{ij}^2}
$$

其中 x_{ij} 为矩阵 $\boldsymbol{X}$ 在第 i 行第 j 列的元素。

A.1.5　特征向量和特征值

对于一个 n 行 n 列的矩阵 $\boldsymbol{A}$，假设有标量 λ 和非零的 n 维向量 $\boldsymbol{v}$ 使

$$
\boldsymbol{A}\boldsymbol{v} = \lambda \boldsymbol{v}
$$

那么 $\boldsymbol{v}$ 是矩阵 $\boldsymbol{A}$ 的一个特征向量，标量 λ 是 $\boldsymbol{v}$ 对应的特征值。

A.2　微分

我们在这里简要介绍微分的一些基本概念和演算。

B.2.1　导数和微分

假设函数 $f:\mathbb{R}\rightarrow\mathbb{R}$ 的输入和输出都是标量。函数 f 的导数

$$f'(x)=\lim_{h\rightarrow 0}\frac{f(x+h)-f(x)}{h}$$

且假定该极限存在。给定 $y=f(x)$，其中 x 和 y 分别是函数 f 的自变量和因变量。以下有关导数和微分的表达式等价：

$$f'(x)=y'=\frac{\mathrm{d}y}{\mathrm{d}x}=\frac{\mathrm{d}f}{\mathrm{d}x}=\frac{\mathrm{d}}{\mathrm{d}x}f(x)=\mathrm{D}f(x)=\mathrm{D}_x f(x)$$

其中符号 D 和 d/dx 也叫微分运算符。常见的微分演算有 $\mathrm{D}C=0$（C 为常数）、$\mathrm{D}x^n=nx^{n-1}$（n 为常数）、$\mathrm{D}e^x=e^x$、$\mathrm{D}\ln(x)=1/x$ 等。

如果函数 f 和 g 都可导，设 C 为常数，那么

$$\frac{\mathrm{d}}{\mathrm{d}x}[Cf(x)]=C\frac{\mathrm{d}}{\mathrm{d}x}f(x)$$

$$\frac{\mathrm{d}}{\mathrm{d}x}[f(x)+g(x)]=\frac{\mathrm{d}}{\mathrm{d}x}f(x)+\frac{\mathrm{d}}{\mathrm{d}x}g(x)$$

$$\frac{\mathrm{d}}{\mathrm{d}x}[f(x)g(x)]=f(x)\frac{\mathrm{d}}{\mathrm{d}x}[g(x)]+g(x)\frac{\mathrm{d}}{\mathrm{d}x}[f(x)]$$

$$\frac{\mathrm{d}}{\mathrm{d}x}\left[\frac{f(x)}{g(x)}\right]=\frac{g(x)\frac{\mathrm{d}}{\mathrm{d}x}[f(x)]-f(x)\frac{\mathrm{d}}{\mathrm{d}x}[g(x)]}{[g(x)]^2}$$

如果 $y=f(u)$ 和 $u=g(x)$ 都是可导函数，依据链式法则，

$$\frac{\mathrm{d}y}{\mathrm{d}x}=\frac{\mathrm{d}y}{\mathrm{d}u}\frac{\mathrm{d}u}{\mathrm{d}x}$$

A.2.2　泰勒展开

函数 f 的泰勒展开式是

$$f(x)=\sum_{n=0}^{\infty}\frac{f^{(n)}(a)}{n!}(x-a)^n$$

其中 $f^{(n)}$ 为函数 f 的 n 阶导数（求 n 次导数），$n!$ 为 n 的阶乘。假设 ϵ 是一个足够小的数，如果将上式中 x 和 a 分别替换成 $x+\epsilon$ 和 x，可以得到

$$f(x+\epsilon)\approx f(x)+f'(x)\epsilon+\mathcal{O}(\epsilon^2)$$

由于 ϵ 足够小，上式也可以简化成

$$f(x+\epsilon) \approx f(x) + f'(x)\epsilon$$

A.2.3　偏导数

设 u 为一个有 n 个自变量的函数，$u = f(x_1, x_2, \cdots, x_n)$，它有关第 i 个变量 x_i 的偏导数为

$$\frac{\partial u}{\partial x_i} = \lim_{h \to 0} \frac{f(x_1, \cdots, x_{i-1}, x_i + h, x_{i+1}, \cdots, x_n) - f(x_1, \cdots, x_i, \cdots, x_n)}{h}$$

以下有关偏导数的表达式等价：

$$\frac{\partial u}{\partial x_i} = \frac{\partial f}{\partial x_i} = f_{x_i} = f_i = \mathrm{D}_i f = \mathrm{D}_{x_i} f$$

为了计算 $\partial u / \partial x_i$，只需将 $x_1, \cdots, x_{i-1}, x_{i+1}, \cdots, x_n$ 视为常数并求 u 有关 x_i 的导数。

A.2.4　梯度

假设函数 $f: \mathbb{R}^n \to \mathbb{R}$ 的输入是一个 n 维向量 $\boldsymbol{x} = [x_1, x_2, \cdots, x_n]^\top$，输出是标量。函数 $f(\boldsymbol{x})$ 有关 $\boldsymbol{x}$ 的梯度是一个由 n 个偏导数组成的向量：

$$\nabla_{\boldsymbol{x}} f(\boldsymbol{x}) = \left[\frac{\partial f(\boldsymbol{x})}{\partial x_1}, \frac{\partial f(\boldsymbol{x})}{\partial x_2}, \ldots, \frac{\partial f(\boldsymbol{x})}{\partial x_n}\right]^\top$$

为表示简洁，我们有时用 $\nabla f(\boldsymbol{x})$ 代替 $\nabla_{\boldsymbol{x}} f(\boldsymbol{x})$。

假设 $\boldsymbol{x}$ 是一个向量，常见的梯度演算包括

$$\nabla_{\boldsymbol{x}} \boldsymbol{A}^\top \boldsymbol{x} = \boldsymbol{A}$$
$$\nabla_{\boldsymbol{x}} \boldsymbol{x}^\top \boldsymbol{A} = \boldsymbol{A}$$
$$\nabla_{\boldsymbol{x}} \boldsymbol{x}^\top \boldsymbol{A} \boldsymbol{x} = (\boldsymbol{A} + \boldsymbol{A}^\top)\boldsymbol{x}$$
$$\nabla_{\boldsymbol{x}} \|\boldsymbol{x}\|^2 = \nabla_{\boldsymbol{x}} \boldsymbol{x}^\top \boldsymbol{x} = 2\boldsymbol{x}$$

类似地，假设 $\boldsymbol{X}$ 是一个矩阵，那么

$$\nabla_{\boldsymbol{X}} \|\boldsymbol{X}\|_F^2 = 2\boldsymbol{X}$$

A.2.5　海森矩阵

假设函数 $f: \mathbb{R}^n \to \mathbb{R}$ 的输入是一个 n 维向量 $\boldsymbol{x} = [x_1, x_2, \cdots, x_n]^\top$，输出是标量。假定函数 f 所有的二阶偏导数都存在，f 的海森矩阵 $\boldsymbol{H}$ 是一个 n 行 n 列的矩阵：

$$\boldsymbol{H} = \begin{bmatrix} \dfrac{\partial^2 f}{\partial x_1^2} & \dfrac{\partial^2 f}{\partial x_1 \partial x_2} & \cdots & \dfrac{\partial^2 f}{\partial x_1 \partial x_n} \\ \dfrac{\partial^2 f}{\partial x_2 \partial x_1} & \dfrac{\partial^2 f}{\partial x_2^2} & \cdots & \dfrac{\partial^2 f}{\partial x_2 \partial x_n} \\ \vdots & \vdots & & \vdots \\ \dfrac{\partial^2 f}{\partial x_n \partial x_1} & \dfrac{\partial^2 f}{\partial x_n \partial x_2} & \cdots & \dfrac{\partial^2 f}{\partial x_n^2} \end{bmatrix}$$

其中二阶偏导数为

$$\frac{\partial^2 f}{\partial x_i \partial x_j} = \frac{\partial}{\partial x_j}\left(\frac{\partial f}{\partial x_i}\right)$$

A.3 概率

最后，我们简要介绍条件概率、期望和均匀分布。

A.3.1 条件概率

假设事件 A 和事件 B 的概率分别为 $P(A)$ 和 $P(B)$，两个事件同时发生的概率记作 $P(A \cap B)$ 或 $P(A, B)$。给定事件 B，事件 A 的条件概率为

$$P(A \mid B) = \frac{P(A \cap B)}{P(B)}$$

也就是说，

$$P(A \cap B) = P(B)P(A \mid B) = P(A)P(B \mid A)$$

当满足

$$P(A \cap B) = P(A)P(B)$$

时，事件 A 和事件 B 相互独立。

A.3.2 期望

离散的随机变量 X 的期望（或平均值）为

$$E(X) = \sum_x xP(X = x)$$

A.3.3 均匀分布

假设随机变量 X 服从 $[a, b]$ 上的均匀分布，即 X～$U(a, b)$。随机变量 X 取 a 和 b 之间任意一个数的概率相等。

小结

- 本附录总结了本书中涉及的有关线性代数、微分和概率的基础知识。

练习

求函数 $f(\boldsymbol{x}) = 3x_1^2 + 5e^{x_2}$ 的梯度。

附录B

使用Jupyter记事本

本附录介绍如何使用 Jupyter 记事本编辑和运行本书的代码。请确保你已按照 2.1 节中的步骤安装好 Jupyter 记事本并获取了本书的代码。

B.1 在本地编辑和运行本书的代码

下面我们介绍如何在本地使用 Jupyter 记事本来编辑和运行本书的代码。假设本书的代码所在的本地路径为 `xx/yy/d2l-zh/`。在命令行模式下进入该路径（`cd xx/yy/d2l-zh`），然后运行命令 `jupyter notebook`。这时在浏览器打开 http://localhost:8888（通常会自动打开）就可以看到 Jupyter 记事本的界面和本书的代码所在的各个文件夹，如图 B-1 所示。

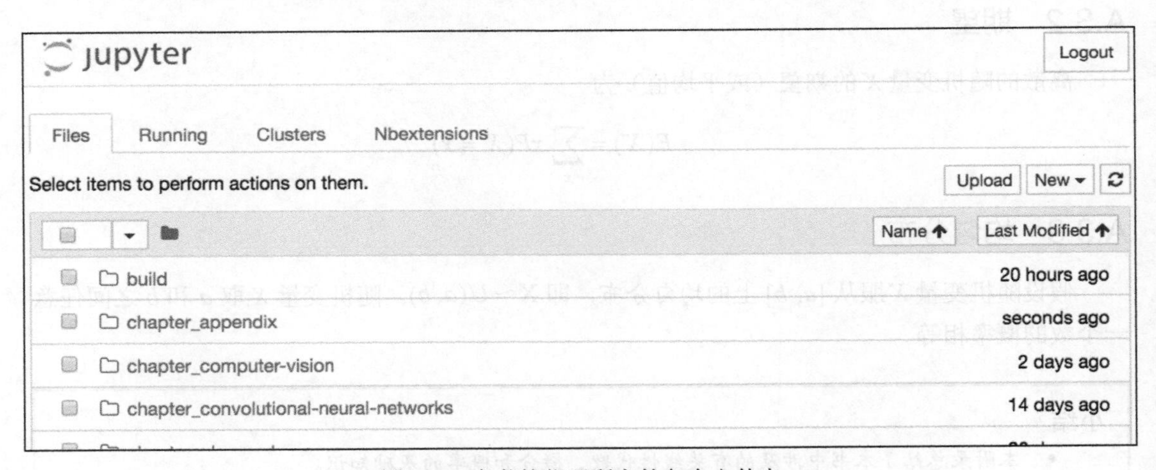

图 B-1　本书的代码所在的各个文件夹

我们可以通过点击网页上显示的文件夹访问其中的记事本文件。它们的后缀通常是“ipynb”。简洁起见，我们创建一个临时的 test.ipynb 文件，点击后所显示的内容如图 B-2 所示。该笔记本包括了格式化文本单元（markdown cell）和代码单元（code cell），其中格式化文本单元中的内容包括“这是标题”和“这是一段正文。”，代码单元中包括两行 Python 代码。

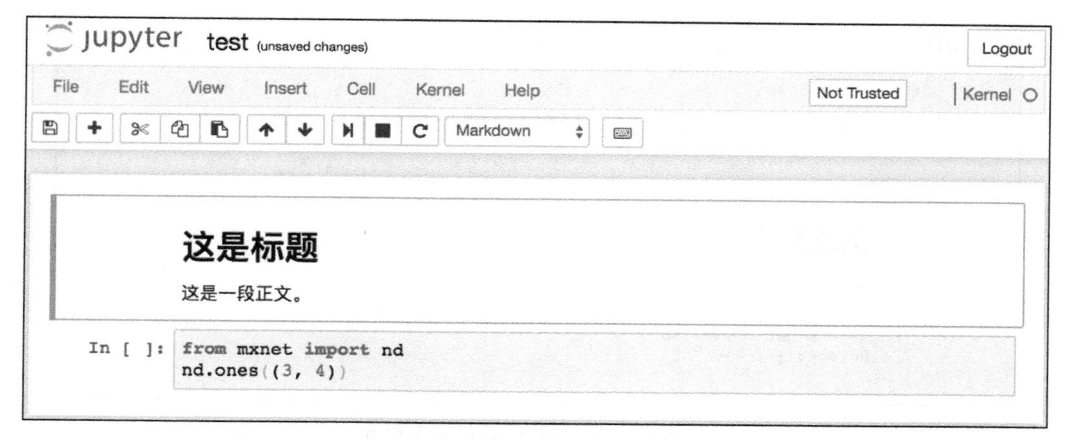

图 B-2 test.ipynb 文件包括了格式化文本单元和代码单元

双击格式化文本单元，进入编辑模式。在该单元的末尾添加一段新文本“你好世界。”，如图 B-3 所示。

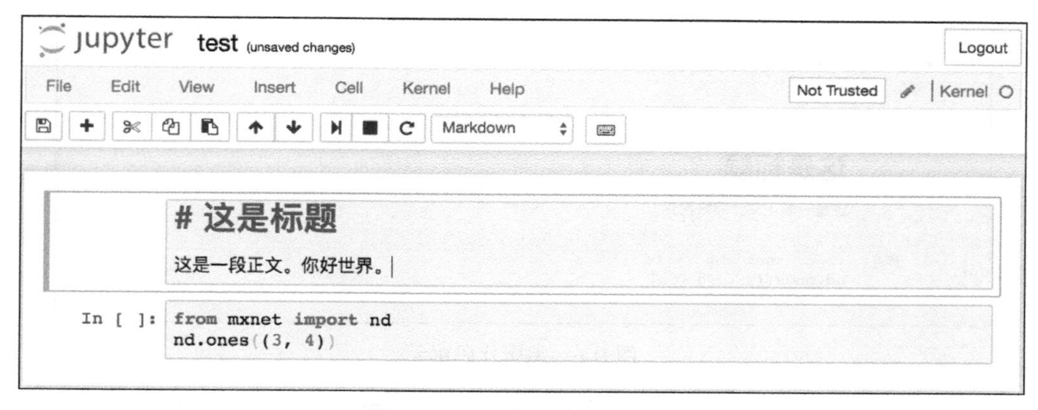

图 B-3 编辑格式化文本单元

如图 B-4 所示，点击菜单栏的“Cell”→“Run Cells”，运行编辑好的单元。

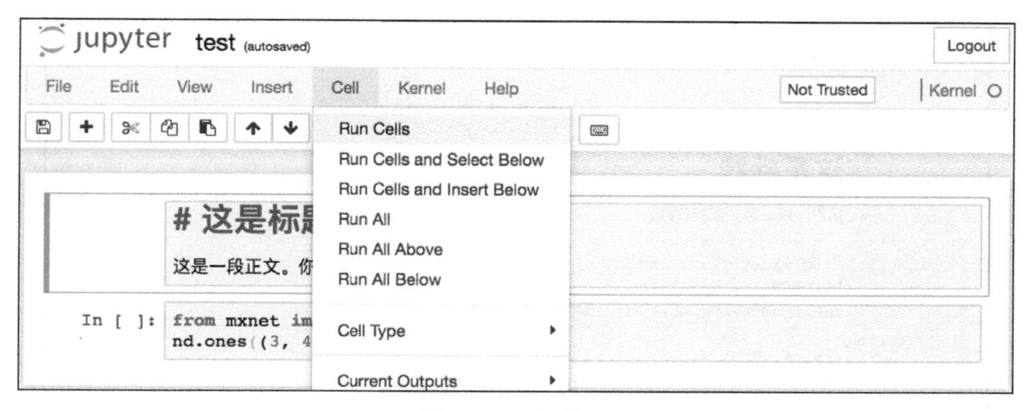

图 B-4 运行单元

运行完以后，图 B-5 展示了编辑后的格式化文本单元。

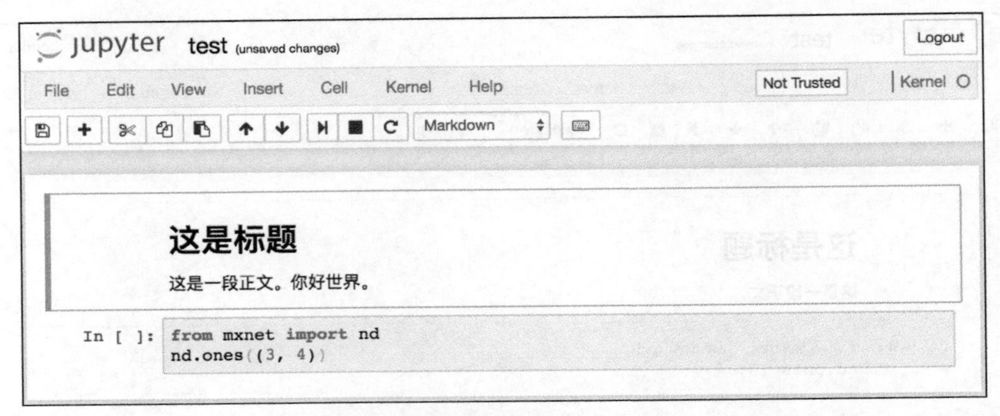

图 B-5　编辑后的格式化文本单元

接下来，点击代码单元。在最后一行代码后添加乘以 2 的操作 * 2，如图 B-6 所示。

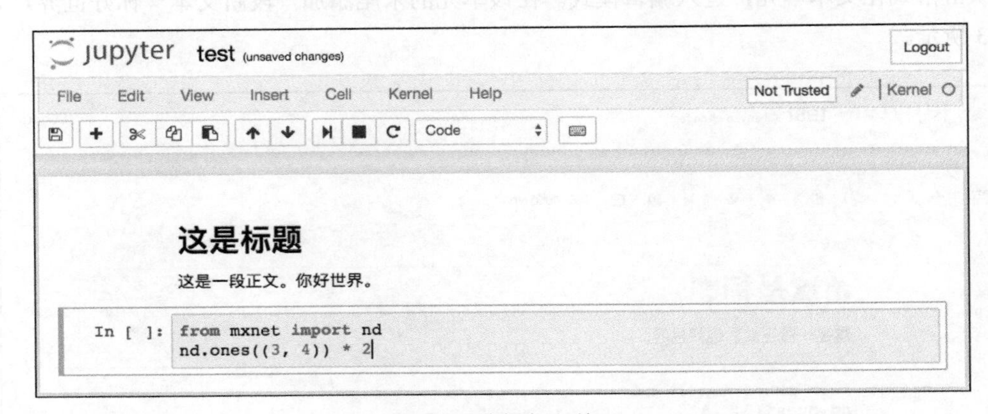

图 B-6　编辑代码单元

我们也可以用快捷键运行单元（默认 Ctrl + Enter），并得到图 B-7 所示的输出结果。

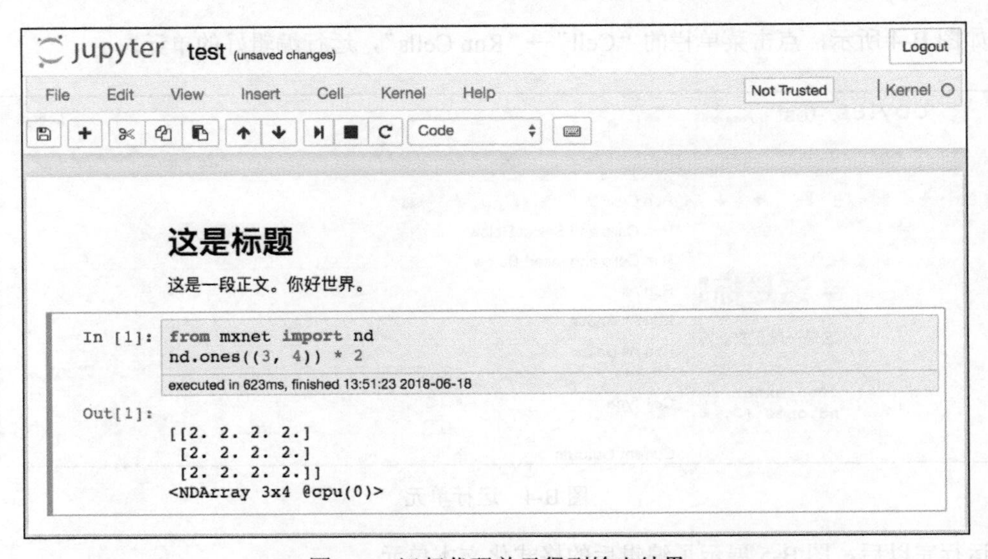

图 B-7　运行代码单元得到输出结果

当一个记事本包含的单元较多时，我们可以点击菜单栏的“Kernel”→“Restart & Run All”，以运行整个笔记本中的所有单元。点击菜单栏的“Help”→“Edit Keyboard Shortcuts”后可以根据自己的偏好编辑快捷键。

B.2 高级选项

下面介绍有关使用 Jupyter 记事本的一些高级选项。读者可以根据自己的兴趣参考其中的内容。

B.2.1 用Jupyter记事本读写GitHub源文件

如果想为本书内容做贡献，需要修改在 GitHub 上 markdown 格式的源文件（扩展名为 .md）。通过 notedown 插件，就可以使用 Jupyter 记事本修改并运行 markdown 格式的源代码。Linux/macOS 用户可以执行以下命令获得 GitHub 源文件并激活运行环境：

```
git clone https://github.com/d2l-ai/d2l-zh.git
cd d2l-zh
conda env create -f environment.yml
# 若conda版本低于4.4，运行source activate gluon；Windows用户则运行activate gluon
conda activate gluon
```

下面安装 notedown 插件，运行 Jupyter 记事本并加载插件。

```
pip install https://github.com/mli/notedown/tarball/master
jupyter notebook --NotebookApp.contents_manager_class='notedown.NotedownContentsManager
↪'
```

如果想每次运行 Jupyter 记事本时默认开启 notedown 插件，可以参考下面的步骤。

首先，执行下面的命令生成 Jupyter 记事本配置文件（如果已经生成，可以跳过）：

```
jupyter notebook --generate-config
```

然后，将下面这一行加入到 Jupyter 记事本配置文件（一般在用户主目录下的隐藏文件夹 `.jupyter` 中的 `jupyter_notebook_config.py`）的末尾：

```
c.NotebookApp.contents_manager_class = 'notedown.NotedownContentsManager'
```

之后，只需要运行 `jupyter notebook` 命令即可默认开启 notedown 插件。

B.2.2 在远端服务器上运行Jupyter记事本

有时候，我们希望在远端服务器上运行 Jupyter 记事本，并通过本地计算机上的浏览器访问。如果本地计算机上已经安装了 Linux 或者 macOS（Windows 通过 putty 等第三方软件也能支持），那么可以使用端口映射。

```
ssh myserver -L 8888:localhost:8888
```

以上 myserver 是远端服务器地址。然后我们可以使用 http://localhost:8888 打开运行 Jupyter 记事本的远端服务器 myserver。我们将在下一节详细介绍如何在 AWS 实例上运行 Jupyter 记事本。

B.2.3 运行计时

我们可以通过 ExecutionTime 插件来对 Jupyter 记事本的每个代码单元的运行计时。下面是安装该插件的命令：

```
pip install jupyter_contrib_nbextensions
jupyter contrib nbextension install --user
jupyter nbextension enable execute_time/ExecuteTime
```

小结

- 可以使用 Jupyter 记事本编辑和运行本书的代码。

练习

尝试在本地编辑和运行本书的代码。

附录C

使用AWS运行代码

扫码直达讨论区

当本地机器的计算资源有限时，可以通过云计算服务获取更强大的计算资源来运行本书中的深度学习代码。本节将介绍如何在 AWS（亚马逊的云计算服务）上申请实例并通过 Jupyter 记事本运行代码。本附录中的例子有如下两个步骤。

（1）申请含一个 K80 GPU 的 p2.xlarge 实例。

（2）安装 CUDA 及相应 GPU 版本的 MXNet。

申请其他类型的实例或安装其他版本的 MXNet 的方法与本节类似。

C.1 申请账号并登录

首先，我们需要在 AWS 官方网站上创建账号。这通常需要一张信用卡。需要注意的是，AWS 中国需要公司实体才能注册。如果你是个人用户，请注册 AWS 全球账号。

登录 AWS 账号后，点击图 C-1 红框中的“EC2”进入 EC2 面板。

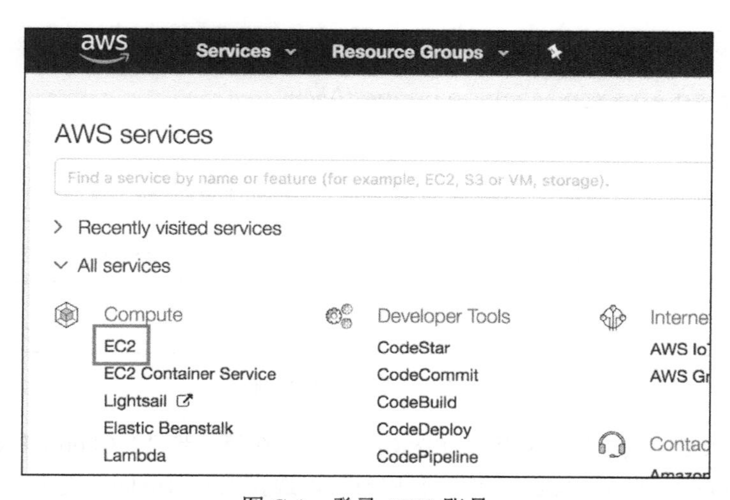

图 C-1　登录 AWS 账号

C.2 创建并运行EC2实例

图 C-2 展示了 EC2 面板的界面。在图 C-2 右上角红框处选择离我们较近的数据中心来降低延迟。我们可以选亚太地区，如 Asia Pacific（Seoul）。注意，有些数据中心可能没有 GPU 实例。点击图 C-2 下方红框内“Launch Instance”按钮启动实例。

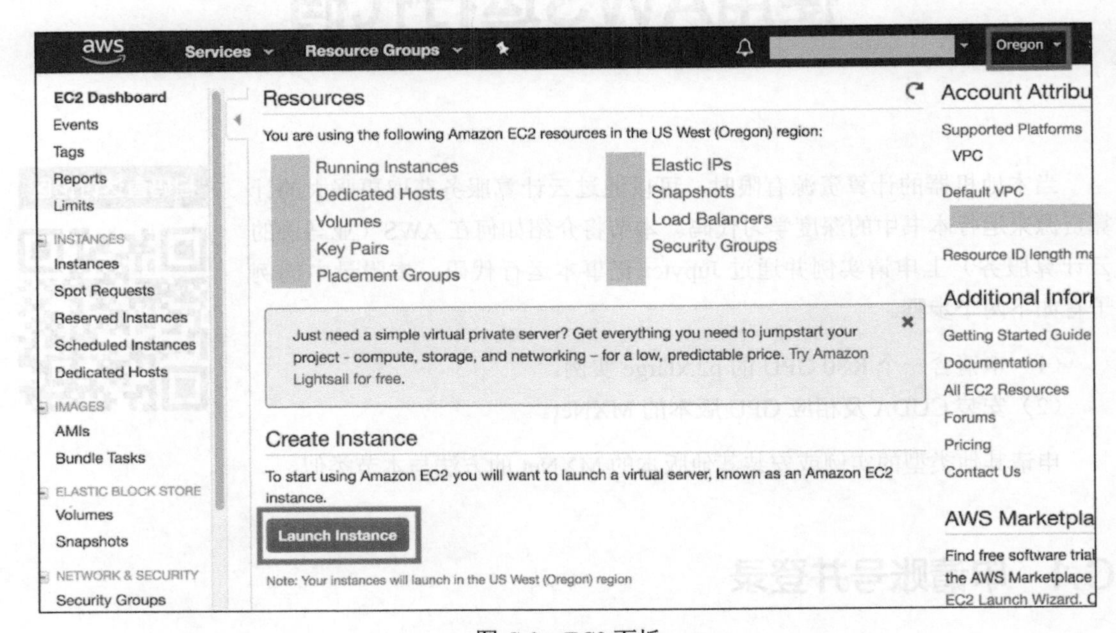

图 C-2 EC2 面板

图 C-3 的最上面一行显示了配置实例所需的 7 个步骤。在第一步“1. Choose AMI”中，选择 Ubuntu 16.04 作为操作系统。

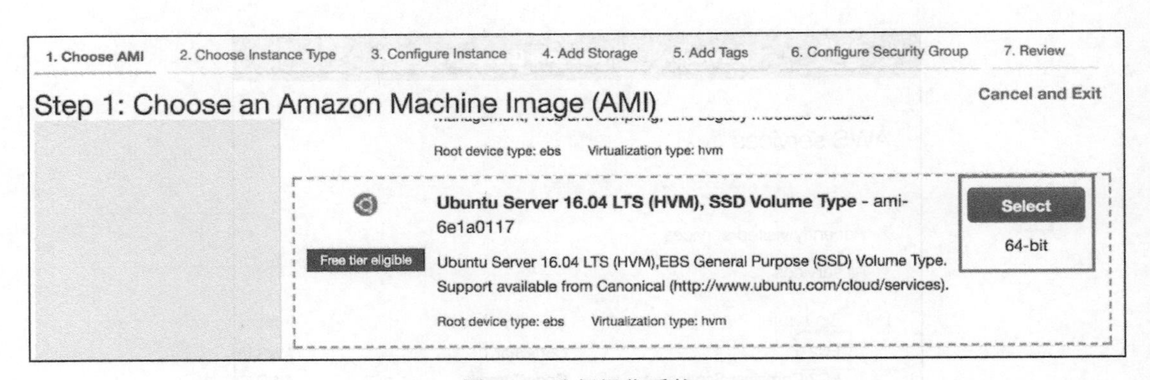

图 C-3 选择操作系统

EC2 提供了大量不同配置的实例。如图 C-4 所示，在第二步“2. Choose Instance Type”中，选择有一个 K80 GPU 的 p2.xlarge 实例。我们也可以选择像 p2.16xlarge 这样有多个 GPU 的实例。如果想比较不同实例的机器配置和收费，可参考 https://www.ec2instances.info/ 。

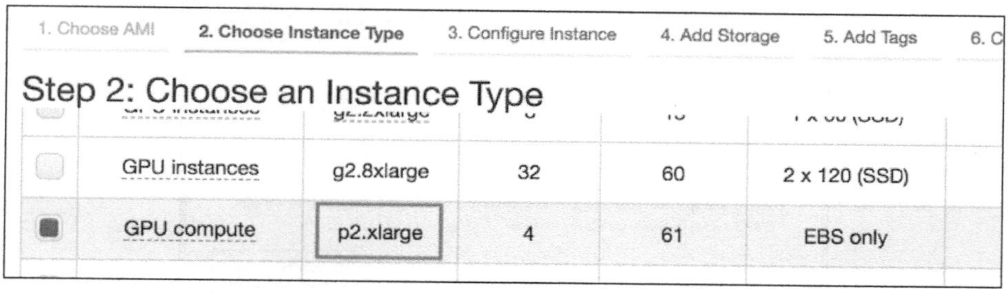

图 C-4 选择实例

建议在选择实例前先在图 C-2 左栏“Limits”标签里检查一下有无数量限制。如图 C-5 所示，该账号的限制是最多在一个区域开一个 p2.xlarge 实例。如果需要开更多实例，可以通过点击右边“Request limit increase”链接来申请更大的实例容量。这通常需要一个工作日来处理。

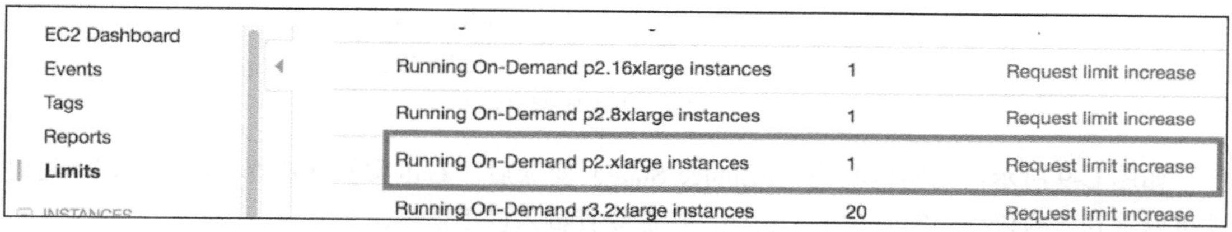

图 C-5 实例的数量限制

我们将保持第三步“3. Configure Instance”、第五步“5. Add Tags”和第六步“6. Configure Security Group”中的默认配置不变。点击第四步“4. Add Storage”，如图 C-6 所示，将默认的硬盘大小增大到 40 GB。注意，安装 CUDA 需要 4 GB 左右空间。

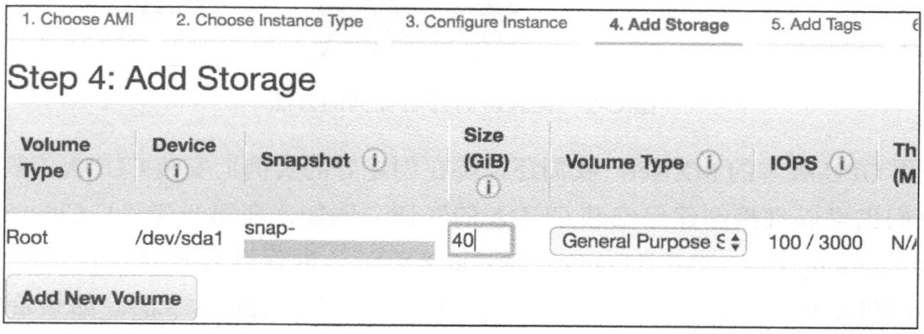

图 C-6 修改实例的硬盘大小

最后，在第七步“7. Review”中点击“Launch”来启动配置好的实例。这时候会提示我们选择用来访问实例的密钥。如果没有的话，可以选择图 C-7 中第一个下拉菜单的“Create a new key pair”选项来生成秘钥。之后，我们通过该下拉菜单的“Choose an existing key pair”选项选择生成好的密钥。点击“Launch Instances”按钮启动创建好的实例。

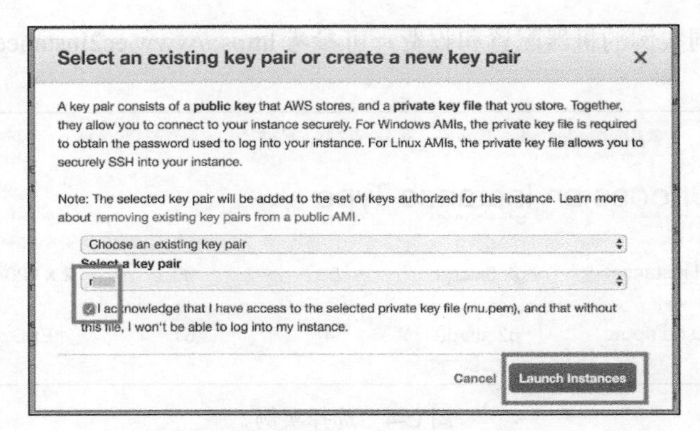

图 C-7　选择密钥

点击图 C-8 所示的实例 ID 就可以查看该实例的状态了。

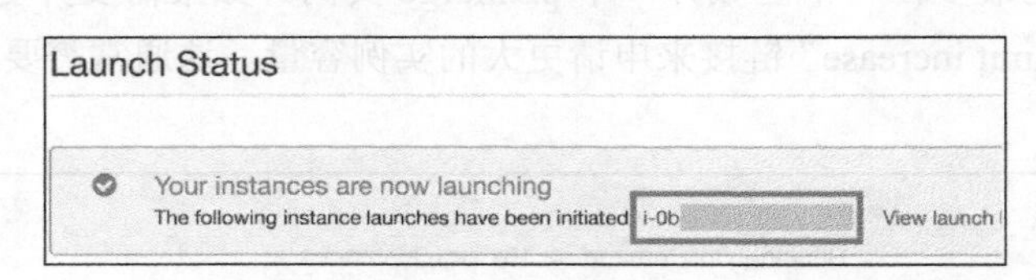

图 C-8　点击实例 ID

如图 C-9 所示，当实例状态（Instance State）变绿后，右击实例并选择“Connect”，这时就可以看到访问该实例的方法了。例如，在命令行输入以下命令：

```
ssh -i "/path/to/key.pem" ubuntu@ec2-xx-xxx-xxx-xxx.y.compute.amazonaws.com
```

其中 `/path/to/key.pem` 是本地存放访问实例的密钥的路径。当命令行提示“Are you sure you want to continue connecting (yes/no)”时，键入“yes”并按回车键即可登录创建好的实例。

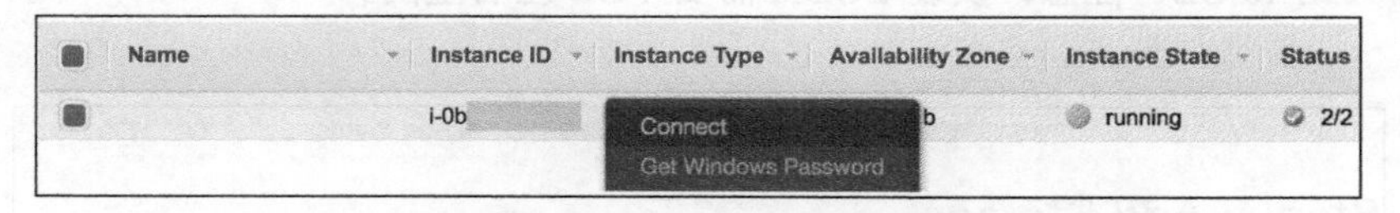

图 C-9　查看访问开启实例的方法

为了使用 GPU 版本的 MXNet，我们还需要在创建好的实例上安装 CUDA（参考 C.3 节）。实际上，我们也可以直接创建已安装 CUDA 的实例，例如，在第一步“1. Choose AMI”中，选择“Deep Learning Base AMI (Ubuntu) Version XX.X”，并保持后面步骤不变。登录实例后，运行 `cat README` 命令查看实例上已安装的 CUDA 各版本（假设含 9.0）。如果希望将 CUDA 的默认版本设为 9.0，依次运行命令 `sudo rm /usr/local/cuda` 和 `sudo ln -s /usr/local/cuda-9.0 /usr/local/cuda`。之后，即可跳过 C.3 节的 CUDA 安装步骤。

C.3　安装CUDA

下面介绍 CUDA 的安装步骤。首先，更新并安装编译需要的包。

```
sudo apt-get update && sudo apt-get install -y build-essential git libgfortran3
```

NVIDIA 一般每年会更新一次 CUDA 主版本。这里我们下载 CUDA 9.0（也可使用 MXNet 支持的其他版本）。访问 NVIDIA 官方网站获取正确版本的 CUDA 9.0 的下载地址，如图 C-10 所示。

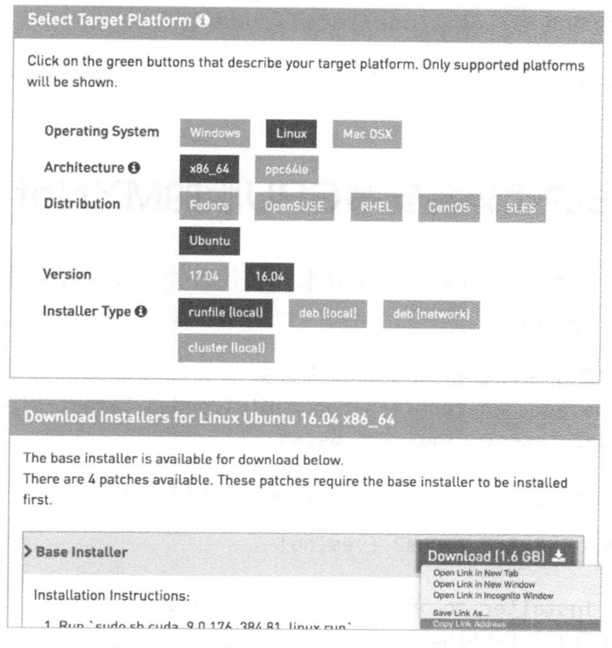

图 C-10　获取 CUDA 9.0 的下载地址

获取下载地址后，下载并安装 CUDA 9.0。例如：

```
# 以NVIDIA官方网站上的下载链接和安装文件名为准
wget https://developer.nvidia.com/compute/cuda/9.0/Prod/local_installers/cuda_9.0.176_
→384.81_linux-run
sudo sh cuda_9.0.176_384.81_linux-run
```

点击 Ctrl+C 跳出文档浏览，并回答以下几个问题：

```
Do you accept the previously read EULA?
accept/decline/quit: accept
Install NVIDIA Accelerated Graphics Driver for Linux-x86_64 384.81?
(y)es/(n)o/(q)uit: y
Do you want to install the OpenGL libraries?
(y)es/(n)o/(q)uit [ default is yes ]: y
Do you want to run nvidia-xconfig?
This will ... vendors.
(y)es/(n)o/(q)uit [ default is no ]: n
Install the CUDA 9.0 Toolkit?
(y)es/(n)o/(q)uit: y
Enter Toolkit Location
[ default is /usr/local/cuda-9.0 ]:
Do you want to install a symbolic link at /usr/local/cuda?
(y)es/(n)o/(q)uit: y
Install the CUDA 9.0 Samples?
(y)es/(n)o/(q)uit: n
```

当安装完成后，运行下面的命令就可以看到该实例的 GPU 了：

```
nvidia-smi
```

最后，将 CUDA 加入到库的路径中，以方便其他库找到它。如果使用其他版本或其他路径，需要修改以下命令中的字符串“/usr/local/cuda-9.0”：

```
echo "export LD_LIBRARY_PATH=\${LD_LIBRARY_PATH}:/usr/local/cuda-9.0/lib64" >> ~/.
↪bashrc
```

C.4　获取本书的代码并安装GPU版的MXNet

我们已在 2.1 节中介绍了 Linux 用户获取本书的代码并安装运行环境的方法。首先，安装 Linux 版的 Miniconda，例如：

```
# 以Miniconda官方网站上的下载链接和安装文件名为准
wget https://repo.anaconda.com/miniconda/Miniconda3-latest-Linux-x86_64.sh
sudo sh Miniconda3-latest-Linux-x86_64.sh
```

这时需要回答下面几个问题（如当 conda 版本为 4.6.14 时）：

```
Do you accept the license terms? [yes|no]
[no] >>> yes
Do you wish the installer to initialize Miniconda3
by running conda init? [yes|no]
[no] >>> yes
```

安装完成后，运行一次 source ~/.bashrc 让 CUDA 和 conda 生效。接下来，下载本书代码，安装并激活 conda 环境。（若未安装 unzip，可运行命令 sudo apt install unzip 安装。）

```
mkdir d2l-zh && cd d2l-zh
curl https://zh.d2l.ai/d2l-zh-1.1.zip -o d2l-zh.zip
unzip d2l-zh.zip && rm d2l-zh.zip
conda env create -f environment.yml
conda activate gluon
```

默认 conda 环境里安装了 CPU 版本的 MXNet。现在我们将它替换成 GPU 版本的 MXNet。因为 CUDA 的版本是 9.0，所以安装 mxnet-cu90。一般来说，如果 CUDA 版本是 *X.Y*，那么相应安装 mxnet-cuXY。

```
pip uninstall mxnet
pip install mxnet-cu90==X.Y.Z  # X.Y.Z应替换为本书的代码依赖的版本号
```

C.5　运行Jupyter记事本

现在就可以运行 Jupyter 记事本了。

```
jupyter notebook
```

图 C-11 展示了运行后可能的输出，其中最后一行为 8888 端口下的 URL。

```
(gluon) :~/gluon-tutorials-zh$ jupyter notebook
[I 22:10:29.383 NotebookApp] Writing notebook server cookie secret to /run/user/1
[I 22:10:29.404 NotebookApp] Serving notebooks from local directory: /home/ubuntu
[I 22:10:29.404 NotebookApp] 0 active kernels
[I 22:10:29.404 NotebookApp] The Jupyter Notebook is running at: http://localhost
[I 22:10:29.404 NotebookApp] Use Control-C to stop this server and shut down all
[W 22:10:29.404 NotebookApp] No web browser found: could not locate runnable brow
[C 22:10:29.404 NotebookApp]

    Copy/paste this URL into your browser when you connect for the first time,
    to login with a token:
        http://localhost:8888/?token=c9c7b
```

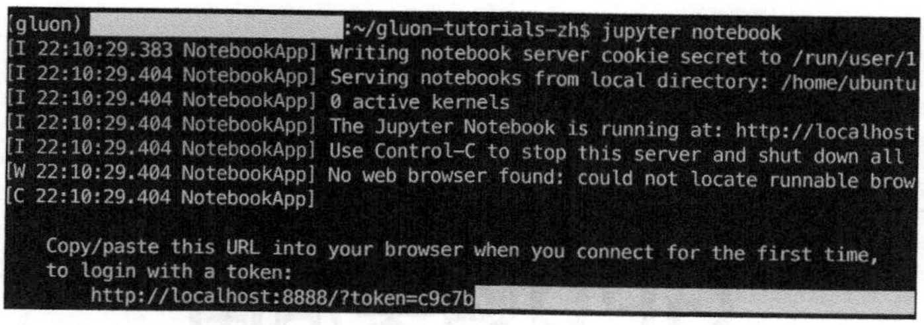

图 C-11 运行 Jupyter 记事本后的输出，其中最后一行为 8888 端口下的 URL

由于创建的实例并没有暴露 8888 端口，我们可以在本地命令行启动 ssh 从实例映射到本地 8889 端口。

```
# 该命令须在本地命令行运行
ssh -i "/path/to/key.pem" ubuntu@ec2-xx-xxx-xxx-xxx.y.compute.amazonaws.com -L␣
↪8889:localhost:8888
```

最后，把图 C-11 中运行 Jupyter 记事本后输出的最后一行 URL 复制到本地浏览器，并将 8888 改为 8889，点击回车键即可从本地浏览器通过 Jupyter 记事本运行实例上的代码。

C.6 关闭不使用的实例

因为云服务按使用时长计费，我们通常会在不使用实例时将其关闭。

如果较短时间内还会重新开启实例，右击图 C-9 中的示例，选择“Instance State”→“Stop”将实例停止，等下次使用时选择“Instance State”→“Start”重新开启实例。这种情况下，开启的实例将保留其停止前硬盘上的存储（例如，无须再安装 CUDA 和其他运行环境）。然而，停止状态的实例也会因其所保留的硬盘空间而产生少量计费。

如果较长时间内不会重新开启实例，右击图 C-9 中的示例，选择“Image”→“Create”创建镜像。然后，选择“Instance State”→“Terminate”将实例终止（硬盘不再产生计费）。当下次使用时，可按本节中创建并运行 EC2 实例的步骤重新创建一个基于保存的镜像的实例。唯一的区别在于，在图 C-3 的第一步“1. Choose AMI”中，需要通过左栏“My AMIs”选择之前保存的镜像。这样创建的实例将保留镜像上硬盘的存储，例如，无须再安装 CUDA 和其他运行环境。

小结

- 可以通过云计算服务获取更强大的计算资源来运行本书中的深度学习代码。

练习

云很方便，但不便宜。研究一下它的价格，看看如何节省开销。

附录D

GPU购买指南

深度学习训练通常需要大量的计算资源。GPU目前是深度学习最常使用的计算加速硬件。相对于CPU来说，GPU更便宜且计算更加密集。一方面，相同计算能力的GPU的价格一般是CPU价格的十分之一；另一方面，一台服务器通常可以搭载8块或者16块GPU。因此，GPU数量可以看作是衡量一台服务器的深度学习计算能力的一个指标。

D.1 选择GPU

目前独立显卡主要有AMD和NVIDIA两家厂商。其中NVIDIA在深度学习布局较早，对深度学习框架支持更好。因此，目前大家主要会选择NVIDIA的GPU。

NVIDIA有面向个人用户（如GTX系列）和企业用户（如Tesla系列）的两类GPU。这两类GPU的计算能力相当。然而，面向企业用户的GPU通常使用被动散热并增加了显存校验，从而更适合数据中心，并通常要比面向个人用户的GPU贵上10倍。

如果是拥有100台机器以上的大公司用户，通常可以考虑针对企业用户的NVIDIA Tesla系列。如果是拥有10～100台机器的实验室和中小公司用户，预算充足的情况下可以考虑NVIDIA DGX系列，否则可以考虑购买如Supermicro之类的性价比比较高的服务器，然后再购买安装GTX系列的GPU。

NVIDIA一般每一两年发布一次新版本的GPU，例如，2016年发布的GTX 1000系列以及2018年发布的RTX 2000系列。每个系列中会有数个不同的型号，分别对应不同的性能。

GPU的性能主要由以下3个参数构成。

（1）计算能力。通常我们关心的是32位浮点计算能力。16位浮点训练也开始流行，如果只做预测的话也可以用8位整数。

（2）显存大小。当模型越大或者训练时的批量越大时，所需要的显存就越多。

（3）显存带宽。只有当显存带宽足够时才能充分发挥计算能力。

对大部分用户来说，只要考虑计算能力就可以了。显存尽量不小于 4 GB。但如果 GPU 要同时显示图形界面，那么推荐的显存大小至少为 6 GB。显存带宽通常相对固定，选择空间较小。

图 D-1 描绘了 GTX 900 和 GTX 1000 系列里各个型号的 32 位浮点计算能力和价格的对比（其中的价格为 Wikipedia 的建议价格）。

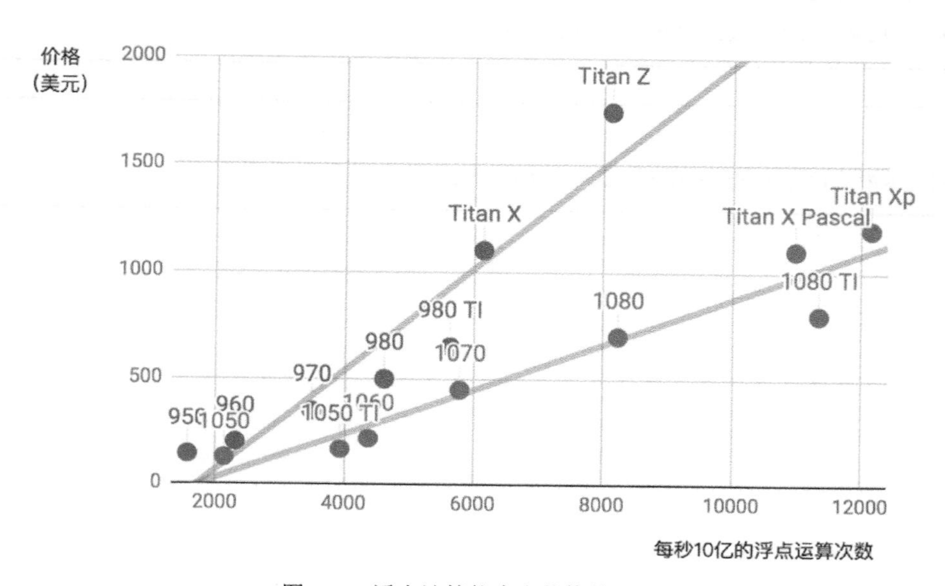

图 D-1　浮点计算能力和价格的对比

我们可以从图 D-1 中读出以下两点信息。

（1）在同一个系列里面，价格和性能大体上成正比。但后发布的型号性价比更高，如 980 Ti 和 1080 Ti。

（2）GTX 1000 系列比 900 系列在性价比上高出 2 倍左右。

如果大家继续比较 NVIDIA 的一些其他系列，也可以发现类似的规律。据此，我们推荐大家在能力范围内尽可能买较新的 GPU。

D.2 整机配置

通常，我们主要用 GPU 做深度学习训练。因此，不需要购买高端的 CPU。至于整机配置，尽量参考网上推荐的中高档的配置就好。不过，考虑到 GPU 的功耗、散热和体积，在整机配置上也需要考虑以下 3 个额外因素。

（1）机箱体积。显卡尺寸较大，通常考虑较大且自带风扇的机箱。

（2）电源。购买 GPU 时需要查一下 GPU 的功耗，如 50 W 到 300 W 不等。购买电源要确保功率足够，且不会造成机房供电过载。

（3）主板的 PCIe 卡槽。推荐使用 PCIe 3.0 16x 来保证充足的 GPU 到内存的带宽。如果搭载多块 GPU，要仔细阅读主板说明，以确保多块 GPU 一起使用时仍然是 16 倍带宽。注意，有些主板搭载 4 块 GPU 时会降到 8 倍甚至 4 倍带宽。

小结

- 在预算范围内，尽可能买较新的 GPU。
- 整机配置需要考虑到 GPU 的功耗、散热和体积。

练习

浏览本附录讨论区中大家有关机器配置方面的交流。

附录 E

如何为本书做贡献

我们在“致谢”中感谢了本书的所有贡献者，并列出他们的 GitHub ID 或姓名。每位贡献者也将在本书出版时获得一本贡献者专享的赠书。

你可以在本书的 GitHub 代码库查看贡献者列表[①]。如果你希望成为本书的贡献者之一，需要安装 Git 并为本书的 GitHub 代码库提交 pull request[②]。当你的 pull request 被本书作者合并进了代码库后，你就成为了本书的贡献者。

本附录介绍为本书贡献的基本 Git 操作步骤。

下列操作步骤假设贡献者的 GitHub ID 为“astonzhang”。

第一步，安装 Git。Git 的开源书里详细介绍了安装 Git 的方法。如果你没有 GitHub 账号，需要注册一个账号。

第二步，登录 GitHub。在浏览器输入本书的代码库地址。点击图 E-1 右上方红框中的“Fork”按钮获得一份本书的代码库。

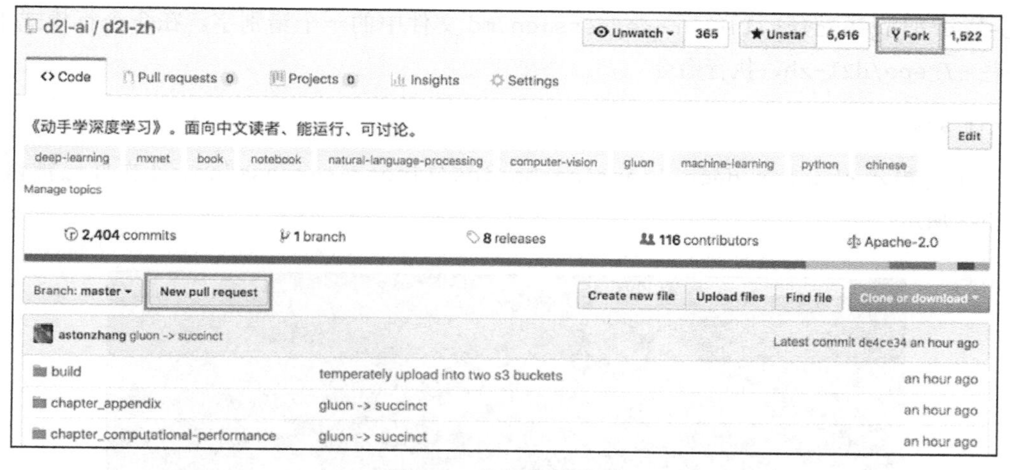

图 E-1　代码库的页面

① 本书的贡献者列表参见https://github.com/d2l-ai/d2l-zh/graphs/contributors。

② 本书的代码库地址为https://github.com/d2l-ai/d2l-zh。

这时，本书的代码库会复制到你的用户名下，例如图 E-2 左上方显示的“你的 GitHub 用户名 /d2l-zh”。

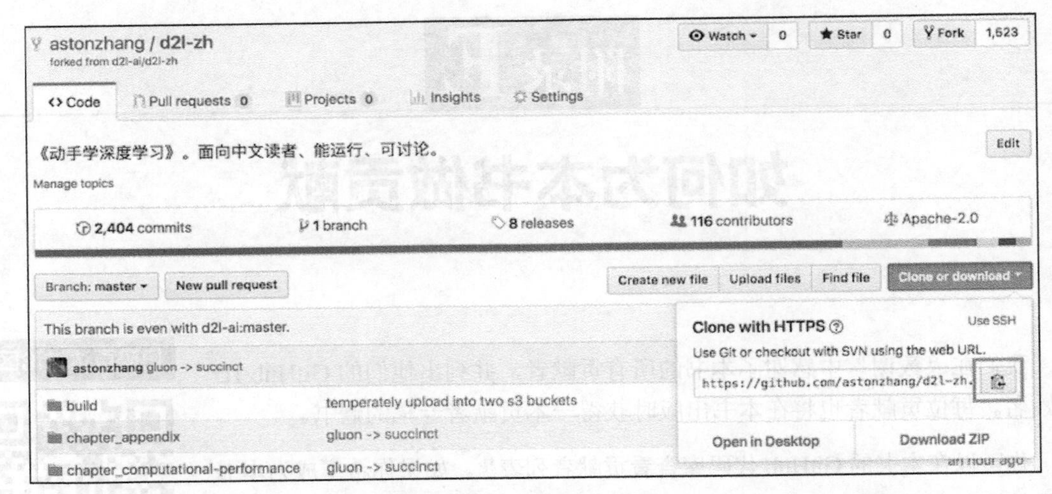

图 E-2　复制代码库

第三步，点击图 E-2 右方的“Clone or download”绿色按钮，并点击红框中的按钮复制位于你的用户名下的代码库地址。按 2.1 节中介绍的方法进入命令行模式。假设我们希望将代码库保存在本地的 `~/repo` 路径之下。进入该路径，键入 `git clone` 并粘贴位于你的用户名下的代码库地址。执行以下命令：

```
# 将your_GitHub_ID替换成你的GitHub用户名
git clone https://github.com/your_GitHub_ID/d2l-zh.git
```

这时，本地的`~/repo/d2l-zh`路径下将包含本书的代码库中的所有文件。

第四步，编辑本地路径下的本书的代码库。假设我们修改了 `~/repo/d2l-zh/chapter_deep-learning-basics/linear-regression.md` 文件中的一个错别字。在命令行模式中进入路径 `~/repo/d2l-zh`，执行命令

```
git status
```

此时 Git 将提示 `chapter_deep-learning-basics/linear-regression.md` 文件已被修改，如图 E-3 所示。

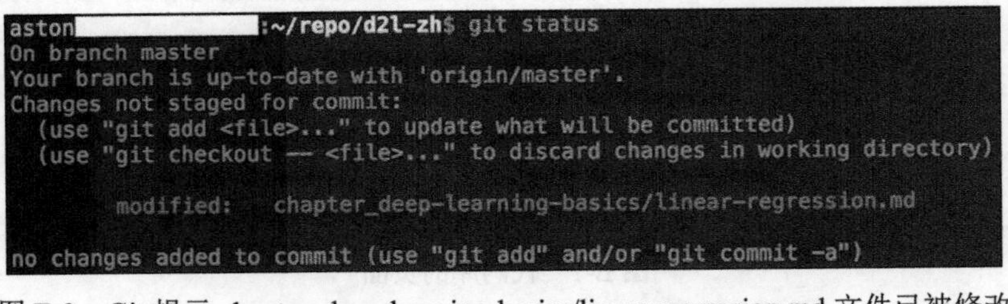

```
aston                :~/repo/d2l-zh$ git status
On branch master
Your branch is up-to-date with 'origin/master'.
Changes not staged for commit:
  (use "git add <file>..." to update what will be committed)
  (use "git checkout -- <file>..." to discard changes in working directory)

        modified:   chapter_deep-learning-basics/linear-regression.md

no changes added to commit (use "git add" and/or "git commit -a")
```

图 E-3　Git 提示 chapter_deep-learning-basics/linear-regression.md 文件已被修改

确认将提交该修改的文件后，执行以下命令：

```
git add chapter_deep-learning-basics/linear-regression.md
git commit -m 'fix typo in linear-regression.md'
git push
```

其中的`'fix typo in linear-regression.md'`是描述提交改动的信息，也可以替换为其他有意义的描述信息。

第五步，再次在浏览器输入本书的代码库地址。点击图 E-1 左方红框中的“New pull request”按钮。在弹出的页面中，点击图 E-4 右方红框中的“compare across forks”链接，再点击下方红框中的“head fork: d2l-ai/d2l-zh”按钮。在弹出的文本框中输入你的 GitHub 用户名，在下拉菜单中选择“你的 GitHub 用户名/d2l-zh”，如图 E-4 所示。

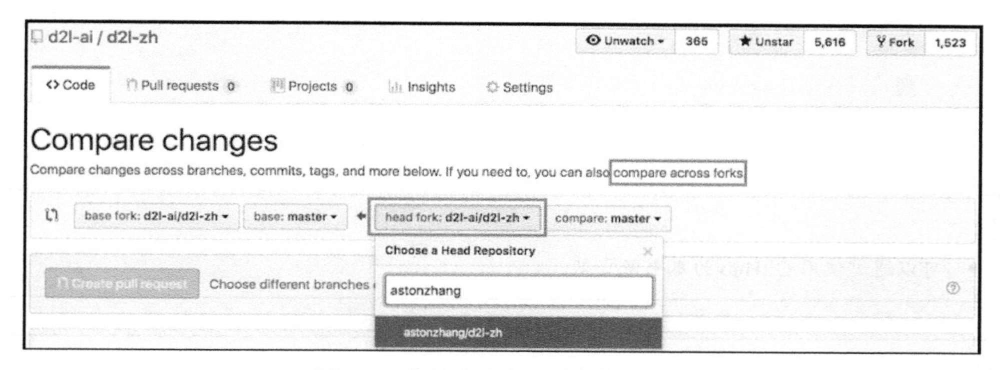

图 E-4　选择改动来源所在的代码库

第六步，如图 E-5 所示，在标题和正文的文本框中描述想要提交的 pull request。点击红框中的“Create pull request”绿色按钮提交 pull request。

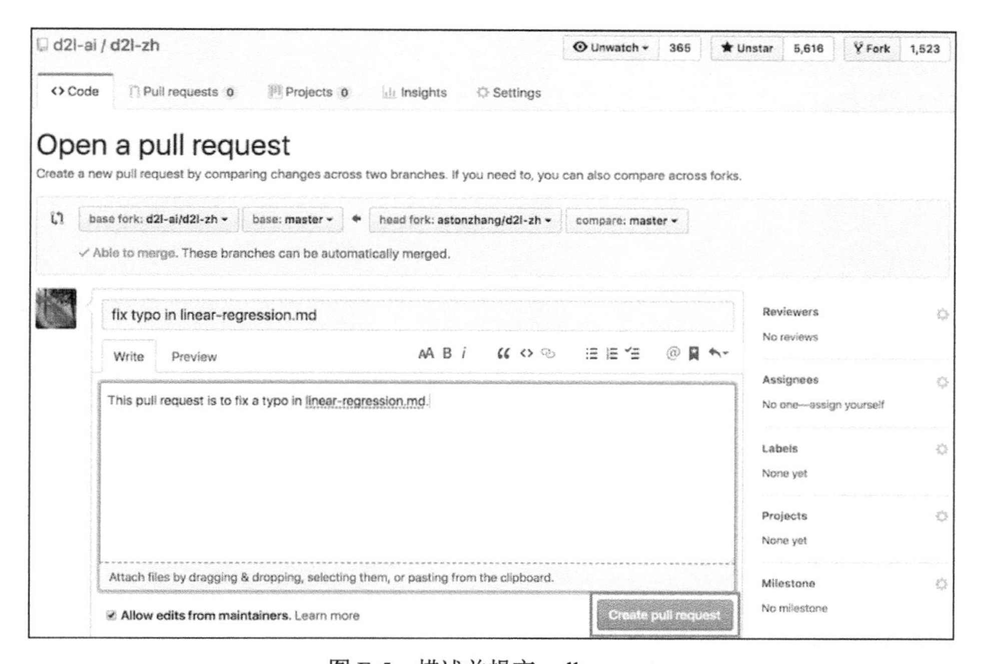

图 E-5　描述并提交 pull request

提交完成后，我们会看到图 E-6 所示的页面中显示 pull request 已提交。

图 E-6　显示 pull request 已提交

小结

- 可以通过使用 GitHub 为本书做贡献。

练习

如果你觉得本书某些地方可以改进，尝试提交一个 pull request。

附录F d2lzh包索引

函数、类等名称	定义所在节编号
bbox_to_rect	9.3
Benchmark	8.2
corr2d	5.1
count_tokens	10.7
data_iter	3.2
data_iter_consecutive	6.3
data_iter_random	6.3
download_imdb	10.7
download_voc_pascal	9.9
evaluate_accuracy	9.1
get_data_ch7	7.3
get_fashion_mnist_labels	3.5
get_tokenized_imdb	10.7
get_vocab_imdb	10.7
grad_clipping	6.4
linreg	3.2
load_data_fashion_mnist	5.6
load_data_jay_lyrics	6.3
load_data_pikachu	9.6
mkdir_if_not_exist	9.12
plt	3.2
predict_rnn	6.4
predict_rnn_gluon	6.5
predict_sentiment	10.7
preprocess_imdb	10.7

续表

附录 G

中英文术语对照表

中文术语	英文术语
Jaccard 系数	Jaccard index
k 近邻	*k*-nearest neighbor
k 折交叉验证	*k*-fold cross-validation
n 阶马尔可夫链	Markov chain of order *n*
n 元语法	*n*-grams
鞍点	saddle point
爆炸	explosion
边界框	bounding box
编码器 - 解码器	encoder-decoder
变平	flatten
标签	label
标准化	standardization
不重复采样	sampling without replacement
步幅	stride
裁剪梯度	clip gradient
参数	parameter
残差	residual
测试集	testing set
测试数据集	testing data set
层序 softmax	hierarchical softmax
超参数	hyperparameter
池化	pooling
重复采样	sampling with replacement
重数	multiplicity
重置门	reset gate

续表

中文术语	英文术语
稠密层	dense layer
稠密块	dense block
词嵌入	word embedding
代码单元	code cell
单发多框检测	single shot multibox detection，SSD
倒置丢弃法	inverted dropout
迭代周期	epoch
丢弃法	dropout
端到端	end-to-end
多层感知机	multilayer perceptron，MLP
多重集	multiset
二次采样	subsampling
二元语法	bigram
反向传播	back-propagation
泛化误差	generalization error
仿射变换	affine transformation
非极大值抑制	non-maximum suppression，NMS
分数步长卷积	fractionally-strided convolution
负采样	negative sampling
感受野	receptive field
格拉姆矩阵	Gram matrix
格式化文本单元	markdown cell
更新门	update gate
构词学	morphology
广播	broadcasting
过渡层	transition layer
过滤器	filter
过拟合	overfitting
核	kernel
海森矩阵	Hessian matrix
恒等映射	identity mapping
互相关	cross-correlation
激活函数	activation function
计算图	computational graph
交并比	intersection over union，IoU

续表

中文术语	英文术语
交叉熵	cross entropy
焦点损失	focal loss
解析解	analytical solution
局部最小值	local minimum
卷积	convolution
卷积层	convolutional layer
卷积神经网络	convolutional neural network
宽高比	aspect ratio
困惑度	perplexity
拉伸	scale
连结	concatenate
连续词袋模型	continuous bag of words，CBOW
锚框	anchor box
门控循环单元	gated recurrent unit，GRU
门控循环神经网络	gated recurrent neural network
模块	block
模型	model
模型选择	model selection
目标函数	objective function
目标检测	object detection
内容损失	content loss
批量大小	batch size
批量归一化	batch normalization
批量梯度下降	batch gradient descent
偏差	bias
偏移	shift
偏移量	offset
平方损失	square loss
迁移学习	transfer learning
欠拟合	underfitting
强制教学	teacher forcing
穷举搜索	exhaustive search
区域卷积神经网络	region-based CNN 或 regions with CNN features，R-CNN
区域提议网络	region proposal network
权重	weight

续表

中文术语	英文术语
权重衰减	weight decay
全局最小值	global minimum
全卷积网络	fully convolutional network，FCN
全连接层	fully-connected layer
三元语法	trigram
上采样	upsample
时间步	time step
时序最大池化	max-over-time pooling
实例分割	instance segmentation
输出门	output gate
输入门	input gate
束宽	beam size
束搜索	beam search
数值解	numerical solution
衰减	vanishing
双线性插值	bilinear interpolation
随机梯度下降	stochastic gradient descent，SGD
损失函数	loss function
索引	index
特征	feature
特征图	feature map
梯度	gradient
梯度下降	gradient descent
填充	padding
跳字模型	skip-gram
通道	channel
通过时间反向传播	back-propagation through time
同时检测并分割	simultaneous detection and segmentation
图像分割	image segmentation
图像增广	image augmentation
微调	fine tuning
小批量	mini-batch
小批量随机梯度下降	mini-batch stochastic gradient descent
兴趣区域池化	region of interest pooling，RoI pooling
选择性搜索	selective search

续表

中文术语	英文术语
学习率	learning rate
循环神经网络	recurrent neural network
训练集	training set
训练数据集	training data set
训练误差	training error
延后初始化	deferred initialization
掩码	mask
验证集	validation set
验证数据集	validation data set
样本	sample
样式迁移	style transfer
样式损失	style loss
一元语法	unigram
遗忘门	forget gate
隐藏层	hidden layer
隐藏单元	hidden unit
语言模型	language model
语义分割	semantic segmentation
元素	element
原地	in-place
越过	overshoot
运算符	operator
增长率	growth rate
长短期记忆	long short-term memory，LSTM
真实边界框	ground-truth bounding box
正向传播	forward propagation
正则化	regularization
指数加权移动平均	exponentially weighted moving average
转置卷积	transposed convolution
准确率	accuracy
子词嵌入	subword embedding
字符级循环神经网络	character-level recurrent neural network
总变差降噪	total variation denoising
总变差损失	total variation loss
最陡下降	steepest descent

参考文献

[1] BAHDANAU D, CHO K, BENGIO Y. Neural machine translation by jointly learning to align and translate[C]//International Conference on Learning Representations. 2015.

[2] BISHOP C. Training with noise is equivalent to tikhonov regularization[J]. Neural Computation, 1995, 7(1):108-116.

[3] BOJANOWSKI P, GRAVE E, JOULIN A, et al. Enriching word vectors with subword information[J]. Transactions of the Association for Computational Linguistics, 2017, (5):135-146.

[4] BRWON N, SANDHOLM T. Libratus: The superhuman ai for no-limit poker[C]//International Joint Conference on Artificial Intelligence, 2017.

[5] CAMPBELL M, HOANE JR A J, HSU F H. Deep blue[J]. Artificial Intelligence, 2002, 134(1-2):57-83.

[6] CANNY J. A computational approach to edge detection[J]. IEEE Transactions on Pattern Analysis and Machine Intelligence, 1986, (6):679-698.

[7] CHO K, VAN MERRIENBOER B, BAHDANAU D, et al. On the properties of neural machine translation: encoder-decoder approaches[C]//Workshop on Syntax, Semantics and Structure in Statistical Translation, 2014.

[8] CHO K, VAN MERRIENBOER B, GULCEHRE C, et al. Learning phrase representations using rnn encoder-decoder for statistical machine translation[C]//Conference on Empirical Methods in Natural Language Processing, 2014.

[9] CHUNG J, GULCEHRE C, CHO K H, et al. Empirical evaluation of gated recurrent neural networks on sequence modeling[C]//NIPS Workshop on Deep Learning and Representation Learning, 2014.

[10] DEVLIN J, CHANG M W, LEE K, et al. Bert: pre-training of deep bidirectional transformers for language understanding[J]. arXiv preprint, 2018, arXiv: 1810.04805.

[11] DUCHI J, HAZAN E, SINGER Y. Adaptive subgradient methods for online learning and

stochastic optimization[J]. Journal of Machine Learning Research, 2011, 12(7):2121-2159.

[12] DUMOULIN V, VISIN F. A guide to convolution arithmetic for deep learning[J]. arXiv preprint, 2016, arXiv:1603.07285.

[13] GATYS L A, ECKER A S, BETHGE M. Image style transfer using convolutional neural networks[C]// IEEE Conference on Computer Vision and Pattern Recognition, IEEE, 2016: 2414-2423.

[14] GIRSHICK R, DONAHUE J, DARRELL T, et al. Rich feature hierarchies for accurate object detection and semantic segmentation[C]//IEEE Conference on Computer Vision and Pattern Recognition, IEEE, 2014:580-587.

[15] GIRSHICK R. Fast r-cnn[C]//IEEE International Conference on Computer Vision, IEEE, 2015.

[16] GLOROT X, BENGIO Y. Understanding the difficulty of training deep feedforward neural networks[C]//International Conference on Artificial Intelligence and Statistics, 2010:249-256.

[17] GOODFELLOW I, POUGET-ABADIE J, MIRZA M, et al. Generative adversarial nets[C]// Advances in Neural Information Processing Systems, 2014:2672-2680.

[18] HE K, GKIOXARI G, DOLLAR P, et al. Mask r-cnn[C]//IEEE International Conference on Computer Vision, IEEE, 2017.

[19] HE K, ZHANG X, REN S, et al. Deep residual learning for image recognition[C]//IEEE Conference on Computer Vision and Pattern Recognition, IEEE, 2016:770-778.

[20] HE K, ZHANG X, REN S, et al. Identity mappings in deep residual networks[C]//European Conference on Computer Vision, 2016:630-645.

[21] HEBB D O. The organization of behavior: a neuropsychological theory[M]. A Wiley Book in Clinical Psychology, 1949, 62-78.

[22] HOCHREITER S, SCHMIDHUBER J. Long short-term memory[J]. Neural Computation, 1997, 9(8):1735-1780.

[23] HU J, SHEN L, SUN G. Squeeze-and-excitation networks[C]//IEEE Conference on Computer Vision and Pattern Recognition, IEEE, 2018.

[24] HUANG G, LIU Z, Laurens V D M, et al. Densely connected convolutional networks[C]//IEEE Conference on Computer Vision and Pattern Recognition, IEEE, 2017.

[25] IOFFE S, SZEGEDY C. Batch normalization: accelerating deep network training by reducing internal covariate shift[J]. arXiv preprint, 2015, arXiv:1502.03167.

[26] JIA X, SONG S, HE W, et al. Highly scalable deep learning training system with mixed-precision: training imageNet in four minutes[J]. arXiv preprint, 2018, arXiv:1807.11205

[27] KARRAS T, AILA T, LAINE S, et al. Progressive growing of gans for improved quality, stability, and variation[C]//International Conference on Learning Representations, 2018.

[28] KIM Y. Convolutional neural networks for sentence classification[J]. arXiv preprint, 2014, arXiv:1408.5882.

[29] KINGMA D P, BA J. Adam: a method for stochastic optimization[C]//International Conference on Learning Representations. 2014.

[30] KRIZHEVSKY A, SUTSKEVER I, HINTON G E. Imagenet classification with deep convolutional neural networks[C]//Advances in Neural Information Processing Systems, 2012:1097-1105.

[31] LECUN Y, BOOTTOU L, BENGIO Y, et al. Gradient-based learning applied to document recognition[J]. Proceedings of the IEEE, 1998, 86(11):2278-2324.

[32] LI, M. Scaling distributed machine learning with system and algorithm co-design[D]. Carnegie Mellon University, 2017.

[33] LIN M, CHEN Q, YAN S. Network in network[C]//International Conference on Learning Representations, 2013.

[34] LIN T Y, GOYAL P, GIRSHICK R, et al. Focal loss for dense object detection[C]//International Conference on Computer Vision, 2017.

[35] LIU W, ANGUELOV D, ERHAN D, et al. Ssd: single shot multibox detector[C]//European Conference on Computer Vision, 2016:21-37.

[36] LONG J, SHELHAMER E, DARRELL T. Fully convolutional networks for semantic segmentation[C]//IEEE Conference on Computer Vision and Pattern Recognition, IEEE, 2015:3431-3440.

[37] LOWE D G. Distinctive image features from scale-invariant keypoints[J]. International Journal of Computer Vision, 2004, 60(2):91-110.

[38] MAAS A L, DALY R E, PHAM P T, et al. Learning word vectors for sentiment analysis[C]// Annual Meeting of the Association for Computational Linguistics: Human Language Technologies, Association for Computational Linguistics, 2011:142-150.

[39] MIKOLOV T, CHEN K, CORRADO G, et al. Efficient estimation of word representations in vector space[C]//ICLR Workshop, 2013.

[40] MIKOLOV T, SUTSKEVER I, CHEN K, et al. Distributed representations of words and phrases and their compositionality[C]//Advances in Neural Information Processing Systems, 2013:3111-3119.

[41] PAPINENI K, ROUKOS S, WARD T, et al. BLEU: a method for automatic evaluation of

machine translation[C]//Annual Meeting of the Association for Computational Linguistics, Association for Computational Linguistics, 2012:311-318.

[42] PENNINGTON J, SOCHER R, MANNING C. Glove: global vectors for word representation [C]//Conference on Empirical Methods in Natural Language Processing, 2014:1532-1543.

[43] RADFORD A, WU J, CHILD R, et al. Language models are unsupervised multitask learners[J]. OpenAI, 2019.

[44] REED S, DE FREITAS N. Neural programmer-interpreters[C]//International Conference on Learning Representations, 2016.

[45] REN S, He K, GIRSHICK R, et al. Faster r-cnn: towards real-time object detection with region proposal networks[C]//Advances in Neural Information Processing Systems, 2015.

[46] SALTON G, MCGILL M J. Introduction to modern information retrieval[M]. 1986

[47] SILVER D, HUANG A, MADDISON C J, et al. Mastering the game of Go with deep neural networks and tree search[J]. Nature, 2016, 529(7587):484-489.

[48] SIMONYAN K, ZISSERMAN A. Very deep convolutional networks for large-scale image recognition[C]//International Conference on Learning Representations, 2015.

[49] SRIVASTAVA N, HINTON G, KRIZHEVSKY A, et al. Dropout: A simple way to prevent neural networks from overfitting[J]. Journal of Machine Learning Research, 2014, 15(1):1929-1958.

[50] STEWART J. Calculus: early transcendentals[M]. 7th ed. Cengage Learning, 2010:935.

[51] SUKHBAATAR S, WESTON J, FERGUS R. End-to-end memory networks[C]//Advances in Neural Information Processing Systems, 2015:2440-2448.

[52] SUTSKEVER I, VINYALS O, LE Q V. Sequence to sequence learning with neural networks[C]// Advances in Neural Information Processing Systems, 2014:3104-3112.

[53] SZEGEDY C, IOFFE S, VANHOUCKE V, et al. Inception-v4, inception-resnet and the impact of residual connections on learning[C]//AAAI Conference on Artificial Intelligence, 2016.

[54] SZEGEDY C, LIU W, JIA Y, et al. Going deeper with convolutions[C]//IEEE Conference on Computer Vision and Pattern Recognition, IEEE, 2015:1-9.

[55] SZEGEDY C, VANHOUCKE V, IOFFE S, et al. Rethinking the inception architecture for computer vision[C]//IEEE Conference on Computer Vision and Pattern Recognition, IEEE, 2016:2818-2826.

[56] TURING A M. Computing machinery and intelligence[J]. Mind, 1950, 59(236):433-460.

[57] UIJKINGS J R, VAN DE SANDE K E, GEVERS T. Selective search for object recognition[J]. International Journal of Computer Vision, 2013, 104(2):154-171.

[58] VASWANI A, SHAZEER N, PARMAR N, et al. Attention is all you need[C]//Advances in Neural Information Processing Systems, 2017: 5998-6008.

[59] WIGNER E P. On the distribution of the roots of certain symmetric matrices[J]. Annals of Mathematics, 1958, 67(2):325-327.

[60] XIAO H, RASUL K, VOLLGRAF R. Fashion-mnist: a novel image dataset for benchmarking machine learning algorithms[J]. arXiv preprint, 2017, arXiv:1708.07747.

[61] XIONG W, DROPPO J, HUANG X, et al. The microsoft 2016 conversational speech recognition system[C]//IEEE International Conference on Acoustics, Speech and Signal Processing, IEEE, 2017:5255-5259.

[62] YOU Y, GITMAN I, GINSBURG B. Large batch training of convolutional networks[J]. arXiv preprint, 2017, arXiv:1708.07747.

[63] ZEILER M D. Adadelta: an adaptive learning rate method[J]. arXiv preprint, 2012, arXiv:1212.5701.

[64] ZHU J Y, PARK T, ISOLA P, et al. Unpaired image-to-image translation using cycle-consistent adversarial networks[C]//IEEE International Conference on Computer Vision, IEEE, 2017.

索　引

D

E

F

G

H

I

J

K

L

M

T

V

W

X

Y

Z